스페이스 러시

SPACE RUSH

스페이스 러시

크리스토퍼 완제크 지음

고현석 옮김

우주 여행이 자살 여행이
되지 않기 위한 안내서

메디치

프롤로그
화성 여행이 자살 여행이 되지 않기 위해

영화나 만화에서는 안전한 지구의 경계를 훌쩍 넘어 다른 행성이나 달에 정착하는 것이 아주 쉬워 보인다.

먼저 낙하산이 펼쳐지고 엔진이 완벽하게 가동한다. 우주선은 위협적인 바위, 절벽, 협곡을 피해 부드러운 외계의 레골리스(regolith, 암석의 표면을 덮은 퇴적층)에 살포시 안착한다. 새로 개척한 우주 기지 주변에는 초고속 그라운드 셔틀이 왕복운행을 하고 있다. 사람들이 분주히 땅을 파고, 탐사를 하며, 건설 작업을 한다. 마치 휘파람을 불며 돌아다니는 스머프처럼 말이다.

우주 기지 옆으로 거대한 황금빛 돔들이 늘어서 있는 게 보인다. 그야말로 에덴동산 같은 그 돔 안에서는 채소들이 병충해 없이 무성하게 잘 자라고 있다. 대기압 처리가 된 주거 공간 입구로 살포시 발을 들여놓는다. 뼈를 깎는 듯한 고통을 주는 미세 중력

(microgravity) 속에서 우주 방사선 세례를 받아야 했던 지난 몇 달간의 여행은 까맣게 잊게 된다. 이윽고 세련된 주거 공간 안으로 들어가 침대에 누워 생각한다. '아! 지구에서도 이렇게 살았으면…….'

창작물에서 우주 정착 계획은 대부분 위와 같이 멋지게 묘사된다. 하지만 현실의 우주여행과 정착에는 구체적이고 현실적인 문제가 즐비하다. 예를 들어 목적지가 화성이라고 치자. 화성은 호흡하는 게 불가능한 데다 지구의 남극만큼이나 춥고 척박하다. 현재 과학기술로도 화성에 가는 것이 충분히 가능하다고 주장하는 이도 있긴 하지만, 화성 여행이 자살 여행이 되지 않기 위해서는 우선 수많은 문제를 해결해야 한다.

일부 과학자들은 화성으로 가는 9개월(그리고 다시 지구로 돌아오는 데

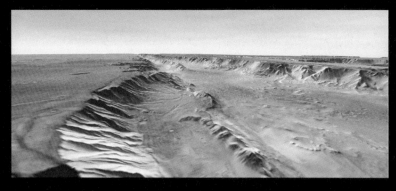

첫 번째 사진은 화성의 거대 협곡인 매리너 계곡에 속한 멜라스 차스마(Melas Chasma)이다.
이곳은 유인 화성 탐사선의 착륙 장소 후보 중 하나로 꼽히지만 지구의 그 어떤 곳보다 황량하고 가혹한 환경이다.
두 번째 사진은 테라포밍된 화성에 건설된 미래 도시의 상상화이다. 멜라스 차스마가 이렇게 개발되기
위해서는 아주 많은 노력과 오랜 시간이 필요할 것이다.

9개월) 동안의 여정에서 여행자들에게 쏟아질 어마어마한 태양 방사선과 우주 방사선이 장애물이라고 생각한다. 화성에 안전하게 착륙할 수 있을지도 아직 확실하지 않다. 지구에서 보낸 화성 탐사선 대부분은 착륙에 실패했다. 화성 착륙 전에 화성 대기 중의 이산화탄소를 산소로 바꿔 우주인들이 사용할 수 있도록 압축 탱크에 저장하는 방법이 있지만 이 역시 검증된 기술은 아니다.

지구 귀환 여행을 위해 화성 현지에서 물과 연료를 추출할 때도 상황은 비슷할 것이다. 이론적으로는 가능하

지만 지구에서조차 구현하기 힘든 기술이다. 이런 상황에서 영화처럼 감자를 재배하는 게 가능할까? 유감스럽게도 화성의 '토양'은 과염소산염이 독성을 가질 정도로 많이 포함돼 있다(과염소산염은 갑상선암 등 각종 암을 유발하는 독성 물질이지만 미래의 에너지원이 될 수 있다는 주장도 있다). 토양을 이용하기 위해서는 이 과염소산염을 제거해야 하는데, 그 기술 역시 아직 개발 단계에 불과하다.

화성보다 훨씬 가까운 달도 만만한 상대가 아니다. 2주씩 계속되는 달 표면의 밤과 낮은 영하 170도에서 영상 120도 사이를 오가는 극단적인 온도 차이를 보이기 때문에 장기 체류가 쉽지 않다. 게다가 달 표면에는 엄청난 양의 태양 방사선과 우주 방사선이 쏟아진다. 이런 문제들을 해결하려면 달의 레골리스에서 물질을 추출해 보호용 돔을 만들 로봇을 보내야 하는데, 이 또한 검증되지 않은 기술이다. 또 어떤 문제가 있을까? 글쎄, "로마는 하루아침에 이뤄지지 않았다"라고 말하는 게 빠르지 않을까.

★ 왜 달 착륙 이후 50년 동안 인류는 다른 행성으로 떠나지 못했을까 크게 생각하는 것이 중요하다. 이

책을 쓰기 시작한 것은 이른 봄이었다. 그때 나는 우리 집 작은 정원을 잡초 없이 짙은 갈색의 흙 향기가 어우러진, 네모반듯한 형태로 만들 생각이었다. 나는 씨앗 열댓 봉지를 손에 쥐고 눈앞에 펼쳐질 푸른 미래를 상상했다. 우주 소재의 애니메이션 작가들처럼 나는 이 모든 작업을 정밀하게 계획했다.

돼지감자는 정원 뒤쪽인 북쪽에 심기로 했다. 내가 가진 작물 중에서 가장 높이 자랄 것이기 때문이다. 돼지감자 바로 앞에는 콩을 심기로 했다. 콩이 돼지감자 줄기를 천연 울타리로 삼을 수 있게 말이다. 내가 생각해도 기발한 발상이었다. 누에콩도 심기로 했다. 누에콩은 맛이 좋지만 마트에서 사면 비싸니까. 정원 앞쪽에는 녹색 잎채소들을 매주 연달아 심기로 했다. 잘된다면 가을까지 매일 매일 새로운 샐러드를 먹을 수 있을 것이다. 다음은 토마토다. 토마토는 내가 가장 사랑하는 채소다. 그리고 커다란 겨울호박 씨도 심었다. 겨울호박은 엄청나게 큰 떡호박과 비슷한 채소인데 맛이 훌륭하고 저장하기도 쉽다. 나의 계획은 완벽해 보였다.

그러나 그해 4월은 예년보다 추웠다. 심지어 3월보다 더 추웠다. 작물의 절반이 4월에 죽었다. 5월에는 또 예년과는 달리 비가 너무 많이 내렸다. 살아

1969년 7월 20일 인류가 최초로 달에 착륙했다. 아폴로 계획은 아폴로 17호까지 이어졌고 1972년 달 착륙과 탐사를 끝으로 인류는 오늘날까지 유인 천체 탐사를 시도하지 못하고 있다.

남은 절반이 물에 쓸려 내려갔다. 겨울 호박에게는 재미난 일이 벌어졌다. 호박덩굴벌레라는 작은 벌레는 이른 7월에 잘 성숙한 호박 덩굴의 맨 밑부분에 알을 낳는데, 이 알에서 나온 유충이 호박 덩굴 안으로 거침없이 침투해 영양분을 빨아먹는다. 결국 그 유충이 성충이 될 때면 겨울호박 덩굴은 열매도 맺지 못하고 죽음을 맞게 된다. 호박덩굴벌레는 겨우내 자신들이 의존해야 할 먹이의 원천을 완전히 파괴함으로써 생물학의 기본적인 원리를 위반하는 것처럼 보인다. 하긴, 자기가 무슨 짓을 하는지 어떻게 알겠는가?

정원에 닥친 비극은 어떻게 보면 일종의 카타르시스를 제공했다고 할 수도 있다. 하지만 이 문제의 핵심은 아무리 연구와 준비를 많이 해도 일이 생각처럼 되지 않는 경우가 빈번하다는 것이다. 예를 들어 화성 지표면에서 거주 공간을 조립하는 동안 이례적으로 모래 폭풍이 한 달 내내 몰아친다거나, 생물학적 반응 발생을 방해하는 미지의 화학물질이 존재하는 등 위협적이고 예기치 못한 상황은 얼마든지 닥쳐올 수 있다.

나사(NASA, 미 항공우주국)도 인간의 달 착륙을 위해 8년 동안 서두르다 예상치 못한 일들을 질릴 만큼 겪었다. 아폴로 1호 때는 고압의 순수 산소 캡슐 환경을 조성했다가 작은 불꽃이 순간적으로 걷잡을 수 없을 만한 불덩이로 커졌고 우주 비행사 거스 그리섬, 에드워드 화이트, 로저 채피에게 비극을 안겨줬다. 나사의 그 누구도 눈치채지 못했던 설계 결함이었다. 나사의 고위 간부들도 아폴로 11호가 성공한 것은 운이 좋아서였다고 훗날 털어놨을 정도다. 닐 암스트롱도 실제로 달에 착륙할 때는 기존 계획을 변경해야 할 정도였다. 그는 불과 30초 분량의 연료를 가지고 바위들을 이리저리 피해 평탄한 착륙 지점까지 수동으로 달 착륙선 이글호를 몰아야 했다.

아폴로 13호의 우주 비행사들은 아예 달에 착륙하지도 못했다. 비행 중에 산소 탱크가 폭발했기 때문이다. 우주 비행사들과 관제 센터 요원들이 빠르게 상황을 판단하고 능숙하게 대처하지 못했다면 치명적인 결과로 이어졌을 사고였다. 아폴로 계획의 또 다른 우주 비행사들은 방사선 중독을 일으킬 수 있는 대규모 태양 플레어(solar flare, 태양의 표면에서 간헐적으로 폭발이 일어나 다량의 하전입자들이 방출되는 현상)를 간신히 피해갔다. 많은 '우주 마니아'들은 나사가 화성에 우주인을 보내지 않는다고 비난하곤 한다. 그들은 화성 착륙만이 나사의 유일한 존재 이유라고 생각하는 듯하다. 뒤에서도 계속해서 다루겠지만, 사실 나사는 결점이 많은 조직이다. 하지만 그런 나사도 우주여행자들이 화성에서 죽기를 바라지 않는다. 인간을 화성에 보내는 일을 서두르지 않는 이유가 여기에 있다. 희망만으로 인간을 화성으로 보낼 수는 없다. 우리는 위험과 비용을 최소화한 후에야 화성에 가야 하며, 또 갈 수 있다. 지금 당장 화성행을 선택할 이유는 없다. 현시점에서 화성 여행은 위험한 일이며 그 비용 또한 엄청나다.

1969년 인간을 달에 착륙시킨 기념비적 업적으로 인해, 몇몇 사람들은 미래에 대한 비현실적인 기대를 갖게 됐다. 1970년대에 나온 우주 관련 대중서를 보면 우리는 벌써 오래전에 화성에 갔어야 했다. 화성은 나사 우주 비행사 앨런 셰퍼드가 달 표면에서 골프를 친 다음 당연히 이어서 가야 할 곳이었다. 어쨌든 그 무렵 미국과 소련은 수성, 금성, 화성에 탐사선을 보냈고, 미국의 스페이스 셔틀은 한 달에 두 번 우주 궤도에 진입했다. 1969년 3월부터 1970년 9월까지 나사를 이끈 토머스 페인은 화성 착륙 날짜를 확정했다. 우주 비행사 열두 명을 태운 핵 추진 로켓 우주선이 1981년 11월 12일 지구를 떠난다는 계획이었다. 한편 물리학자, 공학자, 미 의회 의원들은 한 대에 1만 명 이상을 태울 수 있는 거대한 공 모양의 궤도 비행체를 1980년에 만드는 계획에 대해 심각하게 토론을 벌이고 있었다. 이 비행체에 탑승하는 자들의 주요 목적은 태양에너지를 수집해 지구로 쏘아 지구의 석유 의존도를 낮추는 것이었다. 이 계획대로 됐다면 우리는 이미 1990년대에 화성에 살며 소행성을 채굴하고 있었을 것이다. 목성과 토성의 위성들도 이미 2000년에 인간에 의해 탐사가 이뤄졌을 것이다.

그렇다면 달 착륙 이후 반세기가 지난 지금, 우리는 왜 '저 너머에' 살고 있지 않을까? 왜 안전하고 살 만한 우주 공간으로 진입하지 못하고 있을까? 여기엔 여러 가지 요인이 작용하고 있을 것이다. 이 책은 그 요인들에 대해 자세히 다룰 예정이다. 먼저 알아야 할 것들이 있다.

★ 케네디, "나는 우주에 그다지
   관심이 없습니다"
   우리가 현재 우주 공간에서 상당한 위치를 차지하지 못하는 상황이 미

국의 리처드 닉슨 대통령 탓이라고 주장하는 사람들이 있다. 나사 예산 삭감을 요구한 인물이기 때문이다. 나사 예산은 1966년 존슨 대통령 정부 당시 최대치를 기록했는데, 연방 예산의 4.3퍼센트(약 59억 달러)를 차지할 정도로 엄청났다(나사는 매년 평균 92.28억 달러, 한화로 약 9조 원을 사용한다. 경기도 예산의 절반 정도다_역주). 나사의 예산은 닉슨이 임기를 마칠 때가 되자 약 1퍼센트 수준으로 떨어졌고, 그 후로도 계속 삭감돼 2019년에는 0.5퍼센트 밑으로 떨어졌다. 철도에 투자를 했는데 선로를 뜯어버린 상황과 비슷하다고 보면 된다. 하지만 여기에는 진실과 좀 다른 부분이 있다. 역사학자들은 달 착륙이 존 F. 케네디 대통령의 유산이며, 린든 존슨 대통령이 그 과업을 잘 이어받았지만 닉슨은 이 유산을 확장시키고 싶어 하지 않았다고 묘사한다. 나사와 관련된 닉슨 시대 기록물을 뒤져보면, 1987년부터 2008년까지 조지 워싱턴 대학 우주 정책 연구소 소장을 지낸 존 록스돈의 문서 기록을 찾을 수 있다. 록스돈은 닉슨의 우주 전략을 다음과 같이 요약했다. (1) 1960년대 신성한 존재로 여겨졌던 나사를 예산 확보 경쟁을 벌이는 다른 국가 프로그램 중 하나로 강등한다. (2) 유인 우주 비행

존 F. 케네디 대통령이 10년 안에 유인 달 탐사에 성공하겠다고 장담했을 때, 미국의 우주 탐사는 달 궤도 선회라는 내부 연구 수준에 머물러 있었다. 그럼에도 아폴로 계획을 밀어붙일 수밖에 없었던 이유가 있었다. 내부적으로는 우주 개발에 따른 높은 경제 효과를 거둠으로써 당시 여당이던 민주당의 선거 승리를 굳히는 것, 외부적으로는 소련의 미사일 기술을 추월해 전 세계에 미국의 우월함을 선전하는 것.

을 지구 표면에서 322킬로미터 이하의 지구 저궤도로 한정시킨다. (3) 특정한 목적이 없는 우주 셔틀 프로그램에 집중하면서 인간을 달과 그 너머로 보낼 수 있는 대형 로켓 개발을 포기한다. 록스돈은 «아폴로 이후는?: 리처드 닉슨과 미국의 우주 프로그램(After Apollo?: Richard Nixon and the American Space Program)»이라는 책에서 닉슨이 산소 탱크 파열로 야기된 아폴로 13호의 사고에 너무 큰 충격을 받아 1972년 대선 전에 아폴로 16호와 아폴로 17

호 계획을 취소하려 했다고 썼다(미수에 그치긴 했지만). 닉슨은 아폴로 13호 사고가 불가피한 일이었으며, 자신의 재선에 불리할 거라고 판단했다는 것이다.

하지만 재정적 책임에 주된 관심이 쏠려 있던 닉슨을 비난해서는 안 된다. 게다가 화성에 우주선을 보내는 것과 대비되는 지구 저궤도 활동에 집중한 것은 그리 나쁜 전략도 아니었다. 더 효율적으로 지구를 벗어났다가 되돌아오는 법을 배우는 것이 목표였다면 말이다. 1962년 11월 미 대통령 집무실에서 당시 나사 국장 제임스 웹에게 "난 우주에 그다지 관심이 없습니다"라고 말한 사람은 바로 케네디였다. 1960년대 말까지 인간을 달에 착륙시키겠다는 저 유명한 라이스 대학 연설을 그 자신의 입으로 한 지 두 달밖에 지나지 않은 시점이었다.

케네디의 이 발언은 케네디를 비롯한 당시의 정치인들이 달 착륙 계획에 대해 가졌던 진솔한 생각을 여실히 보여준 것이다. 이 발언은 또한 왜 지금까지 달에 정착지가 생기지 않았는지를 말해주기도 한다. 케네디가 웹에게 말했듯이, 그의 입장에서 달 착륙 계획은 "(소련을) 이기고, 지난 몇 년 동안 소련에 뒤졌던 우리가 그들보다 앞선다는 것을 보여주기 위한 것"에 불과했기 때문에 비단 달 착륙이 아니라 지구 중심부 탐사를 할 수도 있었을 것이다. 케네디는 "(달 착륙만 되면) 그건 우리에게 엄청난 일이 될 거라고 생각합니다"라고도 말했다. 달에 열광했다고 여겨졌던 케네디의 이런 폭탄 발언은 2009년이 돼서야 전체가 공개됐다. 케네디가 집무실과 내각에서 했던 총 260시간 분량의 기밀 녹취 발언 중 일부였고, 케네디의 보좌진들도 알지 못했던 내용이다.

소련의 생각도 케네디와 같았다. 소련 지도부도 막대한 비용과 위험을 감수해야 하는 우주탐사를 진행하려면 명분이 필요했다. 소련의 목표는 주로 군사적인 것이었다. 로켓이 화물을 우주로 실어 나를 수 있다면, 그 로켓은 전 세계 어디로든 핵탄두를 운반할 수 있기 때문이다. 우주 경쟁은 제2차 세계대전 이후 시작된 소련과 미국의 미사일 기반 핵무기 경쟁의 확장판이었다. 또한 비유적으로 말하면 우주 경쟁은 어느 쪽이 더 높은 고지를 선점하느냐에 관한 것이기도 했다. 미국이 소련보다 먼저 인간을 달에 착륙시키고, 그럼에도 미국에게 달에 군사기지를 구축하겠다는 의지가 없다면, 소련으로선 더 이상 달 착륙을 시도할 이유가 없었다. 이 같은 입장은 미국도 마찬가지였다.[1] 우주 경쟁의 전성기에도, 군사력 또는 체제 우위 면에서 아무런 이득을 담보할 수 없는 상황에서 기꺼이 수십억 달러나 루블을 지원하며 인간의 우주 탐험에 관심을 보인 지도자는 없었다. 케네디, 닉슨, 존슨, 흐루쇼프, 브레즈네프 모두 마찬가지였다. 이들 중 우주로 가는 것이 우리의 운명이라고 믿었기에 인간을 우주로 보낸 사람은 아무도 없다. 그들이 생각하기엔 우주 탐험보다 더 다급한 문제에 우선 투자해야만 했다. 그 어떤 나라도 국민의 세금으로 우주에서 무한정 파티를 벌일 수는 없었다.

따라서 달에 간다는 말은 실제로 달에 가는 것과 거의 관련이 없었다. 달을 넘어서 화성으로 간다는 말은 부분적으로는 아폴로 계획에 흥분한 1960년대 우주 애호가들이 만든 슬로건이다. 현재 많은 사람이 실망 속에서 지난 50년간 그 꿈을 이루는 데 완전히 실패했다고 보는 것은 당연한 일이다. 그들만이 가졌던 꿈이기 때문이다. 1960년대와 1970년대의 지도자들이 가졌던 꿈도 아니었고, 일반 대중이 가졌던 꿈도 아니었다. 당시 대부분의 미국 지도자들에게 우주는 확실히 흥미로운 곳이었다. 하지만 우주 경쟁은 지속하기에는 너무 많은 비용이 들었고, 1969년 달 착륙에 성공한 후로는 미국의 대중에게 명분을 제시하기도 힘들었다. 특히 당시 미국은 베트남전 비용이 증가하고 있던 때라 더욱 그랬다. 1970년대에는 앞으로의 10년을 아폴로 계획 같은 화성 탐사 계획의 시대로 만들겠다는 움직임도 있었지만, 닉슨이 더 이상 백악관의 지원을 기대하지 말라는 뜻을 시사하며 시작도 되기 전에 끝났다.

돌이켜 보면, 로켓 공학에 자금을 쏟아붓는 것이 어리석게 비쳤을 수도 있다. 새턴 5호 로켓은 역대 최대의 공학 프로젝트였다. 하지만 1960년대를 지나며 아폴로 1호의 발사 단계에서 난 사고로 세 명이 목숨을 잃자 그 위험성이 전면에 노출됐다. 우주 비행사 세 명이 죽을 뻔했던 아폴로 13호 사고 역시 확실한 목표가 없는 상태에서 위험과 비용을 감수하는 것에 대한 의문을 제기했다. 미국은 이미 그 전해에 달 착륙에 성공함으로써 소련을 이겼기 때문이다. 흥분이 절정을 이뤘던 1969년에도 미국인 대부분은 미국이 우주 활동에 그렇게 많은 돈을 써서는 안 된다는 생각을 가지고 있었다. 아폴로 계획이 취소된 1972년 시점에서 달과 그 너머의 목적지들은, 인간의 지속적인 우주 탐사에 뒤따르는 위험과 비용을 정당화해 줄 군사적 중요성이나 경제적 가능성과 완전히 무관했다. 세금을 내는 대중과 그들을 대표하는 정치인들이 그렇게 생각하게 된 것이다. 과학자들조차 대부분 인간을 달에 보내는 것보다는 로봇을 보내는 것을 선호했다.

★ 아폴로 계획 이후의 패착

많은 우주 애호가들은 달 착륙 이후 반세기가 지났는데도 우주 비행사 예닐곱 명이 지구에서 몇 킬로미터 떨어진 궤도를 도는 우주정거장 안의 깡

2021년 현재 유일한 우주정거장인 국제우주정거장(ISS). 한때 중국도 우주정거장을 운용했으나
2018년에 톈궁 2호를 대기권에 돌입시켜 폐기했다. 국제우주정거장의 경우 운용 기간이 2020년까지였으나
2024년으로 연장했다. 스페이스 X는 2021년 후반에 크루드래곤을 팰콘 9으로 발사해 지구 궤도에
진입시키고 국제우주정거장과 도킹할 계획을 진행하고 있다.

통 같은 공간에서 개미 군락을 키우거나 어린이들 보라고 공중제비를 돌고 있는 수준에 인류의 우주 탐험이 머물고 있는 현실을 이해하지 못한다. 1970년대의 사람들은 21세기의 인간이 우주에서 그 정도의 존재감밖에 드러내지 못하리라고는 상상도 못 했을 것이다. 우주로 가는 것이 비용이 많이 든다는 건 인정한다. 인간의 우주여행에 대한 상업적인 투자도 제한적일 수밖에 없다. 그리고 1970년대에는 탐험의 기쁨을 빼면 인간이 우주에 있어야 할 그럴듯한 이유도 없었다. 하지만 그렇다 쳐도 국제우주정거장의 이 몰골은 뭐란 말인가? 정말 이게 다란 말인가?

아폴로 이후 여러 번의 실수가 나왔고, 이것이 지구 저궤도에서의 인간 활동을 축소시켰다. 사실 우리가 지금도 늘 하는 실수였다. 순진해서 그랬을 수도, 자만해서 그랬을 수도 있다. 하지만 인간의 우주 탐험은 생각보다 힘들고 비용이 많이 드는 일이라는 사실이 드러났다. 예상치 못한 일들이 터무니없이 크게 일어나기 시작했다. 닉슨 행정부는 비교적 낮은 비용을 들여 지구 저궤도에 대량으로 위성들을 띄우고 싫어 했다. 당시의 재정 현실을 감안한 것이다. 1970년 3월 닉슨은 "우리는 우주탐사 비용이 국가의 엄격한 우선순위들 안에 제대로 자리를 잡아야 한다는 것을 깨달아야 합니다"라고 말했다. 아폴로 11호와 12호가 임무 수행에 성공한 지 수개월 만이자 비운의 아폴로 13호 사고가 발생하기 한 달 전의 발언이다. 그는 "이곳부터 우주에 이르는 사업은 우리 국민의 삶에서 정상적이고 일상적인 부분이 돼야 하며, 따라서 우리에게 중요한 다른 모든 일들과 연계해 계획돼야 합니다"라고 말했다.

불행히도 닉슨이 말한 "정상적이고 일상적인" 부분은 비효율적인 관료주의적 수사에 그치고 말았다. 정부가 자금을 지원한 이 우주 계획은 결과를 낳는 데 필수적인 지휘 체계, 재정 규율, 행정 지도력이 없었기 때문이다. 이 스페이스 셔틀 프로그램은 격주로 발사하는 값싼 저궤도 우주왕복선을 엄청나게 비싸고 1년에 평균 네 번밖에 띄우지 못하는 로켓 추진 비행체 함대로 전환시킨다는 대담한 약속에서 비롯된 것이었다. 그나마도 이 비행체 다섯 대 중 두 대는 폭발해 우주 비행사들의 목숨을 앗아가기까지 했다. 이 셔틀 프로그램의 가장 큰 문제점은 재활용 가능성에 중점을 두었다는 데 있다. 하지만

재활용 로켓을 유지·정비하는 일은 소모성 로켓을 사용하는 것보다 훨씬 더 많은 비용과 시간을 필요로 한다는 것이 드러났다. 따라서 발사 횟수는 더 적어졌고, 비용 효율성은 더 떨어졌다. 또한 나사의 주요 발사 프로그램이 셔틀을 중심으로 돌아갔기 때문에 그 이후의 프로젝트들도 어려움을 겪을 수밖에 없었다. 화물칸의 규모와 중량이 특정 범위 안에 있도록 설계된 위성들은 발사가 연기되거나 취소됐다. 비용이 초과되면서 로켓 기술 연구와 개발을 위한 재정 지원도 줄어들었으며, 이는 나사의 우주 접근 비용을 점점 더 높이는 악순환 구조를 만들었다. 이젠 화성이나 달이 문제가 아니었다.

미국은 현재도 이 셔틀 프로그램 때문에 비싼 대가를 치르고 있다. 지난 2011년, 남아 있는 스페이스 셔틀 세 대를 은퇴시킴으로써 우주 공간에 인간을 보낼 능력을 말 그대로 완전히 상실했기 때문이다. 그 결과, 이제 미국은 우주 비행사 한 명을 우주로 보내려면 러시아에 8,000만 달러를 지불해야 한다. 국제우주정거장도 상황은 비슷하다. 1980년대 초 약 80억 달러 예산의 '우주정거장 프리덤' 계획으로 시작된 국제우주정거장 계획은 1,000억 달러 규모의 프로젝트로 불어났다. 그럼에

도그 공간은 우주 비행사 일곱 명이 겨우 들어갈 정도의 크기밖에 되지 않는다. 당초 비슷한 비용을 들여 만들 거라 예상했던 1만 명 규모의 우주 도시와는 아주 거리가 멀다. 국제우주정거장에 이렇게 많은 비용이 든 것은 막대한 셔틀 발사 비용과 국제우주정거장 자체의 부실한 설계 및 관리 때문이었다.

아폴로 계획 이후 나사가 인간 우주 비행에서 거둔 성과를 고려할 때 그들이 조만간 우리를 화성으로 데려다줄 가능성은 얼마나 될까? 예산 결정권을 가진 정치인 대부분은 실패로 끝난 재정적 지원, 너무 많은 비용을 잡아먹다 결국에는 끝없는 비용 초과를 감당하지 못해 취소 여부를 토론해야 하는 프로젝트들에 인내심을 잃기 시작했다. 게다가 미국은 정권이 4년 또는 8년에 한 번씩 바뀌기 때문에 나사는 그때마다 전열을 정비해 새로운 정권의 입맛에 맞춰야 했다. 그 결과, 인간의 화성 여행은 1970년대부터 지금까지 한결같이 '20년 후의 일'이 됐다. 실제로 이 책이 나온 시점(2020년) 기준으로 나사는 20년 후에 화성으로 인간을 보낼 계획을 세우고 있다.

우주 공간에서 작업을 하거나 노는 데 드는 비용과 나사가 진행한 최근 두 번의 유인 우주 비행 프로그램을 생각해보면 궤도에 도착하고 머물기 위해 필수적인 것은 견고한 계획이다. 결국 현재 떠오르는 것은 바로 이런 계획이다. 계획이 필요하다. 또한 이 계획은 현재를 1970년대, 1980년대, 1990년대, 2000년대와 구분 짓는 계획이다. 그 시절 인간의 일상적인 우주 비행은 현실이라기보다는 꿈에 가까웠다. 현재 인간의 우주 비행이라는 카테고리에는 나사 외의 주체가 워낙 많기 때문에 그 다양한 변화를 모두 따라잡기는 쉽지 않다. 이젠 그 많은 변화들이 영화에서 볼 수 있는 것에 그치지 않고 있다. 실제로 상업적인 투자가 이뤄지고 있으며 그 결과물들이 나오는 중이기 때문이다.

★ 인류가 우주로 진출하려는 이유

우주여행에서 선두 위치를 차지하고 있는 나라들은 지금부터 10년 안에 달이나 화성에 영구 정착지를 구축할 가능성이 높다. 하지만 그러기 위해서는 엄청난 노력과 대규모 재정 투자가 필요하다. 그렇다면 인간이 천체들을 대상으로 우주 탐험을 하는 이유는 무엇일까? 단지 멋져 보이기 때문은 아닐 게다. 그건 그럴듯한 이유가 아니다. 많은 미래학자와 우주 애호가들은 이 핵심적인 질문에 대해 깊이 생각하려 하지 않았다. 그들은 미래에 우리가 물리학 법칙을 거스르지 않는 첨단 기술로 달, 화성, 그리고 틀림없이 카이퍼 벨트(Kuiper Belt, 해왕성 궤도 밖에서 태양 주위를 돌고 있는 얼음과 운석들로 이뤄진 거대한 띠 모양의 집합체)까지 갈 수 있다고 꿈꿨다. 하지만 그들 중 누구도 왜 우리가 이런 탐험을 시작하는지, 누가 그 비용을 댈지, 그리고 어떻게 탐험을 할지는 깊게 생각하지 않았다.

역사에서 교훈을 얻자면, 국가나 개인이 거대한 프로젝트에 엄청난 현금을 투자하는 데는 세 가지 이유가 있다. 신 또는 왕을 향한 찬미, 전쟁, 그리고 경제적 보상을 얻을 수 있다는 전망이다. 미국 뉴욕 소재 하이든 천문관 관장인 천체물리학자 닐 더그래스 타이슨(Neil deGrasse Tyson)은 ‹발견으로의 길(Paths to Discovery)›이라는 글에서 이런 생각에 대해 다뤘다.

신에 대한 찬미는 피라미드나 대성당 등을 짓게 만든 원동력이다. 비슷한 이유로 왕들은 자신의 존엄을 드러내기 위해 궁전을 지었다. 현대에는 이 두 유형의 프로젝트가 그리 보이지 않지만, 대신 전쟁이 익숙한 투자 대상으로 남아 있다. 2003년 이후 미국은 이라크 전쟁, 아프가니스탄 전쟁과 그와 관련된 내란에 4조7,900만 달러 이상을 썼

다. 이 정도면 대규모 화성 탐사를 최소 40번 이상 진행해 화성에 영구 정착지를 건설하고도 남을 돈이다. 역사적으로 중국의 만리장성은 많은 자원이 들었지만 군사적인 관점에서 볼 때 필수적인 프로젝트였다. 전쟁과 관련된 다른 프로젝트로는 맨해튼 프로젝트, 미국 주간고속도로(필요할 경우 군사 장비를 수송하기 위해 건설됐다), 그리고 앞에서 언급한 아폴로 프로그램이 있다. 현대의 이러한 군비 지출은 경제 발전을 앞당기기도 했다. 하지만 그럼에도 불구하고 이 프로젝트들의 목적은 군사적인 것이었다.

파나마 운하나 콜럼버스, 마젤란, 그리고 루이스와 클라크의 여행은 경제적인 보상을 얻을 수 있다는 기대에서 출발한 사업이다. 정부는 이익을 얻을 수 있다는 희망을 갖고 탐험에 필요한 돈을 제공했다. 콜럼버스가 카스티야 왕가의 지원을 받았던 건 인간이 장애물을 극복할 수 있음을(그건 우리 DNA 안에 있다) 증명하기 위해서가 아니었다. 수익이 나는 무역로를 개척하고 가톨릭을 확산시키며(신에 대한 찬미), 포르투갈을 이기는 것(군사적인 목표)이 주된 목표였다.

인간의 우주 활동에 대한 관심이 높아지면 결국 우리는 우주에 영구 정

착지를 세우게 될 것이다. 여기엔 '전쟁'이라는 이유도 부분적으로 작용하겠지만 경제적인 이익을 얻으려는 목적도 있을 것이다. 전쟁이 유일한 동인이던 1960년대와 다른 지점이 여기에 있다. 전쟁도 우리를 달이나 화성에 데려다 줄 수는 있다. 하지만 우리를 계속 그곳에 머무르게 하는 것은 바로 경제적 지속 가능성이다.

★ 우주 전쟁의 2막이 시작되다

전쟁 맞다. 새로운 우주 경쟁이 우리 앞에 펼쳐져 있다. 중국은 우주에 분명하게 야심을 드러내고 있다. 중국은 자국의 우주 정거장들(복수라는 점에 유의)과 그곳에 사람을 실어 나를 로켓들을 가지고 있으며, 이는 미국을 비롯한 다른 나라들로 하여금 다시 달에 관심을 갖고 2030년까지 영구 정착지를 구축하도록 자극하고 있다. 만약 중국이 2032년까지 화성 정착지를 세우겠다고 발표한다면 미국은 어떻게 해서든 2031년까지 자국의 정착지를 세우기 위해 자금을 동원할 것이다. 현재로서는 1,000억 달러를 들여 화성 표면에 몇 달 동안 정예 요원 네 명을 배치할 정치적 이유가 없다. 그 돈이면 3억 미국 시민의 안전을 보장하는 미사일 방어 시스템에 투자할 수 있기 때문이다. 하지만 1957년 러시아 스푸트니크 사태

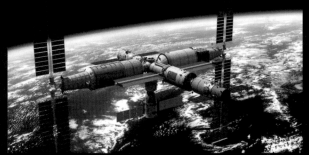

우주 전쟁 2막에서 미국의 가장 강력한 경쟁자는 단연 중국이다. 중국은 이미 실험용 우주정거장 톈궁 1호와 2호를 지구 궤도에 올렸고, 저궤도에 화물 25톤을 운반하는 초대형 로켓 '창정 5호'(왼쪽)로 정규 우주정거장 '톈허'(오른쪽)를 완성할 예정이다. 국제우주정거장은 2024년에 임무가 종료될 예정이기 때문에 곧 중국은 유일한 우주정거장 보유국이 된다. 미국은 자신들이 50년 동안 이뤄낸 우주 개발 성과를 중국이 20년 만에 따라잡고 있다는 데 매우 큰 위기감을 갖고 있다.

 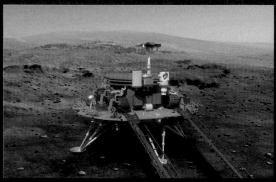

중국은 2020년에 최초로 달 남극 뒷면에 '창어 4호'를 착륙시켰다(왼쪽). 더 나아가 같은 해 12월에는 '창어 5호'를 이용해 달 토양 샘플을 회수하는 데 성공했다. 2024년에 소행성과 혜성을 동시에 탐사하는 '정허'를 발사할 예정이다. 2020년 12월에는 화성 탐사선 '톈원 1호'(오른쪽)가 창정 5B에 실려 성공적으로 발사되었다. 톈원 1호는 2021년 2월에 화성에 도착하며 지면에 로버를 착륙시키는 데 성공하면 중국은 미국에 이어 두 번째로 화성 착륙에 성공한 국가가 된다.

처럼 중국이 위협적인 행동을 한다면 우선순위는 바뀔 수밖에 없다.

경제적인 보상 측면에서 보면, 지구 저궤도에는 거의 확실한 이익이 있다. 관광과 자원 채굴 등으로 이득을 보는 게 가능하다는 뜻이다. 그리고 이러한 활동의 범위와 이익의 수준은 우주로의 접근 비용을 얼마나 낮출 수 있느냐에 따라 달라진다. 비용이 낮아질수록 투자에 따른 보상은 더 매력적인 것으로 변모할 것이다. 새로운 우주 경쟁은 이런 측면에서 도움이 된다. 투자자들은 접근 비용이 떨어질수록 더 많은 사람이 우주로 가게 되는 일종의 눈덩이 효과를 기대하고 있다. 이 과정에서 우주 공간의 인프라스트럭처가 확장되

면서 비용이 더 떨어지길 기대하는 것이다. 이런 뉴스페이스(NewSpace) 상황에서 가장 잘 알려진 로켓 회사는 스페이스 X겠지만, 십여 개 민간 기업들도 더 작고 더 경제성 높은 로켓, 나노샛(nanosat)이라 불리는 미니 위성을 비롯해 늘어난 인류의 우주 활동을 산업 영역으로 수용하기 위한 다양한 요소들과 서비스를 구축하고 있다.[2]

달을 넘어서면 이익의 불확실성은 더 커질 것이 확실하다. 이사벨라 여왕이 더 좋은 무역로 개척으로 더 큰 시장이 형성될 거라 믿었던 1492년과 달리, 화성은 수익성이 거의 없는 식민지다. 적어도 현재는 그렇게 보인다. 비용이 많이 들고 위험 수준이 높으며 투자수

익률이 낮으면 비즈니스 전략을 세울 수 없다. 하지만 비용이 적게 들고 위험 수준이 낮아진다면 화성에 정착해 무역을 할 수 있는 가능성이 생겨난다. 특히 미국과 중국 사이의 전쟁 수준의 우주 경쟁이 그 길을 닦는다면 그 가능성은 더욱 높아질 것이다. 바퀴가 굴러가고 엔진이 불을 뿜게 될 것이다.

정부와 민간 기업의 이 모든 활동은 단순한 희망 차원을 넘어 우리가 아주 가까운 미래에 성장 가능한 우주 기반 경제를 창출해낼 수 있으리라는 기대를 갖게 한다. 기업들은 정부와의 계약뿐 아니라 기업 대 기업의 활동으로 실제로 돈을 버는 상황이 오게 될 수도 있다. 지난 50년 동안 인간은 지구를 벗어나 먼 곳까지 가지 않았지만, 그럼에도 불구하고 많은 것을 배우고 이뤄냈다. 우리는 화성 표면에 자동화 로버(rover) 몇 대를 보내고 화성 궤도에 수많은 인공위성을 보냈다. 또한 우리는 화성 거주가 어려운 이유를 더 잘 파악하게 될 정도로 화성의 환경에 대해 아주 많은 것을 알게 됐다. 우리는 또한 토성의 위성인 타이탄에 탐사선을 착륙시키는 데 성공했다. 타이탄은 지구에서 화성까지보다 25배나 멀리 있는 위성이다. 대단한 업적이다.

요약하자면, 우리는 나사와 소련·러시아 우주국이 지난 50년 동안 쏟은 노력의 결과를 수확하고 있다고 할 수 있다. 부호들은 이미 우주 비행 티켓을 구매해둔 상태다. 2020년대부터 시작될 지구 궤도를 도는 호텔, 달 주변 관광 프로그램 등이 그것이다.

정부는 남극에서처럼 연구진이 몇 달 동안 달에 머물 수 있도록 하는 우주 수송 프로그램을 민간 기업에 위탁할 계획을 세우고 있다. 민간 기업 역시 달의 자원을 이용해 수익 창출을 하면서 정부의 의도에 호응할 계획을 세우고 있다. 우주 인프라스트럭처가 화성을 지원할 수 있을 정도로 확대됨에 따라 화성은 곧 우리 눈앞에 펼쳐질 것이다.

＊ 우주여행은 이미 시작됐다

이 책은 지금까지의 이러한 상황이 앞으로 어떻게 전개될지 설명하고자 한다. 새로운 세계에 정착하기 위한 실질적인 동기 부여 요소들과 정착을 현실로 만들 공학자, 과학자, 기업가들에 대해 탐구할 것이다. 허황된 희망, 워프 속도로 여행하는 텔레포트(순간이동)에 대한 환상, 지구 바깥에서 지구에서보다 호화롭게 살 가능성 등에 대해서는 말하지 않을 것이다. 우주 인프라스트럭처를 구축하는 일에는 순간적이거나 마술적인 요소가 있을 수 없다. 인간의 우주 활동은 경제적인 도전부터 시작해 물리적이고 생물학적인 도전들로 가득 차 있을 것이다. 하지만 결국 우주에서의 생활은 우리가 지금도 매일같이 영위하는 과학, 비즈니스, 레저의 자연스러운 연장선상에 있다. 물론 생물학과 경제가 허용하는 범주 안에서.

여행은 지구에서 시작된다. 제1장은 우리의 별 지구에서 가장 외계 행성 같은 환경 세 곳을 다룰 것이다. 첫 번째는 다음 보급품이 도착할 때까지 칠흑 같은 어둠 속에서 6개월 동안 분투를 벌여야 하는 남극이다. 두 번째는 해군 요원들이 한 번에 몇 달씩 독립된 공간에 격리돼 생활하는 핵잠수함이다. 세 번째는 과학자들이 화성과 비슷한 거주 조건을 만들고자 하는 사막의 고원이다. 여기에서 그동안 우리가 알아낸 것들을 정리한다. 제2장은 의학적인 현실을 점검함으로써 우리의 여행을 준비하는 장이다. 중력이 없고 우주 방사선이 넘쳐나는 환경에서는 오랫동안 생존하기 힘들 테니까. 과연 우리는 이런 문제를 극복할 수 있을까? 제3장에서는 지구 저궤도로 진입한다. 어떤 이들은 테크놀로지의 기적으로 보지만 또 어떤 이들은 잃어버린 기회 또는 엄청난 돈 낭비로 보는 국제우주정거장을 대체할 대안으로 떠오르는 것

은 무엇일까? 우주여행자들에게 한 주 동안의 전율을 제공할 팽창식 주거 모듈에서 한 걸음 나아가 더 많은 우주 노동자들과 영구 정착자들을 수용할 수 있는 영구적인 구조물을 만들려면 어떻게 해야 할까? 어떻게 우리는 우주에 진입할 수 있을까? 기존의 로켓을 통해? 아니면 우주 엘리베이터, 우주 후크(space hook) 또는 다른 기발한 아이디어를 통해?

제4장에서는 다시 달로 향한다. 틀림없이 남극 정착 기지를 모방하게 될 과학 기지가 세워지고 채굴과 관광이 정착을 매우 수익성 있게 만들 수 있는 곳이다. 그 돈의 흐름을 따라 제5장은 피할 수 없는 다음 단계인 태양계 내 소행성 채굴을 다룬다.

제6장의 주인공은 끝없는 매혹의 원천인 화성이다. 화성은 달에서의 과학 활동과 채굴 활동과는 대조적으로 인간이 가족과 생활할 의도를 가지고 실제로 정착하는 최초의 태양계 내 천체가 될 수 있다. 21세기의 마지막 시기가 되면 인간은 지구, 달, 화성에 이르는 가까운 태양계 전반으로 퍼져나갈 수도 있다. 그때가 되면 우리는 태양계의 더 깊숙한 곳으로 진입해 목성과 토성의 위성들에 접근할지도 모른다. 어쩌면 이 위성들에서 생명체를 발견하

거나 소규모 과학 기지를 건설할 가능성도 있다. 태양에 더 가까운 수성은 테크놀로지가 발전되면 놀라울 정도로 거주 가능성이 높은 곳이다. 한편 금성은 금성 표면의 구름 위에 팽창식 도시를 건설할 수만 있다면, 어떤 면에선 지구를 제외하고 태양계 안에서 가장 거주 가능성이 높은 행성이기도 하다.

수성 표면이나 목성과 토성의 위성에서 살 수 있는 방법을 완벽하게 고안해낸다면 천왕성이나 해왕성 같은 태양계 바깥쪽 행성들, 그 너머의 명왕성 같은 소행성들, 카이퍼 벨트 내 얼음 덮인 암석 같은 우주 깊숙한 곳까지 이어지는 길이 열린다. 이 모든 이야기는 제7장에서 우리를 다른 별로 데려다줄, 혜성이나 소행성으로 만들어질 우주 방주(方舟) 아이디어와 함께 다룰 것이다. 수백 년이 지난 후 우리의 운명적 선택이 될 수도 있는 아이디어다. 에필로그에서는 태양계 전체에 걸쳐 식민지가 건설되는 시기의 지구로 다시 돌아가 볼 것이다. 그 결과 우리의 지구에서 지내는 삶이 어떻게 변화할지 살펴볼 것이다.

자, 이제 과감하지만 신중하게, 그동안 아무도 가보지 못한 곳으로 가보자.

차례

CHAPTER 1.

지구: 인류가 달 너머로 진격하지 못한 이유들

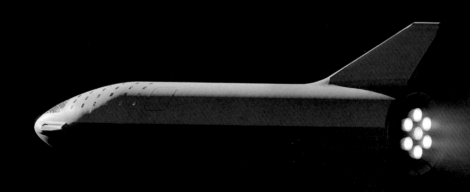

★   더없이 자애로운 지구의 매력

지구에는 여러모로 유리한 점이 많다. 일단 물과 온기가 있다. 이 둘
은 우리가 아는 다른 어떤 행성 또는 위성에도 없을 것으로 보이는 핵심
요소로서, 생명체 생존을 위해 필수적인 것들이다. 가령 명왕성에는 물
이 존재한다. 그것도 아주 많이 존재한다. 모두 얼음 상태다. 하지만 명왕
성에는 온기가 없다. 명왕성은 태양으로부터 너무 멀리 떨어져 있어서 태
양광은 희미한 빛에 불과하다. 금성에는 온기가 있다. 최고 온도가 500도
에 이른다. 이 정도 온도면 섭씨인지 화씨인지는 중요하지 않다. 금성에
는 더 이상 물이 존재하지 않기 때문이다. 금성은 가스 형태로 응축된 후
태양풍에 의해 갈기갈기 찢겨진 상태다. 따라서 현시점에서 지구는 물이
액체 또는 유체 상태로 존재할 수 있는 온도 범위를 유지하고, 이를 통해
생명체의 생존을 가능케 하는 태양계 유일의 행성이다. 목성과 토성의 일
부 위성들에는 화성처럼 얼음층 밑에 생명체를 품은 바다가 존재할 가능
성도 있다. 액체 상태의 물이 존재한다는 증거는 매우 강력하지만 그 물이
생명체 생존에 적당할지 여부는 아직 불투명하다.

지구에는 상상치 못할 다른 매력도 있다. 우선 대기가 존재한다. 대
기가 있는 천체는 그리 많지 않다. 지구의 대기는 적절한 수준으로 앞서
말한 온기를 유지하면서 그 온기를 순환시킨다. 달은 그렇지 않다. 달은
태양이 어느 쪽에서 비치는지에 따라 온도 변화의 폭이 수백 도에 이른
다. 공기를 잡아두고 바람을 일으키고 열기를 순환시킬 대기가 없기 때문
이다. 게다가 지구의 대기는 감마선과 엑스선을 비롯해 태양으로부터 오
는 자외선 대부분이 지구 표면에 닿지 못하도록 차단하는 역할도 한다. 자
외선은 세포 돌연변이를 일으키고 생명체가 땅에서 생존하거나 번식하지
못하게 만드는 광선이다. 또한 지구의 대기는 액체 상태의 물이 기체로 변
화하지 못하도록 압력을 제공한다. 화성에서는 여압복(대류권 위나 대기
권 밖의 우주를 비행할 때 입는 특수한 옷. 몸을 둘러싼 공간을 일정한 기
압으로 유지해 비행사를 보호한다)을 입지 않고 외부에 노출되면 혈액 내
수분이 몇 초 안에 '끓게' 될 것이다. 이런 면에서 볼 때 인간의 우주 정착
은 태양에서 멀리 떨어진 토성의 추운 위성 타이탄 쪽이 더 쉬울 수 있다.

타이탄에는 자연스럽게 느껴지는 압력을 제공하는 두터운 대기가 확실하게 존재하기 때문이다. 이 상황에서는 산소와 아주 따뜻한 옷만 있으면 된다(타이탄에 대해서는 제7장에서 자세히 다룬다).

지구에는 자기권도 존재한다. 자기권은 태양계 너머까지 뻗어나가는 태양 입자와 우주 방사선이 생명체를 파괴하지 못하도록 편향시키는 거대한 자기장이다. 또한 자기권은 대기가 태양 입자에 의해 쓸려나가는 것을 막아준다. 달과 화성은 어떨까? 이 천체들에는 자기권이 없다. 타이탄은 자체 자기권은 없지만 토성의 자기권이 타이탄 너머까지 뻗어 있어 어느 정도 보호를 받을 수 있다.

지구에는 아주 적절한 수준으로 존재하는 것이 하나 더 있다. 바로 중력이다. 국제우주정거장이 우주에서 사는 법에 대해 가르쳐준 게 있다면(사실 이거 하나밖에 없지만) 그건 무중력이 건강에 끔찍한 해를 끼친다는 사실이다. 무중력 상태에서는 뼈에서 칼슘이 빠져나오고 근육이 위축되며, 눈은 혈관이 약해짐에 따라 결국 작동을 멈추고 모양도 왜곡된다. 그밖에도 많은 일이 일어난다. 각각 지구 중력의 6분의 1, 3분의 1 정도인 달과 화성에서 인간의 건강을 유지시킬 수 있을까? 전혀 알 수가 없다.

당신도 느끼고 있겠지만, 지구는 마치 장갑처럼 우리 몸에 딱 들어맞는다. 드라이버는커녕 기타를 잡기도 거의 불가능한 두꺼운 우주복 장갑을 말하는 게 아니다. 손에 꼭 맞는 완벽한 장갑을 말하는 것이다. 지구는 인간을 위해 만들어졌다. 인간이 진화해온 곳이기 때문이다. 인간은 이 우주에서 어디로 가든 물, 온기, 산소, 방사선 보호 장비, 중력, 기압의 형태로 지구 내 요소를 어느 정도 가져가야 한다. 어쩌면 기타도 가져가야 할지 모른다.

✳ 우주에는 뭣 하러 가나

그렇다면 이제 왜 지구를 떠나 다른 곳에 살아야 하는지를 물어볼 차례다. 달이나 화성은, 그냥 여행을 가는 것뿐이라면 나쁠 게 없다. 하지만 지구가 제공하는 보호 장치들을 버리고 모든 위험을 감수하면서 이 천체들에 정착해 아이들을 키운다는 건 정당화할 수 없는 수준까지는 아니더라도 미친 행동이 아닐까? 혼자서 모험에 나서는 것과 가족과 함께 소행성으로 이주해 정착하는 것은 완전히 다른 문제다. 이는 우주 정착에 대해 제기할 수 있는 정당한 의문이다. 또 다른 의문은 지구에도 수많은 문제가 있는데 왜 군이 우주로 가는가이다. 정작 지구에서도 20억 명이 넘는 사람들이 깨끗한 물을 쓰지 못하는 상황에서, 달에 물이 있는지 확인하기 위해 천문학적인 비용을 들여 고작 몇 사람을 달로 보내는 것을 어떻게 정당화할 수 있을까? 이건 윤리적인 딜레마로 보인다. 국제우주정거장을 방문하는 우주인 한 명당 각 정부가 쓰는 비용만 해도 약 750만 달러나 되는 상황에서 이는 아무리 강조해도 지나치지 않을 문제이기도 하다.

하지만 우주탐사는 지구에 불행을 안겨주지 않으며, 인류의 문제를 회피하고 무시하는 것과도 거리가 멀다. 오히려 우주에서 사는 것은 지구에서의 삶에 도움을 줄 수 있다. 나는 우주과학이 곧 지구과학이며 처음부터 그렇게 되는 것이 목적이라고 굳게 믿고 있다. 공해와 온실가스 축적에 대한 우리의 지식은 우주 기반의 관찰 결과로부터 온 것이다. 통신·기상 위성을 가능케 한 우주 테크놀로지는 부유한 사람들뿐 아니라 모든 사람의 생활수준을 향상시켜왔다. 현시점에서 우주에 인간이 존재하는 것은 로봇과 다른 기계들의 존재와 대조적으로 우주 활동의 천문학적 가치 형성에 가장 큰 기여를 하고 있다.

나는 인류가 우주로 나아가야 하는 이유를 설명한답시고 우주여행 지지자들이 내놓는 주장 대부분을 별로 신경 쓰지 않는다. 이들의 주장 중 하나는 심각한 인구 문제와 관련된 것이다. 인구는 너무 많은데 자원은 너무 적다는 주장이다. 21세기 초반, 세계 인구는 70억을 넘어섰다. 유엔은 2100년이면 이 수치가 200억에 육박할 것으로 추정하고 있다. 하지만 인류가 어떤 이유로든 지구 아닌 다른 곳으로 갈 수 없다면, 지구 전체가 붕괴될 때까지 번식과 팽창을 지속하지는 않을 것이다. 최악의 시나리오라고 해봐야 식량과 물 부족, 또는 소규모 자원 전쟁이 일어나 일시적으로 분위기가 험악해지는 것 정도다. 인류는 존속될 것이다. 인구는 주어진 자원에 맞춰 자연스럽게 조절된다. 우주를 지구 인구를 줄이기 위한 수단으로 볼 수는 없다. 그보다는 인류 인구가 몇 조 또는 그 이상이 되는 것을 가능케 하는 공간으로 봐야 한다.

이번 세기에 펼쳐질 유력한 시나리오는 전 세계적으로 더 많은 이들이 빈곤에서 탈출하고 아이를 더 적게 가져 지구의 인구 증가 속도가 느려지는 것이다. 그게 현재의 추세다. 인구 통계학자들의 연구에 따르면 지역마다 기대 수명이 늘어나고, 여성의 식자율과 교육 수준이 올라가며, 아동 사망률이 낮아지고, 먹을 것을 기르거나 채집하는 데 필요한 대가족의 인력을 테크놀로지가 대체하면서 출산율이 떨어지고 있다. 현재의 인구대체율은 여성 1명 당 2.33명 정도로 안정적인 단계까지 낮아졌다. 또한 테크놀로지는 화석연료를 공해를 덜 유발하는 재생 가능 자원으로 대체하고 사막을 주거용과 농업용으로 개간하면서 식량 분배 시스템을 대폭 개선시키기 직전 단계에 와 있다. 우리가 효율성을 더 높이기만 한다면 지구는 수십억 인구를 더 수용할 수도 있다. 인구 탓으로 여겨지는 현재의 공해와 기아 문제의 진짜 원흉은 비효율성이기 때문이다. 미국에서는 식량의 40퍼센트가 폐기된다. 또한 미국은 미국 내에서 생산되는 에너지의 3분의 2 이상을 낭비하고 있다. 이 모든 일이 미국 한 나라에서 일어나고 있다. 개선의 여지는 얼마든지 있다.

핵심은 우주 식민지 개척이 인구과잉의 해결책이 되기에는 너무 비현실적이라는 데 있다. 우주에서 수십억 명(수십억 정도는 돼야 지구 인구를 줄이는 데 효과가 있다)이 살 수 있게 하는 기술이 개발되기 한참 전에 먼저 다른 해결책들이 나올 테니까. 정 그렇게 새로운 영토를 갖고 싶다면야 100조 명의 사람들을 수용할 자원을 갖춘 소행성 벨트가 있긴 하다(자세한 내용은 제5장 참조). 우와!

★　인류의 멸종 시나리오와 우주 진출

우주여행 애호가들이 인간은 '여러 행성에서 사는 종(multi-planetary species)'이 돼야 한다고 주장하는 또 다른 이유도 있다. 끝끝내 인재 혹은 자연재해가 인류를 말살하게 될 것이라는 예측 때문이다. 하지만 그런 일이 조만간 일어날 가능성은 낮다. 아무리 끔찍한 전염병도 인류를 말살한 적은 없다. 여시니아 페스티스(Yersinia pestis)라는 세균이 일으키

◆

는 흑사병은 유럽 인구의 절반 이상을 사망에 이르게 했고 중국에서도 창
궐했지만, 세계의 다른 지역들은 영향을 받지 않았다(이 지독한 전염병으
로 인한 세계관 변화에 의해 촉발된 것이 바로 르네상스다. 흑사병은 특히
이탈리아 피렌체에서 치명적이었는데, 12년 동안 피렌체 전체 인구의 60
퍼센트인 약 7만 명이 사망했다. 유럽인들이 아메리카 대륙에 전파한 천
연두 바이러스는 아메리카 대륙의 다양한 토착 집단을 거의 말살하다시
피 했다. 그래도 살아남은 사람들은 있었다. 한번 다른 동식물을 살펴보
자. 인간에 의한 멸종과 천체에 의한 멸종을 제외하면, 일반적인 멸종은
그 진행 속도가 매우 느리다는 걸 알 수 있다. 천적의 공격이 극심해지거
나 서식지가 손실되면 해당 종들은 새로운 종으로 진화하기 때문이다.

　광범위한 핵전쟁도 인류 대부분을 죽일 가능성이 있다. 하지만 그래
도 소수는 요새화된 벙커나 핵겨울의 영향을 덜 받는 남극과 북극 근처의
외딴 곳에서 살아남을 것이다. 대기·해양 과학자 오언 브라이언 툰은 핵
전쟁 이후 농업을 유지할 수 없을 정도로 지구가 어둡고 추워지면서 인류
의 90퍼센트가 굶어죽을 거라고 추정했다. 상상도 하기 힘든 끔찍한 시나
리오다. 하지만 그렇다고 해도 여전히 7억5,000만 명 정도는 살아남을 것
이다.[3] 1퍼센트만 살아남아도 수백만 명이 살아남는 것이다.

　만일 화성이 자급자족이 가능한 식민지 상태라면, 지구의 핵 재앙에
서 도피할 피난처가 될지도 모른다. 하지만 화성이 모행성인 지구에게 식
량이나 물품을 의존하지 않는 자급 경제 상태가 되려면 적어도 수백 년은
지나야 할 것이다. 언제가 됐든 시작은 해야 한다. 하지만 지금 당장 화성
식민지 건설을 급하게 시작할 필요는 없다. 실제로 화성 정착은 관련 테크
놀로지가 완전히 성숙했을 때 하는 것이 훨씬 쉬울 것이다. 무슨 말인고
하니, 만일 2050년에 현재로서는 상상할 수 없는 수준으로 3D 프린팅과
인공지능 기술이 발전해 이를 통한 즉각적인 식민지 건설이 가능해진다
면, 2050년이 아닌 2020년에 시작한 쪽에서는 '전체 200년짜리 일정에서
우리가 30년을 앞서갔다'고 좋아할 이유가 사라진다는 뜻이다. 한편, 우
리는 향후 세대에서는 핵 위협이 줄어들 거라고 기대할 수밖에 없다.[4] 그
렇게 되지 않으면 지구에 의존하는 화성 식민지는 이번 세기에 모행성인

지구가 파괴되는 광경을 공포 속에서 지켜보며 자신들도 붕괴될 날을 세게 될 수밖에 없으니까. 마치 돌아갈 벌집이 파괴된 벌들처럼 말이다.

　지구 생명체는 끊임없이 소행성의 위협을 받고 있다. 지구는 수없이 소행성의 공격을 받아왔으며, 지구 생명체가 생겨난 이래 대규모 충돌이 있을 때마다 광범위한 멸종이 일어났다. 지구와 확실하게 충돌할 예정인 거대한 소행성이 하나 있다. 충돌은 앞으로 10만 년 안에 일어날 것으로 추정된다. 하지만 100년 안에, 자급자족이 가능한 우주 식민지들이 건설되기 전에 우리는 소행성의 위협을 탐지하고 피할 수 있는 기술을 가지게 될 것이 거의 확실하다. 그 이전에 소행성이 지구로 떨어질 수도 있지만 그 가능성은 매우 희박하다. 또 만약 충돌이 일어난다고 해도 그것으로 인류가 멸종할 가능성이 있을까? 공룡들은 살아남는 법을 몰랐지만 인간은 알고 있다. 현재도 일부 부호들은 몇 년 동안 핵겨울을 견딜 수 있는 지하 벙커를 소유하고 있다. 선출직 관료들과 그 가족들도 마찬가지다. 불안과 피해망상에 떠는 사람들도 물품을 비축해놓고 어떤 형태로든 다가올 최후의 결전을 기다리고 있다. 이들은 화염으로 뒤덮인 세상에서 적어도 1년은 버틸 수 있을지 모른다. 인류 대부분은 사망하겠지만 극소수는 살아남을 것이다.

　2017년 매우 커다란 '물체'가 태양계에 진입해 지구 옆을 지나가는 흥미로운 사건이 있었다. 공식 명칭은 1I/2017 U1, 별명은 '오우무아무아(Oumuamua)'인 이 물체는 길이 400미터의 시가 모양 암석인데, 성간 공간에서 왔으며 아서 C. 클라크의 1973년 소설인 《라마와의 랑데부(Rendezvous with Rama)》에 나오는 미스터리한 외계 우주선을 떠올리게 한다. 이 물체가 지구에 부딪혔다면(별로 가깝게 접근하지도 않았다) 충돌 지점 주위 반경 100킬로미터 안의 모든 생명체가 불타고 그 훨씬 너머에서도 심각한 파괴가 일어났을 것이다. 하지만 충돌했다고 해서 인간이 멸종하지는 않았을 것이다.

　또 하나의 위협은 기후 변화다. 실재적이고 무시무시한 위협이다. 유엔에 따르면 현재 기후 변화는 날씨 패턴을 변화시키고, 해수면을 상승시키며, 극단적인 기상 현상을 증가시키면서 모든 대륙 모든 나라에 영

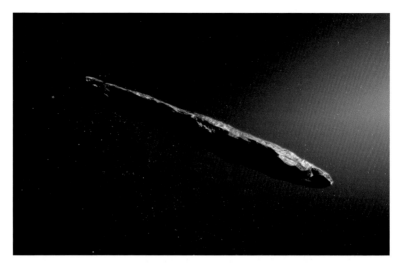

최초의 성간 침입자로 확인된 오우무아무아가 미지의 태양계에서 발원해 우리 태양계를
지나는 모습을 그린 상상도. 소행성처럼 생긴 이 특이한 물체는 2017년 10월 19일에 발견됐다.
미래의 인간 세대들은 태양계를 지나는 소행성 중심에 깊고 안전하게 만들어진 도시를 세우고
소행성과 함께 다른 항성계로 이동할 가능성이 있다.

향을 미치고 있다. 이 모든 현상은 식량 안보를 위협하고 깨끗한 물에 대
한 접근을 저해하고 있다. 최악의 경우 2100년 지구 평균 온도는 섭씨 4도
(화씨 7.2도) 이상 올라갈 수 있다. 이 정도 온도차는 작아 보이지만 실제
로는 엄청난 변화다. 극지방의 만년설이 녹고, 해수면이 대규모로 상승할
것이다. 미크로네시아의 작은 섬들을 비롯해 여러 곳이 물에 잠기고, 해
안 지역 대부분이 침수돼 사람이 살지 못하게 될 것이다. 숲은 건조해져
타들어갈 테고, 수억 명의 난민들이 현재는 사람이 거의 살지 않는 남극과
북극 지방으로 피난을 갈 것이다. 하지만 그렇다 해도 이것이 인류의 종말
은 아닐 것이다. 게다가 우주로의 도피에는 꼭 필요한 게 있다. 충분한 돈
과 우주 정착지를 건설하고 유지시킬 수 있는 유능한 정부. 그런데 위의
시나리오를 생각해보면, 세계 시장은 너무나 큰 혼란에 빠지기 때문에 아
무도 지구를 떠나 우주 정착을 할 정도의 자금 여유가 없을 것이다. 게다
가 지구가 도울 만한 상황이 아닌 상태에서 지구에 의존하는 화성에 정말
살고 싶을지도 생각해봐야 한다.

그렇다면 기후 변화에도 핵전쟁이나 소행성 상황과 동일한 논리가 적용된다. 지구가 멸망하더라도 스스로 번성할 수 있는, 자급자족 능력을 갖춘 우주 정착지를 구축하려면 적어도 100년은 기다려야 한다는 것. 하지만 100년 후 우리가 우주에서 집단으로 살 수 있는 기술을 가지게 되면 그때는 기후 변화 효과를 약화시키거나 심지어 뒤집을 수 있는 기술을 보유했을 가능성이 높다. 초고효율 태양에너지 패널, 핵융합, 이산화탄소를 제거하는 지구 공학 기술 따위를 말이다. 이 말인즉, 우리가 화성이나 달을 테라포밍(terraforming, 지구 외의 다른 천체에 지구 생물이 살 수 있는 환경과 생태계를 구축하는 것)할 수 있는 기술을 가지게 되면 지구를 원상태로 되돌릴 수 있는 기술도 가지게 된다는 뜻이다. 테라포밍이 된 에덴동산이나 안락한 돔 정착지에 살 수 있다는 말은 지구에서도 같은 방식으로 살 수 있다는 의미이다. 우주 진출이라는 선택지는, 물론 할 수만 있다면 좋겠지만, 인류를 기후 변화에서 구하기 위해 꼭 해야 하는 일은 아닐 것이다.

지구 생명체에게 정말로 현실적이고 불가피한 위협 중 거의 논의되지 않은 것이 있다. 지구 주변 감마선 폭발의 직격탄을 맞을 확률이다. 감마선 폭발은 먼 은하에서 블랙홀을 형성하는 대형 항성들의 내파나 두 개의 중성자별 융합 같은 격변 사건들에 의해 촉발되며, 거의 매일 탐지되는 현상이다. 만일 반경 7,000광년 이내의 우리 은하 어딘가에서 지구 쪽을 향한 폭발이 일어날 경우 지구를 보호하는 오존층 대부분이 즉각적으로 고갈되는 동시에 산성비가 만들어질 것이다. 또한 지구 온도가 빠르게 떨어지고 살균 효과가 있는 자외선이 유입됨에 따라 수많은 종들이 멸종할 수 있다. 해양 생물종의 70퍼센트를 사라지게 만든 4억4,000만 전(공룡을 멸종시켰다고 추측되는 소행성 충돌 훨씬 전이다) 오로도비스기 멸종의 원인이 바로 이 감마선 폭발일 가능성이 있다. 소행성은 방향을 바꿀 수 있지만 감마선 폭발은 막을 수 없다. 실제로 감마선을 관찰한다면 몇 밀리 초 안에 관찰자는 죽을 것이다. 우주 기반 탐지기에 고에너지 광자가 탐지되는 순간 상황은 이미 끝난 것이다. 위로가 될지는 모르겠지만, 가까운 미래에 이런 일이 일어나 가능성은 극히 낮다. 또한 지역 우주를 모니터해 근처의 큰 항성이 죽기 직전이라는 걸 알아낼 수 있게 될지도 모른다.

2017년 저명한 이론물리학자 스티븐 호킹은 100년 안에 지구를 벗어나지 않으면 인류는 종말을 맞을 것이라고 말했다. 새로운 보금자리를 1,000년 안에 찾아야 한다는 그의 2016년 선언의 개정판이라고 볼 수 있는 발언이다. 호킹이 언급한 것은 전쟁과 전염병이었다. 훌륭한 사람이다. 2018년 3월 세상을 떠난 뒤에도 확실히 찬사를 받을 만한 사람이다. 하지만 인간이라는 종을 그렇게 빨리 멸절시키는 시나리오가 가능하려면 할리우드 스타일의 스릴러 작가가 있어야 한다. 이론적으로는 가능하지만 별로 그럴듯하지 않다는 뜻이다.

비슷한 말을 위대한 칼 세이건도 했다. 그는 «창백한 푸른 점(Pale Blue Dot)»에서 "모든 문명은 우주로 나아가거나 소멸한다"라고 말했다. 하지만 그 말도 그리 정확하지는 않다. 인간은 인간이 하는 행동과 상관없이 멸종할 것이다. 인간은 진화 과정을 거치면서 뇌가 더 작아져 커트 보니것(Kurt Vonnegut)이 소설 «갈라파고스»에서 묘사한 것 같은 물고기를 잡는 수생 동물 모양으로 변할 수도 있다. 그는 소설에서 커다란 뇌가 인간의 장점이라는 주장에 의문을 제기한다. 더 실현 가능성 높은 일은 우리가 고등한 종으로 진화하는 것이다. 개인적인 의견을 말하자면, 호모 에렉투스나 호모 하이델베르겐시스가 그랬던 것처럼. 100만 년 후 다른 항성계 주변의 행성들에서 살게 될 인간의 후손은 더 이상 인간이 아니리라. 우리는 새로운 종으로 분화해 있을 것이다.

따라서 인간 종에 대한 확실한 생존 위협이 현재 분명히 존재한다고 해도, 서둘러 우주 정착지를 건설해야 할 필요성이나 동기가 충분하다고 보기는 어렵다. 이른 시일 내의 우주 정착은 과학소설이나 종말론에서 다룰 문제다. 급하게 우주로 모험을 떠나야 하는 실용적인 이유는 전혀 없다. 실제로 우리가 지구 표면에서 400킬로미터, 즉 지구에서 달까지 거리의 1,000분의 1 거리에 있는 국제우주정거장을 제외하면(그걸 우주라고 불러도 된다면) 현재 우주에 정착하지 않는 이유도 바로 이것이다(초등학교 시절 늘 보던 지구본을 떠올려보자. 국제우주정거장은 지구본 표면에서 겨우 몇 밀리미터밖에 떨어져 있지 않다고 보면 된다. 뉴욕에서 워싱턴 DC 정도의 거리밖에 안 된다).

하지만 인간의 우주탐사를 촉진하는 무시할 수 없는 요소 중 하나는 호기심, 즉 탐사 욕구이다. 인류 중 일부는 한계의 유혹을 받아 모험을 떠난다. 에베레스트산 원정으로 잘 알려진 산악인 조지 맬러리의 말과 통찰을 완전히 다른 대륙에도 적용한다면, 애초에 인간이 남극으로 간 이유는 단 하나밖에 없다. "남극이 거기 있으니까." 인간이 남극 대륙으로 가 남극점까지 탐험한 것은 이익을 얻기 위해서가 아니라 순수한 도전 의식과 호기심 때문이었다. 각 국가들이 군사적인 목적으로 남극 대륙에서 앞다퉈 존재감을 드러내기 시작한 것은 1950년대가 돼서다. 나는 이 움직임을 '얼음 경쟁'이라 부르는데, 우주 경쟁이 시작되기 10년 전 이야기이다. 남극 대륙에서 얻을 수 있는 이익이 더 많았다면 지금쯤 그곳에는 더 많은 나라가 진출해 있었을 것이다. 어쨌든 인류가 처음 남극 대륙으로 간 것은 호기심과 도전 의식 때문이었음은 부정할 수 없다.

왜 에베레스트산 꼭대기에 오를 생각을 했냐는 질문에 맬러리가 내놓은 "산이 거기 있으니까"라는 유명한 답변이 처음 알려진 것은 1923년 3월 18일 자 《뉴욕타임스》를 통해서였다. 당시 기자는 맬러리에게 그전의 원정으로 금전적 이익을 얻었는지, 또 정상을 정복하는 것이 과학적인 가치가 있는지도 물었다. 맬러리는 이렇게 답했다. "첫 번째 원정에서는 매우 가치 있는 지질학적 조사가 이뤄졌다. 첫 번째와 두 번째 원정 모두에서 지질학적·식물학적 관찰과 표본 수집을 했다." 하지만 과학 목적의 조사를 부수적인 것으로 여겼던 맬러리는 이어 "에베레스트는 세계에서 가장 높은 산이고, 그 정상에 오른 사람은 아무도 없다. 에베레스트 자체가 도전의 대상이다. 내 대답은 본능적인 것이다. 우주를 정복하고자 하는 인간 욕망의 일부라고 난 생각한다"라고 말했다.

그로부터 1년 후 맬러리가 에베레스트 정상 정복을 시도하다 사망했다는 점에 주목할 필요가 있다. 에베레스트산이 정복된 것은 다시 19년이 흐른 뒤인 1953년의 일로, 그 영광의 주역은 에드먼드 힐러리와 텐징 노르가이였다. 이후 수천 명의 산악인들이 정상에 오르는 데 성공했다(그 과정에서 200명 이상이 목숨을 잃었다). 맬러리의 정신이 그들에게 용기를 준 것이다. 또한 나는 맬러리의 정신이 우주가 그저 거기 있다는 이유로 나아가는 인간들에게 끊임없는 용기를 줄 것이라고 생각한다.

지구 해수면 기준으로 가장 높은 에베레스트산. 이 산 정상에 다다르는 것은 궁극적인 인간의 노력을 상징하게 됐다. 하지만 그 누구도 에베레스트에서 살지는 않는다. 태양계 내의 달, 화성 등 다른 천체들도 그저 "거기 있기 때문에" 정복의 대상이 될까? 아니면 사람들이 그곳에서 살게 될까?

하지만 모험을 떠나는 것과 머물러 식민지를 개척하는 것은 전혀 다른 이야기이다. 에베레스트산 정상에서 사는 사람은 없다. 마찬가지로 우리는 화성이 거기 있고 우리에게 도전 의식을 불러일으키기 때문에 화성으로 가 깃발을 꽂고 돌아올 수는 있지만, 그곳에서 계속 살 이유가 없다면 살지 않을 것이다.

✳   우주 생활을 위한 연습게임

앞에서 살펴봤듯이, 우주로 모험을 떠나려면 공기, 물, 식량 그리고 다양한 보호 장비의 형태로 어느 정도 지구의 요소를 가져가야 한다. 우주 여행을 준비하기 위해 연구자들은 우주에서 어려움을 줄 수 있는 자연적 또는 극단적 요소들을 지구 기반 실험을 통해 응축시키려 시도하고 있다.

다시 말하면, 우주를 지구로 가져오는 작업이다. 이를테면 남극기지 같은 동떨어진 환경의 춥고 비좁고 고립된 상황의 압박을 견디면서 사람들이 어떻게 작업을 수행하고 상호작용하는지를 알아보는 실험 같은 것이다.

　남극 대륙의 발견과 그에 이은 탐험으로 우리는 우주 탐험에서 어떤 일이 발생할지 아주 잘 예측할 수 있게 됐다. 아리스토텔레스 같은 사람들은 이미 2,000년도 더 전에 이 얼음 덮인 대륙의 존재에 대해 생각하기 시작했다. 지구는 대칭을 이루고 있을 것이라는 추측과 남반구에도 북반구에서처럼 땅이 반드시 있어야 한다는 생각만으로 그런 발상을 한 것이다. 당시 '미지의 남쪽 땅(Terra Australis Incognita)'이라 불리던 이 땅은 그후 1,000년 동안 탐험가들을 매혹시켰다. 아리스토텔레스는 운이 좋았다. 비록 땅은 대칭적으로 분포돼 있지 않았지만 그럼에도 남극 대륙은 '아래쪽' 어딘가에서 발견되길 기다리고 있었으니까. 제임스 쿡 선장은 1773년과 1774년에 남극권(남위 66도 33분의 지점을 이은 선) 밑으로 배가 내려가면서 섬들을 목도했다. 남극 대륙 근처까지 간 것이다. 1821년 남극 대륙을 처음 발견했다고 널리 알려진 사람은 독일 혈통의 러시아 해군 장교 파비안 고틀리프 타데우스 폰 벨링스하우젠이다(영국의 에드워드 브랜스필드와 미국의 너새니얼 파머가 1820년 서로 독립적으로 남극 대륙을 목격했을 가능성도 물론 있다).

　발견 초기에는 해양 기반 탐험이 뒤를 이었다. 그리고 19세기 말이 되면서 남극 대륙의 윤곽이 지도에 그려지기 시작했다. 이후 1897년에서 1917년까지 남극 탐험의 영웅시대(Heroic Age of Antarctic Exploration)가 펼쳐졌다. 이제 지도에는 남극 대륙의 내부 지역까지 그려졌고, 자극(磁極)과 지자기극(地磁氣極)이 모두 발견됐다. '영웅'이라는 말을 쓰는 이유는 당시 많은 탐험가들이 탐험 과정에서 목숨을 잃었기 때문이다. 1911년 로알 아문센의 남극점 발견 33일 뒤 남극점을 발견했지만 돌아오는 항해에서 사망한 로버트 팰컨 스콧과 그의 탐험대원들처럼. 이 시대는 어니스트 섀클턴이 최초로 남극 대륙 횡단을 시도하면서 끝났다. 횡단은 목표를 이루지 못했지만 섀클턴이 이끈 탐험대원들의 용기 있는 행동과 생존 노력은 후대 탐험가들에게 영감을 불어넣었다.

 그 뒤 항공 기술, 내구성 장비 같은 새로운 기술로 영구적인 과학 기지 구축이 가능해지기 전까지는 50년간 탐험이 그다지 이뤄지지 않았다. 그러다 한층 영구적인 형태로 탐험이 재개된 것은 지정학적 이유 때문이었다. 20세기 초, 남극 대륙을 탐사했던 많은 나라가 그러했든 독일도 고래 기름을 확보하기 위해 고래잡이 기지를 구축하려 했다. 고래 기름은 마가린, 윤활유, (니트로글리세린 제조용)글리세린 생산에 쓰인다. 때는 1937년, 전쟁의 기운이 감돌던 시기였다. 독일은 노이슈바벤란트라는 지역을 개척했다. 하지만 이 작업은 별로 성공적이지 못했다. 고래잡이 기지를 구축하지 못했기 때문이다. 그렇지만 남극에 가까운 아르헨티나와 독일이 원만한 관계를 유지하고 있는 상황에서 이런 움직임은 영국을 불편하게 했다. 1943년 영국은 남극 대륙에 대규모 영구 기지를 구축하려는 목적으로 타바린 작전을 시작했다. 이 작전은 제2차 세계대전 이후 다시 일종의 영토 확보 경쟁, 즉 얼음 경쟁을 촉발했다. 그 후 10년 동안 남극에 가까운 칠레와 아르헨티나도 소련, 노르웨이, 스웨덴, 프랑스, 미국의 뒤를 이어 기지를 세웠다.

 남극 상황이 가열되고 있었다. 1959년이 되자 십여 개 나라들이 단지 이 게임에 발을 담그기 위해서 땅 소유권을 주장하고 나섰다. 하지만 이 나라들 대부분은 이 게임이 어떻게 전개될지 전혀 모르고 있었다. 남극 대륙에 어떤 쓸모가 있을까? 답은 분명치 않았다. 수십 년을 탐사한 결과 얻은 것은 석탄과 석유 같은 광물자원뿐이었다. 하지만 혹독한 기후, 세계의 다른 지역과 멀리 떨어진 위치 때문에 이런 자원들은 비용과 위험성 면에서 채굴 채산성이 비현실적으로 낮았다.

 그럼에도 불구하고 냉전 시대에 접어들자 땅은 힘을 의미하기 시작했고, 긴장이 고조됐다. 특히 유럽의 식민지였던 칠레와 아르헨티나는 북반구 강대국들의 등쌀에 시달렸다. 남아메리카 남단에서 남극 대륙까지의 거리는 1,200킬로미터밖에 되지 않는다. 뉴질랜드나 호주에서 남극 대륙까지의 거리의 5분의 1 수준이다. 충돌 가능성이 대단히 높았던 당시 남극에 상당한 관심을 가진 열두 개 나라가 1959년에 남극조약을 체결한 것은 꽤나 주목할 만한 일이라고 할 수 있다. 남극조약은 남극 대륙에서의 군사 활동을 금지하고, 남극 대륙을 과학적 연구를 위한 보존 지역으로 남겨두도록 규정하고 있다. 2015년 현재 50개국 이상이 이 조약에 서명한 상태이다.

남극과 달이 묘하게 비슷하다는 걸 눈치챘을지 모르겠다. 둘 다 먼곳에 있고, 위험하며, 자원이 풍부하고, 그 자체가 자연적인 실험실이다. 또한 깃발, 기지 또는 정착지를 세우면 국가에 자부심을 안겨주는 곳이기도 하다. 남극에 첫발을 디딘 후 영구 기지를 세우는 데는 50년 정도가 걸렸다. 달에 첫발을 디딘 후 영구 정착 계획을 세우기까지도 50년이 걸렸다. 놀랍지 않은가?

남극과 달 사이의 유사성을 언제 처음 알게 됐는지는 확실하지 않지만 남극이 달의 이해하기 위한 틀이 된 것만은 확실하다. 전에는 '달과 기타 천체를 포함한 외기권의 탐색과 이용에 있어서의 국가 활동을 규율하는 원칙에 관한 조약'이라는 긴 이름으로 알려졌던 우주조약은 남극조약과 흡사하다. 우주조약은 달 탐사 경쟁 시기에 만들어졌다. 각 나라들이 (달의) 땅을 확보하고 군사기지를 세우기 위해 무한 경쟁을 벌일 무렵이다. 우주조약 제2조는 "달과 기타 천체를 포함한 외기권은 주권의 주장에 의하여 또는 이용과 점유에 의하여 또는 기타 모든 수단에 의한 국가 전용의 대상이 되지 아니한다"라고 규정하고 있다. 우주조약은 본질적으로 달이 남극과 같은 거대한 과학 실험실이 되도록 유도하는 근거이다(우주를 상업화하려는 노력을 우주조약이 방해한다고 생각하는 사람도 있다. 뒤에서 다룬다). 달에서 작업하는 것이 남극에서 작업하는 것과 똑같을 거라고 생각할 이유는 충분하다. 최소한 초기 단계에서는 그렇다. 관광을 할 수도 있을 것이다. 남극이 달과 우주탐사를 위한 훌륭한 시험대가 되는 이유가 여기에 있다. 더 자세히 살펴보자.

✳   얼음 위에서 살아남기

남극 대륙은 지구상에 마지막으로 남은, 아직 개척되지 않은 대륙이다. 물론 사람이 살고 있긴 하다. 거의 해가 비추지 않는 겨울에는 약 1,000명, 여름에는 약 4,000명이 살며 12월과 2월 사이에 피크를 이루긴

◆

하지만 상주인구는 없다. 어떤 이들은 거의 또는 완전히 어둠에 덮이는 6개월 동안 과학 기지 유지를 도우면서 1~2년 머물다 돌아가기도 한다. 지난 몇 십 년 동안 어업 기지를 세운 나라들도 있다. 그렇다 해도 사람이 계속해서 살지는 않았다. 《메리엄 웹스터 사전》의 정의에 따르면 남극 대륙은 "새로운 지역에 살지만 모국과 관계를 유지하는 사람들의 무리"를 가질 때만 "식민지화"됐다고 말할 수 있다. 하지만 남극에서는 아무도 가족과 함께 살지 않는다. 나는 이 가족이라는 개념이 과학 기지나 업무를 위한 정착지와 구분되는 '식민지'라는 말의 정의에 훨씬 부합한다고 생각한다. 내 생각에 식민화란 어른들이 살면서 일하고 가정을 꾸리는 공동체를 구축하는 것이다.

아르헨티나와 칠레가 어떤 식으로 남극 식민화 권리를 주장하는지를 여기서 말하는 것은 그리 중요치 않을 것이다. 남극 땅에 대한 권리를 확실히 하기 위한 방편으로 이들 나라는 남극 대륙에 각각 민간 기지를 구축했다. 남극 과학 기지 중 민간 기지는 이 둘뿐이다. 칠레는 자국의 기지, 비야 라스 에스트렐라스를 타운이라 부르고 있다. 칠레 사람들은 근처의 비민간 과학 기지를 유지·보수하면서 거기서 겨울을 지내기도 하지만 몇 년 이상을 머물지는 않는다. 아르헨티나는 1977년에 에스페란자 기지에 다섯 가구를 이주시켰으며, 1978년에는 남극 대륙 최초로 에밀리오 팔마라는 아이가 태어났다. 하지만 비현실적인 몽상에 가까웠던 이 '식민지'는 곧 해체됐다. 남극 대륙에는 교회도 여덟 곳 있다. 가톨릭 성당 네 곳, 동방정교회 성당 세 곳, 초교파 교회 한 곳이다. 하지만 사제는 다른 노동자들처럼 1~2년만 머문다.

남극 대륙에는 어떤 사람들이 갈까? 달에 가는 사람들과 같은 유형의 사람들, 이를테면 과학자, 공학자, 모험이나 탈출을 꿈꾸는 고달픈 노동자, 돈 많은 관광객 등이다. 몇 달 동안 머무는 사람도 있고, 몇 년 동안 사시사철 기지의 유지·보수를 하며 체류하는 사람도 있다. 남극 대륙에는 약 30개 나라가 세운 과학 기지가 70개 있는데, 그중 1년 내내 가동을 하는 곳은 45개다. 그 가운데 단언 최대 규모의 기지는 미국이 운영하는 맥머도 기지로 여름에는 약 1,200명, 겨울에는 약 250명이 근무한다. 남극 대륙에서 이뤄지는 과학 활동의 범위는 천문학에서 동물학까지 매우 다양하다. 이곳에서 이뤄진 실험 중 일부는 지구의 다른 어떤 곳에서도 할 수 없는 것들이다. 질량이 없다시피 한 기본 입자인 중성미자가 남극에 있는 1킬로미터 두께의 순수한 얼음을 통과하는 것을 관찰하는 아이스큐브 중성미자 천문대가 대표적인 예다. 또한 얼음 속 깊숙이 갇혀 있는 이산화탄소를 비롯한 다른 분자들을 분석해 거의 100만 년 전의 기후를 알아낼 수도 있다. 가장 흥미를 끄는 곳 중 하나는 보스토크호(湖)로, 지구에서 가장 추운 지역에 위치한 4킬로미터 두께의 얼음 밑에 있는 액체 호수다. 이 호수에서 물을 채취하기 위해 애써온 과학자들은 물 표본에서 생명체의 흔적을 발견해냈다(채취에 사용한 드릴 자체에 세균이 묻어 들어갔을 가능성도 배제할 수는 없지만 말이다). 보스토크호는 목성의 위성 유로파나 토성의 위성 엔셀라두스의 얼음 덮인 바다처럼 수백만 년 동안 얼음 밑에 봉인된 상태다. 그곳에 생명체가 있다면 저 먼 우주에도 생명체가 존재할 가능성이 높아진다.

남극 대륙은 또한 화성에서 떨어져나온 운석을 찾기가 가장 쉬운 곳이기도 하다. 온통 흰색뿐인 남극 대륙에서 어두운 색깔의 화성 암석은 눈에 잘 띄기 때문이다. '앨런 구릉 84001'로 불리는 지역에는 미세한 외계 생명체의 화석처럼 보이는 물체들이 분포하고 있다. 대부분의 과학자들은 증거가 설득력이 없다는 입장이긴 하지만 말이다.

2014년 4월 22개국 과학자와 정책 결정자들은 남극과학연구위원회를 열어 향후 수십 년 동안의 남극 연구를 위한 우선순위를 결정했다. 위원회는 기후학과 천문학을 포함한 여섯 개 사항에 합의했다. 모든 남극 과학 연구의 자연스러운 부산물은 극한 환경에서 어떻게 살고 일할 것인지에 대한 지식이 된다. 달과 그 너머에서의 생활에 바로 적용될 수 있는 지식이기도 하다. 겨울에 아문센-스콧 남극기지에서 일하는 요원 50명이 얼마나 힘들지 생각해보자. 해는 3월 22일쯤 져서 9월 21일에야 다시 뜬다. 그 기간에는 아무도 남극을 오가지 않는다. 2월 중순부터 10월 말까지는 비행기조차 오지 않아 보급품도 받을 수 없다. 날씨가 너무 혹독해 비행이 불가능하기 때문이다. 기온은 영하 73도까지 떨어지고 강풍이 기지를 흔든다. 바람에 날려 쌓인 눈 더미에 옴짝달싹 못하는 상황을 피하기 위해 기지는 지면보다 높은 위치에 건설된다. 외부 작업, 특히 어두운 겨울에 작업을 하려면 우주복처럼 두껍고 무거운 복장을 해야 한다.

남극기지에서 지내는 것은 편할지는 몰라도 긴 겨울 동안은 조금 지루하다. 아문센-스콧 남극기지는 비교적 겨울 요원이 많아 지루함이 덜할 것이다. 러시아의 보스토크 기지는 겨울에는 요원이 열세 명까지 준다. 노르웨이의 트롤 연구 기지 요원은 여섯 명밖에 되지 않는다. 이 정도면 화성 탐사를 하기에 딱 알맞은 숫자로, 끔찍한 고립 상태에서 예의와 생산성을 유지하는 법을 배울 수 있는 숫자이기도 하다. 인터넷이 있어서 다행이긴 하지만 연결 속도가 느리고 불안정하다.

기분을 좋아지게 만드는 요소 중 하나는 음식, 특히 신선한 음식이다. 내가 2005년 국제노동기구를 위해 일터와 음식에 대해 쓴 책에서 맥머도 기지의 음식 서비스에 대해 언급한 적이 있다. 맥머도 기지도 다른 남극기지처럼 한여름인 11월부터 2월까지 신선한 음식을 주로 뉴질랜드에서 공수한다. 좋은 세상이다. 음식은 맛있고 공짜다. 외딴 일터에서 좋은 음식을 먹는 것이 사기를 높여준다는 사실을 경영진이 잘 알고 있기 때문이다. 전 세계의 외딴 곳에서 채굴 작업을 하면서 얻은 교훈이다. 하지만 겨울에는 신선한 음식을 공급하기가 매우 어렵다. 적어도 7개월 동안은 공급 자체가 이뤄지지 않는다. 겨울 요원들은 건조 음식, 통조림, 냉동 음식에 의존해야 한다. 신선한 채소는 씹는 맛이 있어 기분을 좋게 만드는데 이런 음식들은 그런 맛이 없다.

기계 조작 등 못하는 게 없는 식물학자 필 새들러는 신선한 음식을 공급하기 위해 1990년대에 맥머도 기지에 수경 재배용 온실 실험을 시작했다. 이 실험으로 나중에는 200제곱미터 규모의 온실을 만들 수 있었다. 이 온실은 한겨울 동안 한 달에 최대 145킬로그램의 음식을 생산해냈다. 녹색 잎채소, 토마토, 오이, 딸기, 멜론 같은 과일과 채소가 온실 내 LED 빛을 받으며 자랐다. 이 온실은 2013년까지 유지됐다. 그해 미국 국립과학재단이 맥머도 기지까지 이어지는 겨울 항공편을 구축해 더 이상 온실이 필요 없어졌기 때문이다. 이제 신선한 음식을 공수할 수 있게 된 것이

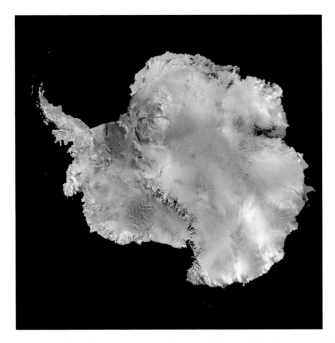

우주에서 본 남극 대륙. 이 얼음으로 덮인 대륙은 호주 대륙의 거의 두 배 크기지만 거주 인구는 4,000명이 안 된다. 그것도 모두 임시 거주다. 화성은 더 춥고 더 건조하며, 들이마실 산소와 적절한 기압도 없다. 인간은 이 모든 문제에도 불구하고 화성 정착을 선택할까?

다. 한편 아문센-스콧 남극기지에는 아직도 온실이 있다. 제대로 된 이름은 성장 챔버(growth chamber)인데, 태양광이 아닌 인공조명에 전적으로 의존한다. 이 성장 챔버 역시 새들러의 작품으로, 이후 그의 동료인 미애리조나 대학 통제환경 농업연구소(CEAC) 연구원들에 의해 확장됐다. 남극조약은 남극에 흙을 유입시키는 것을 금지하기 때문에 모든 식물은 수경 농법으로 재배된다. 어쨌든 수경 농법은 조명을 유지할 에너지만 있다면 제한된 공간에서 다양한 과일과 채소를 재배할 수 있는 좋은 방법이다.

　　새들러가 자투리 재료들을 모아 시작한 온실 실험은 세계에서 가장 혹독한 환경에서 성공이 증명됐다. 이에 힘입어 새들러를 비롯한 연구자들은 지구의 다른 외딴 지역에 적용할 수 있는 자동화 시스템을 개발하고 있다. 우주 공간을 확실히 염두에 둔 행보라고 할 수 있다. 새들러와 통제

환경 농업연구소는 열량 1,000킬로칼로리, 1인당 1일 산소 필요량의 100 퍼센트를 만들 수 있는 달-화성 온실 모델을 거의 완성한 상태다. 자세한 내용은 제4장에서 다룰 것이다. 다시 남극으로 돌아오면, 독일은 선적 컨테이너 정도 크기의 성장 챔버를 설치했다. 흙 없이 인공조명으로 식물을 재배하기 위해서다. 이 유럽 쪽 사업은 알프레드 베게너 극지해양연구소 헬름홀츠센터가 주관한다. 2018년 1월, 사막과 온도가 낮은 지구의 지역들에서 농작물을 재배하기 위한 시험대로 쓰기 위해, 그리고 향후 달과 화성에서 이뤄질 유인 미션을 준비하기 위해 독일의 노이마이어 III 남극기지로 실험용 온실 'EDEN ISS'가 공수됐다. 2018년 8월 이 온실은 한겨울에 토마토, 오이, 콜라비, 무 등의 채소를 1주에 몇 킬로그램씩 생산해내는 수준에 이르렀다. 기지 요원 열 명이 샐러드 하나 정도를 먹을 수 있는 양으로, 필요 열량의 약 10퍼센트를 충족시킬 수 있다. 폭풍으로 전기가 끊기거나 온실 시스템이 손상을 입은 적도 있었다. 하지만 기지 요원이 모두 고쳤다. 화성에서도 그렇게 해야만 할 것이다.

이르면 2030년에 세워질 달 과학 기지의 모습은 남극기지와 아주 비슷할 것이다. 대담한 연구자들이 천문학, 헬리오물리학(heliophysics, 태양과 지구 사이 공간 내 천체 간의 상호작용을 연구하는 학문), 지질학, 재료과학 등을 연구하면서 상업 목적 채굴부터 관광에 이르는 활동을 가능케 할 기반을 구축할 것이다. 이들은 실외 활동을 최소화하면서 지구에서 공수한 음식이 있는 비좁은 거주 공간에서 일하게 된다. 달의 온실에서 인공조명으로 키운 야채도 먹을 텐데, 물은 달 현지에서 조달할 수도 있다. 작업자들은 몇 달에서 몇 년을 머무를 것이다. 우연히도 달에서 기지를 세우기 가장 좋은 장소 중의 하나가 달의 남극이다(달에 대해서는 제4장에서 자세히 다룬다).

✱   우주여행 준비를 핵잠수함에서 해야 하는 이유

남극 대륙의 환경이 적대적이긴 하지만 이 얼음 덮인 대륙에는 달이나 화성에는 없는 것이 하나 있다. 바로 공기다. 우주로 갈 때 우리는 공기를 가져가거나 만들어야 한다. 공기는 숨을 쉬기 위해서도 필요하지만 우주복에 압력을 가하기 위해서도 필요하다. 지구를 떠나서 사는 데 수반되는 또 하나의 문제다.

하지만 지구에는 깊은 우주와 아주 비슷한 장소가 하나 있다. 이곳은 완전한 어둠에 싸여 있으며, 온도가 낮고, 비정상적으로 환경의 압력이 높으며, 들이쉴 산소가 없고, 비좁으며, 무서울 정도로 고립돼 있고, 다른 사람과의 만남이 제한되는 비현실적인 공간이다. 조명과 장비에 공급할 전원, 숨 쉴 공기, 마실 물을 직접 만들어야 하고, 음식을 확보하기 위해 온 힘을 기울여야 하는 곳이기도 하다. 지금 말하는 환경은 지구의 깊은 바다 속 핵잠수함이다.

핵잠수함에서의 생활은 달이나 다른 행성으로의 우주여행이 어떨지 보여주는 가장 가까운 예일 것이다. 핵잠수함 승조원은 적대적인 주위 환경과 끊임없이 생사의 투쟁을 벌이고 있다. 과장이 아니다. 이곳에서의 삶은 혹독하고 지난하다. 화재, 압력 손실, 누수, 가스 누출 같은 사고가 한번이라도 발생하면 승조원 전원이 사망할 수 있다. 해저 1.6킬로미터에서 일어나는 재앙은 수백만 킬로미터 떨어진 깊은 우주에서 일어나는 재앙처럼 위험하다.

최초의 핵잠수함 설계자들은 우주 정착에 대해 생각하지는 않았을 것이다. 하지만 핵잠수함에는 우주에서 사는 데 필요한 모든 기술이 장착돼 있다. 핵잠수함을 이용하면서 우리는 완전히 인공적이고 자급자족적인 공간에서 사는 법을 알게 됐다. 실제로, 핵잠수함은 지금까지 만들어진 가장 정교한 공학 작품 중 하나다. 핵잠수함 중심부에는 핵잠수함 이동을 위한 에너지를 공급하고, 핵잠수함의 모든 하부 시스템에 연료 재충전 없이 25년 동안 동력을 공급하는 소형 원자력엔진이 있다. 1954년 가동을 시작한 최초의 핵잠수함 USS 노틸러스는 핵연료 4킬로그램으로 10만 킬로미터를 운행했다. 지구를 두 바퀴 반 돌 수 있는 거리다. 현재 운행 중인 핵잠수함 가운데 최대 규모라 할 수 있는 USS 펜실베이니아는 1만7,000톤에 이르는 철제 본체를 시속 48킬로미터 이상까지 가속시킬 있다. 그런데 이 170미터 길이의 잠수함에 설치된 수많은 기계와 장비에 몇 년 동안 동력을 공급하는 것은 한 줌 정도 되는 우라늄 한 덩어리이다. 핵잠수함은 한번 항해를 시작하면 보통 석 달 동안 운행되는데, 대부분의 시간을 바다 밑에 완전히 잠긴 채로 보낸다. 이들은 음식을 공급받거나 승조원들이 가족 면회를 할 때만 다시 수면 위로 올라온다.

사진은 1989년에 취역한 미 해군의 오하이오급 전략 원자력잠수함 USS 펜실베이니아(SSBN-735)이다. 핵잠수함은 장기간 잠항하고 있다가 유사시 탄도미사일을 발사하는 게 목적이기 때문에 소형 원자로를 이용해 짧게는 5년에서 길게는 15년 가까이 연료 교체 없이 운용할 수 있다. 미래에 얼음 밑에 바다가 존재하는 천체를 탐사할 때, 핵잠수함은 훌륭한 모델이 될 것이다. 만약 무인 핵잠수함을 운용할 수 있게 된다면 지구보다 큰 행성도 수십 년 동안 탐사할 수 있을 것이다.

나사는 현재 목성의 위성인 유로파의 얼음 덮인 바다와 토성의 위성인 타이탄의 탄화수소 호수를 탐험할 핵잠수함 설계를 계획하고 있다. 아직 수십 년은 더 기다려야 결실을 볼 프로젝트다. 핵분열 연료의 효율성만 놓고 봐도 우주 당국 입장에서는 비슷한 형태로 달과 화성의 기지에 싸고 안정적으로 동력을 공급하는 방법을 고려해볼 만하다. 먼지로 뒤덮인 화성에서 태양에너지를 통해 안정적으로 충분한 에너지를 얻을 수 있는지에 대해선 아직 의문의 여지가 있다. 이는 제6장에서 다룬다. 또한 화성을 넘어서게 되면, 멀리 있는 태양으로부터 태양에너지를 얻는 것은 거의 실현성이 없어진다. 그렇게 되면 연료의 원천이 될 만한 것은 (핵융합 엔진이 개발되지 않는 한) 핵분열밖에 남지 않는다.

하지만 핵잠수함에서 얻을 수 있는 더 큰 교훈은 에너지의 원천에 관한 것이 아니라 에너지를 가지고 무엇을 하는가에 관한 것이다. 핵잠수함은 이 에너지를 가지고 인간이 살 수 없는 곳에 지급자족적인 인공 '지구'를 만든다. 바다 밑 또는 우주 공간에서 제일 먼저 해야 하는 일은 산소를 만들어내는 것이다. 150명 승조원이 숨을 쉬려면 하루에 최소 550리터의 산소가 필요하다. 산소 생성기가 없으면 핵잠수함은 7일 안에 산소가 고갈된다. 이렇게 소중한 산소를 얻을 수 있는 의외의 원천은 잠수함을 둘러싸고 있는 바닷물이다. 물 분자(H_2O) 하나는 수소 원자 두 개와 산소 원자 한 개를 포함하고 있다. 전기분해 과정을 통해 기계는 증류된 바닷물에 전류를 통과시켜 산소 기체를 만들어내고 수소는 다시 바다로 돌려보낸다. 달이나 다른 천체에서도 얼음 속의 물로부터 이렇게 산소를 추출해내는 방법을 생각해볼 수 있을 것이다.

물론 산소 생성은 아주 일부에 불과하다. 우리는 산소를 들이마시고 이산화탄소를 배출한다. 잠수함은 선내의 공기 중 이산화탄소가 독성을 가질 정도로 축적되기 전에 배출해야 한다. 잠수함에는 이산화탄소를 자연스럽게 흡수할 식물이 없기 때문에 모노에탄올아민 수용액에 이산화탄소를 통과시키는 장치를 이용해 공기 중 이산화탄소를 '포집'한다. 모노에탄올아민은 화학식이 $HOCH_2CH_2NH_2$인 유기화합물이다(화학식 중 N은 질소를 나타낸다. 미국 해군은 핵잠수함 내 공기가 땅 위의 공기보다 깨끗하다고 말하지만, 그건 반만 맞는 말이다. 잠수함 내 산소가 깨끗한 산소인 건 맞지만 잠수함을 오래 탄 해군이라면 아민에서 나는, 암모니아와 비슷한 악취가 잠수함 안에 퍼져 있다는 걸 알고 있다. 포집 반응이 일어날 때 질소가 변화하면서 이런 물질이 생겨나는 것이다). 또한 우리의 몸은 수증기도 배출하는데, 폐쇄 시스템에서는 이 수증기도 제습기로 제거해줘야 한다. 기계도 뭔가를 배출한다. 난방기기는 일산화탄소를 배출하는데, 이 일산화탄소는 아주 적은 양만으로도 독성을 나타낸다. 배터리는 수소 가스를 배출한다. 일산화탄소와 수소 모두 거르고 모아 소각해야 한다.

지난 몇 년 동안 나사는 미 해군 설계에 기초해 공기 재활용 모듈을 만들었다. 하지만 그 이후로 상황이 역전돼 이제는 해군이 잠수함의 공기 질을 개선할 방법을 나사에게 의존할 정도가 됐다. 다양한 포집 작용을 실험한 결과다. 식물도 도움이 된다. 식물은 이산화탄소를 흡수하고 산소를 배출한다. 하지만 잠수함이나 우주 주거지에서 이런 자연적인 사이클을 구축하려면 1인당 수백 개의 식물이 필요하다. 물을 전기분해하는 방법이 오히려 더 효과가 있으며 에너지도 적게 든다. 실내에서 식물을 기르는 데 필요한 조명에도 에너지가 쓰인다는 사실을 생각해보면 더욱 그렇다. 식물은 기껏해야 냄새를 줄이거나 약간의 산소를 공급함으로써 기계를 이용한 공기 순환에 도움을 주는 역할밖에는 하지 못한다.

잠수함에서 마시는 물도 바닷물을 이용한 것이다. 에너지 집약적인 담수화라는 과정을 통해서다. 또한 에너지는 잠수함이 해수면에서 약 800미터 깊이의 순항로로 내려갈 때 1기압이라는 일정한 기압을 유지시키는 데도 필요하다. 이런 압력 조절은 비행기에 필요한, 또 우주에서 필요하게 될 압력 조절과는 반대 방향이라 할 수 있다. 우주에 있는 천체들에서는 압력이 거의 또는 전혀 없기 때문이다. 지구 대기의 전체 무게는 해수면 기준으로 약 15제곱인치당파운드(psi)의 힘으로 일정하게 우리 몸을 누른다. 1기압의 정의가 바로 이것이다. 에베레스트산 정상에서 대기압은 1기압의 3분의 1인 5psi 정도밖에 안 된다. 그곳에서는 머리 위에 있는 공기가 적기 때문이다.

화성의 대기압은 약 0.09psi다. 대기가 거의 없어서이다. 달의 대기압은 기본적으로 0이다. 하지만 해저에서는 대기의 무게에 물의 무게까지 합쳐져 압력이 늘어난다. 압력은 해수면에서 10미터 내려갈 때마다 1기압씩 늘어난다. 따라서 해저 800미터에서 압력은 최대 80기압까지 올라간다. 안전한 잠수함 밖으로 나가는 순간 인간은 그 자리에서 으스러질 것이다. 잠수함은 선체가 이중인데, 바깥쪽 선체는 방수처리가 돼 있고 안쪽 압력 선체는 튼튼한 강철이나 티타늄으로 만들어져 압력을 일정하게 유지할 수 있다. 공기나 물 양을 조절해 평형을 유지하는 최첨단 밸러스트 장치는 선체 압력을 안정화시킨다.

핵잠수함은 정교하지만 한편으로는 위험한 야수이기도 하다. 위험은 춥고 어두운 바다 속 깊은 곳에만 있는 것이 아니라 잠수함 내부에도 도사리고 있다. 결국 핵잠수함 대부분은 완전무장한 전쟁 기계다. 화재가 나면 핵잠수함을 산산조각 낼 폭발로 이어질 수 있다. 이 같은 비극은 2000년 8월, 러시아의 쿠르스크 핵잠수함에서 실제로 벌어졌다. 과산화수소 누출과 석유로 인한 화재로 촉발된 탄두 폭발로 잠수함이 완전히 분해됐다. 118명 승조원 대부분이 초기 폭발로 사망했지만, 그때도 잠수함의 맨 뒤쪽에 있던 스물세 명은 꽤 오래 살아남았던 것 같다. 그러나 이들도 또 한 번의 폭발이 일어나 산소가 모두 소진되면서 질식해 사망하고 말았다.

우주 당국들은 잠수함 승조원들의 죽음과 삶에서 교훈을 얻어왔다. 몇 년 뒤 러시아 정부는 자국 일간지 《로시스카야 가제타》에 쿠르스크 사고 조사 결과를 발표했다. "모든 수준의 지휘 계통에서 놀라울 정도의 과실이 있었고, 규율은 충격적으로 무너졌으며, 장비는 조악하고 노후해 형편없는 수준으로 정비되고 있었다." 즉, 사고가 일어나지 않을 수 없었다는 뜻이다. 이런 측면에서 나사는 국제우주정거장 위에서 이뤄지는 작업의 안전에 전투적일만큼 철저하게 신경을 쓰고 있다. 안전 점검을 하는 데 하루에 1시간 이상을 쓰도록 규정했으니까. 쿠르스크 사고가 일어난 직후인 2002년 나사는 나사/해군 벤치마킹 교환을 위해 공식적으로 미 해군과 팀을 구성했다. 나사 안전·미션 보장부와 해군 07Q 잠수함 안전·질 보장부(SUBSAFE)의 고위 대표자들로 구성된 팀이었다. 지구상에서, 해저에서 치명적인 사고가 일어날 수 있다면 우주에서도 일어날 수 있다.

잠수함 내 생활환경도 우주 당국들에겐 첨예한 관심사다. 우주에서의 삶, 적어도 초반의 삶은 비좁고 고립된 환경에서 이뤄질 것이고 따라서 심리학적인 혼란을 일으킬 수 있다. 또 잠수함 승조원들은 비밀스럽게 행동해야 할 책임도 지고 있다. 그들은 이를 '조용한 복무'라고 부른다. 핵잠수함은 숨은 채 돌아다니며 세계를 감시하도록 설계돼 있다. 따라서 승조원들은 집에 전화를 걸거나 사랑하는 가족과 영상통화를 할 수 없다. 국제우주정거장의 우주 비행사들도 마찬가지다. 잠수함에 처음 발을 들여놓고 뒤에서 해치가 닫히는 소리를 듣는 순간 후회와 함께 폐소공포증이 엄습하는 것을 느끼게 될 수도 있다. 가장 큰 핵잠수함은 USS 펜실베이니아일 것이다. 길이가 170미터(축구장 두 개 길이다)지만 폭은 13미터밖에 안 되고 용골의 깊이도 12미터에 불과하다. 창문도 없어 미로 같은 좁은 통로들을 희미한 인공조명에 의존해 지나다녀야 한다. 통로는 금속 장비와 파이프, 바닥에서 천장까지 이어진 전선들로 가득 차 있어 공사 현상처럼 보인다. 거의 모든 것이 회색이다. 훈련하면서 우울증이나 걸리라고 만들어놓은 것 같다. 기계 공장에서나 들릴 법한 소음도 그치질 않는다. 윤활유와 디젤유 냄새가 공기 전반에 퍼져 있는 아민 냄새와 합쳐져 잠수함 특유의 바닷물 냄새를 만들어낸다. 통로 높이도 180센티미터가 안 되기 때문에 키가 큰 사람은 불편하다. 매일 똑같은 얼굴들을 봐야 한다. 잠은 교도소 감방보다 작은 방의 3층 침상에서 아홉 명이 같이 자야 한다. 햇볕을 쬐지 못해 생체 시계도 작동하지 않는다. 90일 동안 햇빛을 보지 못할 수도 있다.

　　남극 대륙에서 그랬듯, 음식은 잠수함에서도 사기를 높여준다. 미국의 잠수함 승조원들은 잠수함 음식이 단연 해군 가운데 최고라고 말한다. 음식 외에 승조원들을 지탱해주는 것은 아름답고 졸음을 부르는 일상의 단조로움, 쿠르스크 함의 기억 등일 것이다. 기지에 보고하고, 기계를 점검하고, 유지·보수 작업을 하고, 청소하고, 비상 훈련을 하고, 또 훈련을 하고, 다시 비상 훈련을 하고, 먹고 자고를 반복하는 것이 일상이다. 신참들이 잠수함 전문 요원이 돼 '돌고래 배지'를 달려면 광범위한 업무 능력을 갖춰야 한다. 돌고래 배지는 군복 가슴에 다는 대단한 배지다. 미국 해군에서는 사병이 달 수 있는 가장 가치 있는 전쟁 참여 배지 셋 중 하나다. 잠수함 승조원이 제정신을 유지하도록 돕는 또 다른 요소는 핵 공격을 할 수 있는 스텔스 전쟁 도구를 제어한다는 대단한 책임 의식에 동반되는 뚜렷한 목적의식이다.

　　잠수함 승조원들은 창문이 없는 것이 불만이다. 높은 압력을 견디는 창문을 설치하는 것도 힘들지만 설치한다 해도 별 효과가 없을 것이다. 바다 밑 100미터에서는 어차피 빛이 들지 않기 때문이다. 하지만 승조원들의 이런 불만은 국제우주정거장에 창문을 설치하게 만드는 데 큰 도움을 줬다. 우주 비행사들은 창문 설치로 큰 위안을 얻고 있다.

　　미 해군은 승조원들의 심리학적 행복감을 연구해왔으며, 별로 놀랄 일은 아니지만, 좁은 곳에 살면 수면의 질이 떨어지고 짜증과 우울함이 증가한다는 것을 알아냈다. 그와 대조적으로, 식당이나 침상 같은 휴식 공간을 늘린다는 환상을 심어주는 것만으로도 행복감을 높일 수 있었다. 승조원들에게는 다행스럽게도 잠수함 배치 기간은 석 달을 넘는 경우가 거의 없다. 좁은 곳에 갇혀 화성에 가려면 9개월은 걸릴 것이다. 화성에 도착해서도 좁은 주거지에서 2년을 보내야 하고, 다시 돌아오는 데 역시 9개월이 걸린다. 몇 명 안 되는 탑승자들은 이 어려움을 어떻게 견뎌낼까? 뒤에서 다루겠지만, 나사는 이 답을 찾기 위해 미 해군과 공동으로 코네티컷주 그로톤의 잠수함 기지에서 관련 프로젝트를 시작했다.

✦　우주에 갇힌다는 공포

　　밀실 공포증, 폐소공포증과 불안은 사소한 문제가 아니다. 인간은 갇히고 고립되는 정도가 심해질수록 이상 행동을 하거나 정신 질환을 겪을 확률이 높아진다. 1984년, 아르헨티나의 남극기지인 알미란테 브라운 연구 기지에서 일하던 한 내과의사가 기지에 불을 지른 적이 있다. 기지에서 또 겨울을 보내기 싫다는 이유였는데, 이 불로 본인과 기지 요원들이 거의 죽을 뻔 했다. 남극만 해도 이런데 화성까지의 긴 여행에서는 어떤 일이 일어날지 모른다. 아폴로 13호의 비극과 영화 〈샤이닝〉을 합쳐놓은 것 같은 악몽 같은 시나리오가 펼쳐질 수도 있다. 이 공포는 실재하는 공포다. 어떤 사람들은 태양계 깊숙이 여행할 때 이런 공포가 결정적인 방해물이 될 수 있다고 주장하기도 한다. 무중력 상태는 수면에 영향을 미치고 탑승자들의 신경을 훨씬 날카롭게 만들 수 있기 때문에 이 문제는 우주에서 한층 악화될 가능성이 있다. 우주 비행사들은 보통 '밤'에도 여섯 시간 이상 깊이 잠들지 못한다. 미국과 러시아의 우주 당국 모두 국제우주정거장과 미르 우주정거장 거주자들이 명백한 밀실 공포증을 앓는다는 것을 알게 됐다. 우주 비행사들에게는 '심리학적 폐쇄(psychological clos-ing)'라는 현상이 나타날 수 있다는 연구 결과도 있다. 이것은 미션 통제 요원 중 한두 명하고만 선택적으로 상호작용하고 나머지 사람들을 마치 적인 것처럼 무시하는 현상이다. 미르 미션과 살류트 미션이 진행되는 동안 러시아 우주 비행사들이 이런 증상을 보였다. 구체적인 사고 내용은 검증하기가 힘들다. 하지만 러시아 우주 비행사들이 며칠 동안 고의적으로 무선 통신을 꺼놨으며, 치통이나 맹장염을 앓는 악몽을 꿨고, 안전 확보를 확실히 하지 않은 상태에서 우주정거장 바깥으로 충동적으로 뛰어나갔다는 이야기가 전해진다. 우주 비행사 발렌틴 비탈리예비치 레베데프와 아나톨리 베레죠보이는 소유즈 우주선에서 보낸 211일 동안 서로 거의 대화하지 않았다고 전해진다. 상대방을 견딜 수 없었기 때문이다.

이처럼 우주 비행과 그에 이은 먼 곳에서의 캠프 구축 과정에서 우주 비행사들이 보일 상호작용을 추측하고 그 개선을 꾀하기 위해 나사는 아날로그라고 불리는, 우주여행 환경을 모방한 인공 환경을 만들어냈다. 간단히 말하면, 실험실 동물을 우리에 가둬 실험하듯 자원봉사자들을 연구하는 것이다. 이런 '우리' 중 하나가 인간 탐사 연구 아날로그(Human Exploration Research Analog, HERA)다. 인간 탐사 연구 아날로그는 방 두 개로 이뤄진 아파트 크기 정도의 캡슐로, 휴스턴 소재 존슨 우주센터의 평범한 창고 안에 설치됐다. 서로 모르는 자원봉사자 네 명이 이 인간 탐사 연구 아날로그의 주거 공간 겸 우주선에서 45일 동안 지내면서 일했다. 기간이 더 길어질 때도 있었다. '우주 유영'을 할 때를 제외하곤 밖으로 나갈 수도 없었으며, 심지어 에어록(airlock, 우주선과 우주 공간 사이에 위치한 중간격리실)도 설치돼 있었다. 나사 연구자들은 실험 대상자들이 '미션'을 수행하는 동안 그들의 영상과 음성을 수집했고, 어떤 경우에는 그로톤 소재 해군 잠수함 연구소에 테이프를 보내 자원봉사자들의 행동을 분석하기도 했다. 잠수함 승조원들의 행동을 추적하기 위해 해군이 개발한 기술을 이용한 것이다.

TV 리얼리티 프로그램처럼 보이기도 한다. 하지만 리얼리티 프로

나사의 인간 탐사 연구 아날로그(HERA). 텍사스주 휴스턴 소재 존슨 우주센터의 한 격납고에 위치한 HERA는 중심 실험실 영역과 생활공간으로 사용되는 2층과 3층 공간으로 구성돼 있다. 돈을 받은 실험 참여자들은 한 번에 수개월 동안 이 공간 안에서만 생활하면서 화성 또는 소행성으로의 여행을 시뮬레이션했다.

그램이 역설적이게도 비현실적인 것에 반해 인간 탐사 연구 아날로그 실험은 휴스턴처럼 가까운 곳에서 실제 화성 여행을 시뮬레이션하기 위해 설계된 것이다. '드라마 같은 경험을 하고 싶어 하는 성향'을 보일 가능성이 조금이라도 있는 사람은 확실하게 배제되며 오락 목적을 가진 사람 역시 배제된다. 참가자들은 보통 사람들 가운데 선택된다. 하지만 실제 우주 비행사들처럼 건강해야 한다. 체질량지수가 29 이하인 신체적으로 튼튼한 사람이어야 하며, 키는 188센티미터가 넘지 않아야 이상적이다. 눈은 교정시력이 1.0 이상이어야 하고, 몽유병 이력이 없어야 하며, 공학, 생명과학, 물리과학 또는 수학 석사 학위 이상을 보유해야 한다. 이런 까다로운 조건을 갖춰야 하루 종일 시간당 10달러를 받는 45일간의 인간 탐사 연구 아날로그 미션에 지원할 수 있었다. 참가자들은 가상 정비 점검, 우주 유영 시뮬레이션, 심지어는 움직이지 않는 인간 탐사 연구 아날로그의 '우주선'을 조종하는 일 등을 했다. 고정식 자전거를 타고 운동했고, 냉동 건조된 음식을 먹었으며, 가끔 하루에 다섯 시간 수면을 취하기도 했다. 가족, 친구와는 시간을 정해 짧게 통화하는 것만 허용됐다. 나사는 가끔 예상 못한 상황을 만들어내고 위급 상황 시나리오에 따라 대처하도록 만들기도 했다. 이 정도면 최저임금보다 약간 더 많이 받으면서 하는 일 치곤 괜찮은 편이다.

나사는 1년에 몇 번 정도 인간 탐사 연구 아날로그 미션을 진행한다. 소행성 착륙 시뮬레이션이 주가 되기도 하고, 화성 여행을 시뮬레이션하기도 한다. 이 유사 미션에서 진행하는 공학 업무, 의료 업무 등은 모두 실제 미션에서 할 수 있는 것을 모방한 것이다. 그리고 우리는 이미 인간 탐사 연구 아날로그 미션을 통해 많은 것을 배웠다. 예를 들어 나사 연구자들은 하루 종일 비추는 조명을 조정함으로써 수면의 질과 활동을 개선하는 방법을 찾아냈다. 같은 크기의 공간에서도 배치를 다르게 함으로써 거주 공간의 디자인을 개선해 폐소공포증을 덜 느끼도록 만들기도 했다.

인간 탐사 연구 아날로그는 나사와 국제 협력자들이 수행하는 십여 개의 아날로그 미션 중 하나에 불과하다. 이 모든 프로젝트는 우주 생활의 일부를 시뮬레이션하고 있다. 나사 극한 환경 미션 수행(NASA Extreme Environment Mission Operations, NEEMO)이라는 프로젝트도 있다. '아쿠아너트(aquanaut, 수중 작업자)'가 플로리다 해변에서 좀 떨어진 바다 속에서 한 달 동안 생활하고 작업하면서 달이나 다른 행성에서 예상되는 저중력 환경을 시뮬레이션하는 프로젝트다. 이들은 특수복을 입고 해저를 걸어 다니며 흙 샘플을 수집하거나 도구 및 장비들을 테스트한 다음 아쿠아리스라는 해저 기지로 돌아온다. 아쿠아리스 기지는 국제우주정거장의 거주 공간과 비슷한 크기이며 해수면에서 1.8미터 정도밖에 안 되는 곳에 있다. 세계에서 가장 외딴 곳에 있는 기지인 남극의 콘코디아 기지는 유럽우주국이 운영하는데, 6개월에 이르는 겨울 동안 얼음 덮인 곳에서 탈출할 가능성이 전혀 없는 상태로 일하는 것이 어떤 것인지 알아보는 프로젝트들을 진행하고 있다. 거리로 따졌을 때 콘코디아 기지는 국제우주정거장보다 더 먼 곳에 있다. VaPER라고 불리는 나사 주관 장기 요양 연구는 머리를 6도 밑으로 제친 채 30일 동안 누워 이산화탄소가 0.5퍼센트(보통 공기 중 이탄화탄소의 10배가 넘는 양이다) 섞인 공기를 마시게 하는 연구다. 이산화탄소가 많고 눈과 시신경에 대한 유체 압력이 과다한 우주 주거지 환경을 시뮬레이션하는 것이다. 이런 극한 환경은 자원봉사자와 연구자들이 우리 주변의 편안한 지구적 요소들을 없애기 위해 견뎌야 하는 것이다.

　　나사가 재정을 지원한 아날로그 미션 중 여기서 언급할 만한 다른 프로젝트로는 하와이 우주탐사 아날로그·시뮬레이션(Hawaii Space Exploration Analog and Simulation, HI-SEAS)이 있다. 이 프로젝트가 집중하는 것은 화성과 소행성 위 인간 탐사 연구 아날로그에서의 생활이다. 하와이 우주탐사 아날로그·시뮬레이션의 거주 공간은 척박하고 건조하며 고도가 높아 화성 지형과 비슷한 하와이의 마우나로아 화산 위에 위치해 있다. 잃어버리지 않은 낙원이라고나 할까. 이 기지는 과거에 화산재와 용암을 분출했던 분석구(cinder cone, 화산의 한 형태로, 주로 원추형이며 정상 분화구가 매우 큰 화산)들이 대열을 이룬 곳 바로 옆에 있다. 이 지대의 급경사면에는 식물이 거의 살지 않는다. 생명체의 흔적도 전혀 없다. 부스러진 현무암으로 이뤄졌으며 철분이 풍부한 이곳 토양은 녹이 슨 것 같은 색깔이나 질감 면에서 화성의 레골리스를 상당히 닮아 있다. 실제로 나사 전문가들은 이곳의 용암을 분쇄해 우주 착륙선 조종 연습이나 화성과 유사한 조건에서 식물을 심는 실험을 위해 사용하기도 했다. 나사의 우주생물학자 크리스토퍼 맥케이는 마우나로아가 실제로 화성의 산이라고 말한다.

　　돔 모양의 하와이 우주탐사 아날로그·시뮬레이션은 약 370세제곱미터 규모로, 가로세로 높이가 모두 약 7.3미터다. 위층과 아래층을 합쳐 약 111.5제곱미터의 가용 공간이 있다. 그다지 넓다고 할 수는 없다. 돔 안에는 남녀 여섯 명이 살면서 화성 미션을 수행한다. 이들은 마치 화성에 있는 것처럼 두툼한 여압복을 입고 밖으로 나가 땅을 파고 과학 실험을 수행한다. 태양 전지판을 손보기도 하지만 많은 시간 동안 실내 실험을 한다. 맛이라곤 거의 없는 음식을 먹는 것 외에도 여러 가지 일이 있다. 멤버 각각에게는 위층에 작지만 독립적인 잠자리가 제공된다. 공용 공간, 부엌, 화장실, 욕실, 운동 공간, 시뮬레이션 에어록은 공동으로 사용한다. 간혹 머드룸(신발이나 옷에 묻은 흙을 제거하고 집 안으로 들어가는 방) 비슷한 공간을 같이 사용하기도 한다. 외부 세계와의 모든 소통은 20분 지연된다. 지구와 화성 사이에서 라디오파가 왕복하는 평균 시간을 시뮬레이션한 것이다. 인간 탐사 연구 아날로그 실험에서처럼 나사는 스트레스 관리, 문제 해결, 사기 측면에서 이들이 어떻게 변화하는지 아는 것을 목표로 하고 있다.

하와이 마노아 대학, 코넬 대학과 함께 나사는 하와이 우주탐사 아날로그·시뮬레이션의 미션을 여러 차례 수행했다. 2013년에 시작된 첫 번째 미션에서는 여섯 명으로 구성된 팀이 넉 달 동안 고립돼 음식을 마련하는 데 고심했다. 구체적으로 살펴보면, 이들은 미리 포장된 '인스턴트' 음식과 자신들이 준비한 상온 장기 보관이 가능한 대량 포장 식재료를 비교했다. 나사의 인간 연구 프로그램 로드맵에 정의된 소위 '지식 격차'에 대처하기 위한 것이었다. 하지만 이 프로젝트가 돈 낭비라고 생각한 미 의회 의원들도 있었다. 왜 하와이의 산꼭대기까지 가서 갇힌 다음 입맛을 알아보는 실험을 해야 하느냐는 것이다. 아무도 답을 제대로 하지 못했지만, 하와이 우주탐사 아날로그·시뮬레이션 I 팀의 리더 안젤로 베르마이랜에 따르면 '쿵후 치킨'이라는 음식이 미리 만든 음식 중에서 제일 인기가 없었다는 사실은 알 수 있었다.

4개월 동안 진행된 하와이 우주탐사 아날로그·시뮬레이션 II에서는 집단 내 기술적·사회적 역할이 시간이 지남에 따라 어떻게 진화하는지, 그 역할들이 성과에 어떤 영향을 미치는지를 연구했다. 이 미션은 음식 준비, 운동 그리고 과학 연구라는 일상적인 활동을 확립했으며, 나사의 행성 탐사 관련 기대치에 맞춰 지질학 현장 연구를 수행하고, 장비를 시험하며, 음식, 에너지원, 물 같은 자원의 이용 방법을 찾아냈다. 하와이 우주탐사 아날로그·시뮬레이션 III 미션에서는 체류 기간이 8개월로 늘었고, 하와이 우주탐사 아날로그·시뮬레이션 IV는 꼬박 1년을 채웠다. 스트레스를 줄이면서도, 화성으로의 실제 여행 전에 반드시 완수해야 할 새로운 실험들을 수행하며 미션은 계속되고 있다. 예를 들어 하와이 우주탐사 아날로그·시뮬레이션 II가 진행되는 동안, 정식 의학 훈련을 받지 않은 팀원들은 3D 프린터로 열가소성 의료 기구를 만들어내고 시뮬레이션된 수술 업무를 성공적으로 해내기도 했다. 하와이 우주탐사 아날로그·시뮬레이션 III 때는 팀원들이 가상 우주정거장이라 불리는 것을 이용하기도 했다. 가상 우주정거장은 컴퓨터 기반의 인터액티브 심리 훈련·치료 프로그램으로, 스트레스나 우울증을 초기에 스스로 치료하기 위한 것이다. 이와 같은 미션을 진행하면서 나사 요원들은 공적 영역에서 이뤄지는 거의 모든 움직임을 녹화했다. 특히 짜증이나 역겨움을 드러내는 얼굴 표정에 주목했다.

하와이 우주탐사 아날로그·시뮬레이션 미션에서 스트레스 수준은 실제 화성 미션 때보다 낮아야 한다. 참가자들이 생명을 위협받는 위험에 처할 가능성이 낮기 때문이다. 세포를 하나하나 죽일 우주 방사선도 없다. 우주복이 파열된다 해도 극단적으로 압력이 낮은 환경에서 폐 속의 수분이 몇 분 안에 증발할 위험도 없다. 고립 상태를 더 이상 견디지 못하거나 의학적 응급 상황이 닥치면 헬리콥터로 한 시간 안에 수송될 수 있다. 응급 상황 시에 바로 떠난다는 것은 화성에서는 절대 불가능한 일이다. 지구를 떠나 하루 정도만 지나도 되돌아오는 것은 불가능하다. 2008년의 하와이 우주탐사 아날로그·시뮬레이션 VI 미션에서는 심각한 사고가 일어났다. 참가자 한 명이 4일 만에 감전을 당한 것이다. 의료진이 도착해 부상자를 실어 나르면서 미션 전체가 사실상 종료됐다. 이 미션을 준비하는 데 여러 달이 걸렸다는 것을 생각하면 사소한 문제가 아니었다.

진짜로 화성에 가는 사람들이라면 자신들이 화성에 간다는 사실 자체에서 위안을 받을지도 모른다. 화성에 처음 도착한 사람은 불멸의 명성을 얻을 것이기 때문이다. 하와이 우주탐사 아날로그·시뮬레이션의 거주 공간에 갇힌 사람들은 과학과 다른 누군가가 얻을 미래의 영광을 위해 삶의 1년을 바치고도 거의 무명으로 남는다. 그 자체가 스트레스다. 실제로 나사는 하와이 우주탐사 아날로그·시뮬레이션 참가자들 사이에서 '3분기 현상'이 나타나는 걸 관찰했다. 긴 미션의 절반 정도가 지난 뒤 짜증이 많아지고 동기와 사기가 약화되는 현상을 말한다. 그때쯤이면 신기한 것도 별로 없어지고 미션이 아직도 끝나지 않았다는 현실에 좌절하기 때문이다.

하와이 우주탐사 아날로그·시뮬레이션 IV에 참가한 우주생물학자 시프리안 베르수는 이런 감정을 아주 깔끔하게 요약했다. 공교롭게도 미션이 반을 막 지난 시점에서였다. "화성에서 우리는 자신이 역사의 일부라는 걸 알게 될 것이다. 하지만 여기에서는, 글쎄, 역사책의 각주 정도만 돼도 행운일 것이다." 매우 맞는 말이다. 더 많은 각주가 추가되길 바란다. 당신은 그럴 만한 가치가 있으니까.[5]

✱   위기일발 러시아

장기간 갇혀 지내는 것으로 생기는 심리학적·생리학적 효과를 알아보기 위해 고립된 방을 연구하는 것은 나사만이 아니다. 러시아의 생의학문제연구소도 인간의 화성 미션을 처음부터 끝까지 시뮬레이션하기 위해 유럽우주국과 공조해 Mars500이라는 정교한 프로젝트를 진행했다. 2007년에 시작된 이 1,500만 달러 규모의 프로젝트는 여러 나라에서 온 여섯 사람이 팀을 이뤄 520일 동안 봉쇄된 공간에 들어갔던 2010년에 그 열기가 최고조에 달했다. 처음 250일 동안의 미션은 화성으로의 가상 여행을 떠나는 모형 우주선 안에서 진행됐다. 그 후 30일 동안(착륙에는 성공했다) 이들은 화성을 탐사했다. 이 실험을 위해 특별 제작된 분리된 원통형 모듈이 화성 역할을 했다. 기본적인 실험 몇 가지를 진행하고 깃발을 꽂은 후, 이들은 250일 동안의 지구 귀환 비행을 위해 처음에 사용했던 모듈로 돌아갔다.

이 같은 실험적인 미션의 첫 번째 시도가 그리 성공적이지 않았다는 걸 미리 말해둬야 할 것 같다. 러시아는 1999년에도 이미 이 같은 실험을 했었다. 하지만 스핑크스-99라는 이름의 이 미션은 혼돈 그 자체였다. 시 뮬레이터에서 180일 동안 훈련을 받은 러시아인 네 명, 캐나다인 여성 건 강과학자 한 명, 일본과 오스트리아 출신 남성 과학자 두 명이 팀을 구성 했다. 처음 몇 주는 견딜 만했다. 그러다 새해맞이 파티에서 보드카를 들 이켜자 사달이 벌어졌다. 러시아 요원 두 명이 주먹다짐을 벌여 벽에 피가 튀었고, 러시아인 남성 사령관은 유일한 여자 멤버를 성추행했다. 술이 깨고 나서도 사기는 진작되지 않았다. 일본인 과학자는 러시아인들의 전 문가답지 않은 행동에 역겨움을 느껴 그만뒀다. 여성 과학자는 110일 동안 견뎠지만, 러시아인들과 연결되는 모듈 문, 오스트리아 남자 과학자와 같 이 쓰던 모듈 문을 잠가버렸다. 이 연구에서 중요한 데이터는 전혀 나오지 않았다.

Mars500 미션은 이보다는 잘 진행됐다. 러시아가 여성을 배제하기 로 결정했기 때문이다. 하지만 그 후로 거의 10년이 지나도록 데이터는 거 의 나오지 않았다. 프로젝트 시설은 전부 모스크바 소재의 유명한 러시아 과학원의 일부인 생의학문제연구소의 한 창고에 위치하고 있었다. 이 말 은, 여섯 명의 멤버가 1년 반 동안 세계에서 가장 큰 도시 중 하나, 700만 모스크바인들이 돌아다니는 도시의 심장부에서 나머지 인류와 격리돼 있 었다는 뜻이다. 이 비현실적인 시설은 다섯 개 구역, 즉 모듈로 나눠져 있 었다. 그중 세 곳, 즉 주거 모듈, 의학 모듈, 저장 모듈은 화성 왕복을 위한 '우주선' 역할을 했다. 이 모듈들은 길고 좁은 잠수함을 떠올리게 한다. 각각의 모듈은 폭이 3~4미터, 길이는 24미터였다. 이 모듈들이 그 어떤 화 성 탐사선 모델과도 닮지 않았고, 벽과 바닥이 나무였던 것은 불가사의한 일이다. 3층 침상과 제한된 작업 공간이 있는 가로세로 6미터의 화성 착륙 모듈은 훨씬 더 검소했고, 최초로 화성에 착륙할 사람들에 대한 상상과 잘 들어맞는 것 같았다. 멤버 세 명은 30일간 지속된 화성 모듈에서의 여행 동안 거기서 살았다(착륙선에는 미션의 후반부를 위한 음식들이 가득 차 있어 나중에 이를 들어내야 했다. 프로젝트 설계의 이상한 점 중 하나다).

이 프로젝트에는 40개국에서 6,000명이 넘게 지원했다. 17개월 동안 푸른 하늘을 보거나 신선한 공기를 마시지 못할 텐데도 그랬다. 참가자들은 사랑하는 사람들에게 작별을 고하고, 미션 후반기 내내 러시아 음식을 먹어야 했다. 하지만 보수는 혹할 만했다. 전체 미션을 완수하면 9만9,000달러였다. 현금을 쓸 데가 없기 때문에 돈은 곧장 은행으로 입금됐다. 이 프로젝트 기획자들은 참가자 전원을 남성으로 선발하기로 했다. 프랑스의 로망 샤를, 이탈리아의 디에고 우르비나, 중국의 왕웨, 러시아의 수크로프 카몰로프, 알렉세이 시테프, 알렉산드르 스몰레프스키가 그들이다. 싸구려 나무판을 이용한, 아무 데도 가지 못하는 미션이라는 사실을 감안하면 이들은 처음에 꽤 잘 지냈다. 한 중국 연구 팀에 따르면 참가자들은 기대와는 달리 부정적인 상황에 생각보다 긍정적으로 반응했다. 여섯 명 중 두 명은 행동 이상을 보이지도, 심각한 심리학적 고통을 호소하지도 않았다. 여섯 명 중 한 명만이 심각한 무기력증과 우울증 증상을 나타냈다. 불면증 때문이었던 것으로 보인다. 그 외에, 참가자들은 약한 수준의 졸음과 지루함, 그리고 짜증을 느꼈다. 놀라운 일도 난투극도 없었지만, 사기를 진작시킬 만한 통찰도 이 미션에서는 얻을 수 없었다. 520일이라는 기간을 제외하면, 이 가짜 미션은 전혀 현실성이 느껴지지 않았기 때문이다.

✳ 남극식 우울증 치료
　　참가자에게 돈을 지급하고 수행하는, 심각한 피해 가능성이 거의 없는 이런 아날로그 연구가 얼마나 실용적인지 의문을 제기하는 사람들도 있다. 아날로그 연구에 대한 보완책으로 이전 세기의 위대한 탐험가들의 일기를 연구해 심리학적 스트레스의 정체를 밝히려고 애쓴 연구자들도 있다. 문화인류학자이자 인체 공학을 전공한 나사 수석 연구원 잭 스터스터는 작은 나무배를 타고 얼음 사이에 갇히는 것과 화성으로 향하는 깡통 속에 있는 것이 거의 차이가 없다고 본다. 북극과 남극 원정 일지 항목들을 연구한 끝에, 그는 오늘날 국제우주정거장에서 발견되는 것들과 완벽하게 일치하는 사기 저하 요인들을 찾아냈다. 외부 세계와의 소통 부재, 쓰레기 관리, 개인위생, 단조로움 등이다. 아수라장 속에서 선원들을 한

데 뭉치게 한 것은 평등주의적 접근과 확고한 리더십이었다. 평등주의적 접근은 배에서 선장의 독재가 이뤄지던 시대에는 흔한 일이 아니었다.

1898~1899년 벨기에 남극 원정대 주치의로 일했던 프레더릭 A. 쿡이 쓴 1898년 5월 20일 일기의 일부를 보자. 선원들이 겨울 동안 얼음에 갇혀 있을 때다.

✝

> 우리가 서로로부터 한 번에 몇 시간만이라도 떨어져 있을 수 있다면,
> 우리는 우리 동료들의 새로운 측면을 보고 다시 관심을 가질 수 있을
> 것이다. 하지만 그건 불가능하다. 진실은, 깜깜한 밤과 한결같이
> 맛없는 음식이 주는 차가운 단조로움에 사로잡힌 우리가 이 순간
> 서로와 함께 있는 것에 지쳐버렸다는 것이다. 이따금 우리는 정답고
> 서글픈 시간을 보내고 난 뒤 표면적으로 활기에 찬 좋은 말로
> 서로를 격려하지만 그런 분위기는 곧 사라진다. 신체적으로, 그리고
> 아마도 정신적으로 우리는 바로 우울해진다. 나는 북극에서의
> 경험으로부터 이런 우울함은 밤이 깊어질수록, 여름의 길어지는
> 새벽으로 깊숙하게 진입할수록 더 심해진다는 걸 알고 있다.

이 시점에서 적어도 선원 한 명은 좌절로 인해 사망했을 것이다. 다른 선원들도 피해망상이나 치매 증세를 보였다. 한 명은 히스테리에 빠져 말하고 듣는 능력을 상실했다. 처음에 쿡은 운동으로 선원들의 병을 치료하려 했다. 하지만 배 주위 빙판 위를 걷는 운동은 '정신병자 산책'으로 변해버렸다. 그러자 쿡은 '굽기 치료법'이라는 방법을 고안해냈다. 아픈 사람들로 하여금 하루에 한 시간씩 배의 난로 앞에 앉아 온기를 쬐도록 한 것이다. 선원들의 욕구를 만족시키려는 그의 노력은 선원들의 사기를 올렸다. 쿡은 울적한 기분이 부분적으로 햇빛과 비타민 부족 때문이라고 생각했던 것이다. 불을 쬐고 신선한 펭귄 고기가 들어간 음식을 먹으면 기분을 반전시킬 수 있었지만, 궁극적으로 쿡은 희망을 북돋아주고 '좋은 기분'을 불어넣는 것이야말로 선원들로 하여금 겨울을 버티게 해줄 거라는

결론을 내렸다. 이 전략은 그 후의 원정대에서도 차용됐다.

결론적으로 말하면, 우주 깊숙한 곳으로의 여행은 어려울 것이다. 우주선을 제대로 설계했다면 탑승자들의 기분이 나아질 수 있다. 대원의 적절한 선택과 리더십은 반란이나 반역을 방지하는 데 가장 중요한 요소일 수 있다. 하지만 착륙에 성공한 후, 과학소설이나 영화에 나오는 영구적이면서도 보호 기능을 갖춘 폐쇄형 도시 구축이라는 장기적인 목표를 가지고 자급자족적인 거주지를 세울 수 있을까? 지구에서 수행된 악명 높은 한 연구를 기반으로 판단한다면 그것도 쉽지 않을 수 있다.

✳ 실패로 끝났지만 위대했던 실험, 바이오스피어2

애리조나주 투손을 벗어나 77번 고속도로를 타고 북쪽으로 가다보면 급하게 건설된 교외 지역과 쇼핑몰들이 지나가고 팔로버드, 메스키트, 오코틸로(세 가지 모두 미국 남서부에 자라는 나무이다_역주), 선인장들이 들어선 사막 풍경이 펼쳐진다. 카탈리나 주립공원을 지날 때쯤이면 인간이 만든 구조물은 거의 보이지 않게 된다. 그러다 문득, 고속도로 우측으로 아주 멀리, 강철과 유리로 만들어진 피라미드와 돔 단지가 높게 솟아 있는 게 보인다. 바이오스피어2라는 곳이다. 산호초가 있는 대양, 맹그로브 습지, 열대우림, 사바나 초원, 사막, 농장 등의 수많은 생물군계로 변화한 3에이커가 넘는 사막 땅을 뒤덮은 초현대적인 디자인은 전체론과 신성한 어머니 대지에 집중하는 뉴에이지 운동에 경의를 표하게끔 하는 한편으로 바빌로니아 공중정원을 떠올리게 한다. 우리가 화성에서 구축해야 할, 완벽하게 밀폐되고 자급자족이 가능하며 외부 공기로부터 차단된 비바리움(vivarium, 관찰 또는 연구 목적으로 반자연적인 조건에서 동물을 기르기 위해 만들어진 폐쇄 구조)으로 설계된 바이오스피어2는 현재까지 지어진 폐쇄 시스템 중 가장 큰 것이다. 바이오스피어2는 공학으로 이룬 기적이지만 1990년대에 엄청난 실패가 저질러진 곳이기도 하다. 하지만 실패는 놀라울 정도로 많은 교훈을 준다. 이를 뒤에서 살펴보자.

바이오스피어2의 탄생과 관련해, 특정 연령대의 독자들은 말쑥하게 점프 슈트를 입은 여덟 명의 이상주의자들이 눈을 반짝이며 행성에 건

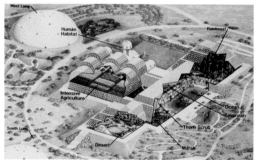

애리조나주 오러클에 위치한 바이오스피어2의 사진이다. 원래는 외계 공간에서 인간이
살 수 있는 생태학적 폐쇄 시스템의 유지 가능성을 증명하기 위해 건설됐다. 1990년대 초반,
여덟 명의 '바이오스피리언'이 2년 동안 이 주거지에서 살았다. 동식물 대부분이 죽고 산소
공급이 거의 치명적인 수준으로 떨어지는 등 이 실험은 좋지 않게 끝났지만 우리는
바이오스피어2로부터 많은 것을 배우게 됐다.

설할 식민지의 모델이 될 공간에서 2년 동안 살기 위해 바이오스피어1(지
구)에 작별을 고하던 장면을 기억할지도 모르겠다. 벌새, 원숭이, 지렁이
등 거의 4,000종의 동식물을 포함한 지구의 모든 것이 이 3.14에이커 땅에
응축돼 있었다. 바이오스피어2에 사용된 공학 기술은 확실히 견고했다.
생태학적 크리스털 대성당이라 할 수 있었다. 프로젝트 기안자인 존 앨런
과 에드 배스는 거대한 밀폐 온실과 그 안에 들어갈 생물군계, 즉 거주환
경을 건설하기 위해 전문가들을 동원했다. 가령 대양 부문은 스미소니언

협회의 존경 받는 지질학자 월터 애디가 책임을 맡았다. 열대우림은 세계적으로 유명한 식물학자이자 뉴욕 식물원 원장을 역임한 길리언 프랜스 경이 책임자로 초대됐다.

바이오스피어2의 강철 프레임과 유리 패널은 그때까지의 그 어떤 건물에서보다 더 단단하게 고정됐다. 국제우주정거장보다 공기 교환 손실이 적을 정도였다. 개인 생활 구역은 넓고 현대적이었다. 주방은 자연광으로 빛났다. 이 구조물의 기초는 아래쪽 땅과 그 어떤 것도 섞이지 않도록 스테인리스 강철로 만들었다. 또한 숨겨진 지하층에는 엄청난 규모의 배관 설비, 전선, 테크노스피어라고 부르는 공조기 등이 공기와 물을 순환시키고 전력을 공급하며 그 위의 우아한 삶과 극명한 대조를 이루는 지하 공동묘지 같은 분위기를 내고 있었다. 완공은 4년 후인 1991년 초에 됐다. 에드 배스 혼자 공사비 1억5,000만 달러를 책임졌다. 모든 동물, 식물, 곰팡이류, 조류(藻類), 세균들이 그해 후반 첫 참가자들을 기다리며 내부에 밀폐됐다. 그중 선임은 당시 67세의 로이 월포드였다. 팀 닥터였다. 다른 사람들, 즉 여자 네 명과 남자 세 명은 과학 또는 공학을 전공한 20~30대였다. 미디어의 쏟아지는 환호와 관심이 이들의 길을 밝혔다. 《디스커버》 잡지는 바이오스피어2를 "케네디 대통령이 달로 인간을 보낸 이후 미국이 수행한 가장 흥미진진한 과학 프로젝트"라고 불렀다. 스스로를 바이오스피리언이라고 불렀던 여덟 명의 참가자들은 2년 동안 밖으로 나오지 않겠다고 다짐한 뒤, 1991년 9월 26일 그들의 새로운 집으로 걸어 들어갔다.

상황은 다소 빠른 속도로 나빠지기 시작했다. 미션을 시작한 지 12일째 되는 날, 바이오스피리언 중 한 명이 쌀을 가려내다 탈곡기에 가운데 손가락 끝이 잘리는 사고를 당했다. 월포드가 다시 붙이려고 시도했지만 결국 이 여성 참가자는 병원으로 실려 가야 했다. 게다가 이 참가자는 돌아올 때 유리 아래서의 생활에 도움이 될지도 모른다며 요상한 물질을 몰래 반입했다. 게다가, 맙소사. 미션의 아주 초기부터 주변 이산화탄소 농도가 올라가기 시작해 지구 대기 중 이산화탄소 농도의 20배에 이르렀다. 처음에는 아무도 이유를 몰랐다. 동물이 죽기 시작했다. 나비나 벌 같은 꽃가루 매개자가 제일 먼저 사라졌다(나중에 알고 보니, 바이오스피어2의 유리 때문에 벌들이 꽃을 찾는 데 이용하는 편광의 양이 제한됐기 때문이었다. 우리가 화성에 갈 만한 수준이 된다면 화성에서 살게 될 벌들에게는 필수적인 지식이 될 것이다). 식물 생산량이 적었던 것도 부분적으로는 이 때문이었다. 닭도 그렇게 많이 알을 낳지 않았다. 닭과 유제품 생산용 염소는 곧 도살돼 사람들의 입으로 들어갔다. 이 짐승들은 자신들이 제공하는 것보다 더 많은 식량을 먹었기 때문이다.

떨어진 잎들을 분해하는 데 도움을 받기 위해 의도적으로 데려온 바퀴벌레들은 놀라운 속도로 번식했다. 개미와 아마존 개미들도 엄청나게 늘어났다. 벌새가 어쩌다 사라졌는지는 아무도 정확하게 알지 못했지만, 주로 원숭이가 벌새를 잡아먹은 것은 확실했다. 하지만 원숭이도 제 차례를 맞았다. 아마 굶어 죽었을 것이다. 실제로 어류, 조류, 포유류 같은 척추동물은 거의 다 죽었다. 이제 참가자들도 굶어 죽기 직전이었다. 30종이 넘는 작물을 심었지만 잘 살아남은 건 고구마뿐이었다. 참가자들은 하루 세 끼 고구마를 먹었다. 베타카로틴 때문에 손이 노랗게 변하기 충분한 양이었다. 이들은 살아남기 위해 씨앗용 작물도 먹어야 했다.

산소-이산화탄소 문제를 지적한 사람도 있었다. 농지를 비옥하게 하기 위해 돔에 들어온 분뇨와 퇴비에 엄청나게 많이 존재하는 세균들이 인간보다 훨씬 더 많은 양의 산소를 빨아들이고 이산화탄소를 배출한 것 같다는 설명이다. 설상가상으로 소중한 산소가 서서히 사라지고 있었다. 생물군계 중 한 곳에 있는 콘크리트가 산소를 빨아들이고 있음을 참가자들이 알게 된 것은 몇 달이 지나서였다. 1년 후 바이오스피어2 내 산소는 대기의 약 20퍼센트에서 13퍼센트로 줄어들었다. 이 정도면 산악인들이 5,000미터 고도에서 흡입하는 산소량이었다. 참가자들은 하루 종일 헐떡였고 밤에는 수면무호흡증에 시달렸다. 1993년 초에는 에어록을 열어 신선한 산소를 이 인공 생물권 안으로 들여보내야 했다. 미션의 첫 원칙이 깨진 것이다. 그동안 참가자 여덟 명은 네 명씩 두 그룹으로 쪼개져 남은 1년 동안 서로 말도 섞지 않았다. 프로젝트의 초점에 대한 의견이 갈린 결과였다. 그래도 이들은 모두 살아남아 바이오스피어1으로 걸어 돌아왔다.

◆

바이오스피어1을 떠난 지 2년 20분 만이었다. 평균적으로 몸무게가 14킬로그램 정도 줄긴 했지만 그 외에는 건강한 상태였다.

두 번째 미션은 1994년에 시작됐다. 새로운 참가자들과 함께. 하지만 불행히도 이 미션은 6개월밖에 지속되지 못했다. 프로젝트 비용을 줄이기 위해 스티브 배넌을 영입한 후 갈등이 불거졌기 때문이다. 맞다. 나중에 대통령 선거에서 이름을 널리 알린 그 스티브 배넌이다. 그 후 무장 경비원, 공공기물 파손, 거친 말, 소송, 손가락질, 망신 주기를 통한 경영진 강제 퇴출이 이뤄졌다. 화성 식민지화 같은 계획에서 흔히 일어나는 일들이다. 아마 에덴동산 프로젝트는 그냥 취소해야 할지도 모르겠다.

바이오스피어2 프로젝트는 《타임》이 선정한 '20세기 최악의 아이디어 리스트 100선'에 이름을 올리는 지경에 이르렀다. 하지만 이 잡지는 한참 잘못 짚었다. 그 어떤 합리적인 척도로 판단해도 바이오스피어2는 매우 훌륭한 아이디어였다. 실패는 형편없는 경영과 자만의 결과였다고 말하는 게 옳다. 그렇게 나쁜 아이디어는 아니었다는 말이다. 이 프로젝트는 최소한 몇 가지는 제대로 해냈다. 처음에 바이오스피어2는 완벽하게 폐쇄된 환경이 되는 데 성공했다. 나사도 이 부분을 배웠다. 기본 구조는 결코 무너지지 않았다. 이 시설은 사용한 물과 오물의 전부를 재활용했다. 나사조차 국제우주정거장에서 물 전체를 재활용하는 데 성공한 적은 한 번도 없다. 하지만 전부 또는 대부분의 물을 재활용하는 것은 모든 우주 주거지에서 필수적인 일이 될 것이다.

바이오스피어2 덕분에 이제 우리는 화성 등 다른 곳에서 우리가 해야 할 것과 하지 말아야 할 것이 무엇인지 알게 됐다. 농장 지역과 생활공간을 섞지 말고 서로 분리된 돔에 배치해야 한다는 것, 최소한 초기에는 식물이 인간에게 필요한 산소를 모두 공급해줄 거라고 기대하지 말아야 한다는 것, 대규모로 건물을 짓는 대신 작은 걸 세워서 점점 늘려가야 한다는 것, 동물 한 종을 제어하기 위해 다른 동물 한 종을 도입한 걸로 생명의 그물을 다 이해할 수 있다고 생각해선 안 된다는 것, 세균의 힘을 과소평가해서는 안 된다는 것 등등. 그리고 무엇보다도, 나팔꽃은 심지 말아야 하다는 것을 알게 됐다. 나팔꽃은 열대우림을 장악하기 때문이다.

화성 주거지 실험실이 들어선 바이오스피어2

1995년 컬럼비아 대학은 바이오스피어2의 경영권을 넘겨받았다. 바이오스피어2를 거대한 연구 실험실로 변화시키겠다는 의도였다. 하지만 그 관계는 2009년에 끝났다. 2011년 애리조나 대학이 소유권과 경영권 모두를 인수하면서 에드 배스로부터 연구 지원금 명목으로 2,000만 달러를 추가로 받았다. 애리조나 대학 과학자들은 폐쇄가 풀린 이 시설에서 기후 변화, 물의 유체역학, 에너지 지속 가능성에 대해 연구하고 있다. 이들은 바이오스피어2 내 풍경 진화 천문대에서 '먼지 성장 관측' 같은 매우 독특한 연구를 진행하고 있다. 이 천문대는 극도로 오랜 기간에 걸쳐 물리학적·생물학적 과정이 풍경의 진화를 어떻게 쌍방향적으로 통제하는지 연구하는 곳이다. 앞에서 언급했던, 남극에 온실을 만든 것으로 유명한 필 새들러는 바이오스피어2의 방 중 하나에 화성 주거지 환경을 만들려 하고 있다. 한때 미니 지구를 만들려던 대담한 프로젝트가 이렇게 이용된다는 것이 아이러니가 아닐 수 없다.

이제 심리학적·공학적 관점에서 따져보자. 우리가 지구에서 알게 된 것을 바탕으로 판단할 때, 우주 정착지 구축은 쉽지 않지만 테크놀로지가 진보하면 충분히 가능하다. 하지만 인간의 생명 작용은 어떨까? 우주는 우리를 죽게 만들까? 우주로 떠나기에 앞서 생각할 가치가 있는 의문이다.

CHAPTER 2.

카운트다운: 우주여행
점검하기

★　우리 예상보다 더 폭력적이고 지옥 같은 우주

우주 공간은 가장 유해한 물질들이 있는 곳이다. 고에너지 광자, 활발하게 움직이는 원자핵 조각의 형태를 띤 치명적인 입자들이 공기도 없는 이곳에 뒤섞여 있다. 우주 공간에는 중력이 없기 때문에 우리 몸의 모든 부분이 그 영향을 받는다. 우리 몸의 단백질조차 어느 쪽이 위쪽인지 갈피를 잡을 수 없게 된다.

우주여행을 다루는 책이나 잡지 글에서는 이것을 험난한 바다를 건너 새로운 땅을 찾는 모험에 비유하곤 한다. 우리의 조상들은 원시적인 도구로 만든 나무 카누를 타고 남태평양을 건넜다. 그들은 돌아올 생각을 하지 않고 떠났다. 그들은 음식이나 물도 별로 없는 상태에서 폭풍우를 맞으며 며칠, 몇 주, 몇 달을 망망대해에서 보냈다. 그 과정에서 많은 사람이 죽었지만 소수는 목적지에 도착해 새로운 삶을 시작했다.

수만 년 전 이들의 초기 이주는 위험천만했을 것이다. 하지만 물 한 방울 한 방울이 그들 몸의 DNA에 구멍을 내지는 않았으리라. 바다 안개가 뇌세포를 파괴하지도 않았을 테고, 거친 파도가 눈 안에 유체를 쌓이게 만들어 영구적인 망막 손상을 일으키지도 않았을 것이다. 어찌 됐건 그들은 결국 마른 땅에 도착하면 걸어 다닐 수 있었다. 다리가 몸을 지탱하기에는 너무 약해져버려 배에서 내리기 위해 의료 팀이나 엔지니어 팀의 도움을 받아야 할 필요는 없었다. 또한 목적지에 도착하면 음식과 물을 구할 가능성도 높았다.

요약하면, 물에서는 생명체가 살 수 있고, 살 수 없더라도 뗏목 같은 것을 타고 물을 건널 수 있다. 하지만 우주는 생명체가 살 수 없는 곳이며, 생명체를 살 수 없게 만드는 곳이다. 지난 수백, 수천 년 동안 지구상에서의 모든 여행을 방해해온 요인들은, 설령 아무리 대단한 것일지라도, 달 너머로 가는 여행의 방해 요소들과 비교하면 대단찮게 보일 것이다. 만일 그렇지 않다면 우주여행 첫 세대가 치르게 될 희생은 최소화될 수 있다. 분명히 말하지만, 공학적인 측면에서 볼 때 우주여행은 현재에도 기술적으로 실현 가능하다. 어쨌든 우리는 50년 전에 인간을 달에 착륙시켰으니 말이다. 우리는 태양계를 확실히 넘어서는 곳으로 탐사선을 보냈고, 금성, 화성, 토성의 위성인 타이탄, 추류모프-게라시멘코 혜성과 몇몇 소행성에 탐사선을 연착륙시켰다. 하지만 많은 의사들은 인간을 달 너머로 보내는 것이 매우 위험한 정도를 넘어 거의 살인 행위라는 생각을 갖고 있다.

화성에 인간을 보내는 일은 미국에서 불법이다. 우주 비행사는 연방 공무원인데, 우주 비행사가 받게 될 방사선량이 미국 산업안전보건청(OSHA)이 직장 활동에 허용한 수준을 훨씬 넘어서기 때문이다. 중국이나 러시아는 보낼 수 있다. 이들 나라는 그런 까다로운 규정이 없기 때문이다. 하지만 미국은 법적으로 보낼 수 없다. 화성에 인간을 보내려면 나사는 방사선 노출을 줄일 수 있는 방법을 찾아내거나 규정을 바꿔 방사선 노출 기준을 상향 조정하는 수밖에 없다. 나사는 전자의 방법을 강구하고 있지만, 후자의 방법을 택한다면 결코 우주 비행사를 화성에 보낼 수 없을지도 모른다.

하지만 고려해야 할 위험 요소는 방사선 노출만이 아니다. 나사의 인간 연구 로드맵에 따르면 알려진 건강 위험만 34개나 되며 위험에 대한 우리의 지식에도 232개의 '틈'이 존재한다. 이를테면 알려진 건강 위험 중 네 개는 방사선과 관련된 것이다. 태양 플레어 방사선 중독, 뇌 손상, 심장 손상, 일반 암이 그것이다. 하지만 틈에는 유전, 생식, 불임 관련 문제가 포함된다. 따라서 우리가 인식하는 것보다 더 많은 건강 위험이 있을 가능성이 높다고 봐야 한다. 우주여행과 관련해 알려진 34개 위험은 다음과 같다. 이들 위험은 로켓 폭발 같은 기본적인 기계적 위험을 넘어서는 위험이다.

✝

◊   우주 여행이 위험한 이유 34가지

1.   임상적 관련이 있는 약물의 예상치 못한 효과에 대한 우려

2.   중력에 다시 노출됐을 때 또는 노출 직후의 추간판 손상 우려

3.   방사선 노출로 인한 급성(비행 중) 또는 만기 중추신경계 영향

4.   태양 입자 방출로 인한 급성 방사선 증후군 위험

◆ ◆

5. 부정적인 인지/행동 상태와 정신과 질환 위험

6. 우주 먼지 노출로 인한 부정적인 건강과 활동 영향 위험

7. 숙주–미생물 상호작용으로 인한 부정적인 건강 영향 위험

8. 면역반응 변화로 인한 부정적인 건강 활동 위험

9. 비행 중 의료 상태로 인한 부정적인 건강 결과와 수행 능력 감소 위험

10. 운송 수단/주거지 설계의 호환성 위험

11. 우주 비행으로 유발된 뼈 변화에 따른 골절 발생 위험

12. 심장박동 문제 발생 위험

13. 방사선 노출과 2차적인 우주 비행 스트레스 요인들로 인한 심혈관 질환 및 조직 퇴행이 발생할 위험

14. 감압증 위험

15. 우주 비행으로 인한 골다공증의 조기 발병 위험

16. 우주 비행과 연관된 전정(前庭)/감각 운동 영역 변화로 우주선 및 관련 시스템에 대한 통제 능력이 손상되고 운동성이 떨어질 위험

17. 근육 질량, 근력, 근지구력 감소로 인한 수행 능력 감소 위험

18. 인간과 자동화 시스템 및 로봇 연계의 불충분한 설계 위험

19. 인간–컴퓨터 상호작용이 불충분할 위험

20. 미션, 과정, 업무 설계가 불충분할 위험

21. 영양 공급이 불충분할 위험

22. 장기간 보관으로 약물이 효과를 잃거나 독성을 띠게 될 위험

23. 선외활동(船外活動, EVA)으로 인한 부상 또는 수행 능력 훼손 위험

24. 동하중(動荷重, dynamic load)으로 인한 부상 위험

25. 중력에 다시 노출되는 동안 기립성 조절 장애(현기증)가 발생할 위험

26. 팀 내 협력, 조정, 커뮤니케이션, 심리사회학적 적응이 불충분해 수행 능력과 행동 건강이 저하될 위험

27. 불충분한 식량 시스템으로 인해 수행 능력이 떨어지고 승무원이 병에 걸릴 위험

28. 수면 부족, 생물학적 주기 비동기화, 과도한 업무로 인해 수행 능력이 떨어지고 부정적인 건강 결과가 나타날 위험

29. 훈련 부족으로 수행 오류가 발생할 위험

30. 방사선 유도 발암 현상이 나타날 위험

31. 저비중 저산소증으로 인한 승무원의 건강과 수행 능력이 저하될 위험

32. 산소 용량 감소로 육체적 수행 능력이 저하될 위험

33. 신장결석이 생길 위험

34. 우주 비행과 관련된 신경안구증후군 발생 위험

이 34개의 위험 중에 결정적일 수 있는 것이 세 개 있다. 방사선, 중력(또는 중력의 부재) 그리고 수술 또는 복잡한 치료의 필요성이다. 이런 위험이 얼마나 심각한지를 따지는 것은 생물학적 사실의 문제이기보다는 의견의 문제다.

나를 포함한 많은 사람이 바로 이 건강 문제를 놓고 나사와 애증의 관계를 가져왔다는 걸 먼저 말해야겠다. 나사가 인간의 건강 문제를 진정성을 갖고 연구하고 있다는 사실은 존중해야 한다. 나사만큼 이 문제에 많은 자금을 투자한 조직은 없다. 나사는 이 영역에서 논란의 여지가 없는 리더이며, 세계는 나사가 이끌어주길 기대하고 있다. 우리는 모두 나사를 사랑한다. 이 미국 우주 기관이 없었다면 우리는 계속 지구에 갇혀 있었을 것이다. 하지만 나사는 완벽한 기관은 아니다. 나사의 건강 관련 연구에 대해서는 그 방향과 효율성, 현실성을 두고 다양한 의견이 쏟아지고 있다. 나사는 피할 수 있고 피해야만 하는 환경인 미세 중력 환경에서의 우주인의 건강과 보호에 집중하고 있다.

* 그깟 중력이 뭐 대수라고

중력 문제를 살펴보자. 앞에서 말했듯이, 우리가 국제우주정거장으로부터 배운 게 있다면 그건 미세 중력 상태에서 사는 일이 정말 힘들다는 사실뿐이다. 경솔하게 들릴 수도 있다. 안다. 이상적인 건강 상태를 위해서는 중력이 필요하며 무중력에 장기간 노출될 경우 심각한 해를 입을 수 있다는 주장은 완벽하게 검증된 적이 없기 때문이다.

20세기 중반 일부 과학소설 작가들은 무중력이 건강에 도움을 줄 것

이라고 추측했다. 혈액 순환이 더 좋아지고, 관절염은 역사 속으로 사라지며, 요통은 영원히 치유되고, 노화 자체의 속도도 늦어질 것이라고. 할머니를 우주에 모셔가기만 하면 모든 게 해결될 판이었다. 하지만 우리는 이런 장밋빛 시나리오가 말이 안 된다는 걸 우주 계획 초기부터 어느 정도 눈치채기 시작했다. 무중력 상태에서 고작 며칠만 지내도 사람들의 몸은 약해졌다. 그래도 지구로 돌아온 뒤에는 회복됐다. 게다가 대다수 사람들은 무중력 상태가 그리 해롭지 않을 거라고 생각했다. 그 뒤 우리는 우주에서 더 많은 시간을 보냈다. 미르 우주정거장에서 몇 달을 지낸 러시아인들이 심각하고 장기적인 건강 문제를 안고 돌아온 것처럼 보였다. 하지만 이 우주인들의 건강 상태에 대해 러시아가 입을 꾹 다물었기 때문에 우리는 확인할 방법이 없었다. 이 우주인들 대부분이 영웅으로 칭송받았지만 귀환 후 공식 석상에는 거의 모습을 보이지 않았다. 메시지를 확실하게 각인시킨 것은 국제우주정거장이었다. 무중력에 장기간 노출될 경우 여러 방면으로 인간의 건강이 손상될 수 있다는 메시지였다. 나사가 잘 한 일이다.

　계속하기 전에 우선 용어 몇 개를 정의해야겠다. 무중력(zero gravity)이라는 말은 편해 보이지만 지구 근처 활동이라는 맥락에서 생각하면 부적절한 이름일 수 있다. 국제우주정거장의 우주인들은 중력이 없는 상태에서 사는 것이 아니다. 사실 그들은 자유낙하 환경에서 살고 있다. 수평선 너머로 계속 떨어지면서 지구를 피해가는 것뿐이다. 이들이 지구 위에 머물 수 있는 것은 엄청난 수평 방향 속도 때문이다. 국제우주정거장은 시속 약 2만8,000킬로미터로 움직이고 있다. 어떤 형태로든 이 움직임이 완전히 멈춘다면 바로 지구로 떨어질 것이다. 국제우주정거장이 먼저 떨어지고 이어서 우주인들과 다른 것들도 죄다 떨어질 것이다. 지구의 중력은 위성이 발사될 때 설정된 횡방향 움직임과 완벽하게 균형을 이루는 대항력을 발휘해 움직이는 위성을 궤도 안에 잡아둔다. 지구의 중력이 없어진다면(예를 들어 지구가 갑자기 마법처럼 사라진다면) 위성들은 직선으로 발사될 것이다. 따라서 국제우주정거장에서 느끼는, 중력이 없는 것 같은 감각을 기술하는 더 정확한 말은 미세 중력과 무중량(weightlessness) 상태다. 하지만 이 용어들조차 완벽하지 않고, 서로 동의어도 아니다. 국제우주정거장의 우주인들은 무게를 갖는다. 지구에서의 무게의 약 90퍼센트 정도다. 그들의 발밑 320킬로미터 아래에 지구가 있기 때문이다. 달에서는 몸무게가 훨씬 덜 나갈 것이다. 실제로 달에서 재는 몸무게는 지구에서 잴 때의 약 16퍼센트밖에 되지 않는다. 절대적인 무중력은 있을 수 없다. 중력은 두 물체가 서로를 당기는 힘이기 때문이다. 하지만 달, 행성, 항성의 중력에서 멀리 떨어진 깊은 우주에서는 중력이 거의 0까지 떨어질 수 있다. 우주여행의 맥락에서는 무중력, 미세 중력, 무중량 상태라는 말을 섞어 쓰겠다.

중력이 인체에 미치는 영향과 관련해서, 우리가 가진 데이터 포인트는 딱 두 개밖에 없다. 0과 1이다. 지구에서 우리는 1G의 중력과 함께 산다. 국제우주정거장에서 우주인들은 0G 상태에서 산다. 그 사이의 상태에 관해서 우리는 아무것도 모른다. 공군 비행사들은 제트기를 빠르게 몰다가 이따금 5G 이상의 힘을 느낄 때가 있다. 이 정도면 지구 중력의 다섯 배이며, 뇌에서 피를 밀어낼 정도의 힘이다. 하지만 이런 힘은 보통 몇 초만 지속된다. 공군 비행사들이 초중력 환경에서 산다고 할 수는 없는 것이다. 그리고 어쨌든 우리는 1G보다 큰 힘에는 별 신경을 쓰지 않는다. 태양계 안에서는 어딜 가든 중력이 1G보다 작기 때문이다. L2 궤도, 달, 화성어딜 가도 마찬가지다.

1G가 그렇게 특별한 이유는 뭘까? 우리와 함께 진화해온 힘이라는 단순한 이유 때문이다. 우리의 뼈가 현재의 두께를 가지게 된 것은 이 특정 수준의 중력 덕분이다. 주변 모든 것에 침투해 세포에 계속 신호를 보내는 중력이 없다면 뼈는 미네랄이 빠져나가기 시작해 약화될 것이다. 또한 근육도 수축할 때 일정한 저항을 받는다. 중력의 잡아주는 힘이 없다면 근육은 위축돼 탄력을 잃게 된다. 우주에서도 운동은 할 수 있다. 국제우주정거장의 우주인은 뼈 손실과 근육 손실을 최소화하기 위해 매일 2시간 운동을 해야 한다. 그렇게 하면 어느 정도 효과는 있다. 하지만 그럼에도, 무중력 상태에서는 한 달에 1퍼센트가 넘는 속도로 골밀도가 줄어든다. 지구에 사는 노인이 1년에 1퍼센트씩 골밀도가 줄어든다는 사실과 비

◆◆

교해보자. 이 정도의 뼈 손실이 어느 정도 심각한 것인지는 국제우주정거장에서 오줌을 물로 완전히 재활용할 때 마주하는 가장 큰 장애물이 칼슘 때문에 필터가 매일 막히는 현상이라는 사실을 생각해보면 알 수 있다. 이 칼슘은 뼈에서 빠져나와 오줌으로 배출된 것이다. 이런 칼슘 누출은 단기적으로는 신장 결석 형성 위험을, 장기적으로는 신장 질환 위험을 높일 수 있다.

또한 특수 러닝머신에서 이렇게 근육 운동을 해도, 우주에서 몇 달을 보내고 지구로 온 우주인들은 보행을 힘들어한다. 심지어 컵을 손으로 잡기도 어려울 지경이다. 근육과 관련해 더 나쁜 소식이 있다. 대부분의 근육은 운동이 안 된다. 운동은 팔다리와 상체를 움직이는 주요 골격근에만 집중된다. 하지만 골격근 외에도 근육은 수백 가지나 있다. 심근, 불수의근, 민무늬근 등은 운동이 되지 않는다. 지구에서는 중력이 이 근육들을 운동시키지만, 국제우주정거장에서는 그럴 수 없다. 얼굴과 손가락에 있는 모든 미세한 근육들도 약해진다. 무중력 상태에서는 힘줄과 인대도 작동에 이상이 생기기 시작한다. 우주에 머무는 사람들은 척추가 길어지고 키가 1~2인치 정도 커지며 요통을 겪기 시작한다. 유럽우주국(ESA) 산하 유럽우주인센터 우주 의학 연구소는 우주인의 요통 문제를 극복하기 위해 몸에 착 달라붙는 '스킨수트(skinsuit)'를 설계하고 있다. 아주 유럽 스타일이라고만 해두자.

몸에서는 1G에 의존하는 훨씬 더 많은 일이 분자 수준에서 일어난다. 발에 혈액이 모이는 것은 보통은 중력 때문이다. 우리 몸의 순환계는 혈액을 무엇보다 중요한 기관인 뇌까지 올려 보내도록 진화했다. 중력이 없다면 순환계는 마치 물을 뿜어내는 간헐천처럼 거칠게 혈액을 올려 보내 우리에게 머리를 얻어맞는 느낌을 선사할 것이다. 심장은 자신보다 낮은 위치의 기관들로 혈액을 보내기 위해 더 빠르게 박동하게 되고, 그러면 우리의 몸은 (대체 어디서 이렇게 많은 혈액이 온 것인지 궁금해하며) 체액, 즉 유체가 지나치게 많아졌다고 판단할 것이다. 이어서 신장이 최대한 빠른 속도로 오줌을 배출해 여분의 수분을 제거하려 들 텐데, 그 과정에서 탈수가 진행돼 혈액이 진해지기 시작한다. 그렇게 되면 이번에는 몸이 적혈구 생산을 중단한다. 그 결과 빈혈이 발생하고 몸이 느려지며 숨이 가빠져 감염에 취약한 상태가 된다. 그 밖에도 많은 일이 일어난다. 총체적인 의학적 난국인 것이다.

눈은 이 모든 부자연스러운 유체 과다에 특히 더 취약하다. 우주인의 3분의 2 이상이 궤도에서 몇 달을 보낸 뒤 시력 감퇴를 호소한다. 유체압력은 안구의 뒷부분을 평평하게 만들고, 시신경에 염증을 일으키며, 취약한 혈관을 손상시킨다. 이 문제를 처음 보고한 사람은 나사 우주 비행사 존 필립스다. 그는 창밖으로 보이는 지구가 시간이 갈수록 점점 흐릿해지는 것을 깨달았다. 나사는 귀환한 그의 시력을 검사했고 1.0이던 시력이 궤도에서 6개월을 보낸 뒤 0.2로 떨어진 것을 확인했다. 이는 화성으로 가는 우주 비행사는 점진적이고, 불가피하고, 영구적인 시력 손상에 대비해 여러 도수의 안경을 가져가야 한다는 뜻이다. 나사는 시력 문제가 우주인들을 가장 먼저 위협할 문제라고 생각한다.

눈과 마찬가지로 뇌 전체도 유체 안에서 떠다니게 된다. 우주인 서른네 명을 대상으로 임무 수행 전후의 뇌 MRI를 비교한 결과, 미세 중력이 뇌에 영구적인 변화를 유도할 수 있음이 확인됐다. 즉, 뇌가 위로 올라가면서 압축되고, 두정엽과 전두엽을 가르는 뇌의 맨 위쪽 대뇌피질 내 고랑인 뇌 중심 고랑이 좁아지는 것이다. 이 부분은 미세한 움직임과 높은 수준의 실행 기능을 통제한다. 국제우주정거장에서 보낸 시간이 길수록 뇌 손상은 더 심해졌다.

앞에서 언급했듯이 1990년대 후반까지 나사는 우주에서의 생활이 미치는 장기적인 영향에 대해 거의 주의를 기울이지 않았다. 오랫동안 나사를 지배해온 건 엔지니어와 물리학자들이었기 때문이다. 의료인은 스태프로도 거의 배치되지 않았으며, 생체 의학을 연구하는 인력은 그보다 적었다. 의료 문제에 대한 나사의 관심은 제1장에서 봤듯이 주로 우주여행과 관련된 심리 문제에 국한돼 있었다. 그래서 국제우주정거장 건설이 계획되던 1997년, 나사는 생체 의학 연구를 외부에 위탁하기로 결정하고 10여 개 대학 기반 연구소의 연합체인 국립우주생체의학연구소(NSBRI)를 설립했다. NSBRI는 바로 연구에 착수해 지난 10년 동안 우주 임무에 참여했던 우주인 300여 명을 조사했다. 당연히도 그들 대부분이 임무로 인한 건강 문제를 겪고 있었고, 그중에는 중증인 이도 있었다.

이 문제를 어떻게 해결해야 할까? 나사는 건강 문제에 대해서는 너무나 초보 수준이라 지금도 개입보다는 테스트에 치중하고 있다. 예를 들어 국제우주정거장의 유체 이동 연구는 유체가 눈의 내부와 주변에서 정확히 어떻게 흐르는지를 들여다보고 있다. 나사는 이 연구가 눈이 붓거나 압력이 높아지는 증상을 겪는 지구인에게 도움이 될 거라고 주장한다(나사는 국제우주정거장 예산을 정당화하고자 가능한 한 문제를 지구와 연관시키려 한다). 또한 기능 업무 연구는 우주가 평형 유지 능력과 수행 능력에 미치는 영향을 연구하고 있으며, 미세 운동 능력 연구는 무중량 상태에서 컴퓨터 기반 장치와의 상호작용 능력에 변화가 생기는지 살펴보고 있다. 현재로서는 이 연구들 대부분이 모니터링 수준에 머물러 있다. 미세 중력 환경을 더 호의적으로 만드는 방법에 대해서는 거의 연구가 이뤄지지 않고 있고 연구될 수 있는 것도 거의 없다. 그나마 개입이라 할 만한 것은 철저한 운동, 뼈 손실 속도를 늦추기 위한 약물(비스포스포네이트) 처리, 유체 손실에 대비한 전해질 팩, 다리 아래 부분에서 혈액을 유지시키기 위한 넓적다리 커프스 착용밖에 없다.

무중력이 이토록 건강에 나쁘다면, 우리는 중대한 질문을 던질 수밖에 없다. 얼마나 많은 중력이 필요할까? 우주로 진출한 지 60년이 지난 지금도 우리는 그 답을 알지 못한다. 왜 그럴까? 정말 이해할 수 없게도, 한 번도 실험을 해본 적이 없기 때문이다.

건강의 좋고 나쁜 정도를 X축에 표시하고 0G부터 1G까지의 중력 수준을 Y축에 표시하는 그래프를 그려보자. 데이터 포인트는 두 개, 0과 1이다. 0, 즉 0G는 건강에 나쁘다. 따라서 이 데이터 포인트는 그래프의 맨 아래, 즉 X축과 Y축이 만나는 점에 자리한다. 그리고 1G는 건강에 좋다. 따라서 이 데이터 포인트는 그래프의 위쪽, 숫자 1 자리에 위치한다. 이제 이 두 점을 어떻게 연결할까? 직선으로 연결할까? 0.5G에서 우리는 좋은 건강과 나쁜 건강의 딱 중간 지점에 위치하는 걸까? 0.9G는 거의 1G만큼 좋은 걸까? 혹시 더 좋으려나? 아니면, 이 두 점을 오목한 곡선으로 연결할까? 약간의 중력, 즉 0.2G 정도만 되도 괜찮은 걸까? 반대로 볼록 곡선을 그릴 수도 있다. 0.5G, 0.75G, 심지어는 0.9G도 충분히 좋지 않을 수 있다. 이 질문이 중요한 이유는 달, 그리고 목성과 토성의 다양한 위성들의 중력이 약 0.16G이기 때문이다. 화성은 약 0.38G다. 이런 곳에서 살 수 있을까? 다시 말하지만, 모른다.

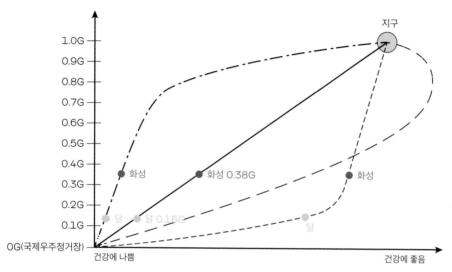

0G에서 1G까지의 중력 세기와 건강의 함수. 우리가 알고 있는 데이터 포인트는
두 개다. 0G(국제우주정거장에서의 중력 세기)는 몸에 해롭고, 1G(지구에서의 중력 세기)는
건강에 좋다. 하지만 이 두 점은 어떻게 연결될까? 직선으로 연결될까(실선)? 아니면 오목한 곡선(짧은
점선)? 그렇다면 0.2G 정도의 약한 중력으로 충분할 수 있다. 혹은 볼록한 곡선(1점 쇄선)으로
연결될지도 모른다. 그 경우엔 0.9G도 건강을 유지하기에 충분치 않을 수 있다.
심지어 0.5G가 우리 건강에, 특히 중장년층에게 더 좋을지도 모른다(긴 점선).
우리의 달, 목성과 토성의 위성들의 중력은 0.16G 정도다. 화성은 0.38G다.
우리는 그런 곳에서 살 수 있을까? 전혀 알 수 없다.

우주 어디든 0G인 장소에 정착하고픈 생각은 들지 않을 것이다. 따라서 현재 진행되고 있는 미세 중력과 건강에 관한 연구는 내 생각에 거의 쓸모가 없다. 우리가 알아낸 것이라고는 최대한 빨리 무중력 환경에서 벗어나야 한다는 것뿐이다. 0G에서 작업을 해야 하는 경우가 있을 수는 있다. 우주 관광이나 건설 등에서 말이다. 그러니 0G에 어느 정도까지 노출돼도 괜찮은가를 정할 때('몇 개월을 넘어서는 안 된다'는 식으로 말이

다) 국제우주정거장의 연구를 잘 써먹을 수 있긴 하다. 결국 태양계의 식민지화 가능성을 결정하는 것은 우주여행의 심리적 부담 또는 방사선이 아니라 중력이다. 우리가 화성의 0.38G짜리 중력에서 살면서 생식활동을 할 수 없다면, 인류가 근처 행성에 정착할 가능성은 없다. 원심분리기에서 인공자궁을 돌리거나 엄청난 에너지를 사용해 행성 또는 위성의 핵에 극도로 밀도가 높은 물질을 만듦으로써 중력을 증가시키는 비현실적인 미래를 바라지 않는 한 말이다. 뒤에서 살펴보겠지만, 방사선은 차단할 수 있다. 심리적인 어려움도 극복할 수 있다. 하지만 중력은 어떤 행성에서든, 어떤 방식으로도 늘릴 수 없다.

이제 당신은 미국, 러시아, 중국 또는 유럽의 우주 당국이 0.16G와 0.38G가 건강에 미치는 영향을 진즉에 실험했을 거라고 생각할지 모른다. 지구에서는 기능적으로도 장기적으로도 이런 테스트를 할 수 없다. 우선 반중력 장치가 없고, 해저에서 사는 것 역시 중력이 줄어든 상태에서 사는 것과는 같지 않다. 더 낮은 수준의 중력을 테스트하려면 우주에 거대한 회전 바퀴를 만들어야 한다(물론 국제우주정거장보다야 단순하겠지만). 원심력, 즉 회전력이 있어야 중력을 시뮬레이션할 수 있다. 반 정도 물이 찬 양동이를 떠올려보자. 양동이를 풍차처럼 빙글빙글 빠르게 돌리면 양동이가 머리 위에 있을 때도 물은 쏟아지지 않는다. 돌리는 속도를 줄이면 물은 머리 위로 쏟아질 것이다. 하지만 일정하게 속도를 유지하면 인공중력은 물이 쏟아지지 않게 해준다.

무중력 상태의 우주에서도 같은 원칙이 적용된다. 거주 공간을 충분히 빨리 회전시키면 그 거주 공간 안에서는 발이 바닥에 붙게 된다. 회전력이 중력에 해당하는 역할을 하는 것이다. 수학적으로도 매우 간단하다. 느껴지는 힘, 즉 중력으로 위장한 원심력은 회전 속도와 회전축의 길이 간의 함수다. 바꿔 말하면, 힘의 강도는 물체가 회전하는 각속도와 그 물체가 그리는 원형 궤도의 크기에 의해 결정된다. 작은 우주선은 어지러울 정도로 빠르게 회전해야 한다. 물이 담긴 양동이를 다시 떠올려보자. 놀이공원에 있는 빙글빙글 돌아가는 기구를 생각해도 된다. 한 장소에 갇혀 있는 것 같은 느낌을 받으려면 물체를 꽤 빨리 돌려야 한다. 반면 축구 경기장 길이(국제우주정거장의 크기가 이 정도 된다)의 직경을 가진 속이 비어 있는 토러스, 즉 도넛 모양을 돌려 지구 같은 중력을 만들어내려면 1분에 약 4회전이면 충분하다.

방정식은 복잡하지 않다. $a = \omega^2 r$이다. a는 선형가속도인데, 여기서는 우리가 만들고자 하는 중력의 수준이다. 지구의 경우는 중력가속도가 9.80665제곱초당미터다. ω(오메가)는 각속도, 즉 회전 속도다. r은 반지름이다. 따라서 반지름은 회전 속도에 반비례한다는 것을 알 수 있다. 이 시스템의 아름다운 점은 회전하는 주거 공간의 회전 속도를 조정해 화성 또는 달의 중력을 정확하게 시뮬레이션할 수 있다는 데 있다. 토끼나 메기가 성공적으로 교배할 수 있는지 알아보기 위해 1년 동안 중력을 0.38G로 맞출 수도 있다. 교배에 성공한다면, 화성에서 단백질 공급원을 재생산하는 데 성공한 셈이다. 물론 같은 수준의 중력에서 인간이 자라고 번식할 수 있는지를 관찰할 수도 있다. 인간이 어지러움을 느끼지 않고 견딜 수 있는 회전 속도가 얼마인지에 대해 토론해보자. 1분에 4회전 이상은 힘들지 않을까. 천천히 회전할수록 더 좋기는 하겠지만.

그렇다면 왜 우리는 인공중력을 테스트하지 않았던 걸까? 주된 이유는 나사가 국제우주정거장을 우주 식민지화를 위한 징검다리가 아니라 미세 중력 연구를 수행하는 우주 실험실로 홍보했기 때문이다.[6] 미세 중력 실험실도 그 나름의 매력이 있긴 하다. 미세 중력 상태에서는 인간의 건강과 관련된 중요한 연구를 할 수도 있다. 예를 들어, 특정 단백질을 잘 결정화하고 그 분자 구조를 연구함으로써 신약 개발을 앞당길 수 있다. 하지만 국제우주정거장에서의 연구로 실제 신약이 개발된 사례는 없다. 독특한 방식으로 유체의 움직임과 물질과학을 연구할 수도 있다. 하지만 이런 시도를 통해 상업적인 이득을 얻은 사례 역시 한 번도 없다. 국제우주정거장을 조립하면서 우리는 우주에서 일하는 방법을 확실히 배웠다. 이는 더 거대한 건설 프로젝트를 위한 교훈이었다. 하지만 그게 다였다. 아무리 찾아봐도 그 이상 미세 중력 연구로부터 얻을 게 없다. 나사가 지구인을 위해 개발했다고 내세우는 것들은, 물론 유용하기는 하지만 미세 중력 자체와는 아무 관련이 없는 주변 기술이다. 공기와 물 정화 기술, 휴

대용 초음파 기계, 소형화 기술, 지금은 의료용으로 사용되는 정밀 로봇 팔 등.

당초 나사가 국제우주정거장을 세운 목적은 2001년 나사 웹사이트에 실린 글에 잘 나와 있었다(지금은 나사 사이트에서 읽을 수 없지만 다행히 인터넷 아카이브 웨이백 머신에 보관돼 있다).

✝

◊　NASA가 국제우주정거장을 건설한 목적:

　우리는 현재 우주에서 인공중력을 만들 계획이 없다. 나사 및 다른 기관들은 수많은 놀라운 실험과 절차가 수행될 수 있는 미세 중력 상태(자유낙하 상태)에서 일하기를 선호한다. 우주정거장은 새로운 소재, 약품, 식량 등을 개발하기 위한 세계 유일의 장기적인 대형 무중력 과학 실험실이다. 아마도 언젠가 사람들이 궤도에서 더 많은 시간을 보내게 될 때 우리는 회전하는 우주정거장(전체든 또는 일부든)으로 일종의 중력을 만들어내 우주인의 뼈를 강하게 하고 장시간 무중량 상태에 노출되면서 야기되는 다른 문제들을 해결하려 들지도 모른다. 하지만 지금은 아니다.

2001년에 '지금'이 아니었다면, 20년 후에도 여전히 아닐 것이다. 이 같은 태도와 관련 있는 것이 2005년 국제우주정거장의 미국 영역을 국립 연구소로 지정한 조치다. 이 조치는 STEM 교육을 강화하고 미세 중력이 필요한 실험을 위해 민간 섹터와의 파트너십을 구축한다는 목표에서 나온 것이다. 나사는 최근 몇 년 사이에 국제우주정거장의 목적에 관한 기조를 변경해 인간 건강 연구 부문을 확장했다. 인간을 달이나 화성에 보내야 한다는 압력 때문이었다. 따라서 최근 국제우주정거장에서 이뤄진 연구는 미세 중력이 인간의 몸에 미치는 부정적인 영향에 대처하는 방법을 알아냄으로써 인간이 예의 목적지로 갈 수 있도록 돕는 데 맞춰져 있다. 국제우주정거장은 1년 운영비가 수십억 달러에 달한다. 단백질 결정을 알아내기 위한 비용치고는 엄청난 금액이다. 달이나 화성에서 경험할 부분 중력에 대해 아직 연구할 수 없는 상황에서 우리가 연구할 수 있는 것은 미세 중력에 관한 것뿐이다.

현재까지 나온 아이디어 중 하나는, 국제우주정거장에 새로운 모듈 하나를 추가하고 그 부분만 회전시켜 다른 부분에 영향을 미치는 일 없이 인공중력을 만들어내는 것이다. 일본의 국립우주개발국은 원심분리기수용모델(CAM)이라는 이름의 직경 4.5미터 규모의 회전 실린더를 제작했다. 작은 동물이나 식물에 다양한 수준의 인공중력을 제공할 수 있는 장비다. 당초 국제우주정거장 하모니 모듈에 장착될 예정이었지만 비용 초과 문제로 2004년 취소됐다. 현재 CAM은 도쿄에서 북쪽으로 약 한 시간 거리인 쓰쿠바 우주센터 주차장에 전시돼 있다. 한 번 좌절된 경험 때문에 일본은 훨씬 소박한 원심분리기를 제작해 가동을 시작했다. 다중인공중력연구시스템(MARS)이라 명명된 이 장비는 나사가 취소할 위험이 없도록 국제우주정거장의 일본 영역인 키보 모듈에 붙여졌다. MARS에서는 쥐를 0G 또는 1G 중력에 35일 동안 노출시키는 실험이 이뤄졌다. 1G 원심분리기 안의 쥐는 지구에 있는 통제 집단의 쥐와 동일한 골밀도와 근육 무게를 유지했다. 회전하는 거주 공간 개념이 입증된 것이다. 쥐에게는 작은 한 걸음이지만 인류에게는 거대한 도약이었다.

러시아 우주국은 이 발상을 더 확장하고자 했다. 러시아 엔지니어들은 팽창 가능한 회전 주거 공간을 2025년까지 국제우주정거장의 러시아 모듈인 즈베즈다에 부착하기 위한 설계를 하고 있다. 하지만 현재까지는 아직 스케치 단계이기 때문에 더 할 말이 없다. 미국의 민간 우주탐사 업체인 비글로 에어로스페이스도 팽창 가능한 회전 주거 공간을 만들 계획을 가지고 있다(자세한 내용은 제3장 참조).

흥미롭게도, 궤도를 도는 우주 주거 공간을 만들기 위한 나사의 초기 계획에는 회전과 인공중력이 필수 요소로 포함돼 있었다. 결국 만들어지지는 않았다. 1970년 당시의 기술로 제작하기에는 비용이 너무 많이 들었기 때문이다. 나사 최초의 궤도 주거 공간 계획인 스카이랩은 우주인들이 링 주변을 뛰어다니며 0.5G를 경험할 수 있는 원형 공간을 포함하고 있었다. 우주 공간에 대형 시설을 짓는 것이 실제로 가능하게 된 1980년대가 되자 나사는 인공중력 루트를 포기하고 계획적인 미세 중력을 선택했다. 그리고 오늘날 나사는 미세 중력이 얼마나 인체에 유해한지 알고 있음에도 불구하고 경로를 바꿀 계획이 전혀 없는 것처럼 보인다.

화성으로의 미션에는 비용이 더 많이 소요됨에도 불구하고, 많은 우주 공학자들은 0.5G 이상을 제공하는 우주선 계획을 지지하고 있다. 0.5G면 우주인들이 우주선에서 내려 화성 표면에 발을 디뎌도 다리가 부러지지 않을 수준이다. 2000년대 초반에 제안된 노틸러스 X라는 우주선에서는 기본적인 우주선과 고속 회전 원심분리기를 결합하려 했다. 우주인이 이 원심분리기의 0.5G 환경에서 잠을 자거나 휴식을 취함으로써 0G에 노출되는 것을 상당 부분 줄일 수 있다는 발상이었다. 하지만 나사는 최초의 계획과 제안에서 더 이상 나아가지 않았다. 로버트 주브린은 1996년에 쓴 《화성 정착론(A Case For Mars)》이라는 책에서 케이블과 균형추로 간단하게 인공중력을 만드는 시스템을 제안했다(제6장 참조).

결론은 이렇다. 장기간의 무중력 노출로 인한 후유증은 약물이나 압박 커프스로 치유될 수 있는 것이 아니며, 유일하게 현실적인 해결책은 인공중력을 만들어내는 것이다. 안전과 건강에 그렇게 집착하는 나사가 이 해결책에 대해서는 전혀 고려하지 않는다는 점이 나는 도저히 이해가 안 간다.

★ 우주의 살인자 태양 방사선

우주여행자들을 괴롭히는 방사선에는 두 가지 유형이 있다. 대처가 거의 가능한 태양 방사선과 더 위협적인 우주 방사선이다.

태양 방사선은 태양으로부터 오는 에너지다. '방사선'은 단지 에너지의 전달을 가리키는 광범위한 용어다. 대부분의 방사선은 생명에 도움을 줄 정도는 아니지만 무해하다. 하지만 생명을 앗아가는 형태도 있다. 태양은 장파, 저에너지 마이크로파와 라디오파부터 (지구 온기의 반을 제공하는) 적외선, 가시광선 그리고 단파인 고에너지 자외선과 엑스선에 이르기까지 전자기 스펙트럼의 거의 전부를 아우르는 에너지를 방출한다. 또한 태양은 태양풍의 형태로 입자를 쏟아낸다. 과학자들이 입자라고 부르는 이유는 이 입자들이 실제로 에너지를 운반하기 때문이다. 이 입자들은 양성자, 전자, 중성미자와 기타 아원자 물질 조각들이다.

지구는 태양이 방사하는 에너지의 소나기를 맞고 있으며, 우리는 그 혜택을 확실하게 받고 있다. 우리는 운이 좋다고 해야 한다. 지구는 태양 방사선 중에서 더 치명적이고 더 에너지 수준이 높은 입자들로부터 우리를 보호한다. 해로운 것들(파동보다는 입자 성질이 강한 태양 입자와 엑스선, 그리고 자외선 중 에너지 수준이 가장 높은 종류들) 가운데 극소량만이 지구 표면까지 와서 해를 끼친다. 이 입자들도 대개는 지구 자기권에 의해 방향이 바뀌거나 대기에 의해 차단된다. 그 와중에 저에너지 방사선이 우리에게 도달한다는 사실은 모순적으로 들린다. 깊은 우주에서는 이런 보호 장치가 없다. 우주복과 우주선 외에는.

모든 방사선이 위험하다고 생각하는 사람들이 있다. 하지만 치명적인 것은 이온화 방사선이다. 이 방사선은 원자에서 전자를 떼어내 원자를 이온화시킬 정도로 에너지가 강하다. 원자가 이원화되면 불안정해지며 반응성도 더 커진다. 생물학에서 깨진 화학결합과 DNA 복제 과정에서의 돌연변이를 보면 이것이 분명하게 드러난다. 대부분의 경우 좋은 일은 아니다. 마이크로파, 적외선, 가시광선은 이온화를 일으키지 않는다. 이것들은 솜뭉치나 다름없다. 수백만 개를 창에 던진들 유리가 깨지지는 않는다. 하지만 자외선의 고에너지 형태들, 모든 엑스선은 이온화를 일으킨다. 태양풍 안에 포함된 입자들도 그렇다. 이것들은 골프공이라고 생각하면 된다. 하나만 창에 던져도 유리가 깨진다.

자외선 차단제가 흔하다는 사실은 사람들이 자외선과 그 위험성에 대해 너무나 잘 알고 있다는 것을 보여준다. 자외선에는 세 가지 형태가 있으며 에너지, 즉 파장에 의해 구별된다. 에너지가 가장 적은 형태는 UVA로 주름, 주근깨를 비롯해 여러 가지 형태의 노화를 유발한다. 태양에서 온 UVA는 구름이 낀 날에도 쉽게 지구 표면에 도달한다. UVA는 이온화를 일으키지 않으며 딱히 치명적이지도 않다. 그보다 조금 더 에너지가 많은 형태는 UVB로 가장 낮은 수준의 이온화를 일으킨다. UVB는 화상과 피부암을 일으킨다. 대부분은 지구의 오존층이나 구름에 의해 흡수

◆◆

되지만 그럼에도 적지 않은 양이 지표에 도달한다(우리 몸이 비타민 D를 합성하려면 피부에서 화학반응을 일으킬 약간의 UVB가 필요하다). 가장 에너지가 많고 해로운 형태는 UVC다. 다행히도 UVC는 오존층과 대기에 의해 완벽하게 차단된다. UVC는 용접기에서도 방출되며, 보호 장비 없이 용접기를 쳐다보다간 곧 실명할 수도 있다. UVC보다 훨씬 더 에너지가 많은 것이 엑스선이다. 엑스선은 피부 같은 연조직에 쉽게 침투한다. 우리 위에 있는 수 킬로미터 두께의 대기는 태양의 엑스선도 차단한다. 치과에서 볼 수 있는 엑스선 방어용 앞치마와 비슷한 역할을 한다고 볼 수 있다.

　태양고에너지입자(SEP)로 불리는, 태양이 방출하는 원자 입자들은 이온화 방사선과 똑같이 행동한다. 화학결합을 끊고 암을 일으키며 다른 조직들을 손상시킨다는 뜻이다. 하지만 이 치명적인 입자의 대부분은 지구 대기까지도 도달하지 못한다. 이 입자로부터 우리를 보호해주는 것은 우리의 제1차 방어선인 자기권이다. 자기권은 양전하를 띤 양성자, 음전하를 띤 전자의 방향을 바꿔주는, 지구를 둘러싼 거대한 자기장이다. 우리의 자기권은 지구에서 수만 킬로미터 떨어진 곳까지 펼쳐져 있으며 국제우주정거장을 포함해 대부분의 지구 궤도 위성을 보호해준다. 따라서 이 방사선은 국제우주정거장 방문자들에게는 별로 위협이 되지 않는다. 국제우주정거장의 우주인 역시 보호 리스트에 포함된다. 대기권 위에 있지만 자기권 안에 있는 이 사람들은 또한 자외선이나 엑스선에도 별 영향을 받지 않는다. 우주복과 국제우주정거장이 상당한 보호를 해주기 때문이다. 하지만 그 보호에도 한계는 있다.

　사실 태양이 활동을 활발하게 하기 전까지는 모든 것이 대처 가능하다. 태양은 자주 태양 플레어를 방출한다. 태양 플레어란 갑자기 별의 밝기가 올라가는 현상인데, 이때 몇 시간에 걸쳐 대량의 방사선을 일으킨다. 강력한 태양 플레어와 관련해서, 코로나 질량 방출(CME)이라는 현상도 있다. 태양이 물질 덩어리를 방출하는 현상이다. 두 현상 모두 태양의 자기장 라인에 재배열이 일어나면서 나타나고, 섬광과 엄청난 양의 에너지 방출을 일으킨다. 태양 플레어는 총구에서 나타나는 섬광과 비슷하며 이 빛은 대부분 엑스선과 자외선이다. CME는 한 방향으로만 발사되는 포탄과 비슷하며 대부분 입자로 구성된다. 둘 다 지구의 방어 기능을 뒤흔들 수 있으며, 특히 지구의 최북단과 최남단 근처가 가장 많은 타격을 받는다. 이 지역들은 자기권이 지구 쪽으로 파인 곳이자 오존층이 얇아지는 곳이다. CME는 남극광(남극 오로라)과 북극광(북극 오로라)을 일으킨다. 태양풍에서 온 전자가 지구 대기권 상층부의 기체들과 충돌하면서 기체들을 자극하는 동시에 형형색색의 빛 형태로 에너지를 방출함으로써 나타나는 현상이다. 보기에는 화려할지 몰라도 CME에 의한 자기 교란 현상은 1989년 캐나다 퀘벡 전 지역의 전력망을 와해시키기도 했다. 축전기가 차례로 망가져 전원 공급이 끊기는 일이 일어난 것이다. CME가 정전을 일으킨 것은 그때가 처음이 아니었으며 마지막도 아닐 것이다.

우주 비행사는 위험한 직업이다. 이온화 방사선에 어느 정도까지 노출돼도 되는지 궁금할 법도 하다. 우주 비행사도 결국 노동자다. 그리고 광부, 방사선 기사, 핵 발전소 직원 등 많은 노동자들이 방사선 위험에 노출돼 있다. 자, 이제 생각해보자.

방사선은 여러 가지 다양한 방식으로 측정된다. 먼저, 방사능 수준. 물질에서 방출되는 이온화 방사선의 양을 측정하는 것으로 단위는 퀴리(Ci) 또는 베크렐(Bq)이다. 두 번째는 노출량. 통과하는 방사선의 양을 측정하는 것으로 단위는 뢴트겐(R) 또는 쿨롱/킬로그램(C/kg)이다. 세번째로 흡수선량. 한 사람이 흡수한 방사선의 양을 측정하는 것으로 단위는 방사선흡수선량(rad) 또는 그레이(Gy)다. 네 번째는 등가선량. 흡수선량과 특정 유형의 방사선이 일으키는 의학적 효과를 결합한 방식이다. 단위는 인체 뢴트겐당량(rem, 렘) 또는 시버트(Sv)다. 완벽하게 정확하지는 않지만 일반적으로 1R = 1rad = 1렘 또는 1,000밀리렘이다. 참고로 미국 원자력규제위원회에 따르면 치과 엑스레이나 흉부 엑스레이를 찍을 경우 10밀리렘 정도의 방사선에 노출된다. 전신 CT 촬영을 할 경우는 1,000밀리렘 정도다. 고도가 높은 덴버 같은 도시에서 이틀을 보내면 1밀리렘에 노출된다. 대륙 간 항공편에 탑승할 경우 보통 5밀리렘 이하다. 1인당 1년 평균 노출량은 약 600밀리렘이다. 그 대부분은 피할 수 없는 자

◆ ◆

연적인 방사선이다.

　미국 직업안전건강관리청(OSHA)에서 정한 방사능 취급 노동자의 전신 노출 제한량은 1년 기준 5,000밀리렘, 즉 5렘이다. 피부 비침투 노출의 경우는 1년에 15렘, 손 노출의 경우는 1년에 75렘이다. 보통 사고가 일어나지 않는 한 이 정도로 많은 양에 노출되는 일은 없다. 평균 노출량 제한이 가장 높은 노동자는 비행기 조종사로 1년에 추가적으로 500밀리렘이 더 할당된다. OSHA 규정은 부분적으로 암 발생 가능성이 기준치를 웃도는 상황에 기준을 두고 있으며, 대부분의 의사들은 이 정도 제한량이면 충분히 안전한 범위에 속한다고 생각한다. 예를 들어 5렘에 노출돼도 암 위험은 약 1퍼센트밖에 늘지 않는다. 우주에서의 생활과 작업에 대해 생각해보면, 이 숫자들이 작게 느껴질 것이다. 스카이랩에서 몇 달 동안 지냈던 우주인들은 전신에 17.8렘, 미르 우주정거장에서 1년을 보냈던 우주인들은 21.6렘의 방사선에 노출됐다. 이 수치는 모두 자연적인 방사선량으로, 태양에서 방출된 방사선을 제외한 것이다.

　태양 플레어나 CME의 경로에 있는 우주인들은 이론적으로 치명적일 수 있는 양의 방사선에 노출된다. 우리는 지금까지 이 총알을 피해왔다. 게다가 안도감을 주는 사실도 하나 있다. 미리 경고를 받을 수 있다. 우리는 태양이 대략 11년을 주기로 태양 자기 활동을 한다는 것을 안다. 우리는 태양 폭풍이 언제 더 많이 발생할지, 끔찍한 '태양 날씨'가 언제 나타날지 대충 알고 있다. 게다가 CME 때 태양이 방출한 물질이 지구에 도달하려면 하루에서 사흘이 걸린다. 지구의 통제센터가 우주인들에게 특별한 피난처를 찾아보라고 경고하기에 충분한 시간이다. 하지만 대부분이 빛인 태양 플레어는 지구에 도착하는 데 8분밖에 걸리지 않으며 순식간에 도착할 가능성도 있다. 지구와 비교적 가까운 태양 관찰 위성이 플레어를 탐지해 지구에 정보를 전송할 때면 빛의 속도로 움직이는 엑스선과 자외선은 이미 지구에 도착해 있을 것이다. 그럼에도 불구하고 우주인들은 플레어가 지나가는 동안 한 시간 이내로 피난처를 찾아갈 수 있다. 피난처는 국제우주정거장이나 기지에서 한층 은폐가 잘 된 곳이다.

　자기권의 보호 거품을 벗어나게 되면 상황은 더 안 좋아질 수 있다.

달이나 화성에서 또는 화성으로 가는 긴 여행 동안 우주인들은 공격에 취약해진다. 경고를 받을 수 있다는 게 그나마 큰 위안이다. 기지나 우주선에는 일종의 폭풍 대피소로 쓸 수 있는 구역이 필요할 것이다. 경고가 오면 서둘러 대피할 수 있는. 명심할 것이 있다. 보호는 곧 질량이고, 질량은 곧 더 많은 연료와 돈이라는 사실을. 이상적으로 생각하면 방사선을 완벽히 막아줄 기지나 우주선이 있어야 한다. 하지만 우리의 우주여행 초기에는 작은 대피 공간에 만족해야 할 수도 있다. 이 공간은 두꺼운 금속이나 심지어는 물로 뒤덮인 곳일 수도 있다. 물은 태양 입자 방사선을 잘 흡수한다. 화성 미션에서는 우주선 주방이 그 역할을 할 수도 있다.

아슬아슬한 순간들이 있었다. 이제는 전설이 된 태양 폭풍이 1972년 8월에 발생했다. 두 번의 아폴로 미션 사이의 시점이었다. 아폴로 16호 승무원들이 달을 떠난 지 몇 달 후, 아폴로 17호가 달 착륙을 하기 몇 달 전이었다. 여러 해 동안 미국 존슨 우주센터 건강 담당관을 지낸 프랜시스 쿠치노타는 당시 달에 착륙한 우주인들이 400램 상당의 방사선을 뒤집어썼을 것이라고 추산한다. 한나절 동안 45램 이상이 쏟아졌을 것이고 최고조에 이르렀을 때는 시간당 241램이 쏟아졌을 것이라는 계산이다. 이 정도 수준이면 매우 심각한 것이다. 450램이면 LD50(반수치사량), 즉 노출된 사람의 50퍼센트가 단시간에 사망할 수 있는 '치명적인 양'이다. 이 상태에서 살아남으려면 골수이식을 받는 수밖에 없다. 50램 이상이면 메슥거림과 구토를 유발할 수 있다. 150램이면 설사, 불쾌감, 식욕 상실이 나타날 수 있다. 300램이면 내출혈이 일어나고 머리카락이 빠지기 시작할 가능성이 높다. LD100이면 600램인데, 이 정도면 생존 가능성이 없다. 아마도 달 착륙선의 알루미늄 선체가 아폴로 우주인들을 보호해 예상 노출량을 400램에서 40램으로 줄였을 것이다. 이 정도면 백혈병과 심한 두통 정도의 차이다.

화성은 지구보다 태양에서 훨씬 떨어져 있지만 두꺼운 대기와 자기권이 없기 때문에 화성 표면에서 노출될 것으로 예상되는 태양 방사선량은 치명적이다. 화성에서 살려면 일상적인 태양 방사선을 매일 막아내야 하는 데다 심각한 태양 플레어가 닥칠 때를 대비해 특별한 피난처도 있어

◆◆

야 한다. 얼마나 자주 이런 상황이 발생할까? X 클래스라 불리는, 가장 에너지 수준이 높은 대형 태양 플레어가 1년에 10회 정도 일어난다. 이런 플레어가 닥쳐올 때 스스로를 지키려면 우주 기상 정거장을 모니터해야 할지도 모른다. 천문학자들은 극단적인 태양 이벤트가 약 1,000년 전에 일어나 화성을 태우다시피 했으며, 그런 일이 다시 일어난다면 용암 동굴 깊숙이 피난하거나 다른 지하 피난처에 들어가지 못할 경우 화성에서 사는 사람들은 죽거나 심각한 병을 앓게 될 것이라고 추측한다. 나사의 메이븐 탐사선이 보내온 데이터에 따르면 2017년 9월 11일 일어난 태양 이벤트는 기존에 관찰됐던 것들보다 25배 밝은 화성 오로라를 촉발했으며, 화성 표면의 방사능 수치를 두 배로 증가시켰다. 게다가 이 사건은 11년 태양 주기에서 잠잠한 시기로 여겨지던 때에 일어난 것이다.

지구에서는 1인당 1년 평균 600밀리렘의 방사선에 노출된다고 앞서 말했다. 화성 오디세이 탐사선이 보내온 데이터에 따르면 화성에서는 8,000밀리렘 정도다. 하지만 이 수치는 하루의 대부분을 밖에서 지낼 때의 이야기다. 우리는 아폴로 14호의 우주인들이 9일 동안 달에서 지내면서 1,150밀리렘의 방사선에 노출됐다는 것을 알고 있다. 그 9일 중 33시간이 달 표면에서 보낸 시간이다. 다른 말로 하면, 달에서 1주일을 지내면 지구에서 1년 동안 받는 자연적인 방사선의 두 배에 이르는 양을 쐬게 된다는 뜻이다. 달이나 화성에서 산다면 이런 위험을 알아야 하며 방사선 질환을 유도할 수 있는 강력한 태양 폭발을 항상 경계하고 늘 조심해야 한다. 정리하면, 안전한 지구를 벗어날 경우 태양 방사선이라는 위험에 노출되지만 이에 대한 대처는 가능하다. 아마 방사선 기사로 일하거나 해가 쨍쨍한 호주에서 자외선 차단제 사용을 거부하는 백인으로 사는 것과 비슷할 것이다.

✳ 더 매운 맛, 우주 방사선

통탄스럽게도 우주 방사선은 경고도 없고 보호 장치도 거의 없다. 이 원자 크기의 총탄은 모든 방향에서 언제나, 그리고 끊임없이 우리를 공격할 것이다. 우주 방사선은 태양계 너머에 있는 우주 깊은 곳에서 오는 데, 멀리 있는 항성의 폭발로 움직이기 시작해 거의 빛의 속도로 이동하는 양성자와 무거운 원자핵으로 구성된다. 태양 방사선과는 달리 우주 방사선은 떼거리로 달려와 병을 일으키거나 사망을 초래하지는 않는다. 대신 우주 방사선은 뇌를 조금씩 침식한다.

지구와 국제우주정거장에서 우리는 대부분의 우주 방사선으로부터 보호를 받는다. 우주 방사선은 은하우주선(線) 또는 고질량 고전하(HZE) 입자라고도 불린다. 가끔 이 입자 중 소수가 대기권 상층부로 돌진해 2차, 3차 입자를 연쇄적으로 만들어내기도 한다. 보통 우주선(線)은 우리 대기에서 가장 많은 원자인 질소나 산소와 충돌하는데, 그 결과 이 원자들을 중성자, 전자를 비롯해 뮤온, 파이온, 알파입자 같은 더 낯선 입자와 심지어는 엑스선으로 분해한다. 하지만 대기의 양이 많기 때문에 이 방사선은 지구 표면에 닿기 전에 보통 붕괴하거나 대기에 흡수된다. 실제로 우주 방사선은 오스트리아 물리학자인 빅토르 프란츠 헤스가 전기계를 가지고 고고도 기구 비행을 한 1912년이 돼서야 확실하게 탐지됐다. 앞에서 제트기 조종사와 승무원이 일반인에 비해 방사선 노출 위험이 높다고 언급한 바 있다. 이 방사선이 우주 방사선이다.

우주 방사선의 효과는 아폴로 우주인들이 적나라하게 관찰했다. 우주 입자가 우주인들의 눈구멍을 뚫고 들어와 섬광을 일으켰다. 그때 이후로 이런 현상에는 우주선(線) 시각화 현상이라는 이름이 붙게 됐다. 생물학적 수준에서 일어나는 일은 분명하지 않다. 아마도 우주선(線)은 시신경과 충돌하거나 젤과 같은 유리체액을 통과해 대기에서 일어나는 현상과 비슷하게 아원자 입자들을 만들어냈을 가능성이 있다. 자기권을 넘어 달로 간 아폴로 우주인들은 약 3~7분마다 한 번씩 섬광을 감지했다. 우주인들은 이 섬광을 다양한 방식으로 묘사했는데, 이는 우주인마다 다른 물리적 상호작용이 일어났을 수 있음을 암시한다. 보고된 섬광의 모양은 빈도순으로 점, 별, 줄, 별똥별, 방울, 구름 등의 형태를 띠고 있었다. 눈을 감아도 도움이 안 됐다. 우주인들은 잠을 자려고 노력할 때도 섬광이 나타났다고 보고했다.

물론 눈은 몸의 아주 작은 일부에 불과하다. 우주선(線) 시각화 현

◆ ◆

상이 존재한다는 것은 몸 전체가 하루 종일 우주선(線)의 공격을 받고 있
다는 것을 암시한다. 매초마다 수천 개의 방사선이 우리 몸을 통과하고 있
을 것이다. 시카고 대학의 물리학자 유진 파커는 행성 간 공간에서는 해마
다 체내 DNA의 3분의 1이 우주 방사선에 의해 조각난다고 말했다. 이 정
도면 우리 몸의 DNA 복구 메커니즘으로 통제하기에는 너무 많은 양이다.
또한 우리는 우주에 우리만 있는 게 아니라는 사실을 기억해야 한다. 우리
의 체내에는 수십억 마리의 세균, 바이러스, 균류가 생태계를 이뤄 우리
의 건강을 유지하는 중요한 역할을 수행하고 있다. 가령 장에 있는 미생물
총은 음식의 소화를 돕는다. 우주 방사선은 우리 몸 속 미생물을 죽이거나
미생물에 돌연변이를 일으켜 알려지지 않은 위험을 가져올 수 있다. 우주
선이나 기지(뒤에서 다룬다) 둘레에 아주 두꺼운 보호막이나 일종의 미
니 자기권을 배치해야만 우주 공간에서 이런 우주 방사선이 우리 몸을 통
과하는 것을 막을 수 있다. 이는 우주여행에서뿐 아니라 우주에서의 생활
에도 막대한 영향을 미친다. 달, 화성 그리고 우리가 자기권 밖에 세운 거
의 모든 캠프는 적절한 보호 장치가 없다면 태양과의 거리와는 관계없이
우주 방사선으로 넘쳐나게 될 것이다. 이 방사선 노출의 다른 영향은 차
치하고라도, 외부에 있을 경우 이루 말할 수 없는 손상을 일으키는 섬광을
눈으로 보면서 살아야 할 것이다. 어처구니없는 과학소설에 나오는 것과
는 반대로, 우주선(線)은 초인적인 힘을 만들어내지 않는다.

지금까지 이뤄진 설치류 대상 실험과 우주 방사선 연구는 이렇다 할
결과를 못 내고 있다. 캘리포니아 어바인 대학 의과대 방사선종양학과 교
수 찰스 리몰리는 나사의 지원을 받아 실험실 쥐를 화성 편도 여행 6개월
동안 노출될 양과 비슷할 것으로 예상되는 양의 방사선에 노출시키는 실
험을 했다. 연구 팀은 방사선이 인지 장애와 치매 등 심각하고 장기적인
뇌 손상을 일으킨 것을 발견했다. 뇌 염증과 뉴런 손상의 결과였다. 쥐의
뇌세포는 수상돌기라고 불리는 부분의 감소가 일어났으며 척추는 잎과
가지가 떨어져나간 나무처럼 뉴런 사이의 신호 전달 체계가 와해되는 현
상을 보였다. 또한 방사선은 뇌에서 과거의 불쾌하고 스트레스를 받았던
기억의 연상을 억제하는 부분에도 영향을 미쳤다. 이런 억제는 공포 제거

라고 부르는 과정인데 문제가 생기면 불안감을 일으킬 수 있다. 리몰리는 2016년 이 연구를 할 때 내게 "이는 2~3년 동안 화성 왕복 여행을 할 우주인들에게 긍정적인 소식이 아니다"라고 말했다.

하지만 동물 연구가 흔히 그렇듯 이 실험에서 사용한 방사선량은 1분당 0.05~0.15Gy로 실제 화성 여행에서 노출될 것으로 예상되는 양보다 훨씬 많았다. 6개월 동안의 화성 여행에서 예상되는 방사선 노출량은 1Gy, 즉 100rad로 시간에 따른 편차가 별로 없을 것으로 추정된다. 연구자들은 6개월 동안 우주 방사선에 꾸준히 노출되는 주거 공간에 쥐를 집어넣을 수는 없었다. 대신 브루크헤이븐 국립연구소 내 나사 우주 방사선연구소의 입자가속기에서 만든 대량의 방사선을 쥐에게 쏟아붓고 6개월을 관찰했다. 하지만 노출량이 문제가 됐다. 한 시간에 맥주 여섯 병을 마시면 취하겠지만, 여섯 시간에 걸쳐 여섯 병을 마시면 취하지 않을 수도 있다. 같은 노출량이지만 속도가 달랐다. 우주인이 화성에 도착했을 때 제정신을 유지할지 '방사선에 취할지' 제대로 테스트하려면 더 설계가 잘된 연구가 필요할 것이다.

다른 연구자들은 시뮬레이션 된 우주 환경에서 양성자 방사선이 쥐에게 주의력 결핍과 수행 능력 저하를 일으키며, HZE 입자가 알츠하이머병과 관련된 아밀로이드 베타 플라크 성장을 촉진한다는 것을 알아냈다. 임상 연구를 통해서는 특정 종류의 방사선을 쬐면 뇌종양 환자를 치료할 수 있지만, 그들의 인지 기능이 크게 떨어지게 된다는 사실이 밝혀졌다. 이를 방사선 유발 인지 저하(radiation induced cognitive decline)라 부른다. 두개골 방사선 치료를 받고 최소 6개월간 암으로 죽지 않은 모든 환자의 절반 이상이 점진적인 인지 장애를 겪는 것으로 나타났다. 특히 처리속도(빨리 생각하기)와 기억을 관장하는 영역에서 이런 현상이 두드러졌다. 하지만 이번에도 역시 이 연구 결과를 그대로 우주에 적용하기는 힘들다. 환자들은 몇 달에 걸쳐 집중적으로 방사선에 노출된 반면, 화성으로 가는 우주여행에서는 방사선 노출이 거의 3년에 걸쳐서 이뤄지기 때문이다.

앞에서 언급했던 건강 담당관 프랜시스 쿠치노타는 나사에서 최초로, 1990년대 초반에 우주인들이 안전하지 않은 우주 방사선에 노출될 위험을 경고한 사람이다. 쿠치노타는 30년 넘게 나사에서 근무한 뒤 네바다라스베이거스 대학으로 자리를 옮겼다. 2017년 그는 우주 방사선이 어떻게 건강한 비대상 '방관자' 세포에 손상을 일으켜 암 발병 위험을 배가시키는지를 규명하는 암 모델링에 관한 논문을 발표했다. 이런 종류의 연구 결과로 인해, 나사는 화성에 우주인을 보내는 것의 윤리적 문제에 대해 심사숙고하지 않을 수 없게 됐다. 현재 나사는 장차 발생할 수 있는 위험을 받아들이겠다는 내용의 사전 동의서를 접수받을 생각이다. 나사의 일부 베테랑들은 우주 비행사들이 대의를 위해 죽거나 생명을 단축시킬 의지가 있는 사람들이라고 주장하기도 한다.

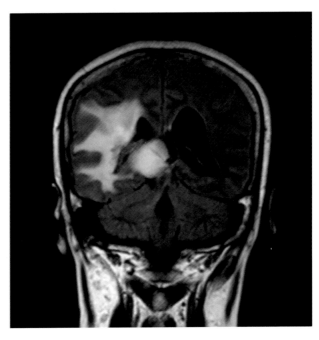

뇌종양이나 기형이 생긴 부분의 크기를 줄이기 위해 방사선 치료를 받는 환자들은 주변 뇌 조직에 의도치 않은 방사선 손상을 입게 돼 점진적인 인지 장애를 겪는 경우가 많다. 그림은 감마 나이프 치료를 받고 8년이 지난 뒤에 뇌수종(부어오른 부분)과 위축(오그라든 부분) 증상을 겪고 있는 39세 여성의 뇌. 화성으로 오가는 여행 중에 우주 방사선에 노출돼도 이와 비슷한 손상이 발생할 수 있다.

미국 최고의 과학자 단체인 미국 국립과학아카데미(NAS)는 "'기존의 건강 기준이 완전히 충족되지 않을 경우' 또는 기존 증거에 기초해 적절한 기준이 개발되지 못할 경우, 장기적으로 진행되는 탐사 미션에 필요한 기준의 방향을 제시하려는 목적에서 윤리적 틀을 개발하고 원칙을 확실히 하겠다"는 나사의 요청을 검토했다. 2014년 이 단체는 최종적으로 "윤리적으로 받아들일 수 없는 특정한 장기 탐사 미션을 허용하기 위한 현재의 건강 기준 완화"를 결정했다. NAS 위원회는 '이익 대비 위험' 원칙과 '자율 존중' 원칙에 기초한 출구를 나사에게 허용한 셈이다. '이익 대비 위험'은 아마 의도적으로 의미를 애매하게 만든 표현일 것이다. 우주여행은 꼭 해야만 하는 일이 아니며 이익, 즉 가치는 오직 우리가 가치 있다고 여기는 것에만 기초하고 있기 때문이다. 또한 자율 존중이라는 말은 우주인들이 자신의 의지에 따라, 그리고 이익이 위험보다 클 때 영웅이 되는 것을 허용한다는 말이다. 마치 소방대원이 어린이를 구하기 위해 불타는 건물 안으로 뛰어드는 것과 비슷하다.

✱ 무조건 가리고, 막아라

위험을 완화하려면 어떻게 해야 할까? 차폐 외에는 답이 없다. 우주 방사선은 태양 방사선보다 훨씬 에너지가 많다. 기본적으로 우주 방사선은 더 빠르게 움직인다. 또한 철 원자의 핵과 같은 원자 조각의 일부는 태양풍 내의 양성자나 전자보다 훨씬 무겁다. 철의 원자핵은 수소의 원자핵, 즉 양성자보다 수백 배나 에너지가 더 많다. 어설픈 차폐는 아예 안 하느니만 못하다. 파편 같은 2차 입자들이 연쇄적으로 생기기 때문이다. 우주선의 얇은 금속막은 우주 방사선의 충격을 분산시켜 빠른 총알 하나를 그보다 약간 작은 수십 개의 총알로 만들어버린다. 우주선은 두꺼운 차폐막이 필요하다. 그리고 그 차폐막이 얼마나 두꺼워야 하는지는 물리학과 경제학이 얽힌 간단한 문제다(두께는 질량과 같고, 질량은 돈과 같다는 방정식을 기억하면 된다).

몇 센티미터 두께의 납이면 해결될 것이다. 하지만 납을 사용하면 우주선의 무게가 수백 톤 늘어 수십억 달러의 비용이 든다. 물을 효과적인 차폐막으로 사용할 수도 있다. 어쨌든 물은 가져가야 하니까. 그래서 엔지니어들은 우주선의 선체 전체를 물로 감싸는 방법을 고려하고 있다. 화성까지 승무원을 데려갈 정도로 큰 우주선을 보호하려면 많은 물이 있어야 한다. 마실 물보다도 훨씬 더 많은 양이 필요하다는 뜻이다. 쓰레기를 이용해 추가적인 차폐를 시도할 수도 있다. 양이 충분하지는 않겠지만 그래도 어느 정도 도움이 될 것이다. 수소 가스는 질량이 낮으면서도 매우 효과적인 차폐용 물질이다. 하지만 수소를 보관하려면 가압실이 필요하다. 방정식에 질량을 너무 많이 개입시키다 보면 이렇게 된다.

차폐 문제에 대한 해답은 물질이 두 가지 역할을 하도록 아이디어를 조합하는 것일지도 모른다. 이런 측면에서 생각하면 수소 첨가 질화붕소 나노 튜브(BNNT)가 매우 전망 있어 보인다. 탄소, 붕소, 질소로 만들어진 이 튜브는 열과 압력을 잘 견디며 우주선 전체에서 무게를 감당하는 주요 구조로 사용해도 될 만큼 강하다. 튜브에는 수소 기체나 물을 담아 방사선 차폐용으로 쓸 수 있다. 붕소는 2차 중성자를 매우 잘 흡수해 방사선 연쇄 효과를 최소화할 수 있다. 탄소 나노 튜브처럼 BNNT는 현재로선 엄청나게 비싸지만, 가까운 미래에는 가격이 떨어질 수도 있다. 우주선 전체에 이런 차폐 장치를 설치할 수 없다면 수면실에만 설치할 수도 있다. 우주선 승무원이 하루에 여덟 시간을 자거나 휴식을 취한다고 가정할 때 수면실에만 이 차폐 장치를 설치해도 방사선 노출을 3분의 1 정도 줄일 수 있다. 지구에서처럼 완벽한 보호를 받는 것은 불가능할지 모른다. 하지만 부분적인 보호만으로도 모든 사람의 걱정을 덜어줄 만큼 건강 위협을 줄일 수 있을 것이다.

스위스 소재 유럽입자물리연구소(CERN) 연구자들은 우주 방사선의 방향을 바꿀 미니 자기권으로 사용할 자기장을 연구하고 있다. 2014년 유럽입자물리연구소는 이붕화마그네슘(MgB_2) 초전도체로 만든 20미터 길이의 케이블 두 개로 구성된 전기 전송 라인에서 2만 암페어의 전류를 켈빈 24도(약 영하 249도)에서 만들어내 신기록을 세웠다. 이 연구는 지구에서 더 싸고 더 안정적으로 전력을 전송할 때도 도움이 되지만 유럽입자물리연구소는 이 기술을 우주선과 우주 주거 공간에 적용하기 위해 유럽우주국 방사선 초전도체 차폐 프로젝트에 참여했다. 목표는 지구 자기장보다 3,000배 더 강한 자기장을 만들어내는 것이다. 우주선 내부 또는 바로 바깥에서 우주인들을 보호할 지름 10미터 규모의 자기장이다. 유럽 입자물리연구소는 우주용 전기 코일을 이붕화마그네슘 초전도체 테이프를 이용해 개조하는 방법을 연구 중이다.

이 모든 것(마법의 물질과 힘의 장)은 실제로 적용하려면 몇 년이 걸린다. 가까운 미래에 우주 방사선 문제를 해결하는 것은 불가능하다. 이 문제가 실험실 연구에서 예상된 것처럼 끔찍하지 않기를 바라는 수밖에.

✻ 우주에서 해보는 응급 수술

화성으로 가는 도중에 맹장이 터지면 어떻게 될까? 비상탈출은 불가능하다. 당연히 승무원 중에 의료 대원이 있겠지만 우선 그 의료 대원의 맹장부터 터지지 않기를 기도해야 할지 모른다. 지구에서 맹장염에 대처하는 표준적인 방법은 맹장 절제다. 항생제는 맹장이 터지기 전에만 효과가 있다. 맹장이 터지기 전이라 해도 항생제 투여는 한계가 있다. 게다가 숙련된 의사라도 무중력 또는 부분 중력 상태에서 수술을 하려면 어려움을 겪을 것이다. 중력이 없으면 혈액은 에어로졸화해 포그(기체 중에 확산된 액체 입자의 혼합물) 상태로 변한다. 조직의 밀도, 혈액의 흐름, 마취 상태도 달라져 숙련된 의사도 초보 의사로 변할 수 있다. 게다가 수술을 마친다고 해도 우주 공간에서 상처가 아물지는 또 다른 미지수다. 맹장염은 전 세계에서 해마다 1,100만 명에게 발생하며 그로 인해 5만 명 이상이 목숨을 잃는다. 대부분 신속한 치료를 하지 못해 그렇게 된다. 맹장염은 절반 정도가 경고 증상 없이 나타난다. 6인 승무원 중 한 명이 3년 동안의 우주여행 중에 맹장염에 걸릴 확률은 매우 높다. 그래서 나사나 유럽우주국 사람들 중 일부는 예방책으로 승무원의 건강한 맹장을 비행 전에 절제할 것을 추천하기도 한다.

이 상황을 가리키는 말이 예방적 수술이다. 그리고 이 예방적 수술은 없어도 되는 맹장에만 적용되는 말이 아니다. 사랑니가 있는 모든 잠재적 승무원은 긴 미션 기간 중에 염증이 생길 가능성에 대비해 사랑니를 뽑아야 한다. 담낭염을 예방하기 위해 건강한 담낭도 제거해야 한다고 주장하는 의사도 있다. 치명적인 상태를 야기할 수 있는 관련 기관을 전부 제거할 수야 없지만 췌장염, 게실염, 소화성 궤양, 장폐색도 걱정의 대상이다. 당신도 우주여행을 떠나기 전에 대장내시경 정도는 하지 않을까?

우주여행을 하는 동안 면역 기능이 감소할 가능성이 있다는 사실은 위험을 증폭시킨다. 헤르페스 같은 바이러스성 질환이 승무원에게 재발할 수도 있다. 앞에서 언급한 북극과 남극 원정에서 전례를 찾을 수 있다. 21세기에 듣기에는 너무 원시적일 수도 있지만 깊은 상처 때문에 팔다리가 감염되거나 뼈가 부러지면 절단을 해야 할 수도 있다. 문제를 더 복잡하게 만드는 것은 1분 1초가 급한 그 타이밍에 지구의 미션 통제 팀과의 연락이 매끄럽지 않을 수도 있다는 사실이다. 탑승한 의사나 의료 대원은 기지 또는 로봇이나 고급 의료 소프트웨어 같은 가상의 친구에 의존해야 할수도 있다. 의료가 없던 시절을 떠올리면서 그저 지켜보고 기다리는 것 외에는 아무것도 할 수 없을지도 모른다.

★ 쌍둥이 연구
우주에 가는 명예를 누렸던 사람이 극소수라는 사실(70억 인구 중 700명이 안 된다)을 생각해보면 궤도에서 연속으로 가장 긴 시간을 보냈던 미국의 우주인에게 역시 우주인으로서 우주에서 짧은 시간을 보낸 쌍둥이 형제가 있다는 것은 수학적인 기적이라 말해도 손색이 없다. 이런 우연은 나사가 무중량 상태가 미치는 장기적인 영향과 관련해 쌍둥이 연구라는 연구를 진행하게 만들었다. 맞다. 무중량 상태가 건강에 끔찍한 영향을 미친다는 것은 이미 다 알고 있다. 하지만 무중력 상태에서 긴 시간을 지낸 다음 회복할 수도 있다는 것을 알면 조금 위안이 될 것이다.

이 뜻밖의 연구의 주인공은 스콧 켈리와 마크 켈리였다. 1964년에 태어난 이 쌍둥이는 1996년에 나란히 나사 우주 비행사로 발탁됐다. 마크는 네 번의 우주왕복선 미션을 수행하며 54일을 우주에서 보냈다. 그는 2011년 아내를 보살펴야 한다는 이유로 은퇴했다. 아내는 전 하원의원인 가브

리엘 기퍼즈로 투손에서 일어난 총기 암살 시도의 피해자다. 이 사건으로 그녀는 심각한 뇌 손상을 입었다. 2016년 은퇴한 스콧 켈리는 2012년 11월 국제우주정거장에서 시작한 연중 미션 때 342일을 연속으로 지낸 것을 포함해 총 520일을 우주에서 지냈다. 해당 연구는 연중 미션 동안 스콧에게 일어난 생리학적, 심리학적 변화를 살펴보고 그 데이터를 지구의 대조군 대상인 마크의 데이터와 비교하는 것이었다. 대부분 독립적이었던 비(非) 나사 연구 팀은 2019년 4월 최종 결과를 공개했다. 그 결과를 살펴보자.

　　스콧이 우주에서 경험한 생물학적 변화의 대부분은 우주 비행 전 상태로 거의 복원됐다. 지구 귀환 후 몇 시간 또는 며칠 만에 기준치로 복원된 변화도 있었지만 6개월이 지나도 계속되는 것도 있었다. 스콧의 미생물군유전체의 상태는 우주에서 급격하게 변화했지만 1년도 지나지 않아 비행 전 수준으로 돌아갔다. 대량의 대사물질, 사이토카인, 단백질을 측정한 결과 연구자들은 스콧이 우주에서 보낸 1년이 산소 결핍 스트레스, 염증 증가, 유전자 발현에 영향을 미치는 극적인 영양분 변화와 관련이 있다는 것을 알게 됐다. 스콧의 텔로미어는 우주에서 실제로 상당히 길어졌다. 텔로미어는 노화가 진행되면서 짧아지는 염색체 말단 부위를 말한다. 이 텔로미어 대부분은 스콧이 지구로 돌아오고 이틀 안에 짧아졌다. 하지만 이 현상이 스콧의 장기적인 건강에 어떤 의미를 갖는지는 아무도 알 수 없었다. 또한 연구자들은, 좋은 일인지 나쁜 일인지 모르겠지만, 스콧의 유전자의 7퍼센트가 후성적(後成的) 변화라는 과정을 통해 발현 방법이 달라진 것을 발견했다. 이 유전자들은 스콧의 면역 체계, DNA 복구, 뼈 형성 네트워크, 산소 결핍(저산소증), 이산화탄소 과다(탄산과잉증)와 연관된 유전자다. 이 정도는 예상 가능한 변화일 수 있다. 생물학적 적응의 일부이기 때문이다.

　　쌍둥이 형제인 마크보다 시력이 나쁘다는 것만 제외하면 스콧에게서 부정적인 건강 영향을 거의 찾을 수 없었다. 하지만 스콧은 자신이 지구에서 사는 사람보다 30배는 더 많은 방사선에 노출됐다고 추정했다. 이 정도면 치명적인 암과 조기 사망 위험을 높일 수 있는 수치다. 하지만 스

스페이스 러시

콧은 국제우주정거장에서의 연중 미션에 동의했다. 그렇게 해야만 3년에 걸친 화성 미션에서 어떤 일이 일어날지 알 수 있다고 생각했기 때문이다.

나사와 유럽우주국은 보호되지 않는 우주여행, 즉 미세 중력과 방사선에 장기간 노출되는 우주여행이 건강에 미치는 영향을 연구하는 데 여전히 전념하고 있다. 나사에는 인간건강수행부서라는 대형 부서가 있다. 우주생명과학부서가 2012년 이름을 바꾼 부서다. 2007년 나사는 세계에서 생체 의학 연구에 가장 많은 자금을 지원하는 미국 국립보건원(NIH)과 처음으로 양해각서를 체결했다. 이 양해각서의 목적 중 하나는 "지구와 우주에서 사용하기 위한 생체 의학 연구 방법과 임상 기술의 개발"이었다. 하지만 국립보건원으로부터 자금 지원을 받은 연구 중 실제로 수행된 것은 극히 드물다. 그중 한 연구는 '미세 중력이 조직세포에 미치는 영향 자체로 면역결핍을 유발할 수 있다'는 것을 발견했다. 또 다른 연구는 비타민 K 보충제가 뼈 손실 예방에 별로 효과가 없다는 것을 발견했다. 다른 연구들은 미세 중력 상태에서 어떤 종류의 과학을 수행할 수 있는지를 다뤘다. 예를 들어 DNA 염기서열을 분석하는 일은 할 수 있다. 실용성은 전혀 없지만. DNA 염기서열 분석을 수행한 나사 우주인 케이트 루빈스는 국제우주정거장의 건강 연구에 대해, '뼈, 근육, 신경의 건강 손상을 이해하고 운동이나 약물을 통해 더 효과적으로 손상을 회복할 방법을 찾는 것'이라고 요약했다.

106

우주여행의 해로운 동반자, 미세 중력과 방사선

2017년 나사와 미국 국립보건원은 인간의 건강 위험을
줄인다는 더 구체적인 목표를 가지고 새로운 양해각서를
체결했다. 하지만 우리는 그 전략에 의문을 가져야 한다.
생명공학으로 미세 중력과 우주 방사선을 견딜 수 있는
슈퍼휴먼을 만들어내지 않는 한, 인간의 우주 이주는 회전하며
인공중력을 만들어내는 더 빠르고 차폐된 우주선을 제작해
위험을 제거할 때만 가능해질 것이기 때문이다. 생체공학으로
만든 아가미로 바다를 건너는 법을 배울 수는 없다.

CHAPTER 3.

지구 궤도 : 만만치 않은 우주여행 1단계

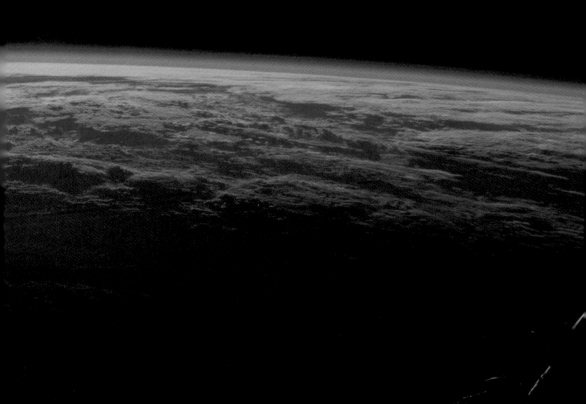

✱   지구의 중력 우물에서 벗어나기가 이렇게 힘들 줄이야

지금까지 내가 배운 모든 글쓰기 방법을 무시하고, 부담스러운 수학 방정식으로 이 장을 시작해야겠다. $\Delta v = v_{exh} \ln(M_0/M_1)$이다. 삼각형에, 기울어진 V. 이게 다 무슨 뜻일까? 치올콥스키 로켓 방정식이라는 것이다. 이 방정식은 우주 공간으로 나가 거기서 놀고 지내기 위해 무엇이 필요한지를 깔끔하게 보여준다. 또한 이 방정식은 궤도에 도착하기까지가 얼마나 힘든지도 보여준다. 이 방정식을 '로켓 방정식의 독재'라고까지 부르는 공학자들도 있을 정도다.[7]

무엇보다도 우선, 궤도에 이르는 것이 얼마나 힘든지부터 알아보자. 이것은 하늘에 뭔가를 그냥 쏘아 올린다고 될 만큼 단순한 일이 아니다. 그에 필요한 에너지, 속도, 정밀성을 구현하기란 결코 쉽지 않다. 궤도라는 말에는, 한 물체의 주위를 도는 다른 물체의 가로 방향 속도의 존재가 내포된다. 너무 빠르게 움직이면 궤도를 벗어나 우주 공간 깊은 곳으로 가버리고, 너무 느리게 움직이면 지구로 떨어져버린다. 문제는 우주에서는 땅 위나, 심지어 하늘에서처럼 쉽게 브레이크를 걸거나 속도를 미세 조정할 수 없다는 데 있다. 우주 공간은 진공에 가깝기 때문에 저항도 거의 없다. 움직이고 있는 물체는 계속해서 움직인다. 속도를 올리거나 내리려면 에너지가 필요하다. 원하는 대로 우주선을 조작하려면 정확한 양의 연료를 태워 정확한 방향으로 추진시켜야 한다. 속도를 늦추려면 엔진을 반대 방향으로 가동시켜야 한다. 훨씬 더 힘든 것은 도킹이다. 국제우주정거장의 궤도 속도는 시속 약 2만7,600킬로미터다. 국제우주정거장과 도킹하려는 우주선은 적어도 시속 2만7,600킬로미터로 움직여야 국제우주정거장을 따라잡을 수 있다. 우주선이 더 빠르게 움직이고 있다면 국제우주정거장에 접근할 때쯤에 속도를 줄여야 한다. 브레이크를 밟아 속도를 줄인다는 호사 따위는 생각도 하지 말자. 기회도 한 번밖에 없다. 국제우주정거장이 거의 움직이지 않는 것으로 보인다면 그건 착시 현상 때문이다. 마치 고속도로에서 시속 98킬로미터로 달리고 있는데 누군가가 시속 97킬로미터로 가깝게 접근할 경우 그 사람에겐 당신이 거의 움직이지 않는 것처럼 보이는 것과 비슷하다. 시속 2만7,600킬로미터로 달리면서 창문을

내리고 옆에서 당신을 따라잡고 있는 사람이 내민 커피 잔을 한 방울도 흘리지 않고 손으로 잡으려 하는 상황을 상상해보자. 국제우주정거장이 우주선과 도킹하는 상황이 딱 이렇다.

로켓 방정식을 유도해 1913년에 공개한 러시아인 콘스탄틴 치올콥스키의 놀라운 점은 아마추어 과학자의 신분으로 독학을 통해 종이와 연필만으로 정확하게 궤도 제어 방법을 고안해냈다는 데 있다. 그는 지구 주변뿐 아니라 태양계의 모든 행성 주변 궤도에 물체를 올리는 데 필요한 속도들을 계산해냈다. 치올콥스키는 책, 특히 과학소설에 빠져 사는 몽상가와 은둔자의 기질을 가진 사람이었다. 귀가 거의 들리지 않는다는 이유로 학교 입학을 거절당한 그는 모스크바 남서쪽 193킬로미터 거리의 작은 도시 칼루가 근처 외딴 마을에서 교사로 생계를 겨우 유지하면서, 자신의 꿈의 실체를 탐구하기 위해 수학과 물리학 공부에 몰두했다. 이 장에서 곧 다룰 우주 엘리베이터와 20세기에 사용되던 비행선의 원형을 생각해낸 것도 치올콥스키다. 그는 1935년 조용히 세상을 떠났다. 그런데 그로부터 10년 뒤, 소련 정부는 페네뮌데 군사연구소에서 독일어로 번역된 치올콥스키의 책을 발견했다. 우주 비행과 로켓 공학에 관한 내용을 다룬 이 책이 발견된 페네뮌데 군사연구소는, 나치가 베르너 폰 브라운의 지도 아래 V-2 로켓을 개발하던 비밀 연구소다. 현재 칼루가 박물관에 전시돼 있는 이 책에는 거의 모든 페이지에 폰 브라운이 직접 쓴 메모가 있다.

치올콥스키와 동시대를 살았던 사람 중에는 아인슈타인이 있다. 물론 둘이 직접 대면한 적은 없다. 1915년 중력에 대한 정의를 내리게 된 아인슈타인의 관점에서 보면, 우주로 진입하기 위해서는 먼저 지구가 만든 중력 우물(gravity well, 거대한 물체 주위에 있는 중력장)에서 벗어나야 했다. 얕은 우물의 바닥에 있다고 상상해보자. 거기서는 공을 던져 쉽게 우물 밖으로 넘길 수 있다. 우물이 깊을수록 공을 던져 우물 가장자리를 넘기는 게 힘들어진다. 지구의 중력은 시공간 구조에 우물, 즉 움푹 들어간 공간을 깊게 파놓고 있어 그 우물 안에서 공을 던져 약 160킬로미터 높이의 대기 밖으로 내보내려면 초속 1.8킬로미터의 속도로 던져야 하는데, 이는 음속의 다섯 배에 해당한다. 우주에 진입하기 위해 로켓을 사용하는 이유가 여기에 있다. 로켓의 본질은 미사일이기 때문이다.

　하지만 궤도는 높이의 문제로 끝나지 않는다. 사실, 위로 높이 올려 보내는 건 쉽다. 궤도에 올리는 데 필요한 에너지의 5분의 1 정도면 된다. 그러나 가로 방향으로 일정한 속도가 유지되지 않으면 공은 바로 지구로 추락한다. 제2장에서 다룬 미세 중력에 대해 다시 생각해보자. 지구 위에 있는 물체는 정지하는 순간 바로 밑으로 떨어진다. 우주인들이 무중량 상태를 경험하는 이유는 자유낙하 상태에 있기 때문이다. 수평선으로 떨어지려 하는 우주인들을 가로 방향 속도가 계속 붙잡고 있는 것이다.

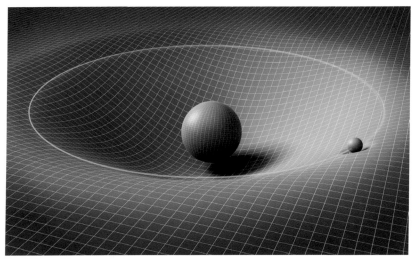

지구의 거대한 질량이 어떻게 시공간을 휘게 하는지 묘사한 그림. 우주로 나아가려는 물체가 지구 탈출속도보다 빠르면 심우주로 나아가지만 느릴 경우에는 지구가 파놓은 구덩이 속으로 다시 떨어질 수밖에 없다. 유사한 개념으로 우주 속도가 있다.

　치올콥스키 방정식 $[\Delta v = v_{exh} \ln(M_0/M_1)]$ 덕분에 우리는 궤도와 그 궤도 너머까지 갈 수 있게 됐다. Δv(델타 v)는 발사대에서 궤도에 이르기까지의 속도 변화다. 이는 중력장 내에서 로켓이 얼마나 효율적으로 추진 연료를 이용하는지를 나타내는 배기속도(v_{exh})와 관련이 있다. 로켓이 연료를 가득 실었을 때의 초기 질량(M_0)을 연료가 연소되고 추진체가

　◆◆◆

떨어져나간 뒤의 최종 질량(M_1)으로 나눈 수치의 자연 로그(ln) 값을 배기속도에 곱하면 델타 v를 구할 수 있다. 이제 여기에 숫자 몇 개를 더해보자. 지구 저궤도의 위성들은 초속 8킬로미터의 속도로 움직인다. 로스앤젤레스에서 뉴욕까지 8분 만에 갈 수 있는 엄청난 속도다. 그리고 이 속도까지 가속하려면 연료도 많이 필요하다. 지구 저궤도에 머물기 위한 최종 속도가 바로 이 속도다. 이 속도보다 조금이라도 낮으면 스페인으로 떨어지고, 높으면 더 높은 궤도로 날아가게 된다[나사는 우주왕복선 착륙장인 트랜스오셔닉 어보트 랜딩(Transoceanic Abort Landing) 부지를 계속 유지하고 있다. 그중 두 곳이 스페인에 있는 사라고사 공군기지와 모론 공군기지다].

위성의 속도를 이 정도까지 올리려면 초속 10킬로미터 정도의 델타 v를 가져야 한다. 궤도 속도보다 약간 빠른 속도인데, 아주 얇은 잔류 대기에 의한 지연을 고려해야 하기 때문이다. 목적지가 지구 근처 소행성이라면 초속 12킬로미터, 달이라면 초속 14킬로미터, 화성이라면 초속 16킬로미터의 델타 v가 필요하다. 따라서 지구에서 약 160킬로미터 떨어진 궤도에 도달하려면 5,000만 킬로미터 정도 떨어진 화성으로 가는 데 필요한 연료의 대략 절반이 있어야 함을 알 수 있다(일단 화성에 가기 위해 필요한 델타 v인 초속 16킬로미터에 도달한 후에는, 그 속도를 유지하기 위해서가 아니라 감속을 하기 위해 연료가 필요하다).

델타 v의 값을 알면 방정식의 항들도 어느 정도 정리가 된다. 배기속도(v_{exh})는 로켓 연료의 화학적 효율에 의존하며, 대부분의 경우 우리는 가장 강력한 화학연료를 로켓에 쓴다. 궤도에 안착한 위성의 질량은 발사 당시 질량의 약 2~5퍼센트다. 그 나머지는 로켓과 연료의 질량이다. 방정식의 독재가 시작되는 것은 지금부터다. 속도가 빨라지려면 더 많은 연료가 필요하고, 연료가 많아지면 질량이 늘어나며, 질량이 늘어나면 다시 더 많은 연료가 필요해지고, 연료가 늘어나면 또 질량이 늘어나는 사이클이 반복되기 때문이다. 빠르게 가다 속도를 줄일 때도 연료가 필요하다. 우주에서는 에어로브레이킹(대기의 마찰을 이용한 우주선의 감속)을 할 수 없기 때문에 엔진을 반대 방향으로 가동시키는 수밖에는 없다. 특정 궤도에서 지구 저궤도, 지구 동기궤도, 달 궤도 등 다른 궤도로 가려면 델타 v와 연료 소비를 조정해야 한다.

★ 우주에서 즐기는 브런치의 합리적인 가격, 1만 달러

그리고 이 모든 것은 물리학 문제이지만 동시에 경제학 문제이기도 하다. 연료를 더 많이 사용하려면 돈이 더 필요하기 때문이다. 더 효율 높은 연료를 사용하면 질량 요건을 낮출 수 있지만, 실험적인 연료는 저가의 로켓 연료에 비해 제조나 저장에 돈이 더 많이 든다. 따라서 이런 방식으로는 돈을 많이 절약할 수 없다. 더 가벼운 소재를 사용하면 어느 정도 무게를 줄일 수 있다. 하지만 발사 때의 진동을 견딜 만큼 단단하면서 가벼운 소재는 제조가 어렵고 그렇기에 비용도 많이 든다. 따라서 이 방식으로도 돈을 많이 절약할 수 없다. 이런 독재는 대체 언제 끝날까? 실제로 지구가 조금만 더 무거웠어도, 현재의 로켓 연료로는 지구를 벗어날 수 없었을 것이다. 중력 우물이 더 깊어지기 때문이다. 이 중력 우물을 벗어나 궤도로 진입하는 데 필요한 연료를 탑재할 만한 크기와 무게를 가진 로켓을 만들기는 불가능했을 것이다.

발사대에서 발사를 기다리는 로켓의 질량의 약 90퍼센트는 연료, 8퍼센트는 그 연료를 담는 금속 케이스가 차지한다. 전체 질량의 2퍼센트만이 우주 공간으로 진입한다. 승무원과 화물이다. 연료를 500톤이나 싣고 화물도 끼워 넣어야 하는 현재의 시스템은 본질적으로 비용이 많이 든다. 화물 1파운드당 들어가는 비용이 1만 달러가 넘는다. 물 3.8리터에 1만 달러, 아침 식사 한 번에 1만 달러, 양말 한 켤레에 1만 달러. 우주 정착지를 세우려면 양말을 비롯한 다른 생필품들이 필요할 것이다. 또 우주 접근 비용이 감당할 만한 수준이어야 하고 접근 방법이 안정적이어야 한다. 현재의 비행기 여행이나, 역사적인 예를 들면, 이주민들이 배를 타고 바다로 나가는 것처럼 우주여행을 할 수 있어야 한다는 뜻이다. 위의 시나리오라면 이삿짐을 모두 싣고 새로운 세계로 갈 경우 100만 달러는 족히 들 것이다. 우주선 탑승권 가격을 빼고도 그렇다.

비용은 아마 공기, 물, 식량, 주거지, 대형 우주선 같은 필수품들을

그림은 NASA의 월면도시와 화성 식민지의 상상도이다. 달, 화성, 소행성 등에 우주 기지를 건설하는
것은 인류의 오랜 꿈이지만 경제적으로 무모한 일이다. 이와 관련된 재미있는 일화가 있다.
2018년 2월 11일, 두바이에서 열린 세계정부정상회에 참여한 타이슨은 자신이 처음에 생각한
책 제목이 «발사 실패: 우주 열광자들의 꿈과 망상»이었다고 털어놨다.
출판사의 반대로 지금의 제목이 됐다는 것이다.

◆ ◆ ◆

지구에서 공수하지 않고 궤도나 달에서 만들 수 있게 될 때까지 크게 떨어지지 않을 것이다. 하지만 여기에는 딜레마가 있다. 우주 접근 비용을 낮춰줄 우주 공간 내 기반 시설을 만드는 비용 자체가 너무 크면 어쩌나? 로켓 방정식은 이 기반 시설을 구축하는 데 천문학적인 비용이 든다는 것을 너무나 잘 보여준다. 그냥 눈 딱 감고 그냥 미래에 대한 투자라고 생각할 수도 있다. 하지만 그 투자가 성공할 수 있을까? 어떻게 보면 달 정착지를 건설하는 것은 경제적으로 볼 때 상당히 설득력이 있다. 중력이 낮은 달은 궤도를 도는 거대한 연료 원자재 창고로 써먹기 안성맞춤이기 때문이다. 1600~1700년대 북아메리카에 정착한 유럽인들이 물고기, 모피, 목재로 많은 돈을 벌었던 것처럼, 달에 정착한 사람들도 달의 자원을 이용해 돈을 벌 수 있을지 모른다. 하지만 마법처럼 달에 기반 시설이 나타난다 해도 수익을 내는 것은 불가능할 것이다. 달에 정착한 사람들이 상품을 팔 수 있는 시장이 없기 때문이다. 이런 물건들을 사용할 궤도 도시, 거대한 태양 전지판, 대형 우주선 같은 것들을 만들기 위해 우주로 가는 비용 역시 적지 않다.

멋진 돔과 수경 재배 채소밭이 끝없이 이어지는 달이나 화성에서 사는 꿈을 꿀 수도 있을 것이다. 하지만 이 꿈은 우리가 로켓 방정식을 뛰어넘어 비용을 줄이고 확실한 수익을 낼 수 있을 때까지는 한낱 환상에 불과하다. 이런 생각은 미국의 천체물리학자 닐 더그래스 타이슨이 2012년에 낸 《스페이스 크로니클: 우주 탐험, 그 여정과 미래》에서 자세히 다뤄졌다. 출간 당시부터 지금까지 타이슨의 입장은 일관된다. 우리는 달, 화성 또는 태양계 그 어디에서든 정착지 구축에 동기 부여를 할 만한 경제적 상황에 있지 않다는 것이다.

✳ 이러니저러니 해도 결론은 로켓

그렇다면 어떻게 해야 우주 접근 비용을 낮출 수 있을까? 치올콥스키 로켓 방정식에는 타협의 여지가 거의 없다. 연료 효율을 조정하거나 질량을 조절하는 방법밖에 없다. 이미 로켓은 가벼운 소재로 만들고 있다. 여기에 로켓이 각 단을 분리시키는 과정에서 빈 연료통을 떨어뜨려 무게를 줄인다. 질량을 이 이상 줄이기는 어렵다. 연료도 그다지 개선의 여지가 없다. 이온 드라이브 같은 모델이 여럿 제시됐지만 이런 모델은 일단 우주에 진입해야 사용할 수 있는 것이다. 지구의 중력 우물에서 벗어나려면 강한 추진력이 필요하다.

핵연료를 생각해볼 수도 있다. 오리온 프로젝트는 연료를 거의 쓰지 않으면서 질량이 큰 물체를 발사할 수 있는 핵 추진 로켓 시스템이다. 핵분열 폭탄의 폭발 속도를 제어하는 원리로 가동된다. 저명한 물리학자 프리먼 다이슨이 1950년 후반에 이 프로젝트를 공동으로 이끌었다. 힘, 참신성, 잠수함 전원 공급 용도, 그리고 무엇보다 일반적인 군사적 용도 측면에서 핵연료는 자연스러운 선택이었다. 로켓은 폭탄이 만들어내는 충격파에 의해 추진될 예정이었다. 이론상으로만 보면 잠재력이 엄청난 프로젝트였다. 초당 수백 킬로미터의 델타 v라면 1주일 안에 화성에, 150년 안에 지구와 가장 가까운 항성인 센타우루스자리 알파에 도착할 수 있는 속도다. 또한 질량의 4분의 1을 페이로드에, 나머지는 로켓, 핵 엔진, 핵 잔여물 분출로부터 승무원을 보호하는 장비에 할애할 수 있다. 오리온 프로젝트의 큰 문제는 로켓이 발사 때 폭발한다면 방사능 낙진이 발생할 가능성이 매우 높다는 것이었다. 다이슨은 이 문제를 해결할 수 있을 거라고 생각했지만 프로젝트는 1960년대 초반 취소됐다.

핵연료 이용 가능성이 기각되면서 공학자들은 오래전부터, 최소한 발사 과정에서는 화학 추진체를 사용했다. 화학 추진체의 추력 효율로는 작은 질량의 로켓 하나를 떠우기 위해 많은 질량의 연료를 써야 한다. 로켓 하나에 추진체는 아홉 개 정도가 있어야 한다. 현재 가장 널리 쓰이는 발사용 화학 추진체는 액체 연료다. 액체 산소(LOX), 로켓 추진체-1(RP-1), 고도로 정제된 등유, LOX와 액체 수소의 혼합물, 사산화질소(N_2O_4), 하이드라진(N_2H_4) 등이 그것이다. 이 모든 경우에서 우리는 산소와 만나면 폭발성이 매우 강해지는 물질을 섞는다. 대기권 상층부에는 폭발을 지속시킬 산소가 거의 없기 때문이다. 이런 연료 혼합 방식은 지난 50년 동안 거의 그대로 유지되고 있다. 이 연료 중에서 액체 수소–산소 혼합물이 치올콥스키 로켓 방정식에 들어갈 수 있는 최대 배기속도인 초당

◆◆◆

4.4킬로미터를 만들어낸다.

[로켓 방정식에서 배기속도는 비추력(specific impulse)으로 대체되기도 한다. 배기속도와 비추력은 연결된 개념이다. I_{sp}로 표시하는 비추력은 배기속도(v_{exh})를 중력가속도(g)로 나눈 값이다. 지구의 중력가속도는 약 10m/sec²이기 때문에 I_{sp}는 대략 배기속도의 10분의 1이라는 것을 알 수 있다. 달, 화성 또는 다른 모든 천체에서도 그 천체의 중력가속도를 집어넣으면 로켓 방정식을 적용할 수 있다.]

비추력이 높을 가능성이 있는 실험적인 추진체들이 제안되고 있지만 아직 넘어야 할 장벽이 많다. 2010년 발견된 트리니트라마이드[$N(NO_2)_3$]는 비추력을 20~30퍼센트 높일 가능성이 있지만 불안정해서 다루기가 어렵다. 앨리스(ALICE)라는 이름의 알루미늄-얼음 추진체는 다른 화학 추진체보다 깨끗하게 연소되고 환경에도 좋지만 비추력이 떨어진다. 현재로서 가장 강력한 로켓 연료는 금속 수소다. 만들어진 지 얼마 안 된 물질이다. 물리학자 아이작 실베라가 이끈 하버드 대학 연구 팀이 만들어냈다. 많은 사람들이 게임 체인저라고 부를 정도로 획기적인 업적이다. 금속 수소라는 말이 낯설게 들릴 텐데 실제로 낯선 물질이기 때문이다. 수소는 고체나 금속 형태는커녕 액체 형태로 만들기도 힘든 물질이다. 금속 수소는 목성의 핵 안에서 엄청난 압력을 받는 상태로 존재할 가능성이 있지만 실제로 직접 확인한 사람은 없었다. 하버드 대학 연구 팀은 매우 낮은 온도에서 다이아몬드 앤빌(diamond anvil, 소형 고압 장치_역주)을 이용해 수소 원자를 압축했다. 금속 수소를 얼마나 값싸게 만들 수 있을지, 얼마나 안전하게 저장할 수 있을지에 대한 연구도 이뤄지고 있다. 이론상으로 금속 수소는 일단 생성이 되면 더 높은 온도에서도 안정적일 수 있다. 어쨌든 금속 수소 추진체가 다른 화학 로켓 연료를 제칠 수 있다는 주장에는 이견이 없다. 실제로 금속 수소는 연소시킬 때 온도를 낮추기 위해 물을 써야 할 정도로 강력하다. 실베라에 따르면 금속 수소는 비추력이 1,700초에 이른다. 배기속도는 초당 16킬로미터 이상으로, 현재 쓰이는 가장 좋은 추진체가 낼 수 있는 배기속도의 네 배 정도이다. 금속 수소는 제조 편의성과 저장 편의성 문제를 해결한다면 발사 비용도 극적으

◆◆◆

로 줄일 수 있다. 이 두 문제가 가장 큰 미지수다. 금속 수소 추진체는 로 켓 질량을 줄이는 절차를 1회만 해도 발사가 가능할 정도로 강력하다. 비 추력이 네 배가 되면 연료 무게를 줄이고 페이로드도 100배는 더 실을 수 있다.

핵융합을 이용하는 방법도 있다. 근사하지 않은가? 핵융합은 태양 의 에너지원이다. 태양의 핵 안쪽의 높은 압력과 온도는 수소를 융합해 헬 륨으로 만드는 과정에서 방대한 양의 에너지를 방출한다. 참고로 핵분열 은 원자가 쪼개져 더 작고 가벼운 원자핵들로 변하는 과정을 말한다. 우라 늄-235가 크립톤-92와 바륨-141로 쪼개지는 과정이 그 예다(92와 141을 더 한 숫자는 235가 아니라 233이다. 이 과정에서 손실된 질량은 에너지로 전 환된다).

수소 핵융합은 핵분열보다 훨씬 더 강력하며 방사능도 적게 방출한 다. 게다가 핵융합은 매우 짧은 시간 안에 일어난다. 유일한 문제는 원자 력 시대가 열린 지 80년이 지난 현시점에서도 핵분열의 도움 없이 핵융합 을 일으키는 방법을 모른다는 것이다. 가령 열핵무기는 핵분열 폭탄이 훨 씬 더 큰 파괴력을 가진 핵융합 반응을 일으키기에 충분한 열과 압력을 만 들어낸다는 점을 이용한 것이다.

핵융합은 훌륭한 로켓 연료이다. 특히 먼 우주로의 여행에 적합하 다. 그때쯤이면 치올콥스키 로켓 방정식 따위 던져버려도 좋으리라. 핵융 합의 경제성을 생각하면 모든 것이 바뀌기 때문이다. 이렇게 싸고 무제한 적인 에너지가 있다면 사막을 푸르게 만들 수도 있고, 지하 세계를 밝힐 수도 있으며, 우주까지 걸어서 올라갈 수 있을 정도로 높은 구조물을 만들 수도 있다. 이 정도면 인간이 불을 이용하게 된 것과 거의 같은 수준의 사 건이라 말해야 할지 모르겠다.

향후 10년 동안 로켓 추진체가 혁명적인 변화를 맞으리라고 기대하 긴 힘들다. 또한 추진체가 개선되지 않으면 치올콥스키 로켓 방정식의 질 량 항에도 별 변화가 없을 것이다. 가장 가벼운 원소인 수소 기반 연료와 가벼우면서도 내구성이 강한 금속을 사용한다면 로켓을 최대한 날씬하게 만들 수는 있다. 우주 접근 비용을 낮추기 위해 기업가 일론 머스크와 그의 회사 스페이스 X는 날씬한 로켓을 만드는 데 집중하고 있다. 연료가 많이 필요하기는 하지만 연료는 발사 비용에서 작은 부분만을 차지하고 있다. 수백만 달러 수준이 아니라 수십만 달러 수준이라는 말이다. 가장 비용이 많이 드는 것은 역시 로켓이다. 로켓을 솟구치게 한 뒤 연료가 다 연소되면 떨어져나가는 최첨단 부스터는 어떨까? 부스터는 한 번 사용하는 데 비용이 약 5,000만 달러가 든다. 머스크는 부스터가 스페이스 X에서 구상한 발사 비용의 약 70퍼센트를 차지한다고 말한 바 있다. 스페이스 X는 그래서 로켓의 제작과 재사용을 통해 예산을 절약하려 한다. 이 회사는 부스터를 통제해 착륙시키고 48시간 안에 재사용하는 데 성공함으로써 기술을 입증해보였다.

스페이스 X의 팰컨 9 블록 5 로켓의 발사 장면이다. 스페이스 X는 2020년 10월 25일에 누적 발사 성공 100회를 달성했다. 임무를 마친 부스터는 해상에서 무인 바지선에 착륙해 회수되는데, 스페이스 X가 운용하고 있는 바지선 두 척의 이름은 각각 '일단 설명서를 읽어봐'와 '물론 아직 너를 사랑해'이다.

◆◆◆

✱　새로운 로켓 발사 시장에 뛰어드는 업체들

로켓 발사는 보잉 747 제트기를 한 번 날리고 부순 다음 새로운 747 제트기를 만들어서 날리는 것과 비슷하다. 이런 상황에서는 탑승권이 비쌀 수밖에 없다. 하지만 그게 로켓 공학의 역사이기도 하다. 로켓은 화물을 싣고 우주로 가는 미사일인 데 반해 미사일은 폭탄을 싣고 적에게 간다. 나사와 러시아의 우주 계획은 탄생부터 군사와 밀접한 관련을 맺고 있었다. 이들이 미사일에 의존하는 것은 그 때문이다. 드와이트 D. 아이젠하워 대통령이 1958년 나사를 설립한 목적은 확실히 민간 용도였을지 모른다. 하지만 현실에서 나사는 해군연구소와 육군탄도미사일국의 요소들에 기초해 만들어진 조직이었다. 육군탄도미사일국은 히틀러의 미사일 계획을 이끌다 미국에 투항한 독일 과학자 베르너 폰 브라운을 영입했다. 폰 브라운은 나중에 자신의 로켓 설계안을 가지고 앨라배마로 가서 연구를 지속했다.[8] 나사의 시험 비행사와 우주 비행사는 대부분 공군 출신이다. 1960년대의 나사는 미 국방부 산하 조직과 비슷했다. 당시 사진에서 이들의 헤어스타일을 보면 알 수 있다. 또한 국방부는 회수 목적으로 미사일을 발사하지 않는다.

하지만 로켓 재사용을 새로운 개념이라고 할 수는 없다. 나사의 우주왕복선 계획은 로켓 재사용에 기초한 것이었기 때문이다. 우주왕복선은 원래 지구로 돌아와 다시 발사될 용도로 계획된 것이다. 우주왕복선을 우주로 날리는 트윈 부스터는 임무를 다한 뒤 바다에 떨어진 다음 복구, 정비를 거쳐 재사용될 예정이었다. 1970년대 초반의 시점에서는 이론상으로 훌륭해 보였다. 하지만 현실에서는 발사 때마다 부스터의 손상이 너무 심해 정비해서 재사용하는 것보다 아예 새로 만드는 비용이 덜 들었다.[9] 설상가상으로 엔지니어들은 부스터를 재사용할 수 있도록 우주왕복선을 설계하라는 강요에 시달렸다. 이 경우 발사 때마다 5억 달러 정도의 큰 비용이 추가됐다. 우주왕복선 운영비가 더 늘어난 이유는 의회가 떡고물 나눠 먹기 식의 행태를 보였기 때문이다. 의원들은 우주왕복선 부품을 자신의 지역구에서 생산하게끔 계약을 유도했고, 그 과정에서 복잡하고 비용이 많이 드는 물류 문제가 발생했다. 우주왕복선 계획이 의원들의 선거구 유권자를 위한 고용 창출 도구로 전락한 것이다. 우주왕복선의 최종 비용은 결국 발사당 15억 달러에 이르게 됐다. 지금은 나사조차 이 계획이 실수였다는 것을 인정하고 있다. 2008년 나사 국장 마이클 D. 그린은 우리를 달에 착륙시킨 토성 로켓 계획이 지속됐다면 우주왕복선에 든 비용과 동일한 비용으로 1년에 여섯 명을 우주로 보낼 수 있었을 것이라고 말했다. 그는 "그렇게 했다면 우리는 지금 '향후 50년'을 주제로 글을 쓰는 대신 이미 화성에 착륙했을 것"이라며 "우리는 수십 년 동안 달을 탐사하고 그 이용 방법을 배우면서 장기적인 지구 궤도 우주 시스템을 운영하고 있었을 것이다"라고 덧붙였다.

소련 과학자들은 말도 안 되게 복잡한 미국의 우주왕복선 프로그램을 보고 너무 놀란 나머지, 우주를 군사화하기 위한 설계라고 의심하기 시작했다. 우주에 관한 과학적 결과를 얻고 싶다면 더 효율적인 방법이 얼마든지 있었기 때문이다. 그럼에도 그렇게 결함이 많고 비실용적인 우주왕복선 프로그램 설계에 과학의 이름으로 그토록 많은 돈을 투자하는 미 정부가 과연 제정신인지 의심스러웠을 것이다. 소련은 미국의 우주왕복선 프로그램을 지켜보며 긴장을 늦출 수가 없었다.

다른 얘기를 해보자. 스페이스 X는 기본적인 비즈니스 전략을 적용해 나사의 우주왕복선 계획의 과오를 피하려 하고 있다. 합리적인 공급 체계를 구축해 가능한 한 비용을 줄인다는 전략이다. 린 생산 방식(lean manufacturing, 생산 현장의 원자재와 재공품의 흐름을 분석하고 제조 설비의 배치를 최적화해 중소 제조업체의 생산성을 20퍼센트 이상 높여주는 기법_역주)을 채택하고, 수직적 통합을 하며, 수평적인 커뮤니케이션 수단(즉, 열린 의사소통 체계)을 구축하는 것은 실리콘밸리 스타트업들의 특징 전략이기도 하다. 이 확실한 접근 방법은 한 번도 채택된 적이 없었다. 보잉과 록히드마틴의 컨소시엄으로 주로 미군에 델타 로켓과 아틀라스 로켓을 공급하는 유나이티드 런치 얼라이언스(ULA)는 가격을 내릴 이유가 거의 없었다. 경쟁사가 없고, 고객의 자금은 풍부하며, 주주들은 수익을 극대화하길 원했기 때문이다. 스페이스 X와 다른 스타트업들도 이런 고수익 계약을 원했지만, 나사, 군대, 보잉, 록히드마틴 사이의 뿌리 깊은 관계를 감안하면 그 틈새에 뛰어들기는 역부족이었다. 새로 등장한 사업자들은 (나사와 상용 위성 제조업체에) 더 낮은 발사 비용을 제시해야 할 뿐 아니라 배달의 안정성도 확보해야만 했다. 배달의 안정성은 유나이티드 런치 얼라이언스의 큰 장점이었다.

스페이스 X는 아예 처음부터 깔끔하게 시작한다는 장점이 있는 반면 유나이티드 런치 얼라이언스는 옛날 방식에 사로잡혀 있어 빠른 혁신을 이뤄내기가 힘들다. 토요타에 기습 공격을 당한 포드나 제너럴모터스처럼 말이다. 스페이스 X는 펠컨 계열 발사체와 드래곤 계열 우주선을 보유하고 있으며, 지난 몇 년 동안 BFR(Big Falcon Rocket)이라 불렸던 초대형 화성-프로토타입 로켓도 가지고 있다(머스크는 2018년 11월에 이것의 이름을 바꿨는데, 당시 그는 부스터 단계를 '슈퍼 헤비', 우주선 단계를 '스타십'이라 불렀다). 스페이스 X는 여러 가지 기발한 방법을 이용해 펠컨 발사체의 비용을 줄였다. 예를 들어 펠컨 9의 1단과 2단은 같은 종류의 추진체를 사용했는데, 이 추진체들은 지름이 동일했고 똑같이 알루미늄-리튬 합금으로 만들어졌다. 이 회사는 이런 방법으로 설계와 조립, 정비에 드는 비용을 아꼈다. 펠컨 발사체에는 멀린 로켓 엔진이 장착돼 있다. 아폴로 시대부터 쓰던, 우주에서의 안정성이 증명된 엔진이다. 오늘날 대부분의 로켓 엔진은 샤워 꼭지 모양의 분사판을 사용해 연료와 산화제를 연소실에 뿌려준다. 멀린 엔진은 바늘 모양의 분사기가 달린 핀틀 분사기를 사용한다. 핀틀 분사기는 가격이 더 싸고 발사 직후 로켓 폭발의 주요 원인이 되는 연소 불안정성이 더 낮다. 스페이스 X는 다른 부분에서도 부품 제조 비용을 줄였다. 나사나 군 기지에 방치돼 있던 거대한 탱크와 철도 차량을 이용한 것이다. 이 회사는 항공우주 산업의 고질적인 바가지 씌우기를 피하기 위해 부품 대부분을 자체 제작하고 정비한다.

스페이스 X는 새로운 기준을 제시하는 것인지도 모른다. 이 회사가 비즈니스 세계에서 보이고 있는 과감한 행보는 문서로도 잘 기록돼 있다. 한 번은 엔진 밸브가 필요한 적이 있었는데, 이 밸브는 공급자 주장에 따르면 가격만 해도 수십만 달러에 이르고 개발하는 데도 1년 이상이 걸렸다. 이를 너무 터무니없다고 생각한 스페이스 X의 로켓 추진 부서장 톰 뮐

러는 생각한 바를 말했고, 공급자는 밀러가 업계 물정을 모른다며 조롱했다. 하지만 밀러의 팀은 공급자가 제시한 가격보다 훨씬 적은 비용으로 그 부품을 자체 제작해 테스트했다. 결국 밸브 공급자는 최초의 제안 이후 몇 달 만에 다시 협상을 하자며 연락했지만, 밀러는 이미 부품을 완성했다고 웃으면서 설명했다. 공급자가 놀란 것은 당연한 일이었다.

이런 일이 거듭 반복되면서 스페이스 X는 바가지를 피하는 법을 배우게 됐다. 또 한 번은 다른 공급자가 노즈콘(nose cone, 로켓의 맨 앞부분)에 설치할 에어컨 가격으로 300만 달러를 제시한 적이 있었다. 머스크는 바로 낌새를 채고 비슷한 크기의 가정용 에어컨이면 가격이 얼마나 되냐고 물었고 몇 천 달러라는 답이 돌아왔다. 스페이스 X는 딱 그만큼의 비용을 써서 엔지니어들에게 로켓 페어링(상부의 위성 보호용 덮개)에 맞춰 에어컨을 개조하도록 했다. 전쟁터였다면 영웅적이라고 할 법한 행동이었다.

또 이런 일도 있었다. 2010년 팰컨 9의 두 번째 발사 전날, 엔지니어들은 엔진 중 하나의 노즐, 즉 스커트에 균열이 생긴 것을 발견했다. 나사라면 엔지니어들이 스커트를 완전히 교체할 때까지 몇 달 동안 발사를 연기했을 것이다. 하지만 스페이스 X는 달랐다. 머스크는 회의를 소집해 균열이 생긴 스커트만 다듬으면 어떨지 물었다. 그는 탁자 주위를 돌며, 한 사람 한 사람에게 이 같은 조치가 각자의 담당 분야에 어떤 영향을 미칠지 물었다. 유일한 문제점은 엔진 하나의 기능이 조금 떨어진다는 것이었지만, 이는 다른 엔진들이 보완할 수 있었다. 30분도 안 돼서 스커트만 다듬기로 결정이 났다. 그날 저녁 스페이스 X는 캘리포니아 본사에서 플로리다 케이프커내버럴로 기술자 한 명을 급파했다. 기술자는 스커트를 다듬었고 팰컨 9은 다음 날 (성공적으로) 발사됐다.

이런 접근 방법의 결과는 무엇일까? 발사 비용이 줄어들었다는 것이다. 나사는 스페이스 X에 16억 달러를 지불하고 열두 번의 화물 운송을 맡겼다. 우주왕복선 발사 1회에 드는 비용이 15억 달러인 걸 생각하면 상당히 적은 돈이다. 게다가 단순 비교를 하기엔 좀 무리가 있겠지만, 유나이티드 런치 얼라이언스가 제시하는 발사 비용의 3분의 1밖에 안 되는 돈이다. 미국 국방부도 이런 선례를 따를 가능성이 있다. 미국 회계감사원의 2014년 상원 보고서는 공군의 지출과 유나이티드 런치 얼라이언스의 발사 가격에 대해 매우 비판적인 의견을 담고 있었다. 보고서는 수년간 독점이 계속되는 상황을 두고 "계약 금액과 가격 데이터에 대해 최소한으로만 살펴봐도 국방부에게 공정하고 합리적인 발사 가격을 협상할 만큼의 지식이 없었다는 것을 알 수 있다"는 의견을 냈다. 납세자들은 정부 예산이 낭비되는 것에 대해 인내심을 잃어가고 있을지도 모른다. 그것이 설령 우주에서 쓰는 돈일지라도.

스페이스 X가 추정한 대로 팰컨 9의 1회 발사당 5,000만 달러를 쓴다고 가정하면, 이 회사는 나사와의 계약으로 엄청난 수익을 올린다고 할 수 있다. 수익은 발사 횟수와 부스터의 재사용 가능성에서 오는 것이다. 머스크는 부스터를 열두 번까지 사용할 수 있다고 추정한다. 2017년 스페이스 X는 유료 승객을 싣고 총 18회에 걸쳐 팰컨 9을 발사했으며, 2018년에는 한 달에 평균 두 번을 발사했다. 수년간에 걸친 테스트와 투자 후에 돈이 들어오고 있는 것이다. 2018년 발사된 로켓 중에는 처음으로 시험 비행에 성공한 팰컨 헤비 로켓도 있었다. 이때는 테슬라 로드스터 전기 자동차에 마네킹을 태워 궤도로 진입시켰다. 순전히 보여주기 위한 쇼였다. 당초 계획은 태양을 중심으로 도는 화성의 궤도에 자동차를 진입시키는 것이었다. 화성은 최초의 우주여행자 몇 명이 머스크의 초대형 로켓(슈퍼 헤비와 스타십)을 타고 갈 목적지다. 이 계획의 장기 목표는 한 번에 100명을 태워 화성으로 보내는 것이다. 하지만 팰컨 헤비는 너무나 강력했기 때문에 로드스터는 화성 너머 소행성 벨트로 갈 것 같다(치올콥스키 로켓 방정식의 중요성이 여기서도 확인된다). 팰컨 헤비는 팰컨 9이 가진, 아홉 대의 엔진으로 구성된 코어를 총 세 개나 가지고 있다. 2018년 시점에서 팰컨 헤비는 거의 64톤을 궤도에 진입시킬 능력을 가진 세계에서 가장 강력한 현역 로켓이었다. 다른 로켓의 두 배는 되는 능력이다. 이보다 더 많은 무게를 적재할 수 있는 유일한 로켓은 1973년 마지막 비행을 한 새턴 5호 달 탐사 로켓밖에 없다.

스페이스 X가 우위에 있다고 말하려는 것은 아니다. 나사의 로켓 재

일론 머스크의 테슬라 로드스터가 우주에서 운행되는 장면. 운전자가 마네킹이긴 하지만 이 멋진 이미지는 실제 사진이다. 2018년 2월 6일 스페이스 X는 이 전기차를 팰컨 헤비 로켓에 실어 우주로 쏘아 올렸다. 우주 비행에 대한 민간 기업의 관심이 늘어나고 있다는 것을 단적으로 보여준 업적이라 할 수 있다. 이 차는 화성까지 '주행'하는 것이 목표였지만, 화성 궤도를 지나서 소행성 벨트로 진입하고 있는 것으로 보인다.

사용 실패 사례가 너무나 잘 알려져 있는 상황에서, 이 회사가 진짜로 얼마를 쓰는지에 대한 의문도 많이 제기되고 있다. 게다가 머스크가 결국 성공한다는 보장도 없다. 그는 2018년 9월 생중계된 팟캐스트에서 제기된 대마초 의혹으로 타격을 입었다. 이후 방송된 팟캐스트에서 그는 자신이 대마초에 관심이 없으며 피우지도 않는다고 밝혔지만 이 일은 나사 고위 관리들의 심기를 불편하게 해 이들로 하여금 스페이스 X의 기업 문화 평가를 명령하도록 만들었다. 하지만 여기서 중요한 건, 로켓 발사 분야에서 선도자가 되기 위해 경쟁을 하는 사람들이 많고 그 경쟁은 우주 접근 비용을 더 낮추는 데 맞춰져 있다는 사실이다. 기존에는 경쟁이라는 것 자체가 없었다. 지난 몇 십 년 동안 로켓을 발사한 나라는 미국과 소련밖에 없었다. 두 나라 모두 군과의 밀접한 관계 아래 로켓을 발사했다. 2010년에는 궤도 발사 시스템이라는 이름으로 프라이머리 로켓만 여섯 대 발사됐는데, 모두 국가가 소유하거나 사실상 독점 기업이 소유한 로켓이었다. 유럽우주국과 프랑스 국립우주연구센터 주도로 제작된 아리안 5, 러시아의 대형 발사체인 프로톤-M과 우주인(미국인 포함)을 국제우주정거장까지 실어 나르는 소형 로켓 소유즈-2, 중국의 창정(長征) 로켓 계열, 유나이티드 런치 얼라이언스가 운영하는 아틀라스와 델타 로켓이 그것들이다. 이 로켓들 중에서 인간을 위해 사용된 것은 러시아의 소유즈-2와 중국의 창정 로켓밖에 없다. 자부심 넘치는 미국은 2011년 이후로 궤도에 미국 우주인을 진입시키지 못했다.

하지만 2010년대로 진입하자 막대한 변화가 일어났다. 스페이스 X를 제외하고도 세 개나 되는 회사가 유인 우주 비행을 진지하게 추진하고 있다. 비글로 에어로스페이스, 블루 오리진, 버진 갤럭틱이다. 특히 이들 사이의 시너지는 전망을 밝게 해주고 있다. 일례로 비글로 에어로스페이스는 우주 호텔 비즈니스를 하고, 블루 오리진은 그곳까지 승객들을 실어 나를 수 있다. 또한 스페이스 X에서 승객을 달이나 화성에 착륙시키면, 버진 갤럭틱은 두 시간 내에 그곳 전체의 투어를 시켜줄 수도 있다.

이들 사이의 틈새를 채우는 기업들도 수십 개 있다. 뉴질랜드의 로켓랩은 작고 비교적 싼 로켓으로 225킬로그램의 짐을 우주로 가져갈 수 있다. 행성 간 여행의 기본 구조를 제공할 수 있는 소형 통신 위성 같은 짐을 말이다. 이 회사는 자신을 우주 배달계의 '퀵서비스'라 부른다. 실제로 이 업계는 두 분야로 나뉘져 건강하게 진화하고 있다. 대형 로켓은 인간을 비롯해 운송 수단, 채굴기, 탐사 장비 등 무거운 장비를 쏘아 올리기 위해 설계되고, 소형 로켓은 중량 10킬로미터 미만의 나노 위성(나노샛)을 쏘아 올릴 목적으로 급증하고 있다. 소형화 기술이 발달함에 따라 나노샛은 기존에 그 수백 배 크기의 위성들이 수행하던 이미징(imaging), 통신 같은 다양한 업무를 처리할 수 있다. 현재는 이보다 훨씬 작은 위성들도 대량으로 발사돼 배치되고 있다.[10] 소형 로켓 개발의 원동력은 그 로켓들이 규모의 경제를 통해 발사 가격을 낮춰 일주일 또는 하루 단위로 발사될 수 있는 시장이 등장할 가능성이다.

◆◆◆

총괄적으로 말하면 이런 움직임들은 뉴스페이스 운동의 일부라고 할 수 있다. 이 운동은 다양한 기업가들과 점점 더 많은 아마추어들이 정치적인 동기를 떠나 순수하게 상업적 이익을 위해 우주에 접근하는 비용을 낮춘다는 포괄적인 목표를 가지고 있다. 정부와 군의 '올드스페이스' 파트너 관계와는 대조되는 개념이다. 나사 에임스연구센터의 게리 마틴 소장이 뉴페이스 운동에 대해 "우주를 다양한 방식으로 이용하는 새로운 산업들이 탄생하는 우주탐사 개발 역사의 전환점이자 혁명의 최첨단이다. 기존의 군산 우주 영역은 이제 더 이상 유일한 선택이 아니다. 경쟁이 심화되고 새로운 역량들이 나타나면서 시장은 영원히 변화할 것이다"라고 요약했다.

하지만 발사당 가격은 좀 혼란을 줄 수도 있다. 소형 로켓을 보유한 업체들은 대부분 대형 로켓의 몇 억 달러보다 훨씬 저렴한 몇 백만 달러면 발사를 할 수 있다고 자랑한다. 하지만 작은 로켓은 실을 수 있는 짐의 양도 적다. 쉽게 비교하는 방법은 파운드 또는 킬로그램당 가격을 따져보는 것이다. 비용 대 무게 비율이다. 로켓랩이라는 업체는 225킬로그램을 로켓에 실어 발사할 때 회당 약 500만 달러를 받는다. 이 경우 비용 대 무게 비율은 약 2만2,000달러/kg이다. 스페이스 X의 팰컨 헤비는 6만4,000킬로그램을 우주로 운반하는 데 9,000만 달러를 받는데, 이 경우 비용 대 무게 비율은 약 1,400달러/kg밖에 안 된다. 매력적이다. 하지만 우주에 64톤이나 되는 화물을 가져가야 하는 비정부 고객은 몇 안 된다. 그에 비해 나노샛 발사를 기다리는 사람은 수백 명이 넘는다. 나사와 나사 로켓들의 경우, 기존 가격은 1킬로그램당 약 2만 달러였다. 1999년쯤 밝혔듯이 나사의 목표는 파운드당 비용을 25년 안에 수백 달러, 40년 안에 수십 달러 수준으로 줄이는 것이다. 그게 가능할까? 나사는 스페이스 X 같은 기업에 의존하고, 규모의 경제와 기업 노하우를 이용해 가격을 훨씬 더 낮출 수도 있다. 기본적인 발사체 개발에 세금을 전혀 쓰지 않는다면, 나사는 대규모 발사를 요구하는 다른 프로젝트에 사용할 수 있는 자금을 확보할 수 있다. 스페이스 X나 다른 업체들보다 더 많은 수익을 올리고, 같은 정가에 더 많은 우주 프로젝트를 진행할 수도 있는 것이다. 윈윈이다.

나사는 우주왕복선 프로그램과 국제우주정거장으로 이 기회를 확실하게 날려버렸다. 그래서 일부에서는 미 의회의 변덕스런 예산의 지배를 받는 나사가 우주항공기술 발전을 이끌어갈 수 있을지 심각한 의문이 제기되곤 한다. 그에 반해 위험 수준이 높고 보상이 큰 연구, 즉 민간 기업이 향후 수십 년 동안 더 발전시킬 가능성이 있는 차세대 기술은 사업가가 아니라 정부가 주도해야 한다는 반론도 있다. 현재의 민간 기업들이 수십 년 전 나사가 이룩한 기술들을 이용하는 것처럼 말이다. 그리고 실제로 나사는 차세대 발사체를 개발하고 있다. 여기에는 새로운 기체역학 개념을 평가하기 위한 다양한 X 플레인들, 예를 들어 1990년대 개발된 준궤도 우주 비행체 록히드마틴 X-33, 궤도시험체로도 알려진 재사용 가능한 무인 우주선 보잉 X-37 등이 포함된다. 그 과정에서 많은 것을 배웠지만, 그 결과로 새로운 것이 그리 많이 나오지는 않았다. 나사가 개발을 고려하고 있는 다른 발사체들을, 현재 기술로 구현할 가능성이 높은 순서로 나열하면 다음과 같다. 연료를 연소시킬 때 대기 중 산소에 더 많이 의존함으로써 기존 로켓에 비해 성능을 15퍼센트 향상시키는 공기 호흡 엔진, 발사 전에 트랙을 따라 발사체를 가속시키는 자기 부상 시스템, 기존의 연료를 보완하기 위해 지상에서 빔을 쏘아 추진을 돕는 장치, 추진 엔진으로 기능하는 전기역학적 자기 밧줄, 노즐에서 일어나는 폭발을 추력으로 이용하는 펄스 데토네이션 엔진, 핵융합이나 반물질 같은 낯선 연료 등등.

✱ 우주정거장까지의 여정, 그리고 그 너머

어떤 방식으로든 우주 접근 비용이 낮아지면 훨씬 더 많은 사람이 지구 저궤도를 방문하거나 그곳에서 삶을 영위하게 될 것이다. 실제로 우리는 2000년도부터 계속 우주에 살고 있다. 하지만 여기서 '우리'는 국제우주정거장을 방문했던 지구 인구의 0.0000035714286퍼센트만을 말한다. 이 250명 정도의 사람 중 관광객은 일곱 명이다. 앞으로 더 많은 사람이 방문할 것이다. 남극 거주지처럼 우주 거주지도 과학 연구를 위한 장소로 진화하기 전에는 국가적 자부심의 원천이었다. 가격이 떨어지고 안전이 더 잘 보장되면 우주는 수백만의 관광객을 받아들이게 될 것이다.

궤도를 도는 토러스, 즉 우주 도시의 상상도. 지구와 달에 가까운 곳에 이렇게 거대한
회전체를 배치하면 수만 명이 안락한 온도, 인공중력, 충분한 식량 재배 공간, 지구와 같은 낮과
밤 주기, 무제한의 태양에너지를 누릴 수 있다.

◆◆◆

우주정거장은 궤도상의 거주지로서, 무인 로켓을 통해 발사되거나 우주에서 건설된다. 도킹 능력과 함께 한 번에 몇 주 또는 몇 달 동안 머무르는 순환 승무원들을 수용할 공간을 갖추고 있다. 나사, 미 의회, 학자들은 한때 단순한 우주정거장보다 훨씬 더 대담한 계획을 고려한 적이 있다. 1980년대까지 우주 공간에 완전한 도시를 건설해 2000년대까지 주거가 가능하도록 만든다는 계획이었다. 프린스턴 대학의 물리학자 제라드 오닐은 나무와 강, 그리고 수천 명이 살 수 있는 주거 시설을 갖춘 3.2킬로미터 길이의 거대한 구조를 제안한 적이 있다. 그곳에 살 사람들은 주로 달에서 채굴을 하거나 지구에 무제한의 에너지를 쏘아줄 초대형 태양 전지판을 관리하는 일을 한다는 구상이었다. 오닐은 1975년에는 하원 우주과학응용 소위원회, 1976년에는 상원 우주항공기술국가수요 소위원회에서 이런 형태의 구조물에 대해 발표했다. 오닐의 이 구조물은 나중에 오닐 실린더 또는 오닐 식민지라고 불리기도 했다. 에너지 가격이 폭등한 1970년대 석유파동 때는 이 에너지 독립 개념이 큰 방향을 일으켰다. 하지만 오닐의 계획이 안고 있는 가장 큰 문제는 아직 뜨지도 못한 우주왕복선을 통해 우주 접근 비용이 낮아질 것이라는 가정에 의존했다는 점이다. 1980년대 유가가 떨어지고 우주왕복선 가격이 폭등하자 지구 저궤도에 태양전지판 관리요원들을 위한 주거지를 건설한다는 생각은 곧 폐기됐다. 하지만 이 거대한 궤도 도시는 우주 정착을 위한 아이디어 중 하나로 여전히 매력을 지니고 있다. 인공중력과 지구에서 누릴 수 있는 편의를 제공할 수 있기 때문이다.

1970년대 우주 거주지 개발을 주도한 것은 소련이었다. 소련은 동시에 두 프로그램을 진행했는데, 하나는 과학 프로그램, 다른 하나는 군사 목적 프로그램이었다. 소련 밖에서는 살류트 정거장으로 알려진 이 프로그램은 총 일곱 번의 시도 가운데 다섯 번 성공을 거뒀다. 몇 십 년이 지나서야 세계는 이 정거장 중 셋, 즉 살류트 2, 3, 5가 내부적으로는 알마즈 1, 2, 3라 불렸으며 우주 정찰 전술을 시험하기 위한 비밀 군사 프로그램의 일부였다는 사실을 알게 됐다. 소련이 이렇게 많은 정거장을 발사하는 데 성공한 것은 '우주 경쟁'의 결과였지만 이 경쟁이 꼭 미국과의 경쟁만을

◆◆◆

의미하지는 않았다. 우주 경쟁은 살류트 정거장을 설계한 케림 케라모프와 군사용 정거장을 추진했던 블라디미르 첼로메이 사이의 열띤 내부 경쟁이기도 했다.

살류트 1은 1971년 4월 발사돼 175일 동안 궤도에 머물렀고 23일 동안 승무원 세 명을 수용했다. 살류트 프로그램에 대한 미국의 대응은 1973년 5월 새턴 5호에 실어 발사한 스카이랩이었다. 이 초대형 로켓의 사용은 이때가 마지막이었다. 스카이랩은 살류트 정거장보다 세 배 정도 컸으며 주 주거 공간의 길이가 14.6미터, 폭이 6.6미터에 달했다. 이 정거장은 비교적 성공했다고 할 수 있다. 우주인들은 세 명씩 세 차례에 걸쳐 각각 28일, 59일, 84일을 머물렀다. 하지만 스카이랩은 여러 가지 문제에 시달리기도 했다. 발사하는 동안 미소 유성체 방어막이 찢어지면서 주 태양 전지판도 같이 날아갔다. 승무원들은 움직이기 전에 이 손상을 복구해야 했다. 우주인들을 좌절시킨 전대미문의 대형 사고였다. 나사 기록에는 "우주인들이 욕을 하면서 좌절감을 분출하고 있었다. 그동안 관제 센터는 통신이 재개됐다는 사실을 우주인들에게 반복적으로 말해야 했다"라고 적혀 있다. 우주인들의 욕설은 전 세계로 생중계됐다. 새로운 지구의 모습, 태양과 혜성 관찰 기록, 무중량 상태에 대한 최초의 장기 연구 자료 등 수집된 과학 데이터의 양은 엄청났지만 우주인들은 끊임없이 계속되는 수리 작업에 지쳐가고 있었다. 스카이랩의 세 번째이자 마지막 승무원들은 할당된 임무에 대해 거칠게 불평했고, 폭동을 일으킬 생각도 했다는 이야기가 있다. 승무원 중 에드워드 깁슨은 관제 센터에 "33일 동안 소방 훈련만 하다 이제 시간이 났다. 데이터의 질에는 신경도 못 쓰고 기초 작업만 하고 있었다"고 말하기도 했다.

스카이랩은 1974년에 임무가 종료됐다. 우주왕복선을 이용해 스카이랩의 궤도를 상승시킨다는 계획도 있었지만 우주왕복선 개발이 예정보다 너무 늦어지는 바람에 스카이랩의 궤도가 서서히 붕괴해 어쩔 수 없이 지구로 재진입해야 하는 지경에 이르렀다. 1979년 스카이랩 전체가 지구로 추락하면서 전 세계는 공포에 휩싸였다. 나사가 할 수 있는 일은 제한적이었다. 나사는 스카이랩이 지구에 재진입하면서 대부분 소각될 것이라고 대중을 안심시켰지만 그건 잘못된 계산의 결과였다. 커다란 덩어리들이 호주 퍼스에 쏟아졌다. 나사에게는 다행히도 다친 사람은 아무도 없었다. 실제로 스탠 손튼이라는 호주 청년은 떨어진 덩어리를 발견하자 바로 미국으로 날아가 1만 달러의 상금을 요구했다. '샌프란시스코 이그재미너'라는 신문사에서 제시한 상금이었다.

스카이랩에 대한 소련의 대응은 미르였다. 이 우주정거장은 1986년 발사돼 그 뒤 10년 동안 모듈 방식으로 조립되고 확장됐다. 미르에 방문한 소련 우주인들은 궤도에 머문 기간, 선외활동(EVA)의 기간과 복잡성 면에서 모든 종류의 기록을 세웠다. 그중 몇 명은 미르에서 1년이 넘는 시간을 보내기도 했다. 또한 미르는 모듈 설계, 생명유지시스템, 위생 시설, 식량과 음료수 공급, 수면실, 과학 실험실 등에서 국제우주정거장의 청사진이 됐다.

1998년부터 2011년까지 지어진 국제우주정거장은 다섯 개 우주기관의 합작 결과다. 나사, 유럽우주국, 일본 우주항공연구개발기구, 캐나다 우주국, 로스코스모스(러시아 연방 우주국)가 그들이다. 국제우주정거장의 건설비는 1,000억 달러로, 나사가 750억 달러를 댔다. 2024년에 수명이 다할 예정인 국제우주정거장 운영비 추정치는 1년에 30억~40억 달러로, 나사 감찰국은 이 수치가 '지나치게 낙관적'이라는 의견을 내고 있다. 사실 국제우주정거장은 우주에서 살거나 일하는 것에 대한 우리의 토론과는 무관하다. 몇 사람 이상이 국제우주정거장 같은 환경, 즉 무중력 상태에서 살거나 일하는 상황이 생기지는 않을 것이기 때문이다. 모든 우주 거주지는 인공중력 또는 달이나 행성의 자연 중력을 이용하게 될 것이다.

국제우주정거장에 대단한 구석이 있다는 점은 인정한다. 하지만 국제우주정거장은 우주 식민지화의 서막으로 만들어진 것이 아니다. 그보다는 미세 중력 실험실, 주로 미세 중력 상태에서의 물리학과 화학을 연구하기 위한 목적으로 계획된 실험실이며 인간의 건강에 대한 연구는 이 목적에 별로 포함돼 있지 않다. 로스앨러모스 연구소, 로런스 버클리 연구소, 유럽의 CERN 입자가속기, 영국 분자생물학 연구소, 그리고 그 유명한 벨 연구소 같은 지구 최고의 실험실과 비교할 때 국제우주정거장에서

◆◆◆

얻은 과학 연구 결과는 미미하기만 하다. 국제우주정거장에서 수행하는 건강 연구의 대부분은 미르에서 한 실험 결과를 확인하는 수준에 불과하다. 미세 중력이 인간의 건강에 해롭고, 너무 해롭기 때문에 유일한 치료법은 최대한 빠르게 미세 중력으로부터 벗어나는 것밖에 없다는 것이 이 연구의 골자다.

국제우주정거장에서 기술적인 소득이 있었던 것은 확실하다. 하지만 도킹이나 조작 같은 이런 소득 대부분은 그전의 우주정거장에서 알게 된 것을 더 다듬은 정도에 불과하다. 나사는 지구의 물과 공기 정화 기술을 개선했지만 이 기술들은 국제우주정거장 본연의 미세 중력 연구를 통해서가 아닌, 국제우주정거장에서 생명유지를 해야 할 필요성 때문에 알게 된 곁가지 기술이다. 국제우주정거장은 무중력 상태에서의 유인 작업을 위한 훈련, 무중력 상태에서의 신기술 테스트, 민간 기업으로부터 화물을 받기 위한 훈련 등이 이뤄지는 장소로 활용됐지만, 이 활동들의 궁극적 목표는 우주에서 무언가를 만들어내는 것이었다. 무중력 상태에서 이뤄지면 좋았을, 진정한 의미의 상업적 연구와 개발은 늘 비용 때문에 수행되지 못했다.

중국은 모듈 방식의 지구 저궤도 우주정거장 건설을 계획하고 있다. 톈궁(天宮) 계획의 세 번째 단계로 2022년 완공을 목표로 하고 있다. 중국은 톈궁 1호, 톈궁 2호를 각각 2001년과 2016년에 발사했다. 서방 뉴스 미디어에서는 거의 다루지 않았지만 이 계획은 성공적이었다. 톈궁 1호는 2018년 4월 궤도에서 내려오기 전에 타이코놋(太空naut, 우주를 뜻하는 '太空'과 여행자를 뜻하는 그리스어 'naut'을 합친 것_역주)이라 불리는 우주인들을 두 차례 수용했다. 톈궁 2호도 타이코놋을 수용했으며 향후 건설될 모듈 방식 우주정거장과 도킹을 할 가능성도 있다. 그 우주정거장의 핵심 모듈은 톈허(天和)로 불릴 예정이다. 이 우주정거장이 완성되면 크기는 미르 정도, 즉 국제우주정거장의 5분의 1 정도 될 것으로 보인다. 바퀴를 발명한 중국은 이제 국가적 자부심을 위해 우주정거장을 개발한 나라가 되려 한다.

지구 저궤도 너머의 우주에 정착하기 위한 첫 발걸음은, 아직 작긴 하지만 나사의 루나 게이트웨이(LOP-G)일 것이다. 과거에는 딥스페이스 게이트웨이로 알려진 것이다. 나사는 지구와 달 사이 공간의 궤도에 LOP-G를 배치할 예정이다. 우주정거장 같은 건 건너뛰고 바로 달로 가면 되지 않을까? 화성으로 갈 수도 있을 것 같다. 화성 계획은 어떻게 된 걸까? 화성에 가야 하지 않을까? 부자연스럽게 보일 수도 있지만 LOP-G는 달과 화성 모두에 관문(게이트웨이) 역할을 하는 것이 목적이다. 좀 다른 이름으로 바꿨으면 하는 LOP-G에 있는 소수의 승무원들은 달 표면의 로봇을 조작해 임무를 수행할 것이고 2020년대 후반에는 인간의 탐사를 위한 시험 착륙선도 조종할지 모른다. 로버트 M. 라이트풋 주니어 전 나사 국장 대행은 이 우주정거장을, 여러 나라의 파트너들이 달 탐사에 이용하기 위해 들르는 "숲속 오두막집"이라고 묘사했다. 그는 나사가 이 우주정거장을 이용해 달을 탐사한 뒤, 이상적인 영구 기지를 건설하고 광물을 채굴하기를 바라고 있다.

LOP-G는 국제우주정거장의 2.0 버전이 아니다. 우선 LOP-G는 하나의 주거 공간과 에어록, 전원 유닛, 추진 유닛만 있는 미르처럼 작은 구조물이다. (아직 계획 단계이긴 하지만) 건설비도 1,000억 달러나 들었던 국제우주정거장과 달리 20억 달러로 싸다. 또한 이 우주정거장은 우주인들이 멋진 포즈를 취하면서 홍보하는 곳이 아니라, 하나의 분명한 목표를 가지고 한 달 이내에 작업을 끝내는 곳이다. 하지만 LOP-G에 대해서도 비판적인 시각이 없지 않다. 나사 국장을 지낸 마이클 그리핀은 LOP-G 계획에 대해 "멍청한 짓"이라고까지 말했다. 문제가 되는 부분은 LOP-G에서 조작할 수 있는 로봇은 지구에서도 조작할 수 있다는 사실이다. 둘 사이의 신호 지연도 1초 정도밖에는 안 된다. 게다가 달로 하강하기 전에 LOP-G와 도킹하는 것은 실익이 없다. 아폴로 미션에서 봤듯이 우주선이 궤도를 유지하는 것은 어려운 일이 아니다. LOP-G는 기껏해야 달에서 추출한 연료를 저장하는 연료 창고로서의 유용성밖에 없을 수도 있다. 물론 그것만으로도 달이나 소행성, 화성으로 가는 여행에서 비용을 크게 줄일 수 있다. 목적지까지 가는 데 필요한 연료를 지구에서 출발할 때 전부 싣지 않아도 되기 때문이다. 어쨌든 나사는 달 채굴을 위한 기반 시설을 구축하기

◆◆◆

에 앞서 LOP-G를 건설하는 것을 달 재착륙 계획에 포함시키려 하고 있다. 아직 이 계획은 확정된 게 아니지만 말이다.

어찌 됐든 2018년 3월 워싱턴 DC에서 열린 "달로의 귀환: 정부, 학계, 산업계의 파트너십"이라는 제목의 심포지엄에서는 아폴로 17호 임무 때 마지막에서 두 번째로 달을 떠났던 해리슨 '잭' 슈미트를 포함한 많은 참가자들이 나사의 LOP-G 계획에 큰 충격을 받았다. 이전에 비슷한 주제로 열린 열댓 번의 심포지엄에서 받은 충격과는 비교도 안 될 정도였다. 참석자들은 "이번은 다르다"고 입을 모았다. LOP-G는 우리를 새 지평으로 데려가고 있다. 게다가 스페이스 X나 블루 오리진 같은 민간 기업은 가격대를 획기적으로 낮춰 나사의 화물을 LOP-G로 운반할 수 있다. 유럽 우주국과 일본은 LOP-G를 이용하는 달 임무를 설계하기 위해 나사와 협력 작업을 하고 있다. 무엇보다 중국이 있다. 이들은 과거 소련이 그랬던 것처럼 미국이 우주로 진출하게끔 계속해서 자극을 주고 있다. 새로운 우주 경쟁에 대해 언급하면서, 슈미트는 달에 대한 중국의 야망이 미국에게 LOP-G를 이용해 달로 돌아가라는 "지정학적 명령"을 내리고 있다고 말했다.

★　주말여행은 우주 호텔에서

2001년 4월 28일, 미국의 사업가 데니스 티토가 러시아 소유즈 TM 우주선을 타고 국제우주정거장에 도착해 8일 정도를 궤도에서 보냈다. 그는 현금이 궁한 러시아 연방 우주국에 2,000만 달러를 지불하고 사실상 세계 최초의 우주 관광객이 됐다. 티토의 여행 계획이 못마땅했던 나사는 그가 존슨 우주센터에서 훈련받는 것을 거부했지만 국제우주정거장 방문을 막지는 못했다. 2002년부터 2009년까지 다른 억만장자 여섯 명이 국제우주정거장을 방문했다. 이후 러시아가 수송 문제를 이유로 이 프로그램을 정지시키면서 우주 관광도 중단됐다. 나사의 우주왕복선 계획이 종료된 이래 러시아의 소유즈 우주선이 국제우주정거장으로 갈 수 있는 유일한 수단이 된 데다 공간에도 제약이 있었기 때문이다(나사는 얼마 안 있어 러시아에게 탑승권 한 장에 8,000만 달러씩 지불하게 된다).

그럼에도 불구하고 우주 관광 시대가 우리 앞에 펼쳐지고 있다. 러시아는 관광 비행 재개에 관심을 표명한 상태다. 또한 처음에는 충격을 받았던 나사의 우주인 가운데 일부도 현실을 받아들이고 있다. 예를 들어 우주인 마이클 로페즈-알레그리아는 이란 출신 사업가이자 프로디아 시스템스의 공동 창업자인 아누셰흐 안사리를 관광객으로 데려가는 것을 주저했다. 하지만 안사리가 2006년 국제우주정거장을 방문한 후 로페즈-알레그리아는 마음을 바꿨다. 그는 "(막대한 현금을 받고 관광객을 받아들이는 게) 옳은 해결책이라면, 러시아의 우주 계획을 지지한다는 관점에서만 좋은 것이 아니라 우리를 위해서도 좋은 일"이라고 말했다.

또한 나사 자신도 관광에 동의하고 있다. 2019년 6월 나사는 국제우주정거장의 상업화 계획을 다시 발표했다. 원래 나사는 국제우주정거장에 상업적인 관심을 그다지 내비치지 않고 있었고, 기업들도 이 엄청난 투자가 가치를 가질 것이라고 여기지 않는다. 하지만 최근의 발표에서 나사는 우주 관광객을 환영한다고 밝혔다. 나사 발표문에 따르면 '민간 우주인'이다. 이는 스릴을 추구하는 억만장자를 완곡하게 표현한 말이다. 가격표에는 로켓 탑승권이 5,500만 달러, 생명유지 장치와 물, 공기 같은 '사치품'이 하루에 3만4,000달러로 책정돼 있다. 물론 민간 우주인의 실현 여부는 로켓을 개발하고 확보해 인간을 국제우주정거장으로 데려가는 나사의 결정에 달려 있다. 비글로 에어로스페이스와 스페이스 X는 '민간 우주인'을 국제우주정거장에 데려가면서 짭짤한 수익을 챙기는 데 관심을 보이고 있다. 따라서 나사의 이번 계획은 인간의 우주 비행 영역에서 벌 수 있는 최초의 진짜 돈이 관광을 통해서라는 점을 간접적으로 인정한 결과라고 볼 수 있다. 예정대로 2025년에 미 의회가 국제우주정거장에 대한 예산 지원을 거둬들이게 되면, 국제우주정거장을 궤도에 머무르게 할 수 있는 유일한 방법은 관광밖에 없을지도 모른다.

비글로 에어로스페이스는 2018년 설립한 자회사인 비글로 스페이스 오퍼레이션스를 통해 우주 호텔 또는 기존 우주정거장 확장을 위한 가볍고 내구성이 강한 팽창식 모듈 거주구(habitat) 시장을 개척하고 있다. 이 기업은 자본 구조와 전문성 면에서 튼튼한 회사다. 창립자는 버짓 스위트

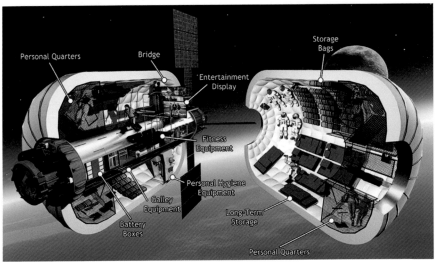

비글로 팽창형 활동 모듈(BEAM). 최초의 우주 호텔은 이렇게 가벼운 팽창식 구조가 될 수도 있다. 비글로 팽창형 활동 모듈은 버짓 스위트 호텔 체인과 비글로 에어로스페이스의 창립자인 로버트 토머스 비글로가 구상한 작품이다. 비글로 팽창형 활동 모듈에 최초로 방문하는 이는 영화나 뮤직비디오 촬영 스태프일지 모른다. 2016년 국제우주정거장에 비글로 팽창형 활동 모듈이 성공적으로 부착됐다.

◆ ◆ ◆

오브 아메리카 호텔 체인으로 부를 쌓은 억만장자 로버트 비글로다. 기본적으로 호텔 사업자인 비글로의 장기 목표는 우주에 버짓 스위트 호텔 체인을 세우는 것이다. 2016년 비글로 에어로스페이스는 국제우주정거장에 비글로 팽창형 활동 모듈(Bigelow Expandable Activity Module, BEAM)을 부착하는 데 성공했다. 1년 동안의 안전성 테스트도 잘 진행됐다. 미소 유성체에 의한 손상은 최소 수준이었고 방사선 노출 수준은 국제우주정거장의 나머지 부분들과 거의 비슷했다. 2017년 나사는 비글로 팽창형 활동 모듈을 2020년까지 계속 설치해 국제우주정거장에서 나오는 폐기물을 저장하는 공간으로 사용한다는 계획을 발표했다.

비글로 에어로스페이스는 스페이스 X의 드래곤 화물 우주선에 비글로 팽창형 활동 모듈을 실어 국제우주정거장으로 가져갔다. 우주 벤처 기업들이 상호 연결되는 새로운 예시였다. 또한 주목할 점은 2000년 미 의회가 나사의 관련 계획을 취소한 후 비글로 에어로스페이스가 팽창식 주거구의 기술 특허권을 나사로부터 구입했다는 사실이다.

나사는 1960년부터 팽창식 주거구 개발을 해왔으며 1990년대에는 국제우주정거장에 더 넓은 주거 공간을 제공할 수 있는 트랜스허브라는 거대한 팽창식 주거구을 개발했다. 가볍고, 기존 주거구의 두 배 지름인데다, 미소 유성체의 충돌을 견딜 수 있을 정도로 내구성이 강한 케블라와 넥스텔 섬유로 만들어진 트랜스허브는 화성 미션을 염두에 두고 설계된 것이었다. 의회가 이 계획을 취소한 것은 트랜스허브 팀에게 충격이 아닐 수 없었다. 하지만 역설적으로 의회의 이런 움직임이 성공을 불러왔다. 미국 정부의 관료주의적 행태와 의회의 변덕에 면역이 돼 있던 비글로 에어로스페이스는 6년도 지나기 전에 이 기술로 성과를 냈다. 트랜스허브의 디자이너 윌리엄 슈나이더는 로버트 비글로를 하워드 휴즈에 비유한다. 휴즈는 엔지니어링의 모든 분야에 참여한 과감하고 의욕 넘치는 사업가였다. 로버트 비글로는 외계인이 지구인들 사이에서 살고 있다고 믿는 사람이다. 하지만 수백만의 사람들이 지구의 울타리를 벗어날 수 있는 방법을 찾게 한 원동력은 그의 그런 믿음이었을지 모른다. 시장이 우주에 있고, 기술도 거의 완성된 상태다. 그것은 어떤 모습일까?

◆◆◆

　우선, 우리가 방문하게 될 장소들을 일컫는 용어들을 정의해보자. 지구 저궤도(LEO)부터 살펴보자. 지구 저궤도는 대부분의 관광이 처음 시작되는 곳으로 지구 위 약 160~2,000킬로미터 사이에 있다. 국제우주정거장, 허블 우주망원경, 원격 탐사 위성, 첩보 위성은 모두 지구 저궤도에 있다. 지구 중궤도(MEO)는 수많은 GPS 위성과 통신 위성이 있는 곳으로, 지구 위 약 2,000~3만6,000킬로미터 높이에 있다. 적도 위 3만 6,000킬로미터에 있는 지구 정지궤도도 여기에 포함되는데, 24시간 자전을 하는 지구에서는 정지궤도에 있는 위성이 늘 같은 자리에 있는 것처럼 보인다. 이 궤도는 또한 지구 동기궤도의 높이이기도 하다. 지구 동기궤도는 적도뿐만이 아닌 여러 방향으로 지구 위를 지나는 24시간 궤도다. 수많은 통신위성, 군사위성, 기상위성이 지구 동기궤도에 위치한다.

　지구와 달, 지구와 태양 같은 두 물체 사이에는 양자의 중력이 균형을 이뤄 작은 물체가 고정된 것처럼 제자리에 머물게 되는 지점이 있다. '라그랑주 점'이라 불리는 곳이다. 물리학자 제라드 오닐은 지구–달의 라그랑주 점 4와 라그랑주 점 5(각각 L4, L5로 표기한다)에 궤도 도시 건설을 구상한 바 있다. 지구와 달을 직선으로 잇고 지구를 꼭짓점 삼아 60도의 각이 나오게끔 다시 선을 긋는다면(두 개의 선을 그을 수 있다) 달의 궤도와 만나는 지점이 두 곳 생기는데, 이것이 바로 L4와 L5다. 이 자리에 위치한 물체는 연료를 사용하지 않고도 영원히 그 자리에 머물 수 있다. 달이 지구 주위를 도는 것처럼 말이다. 이 지점은 지구에서 384,400킬로미터 떨어져 있으며, 그 거리는 지구에서 달까지의 거리와 동일하다.

　지구 저궤도는 궤도 호텔을 세울 수 있는 곳이다. 다른 궤도에 비해 지구에서 접근하기가 쉽다는 이유도 있지만 자기권의 안전한 울타리 안에 있다는 이유도 있다. 자기권이 태양 방사선과 우주 방사선의 상당 부분을 막아준다는 사실을 기억하자. 자기권은 지구를 둘러싸는 거대하면서 고정된 구 형태가 아니다. 자기권은 지구의 양극 근처에서 가파르게 파여 있다. 하지만 지구에 가까울수록 더 많은 보호를 받는 건 사실이며, 지구 동기궤도 밖에서는 이런 보호를 받기 어렵다. 게다가 어쨌든 우주는 우주다. 달이나 화성에 있지 않는 한, 지구 저궤도에 있는 호텔과 지구 중궤도에 있는 호텔이 무슨 차이가 있을까? 경치는 본질적으로 같을 것이다. 아주 멋진 경치일 거다.

우주 호텔은 틀림없이 지구상의 숙박 시설만큼 편하지는 않을 것이다. 적어도 처음에는 그럴 것이다. 베개에서도 민트 향이 나지 않을 것이다. 미세 중력 상태에서는 민트향이 다 날아가 버릴 테니까. 호텔 용품도 그다지 중요하지 않을 것이다. 우주 관광객들이 원하는 것은 며칠 동안 미세 중력 상태에서 살아보는 것이기 때문이다. 며칠 정도면 좌절감에 사로잡히거나 건강에 악영향을 받지 않고 즐기기에 충분한 시간이다. 국제우주정거장 자체가 우주 호텔이 될 가능성도 있다. 나사가 2025년에 예정대로 철수를 하면, 비글로 에어로스페이스나 다른 여러 업체들(다양한 개발 단계에 있는 업체, 사업 계획과 투자자를 가진 업체, 그저 홍보 팀만 있는 업체 등등)이 그 빈자리를 채우면서 미국의 모듈들을 호텔 방으로 바꿀 가능성도 있다. 국제우주정거장 내의 방을 빌려주는 것은 제약 실험이나 과학 실험을 위해 그 공간을 이용하는 것과 달리 정부가 철수한 뒤에 할 수 있는 유일한 수익 활동이 될 가능성도 있다. 물론 나사 외에도 국제우주정거장과 관련된 정부 기관은 네 개가 더 있다. 그 기관 중 어느 곳도 우주정거장의 운명이 미국에 의해 독단적으로 결정되는 것은 그리 달갑지 않으리라.

민간 산업도 약 1,000만 달러를 받고 부유한 고객을 스쿨버스 크기의 독립된 소형 호텔에 숙박시키려는 계획을 가지고 있다. 대충 1박에 약 100만 달러다. '1박'의 정확한 기준은 차치하고라도 말이다. 비글로 에어로스페이스는 2020년대 초반까지 B330이라 불리는 팽창형 주거구 두 개를 설치할 계획을 세우고 있다. 각각 길이 16.8미터, 폭 6.7미터 규모의 주거구로 나란히 붙이면 국제우주정거장의 공간보다 두 배나 큰 최초의 우주 호텔이 탄생할 것이다. 모험을 추구하는 억만장자가 아니라도, 수천만 달러를 내고 미세 중력 상태의 지구 저궤도에서 영화나 뮤직비디오를 찍고 싶어 하는 감독이나 팝스타도 있을 수 있다. 특수효과를 내지 않아도 되는 궤도에서 영상을 찍으려 하는 사람이 수두룩하다면, 이는 수익을 확실히 낼 수 있는 투자가 될지 모른다.

◆◆◆

단위 화물 질량당 가격이 낮아질수록 더 근사한 호텔이 지어질 것이다. 민간 기업들은 대형 회전 건축물을 계획하고 있다. 영화 ‹2001: 스페이스 오디세이›에 나오는, 중심 허브와 바퀴살들로 연결된 토러스 형태의 우주정거장 V와 비슷하게 말이다. 원심력이 작용된 토러스에서는 중력이 정상처럼 보인다. 바퀴살을 가로질러 중심 허브로 접근하면 중력이 줄어드는 것을 느끼게 되고, 중심 허브에 도착하면 무중력 환경이 된다. 중심 허브는 미세 중력 상태의 ‘놀이 영역’인 반면, 토러스의 다른 부분들은 수면, 식사, 도박 등 전형적인 휴식과 유희의 공간이 될 것이다.

이런 프로젝트들은 완수하려면 수십 년은 걸릴 것이다. 하지만 우주에서의 건설에도 편한 점이 있다. 거대한 구조물을 모듈 방식으로 조립하고 확장시키는 동안에도 주거가 가능하다는 점이다. 전통적인 고층 호텔이나 사무실 빌딩과는 다른 차원이다. 실제로 영화 속 우주정거장 V를 자세히 살펴보면, 다른 토러스 하나를 짓고 있는 것이 보인다. 영화 속에나 나오는 장면이 절대 아니다. 거대한 우주 구조물의 건설을 방해하는 주요 요소는 지구에서 재료를 가져오는 데 드는 엄청난 비용이다. 하지만 로봇공학과 3D 프린팅은 가격만 떨어지면 건설을 시작할 수 있는 수준에 접근하고 있다. 스웨덴에서는 이미 리모컨으로 제어되는 로봇이 채굴 작업의 대부분을 수행하고 있다. 이와 비슷하게 우주에서의 건설도 지구에서 조이스틱 조작으로 이뤄질 가능성이 있다.

로버트 비글로 같은 사람들이 주도하는 저궤도 지구에서의 관광이나 오락 활동은 지구 밖에서 수익을 낼 수 있는 인류 최초의 활동이 되기 직전까지 와 있다. 지금까지 인간이 우주에서 수익 활동을 해본 적은 없다. 통신위성은 수익성이 극도로 높지만 인간이 그 안에서 일하지는 않는다. 수십억 달러를 들인 달 착륙은 국가의 자부심과 군사 목적을 위한 일이었다. 국제우주정거장에도 수십억 달러가 들었지만 여기서는 얼마 안 되는 과학 연구만 이뤄졌다. 투자한들 긍정적인 결과가 나올 가능성은 매우 낮다. 하지만 관광은 인간의 우주 비행을 더 싸고 안전하게 만드는 방식으로 상업화가 이뤄지는 특이한 분야다.

이런 상업화는 제조업계의 목적에도 부합할 수 있다. 우주 접근 비용이 낮아지면 무중력 상태, 진공 상태에서 특별한 상업 산업 제품을 제조하는 궤도 기반 공장이 생겨날 수도 있다. 이런 제품으로는 앞에서 언급한 국제우주정거장에서의 단백질 결정, 필름과 폴리머(중합체) 등이 있을 것이며, 이런 제품들의 가격을 결정하는 유일한 요인은 소재를 궤도까지 가져오는 비용이다.

나사와 소련 우주 당국은 우주 공간에서 움직이는 기술을 완성해왔다. 우리는 그들의 잘못된 결정이나 비용 초과에 대해 비판할 수도 있을 것이다. 하지만 미국과 소련 정부의 개척자적인 업적이 없었다면, 민간 기업은 로켓을 제작하거나 궤도에 호텔을 건설할 수 있는 위치에는 결코 이르지 못했을 것이다.

✳ 어, 음, 우주에서 그게 가능할까요

우주 공간에서 섹스를 한다는 공상을 해본 사람이 적지는 않을 것이다. 한 번 터놓고 얘기해보자. 궤도상의 호텔로 가는 커플이 있다고 치자. 빙글빙글 돌면서 사랑을 나누는 광경이 떠오를 것이다. 하지만 실제 무중력 상태에서의 섹스는 생각보다 복잡할 수 있다. 뉴턴의 운동 제3법칙, 즉 작용–반작용의 법칙 때문이다. 한 사람의 몸이 미는 힘은 다른 사람의 몸을 반대 방향으로 날아가게 만든다. 따라서 둘 다 날아가지 않으려면 나란히 벽에 묶여 안전하게 고정되어야 한다. '2수트'라고 불리는 우주복 모델이 있다. 아마추어가 실험용으로 만든 특수 우주복으로 파트너와 긴밀한 접촉을 가능하게 해주는 옷이다. 하지만 2수트든 어떤 특수한 형태의 옷이든 별로 좋은 아이디어는 아닌 것 같다. 그런 옷을 착용하면 몸이 더워질 텐데, 미세 중력 상태에서는 땀이 잘 증발하지도 않는다. 땀이 분비된 위치에 고이면서 몸은 온통 끈적끈적해질 것이다. 물론 여기까지는 최악이 아닐지 모른다. 연습 좀 하면 상황을 약간이나마 개선할 수 있을 테니까.

다음 문제는 뭘까? 혈액의 흐름이다. 미세 중력 상태에서 심장은 필요한 때에 충분한 양의 혈액을 생식기 쪽으로 보내지 못한다. 그 결과 남자의 발기가 약해진다. 여자는 흥분이 적어지고 생식기 내부가 덜 미끄럽

◆◆◆ 143

게 된다. 특히 남자의 경우, 미세 중력 상태에서는 일반적으로 테스토스테론 분비가 줄어든다. 또한 우주 호텔에 새로 체크인하는 사람은 피곤하고 숨이 가쁘며 속이 불편한 상태일 것이다. 커플을 우주 호텔로 향하게 하는 원동력은 새로운 형태의 섹스가 주는 흥분일 텐데도 말이다. 폴 브라이언이 쓴 단편 〈오락실을 테스트하던 날〉을 보면, 여성-여성 관계는 남성-여성 또는 남성-남성 관계보다 만족감이 더 높을 수도 있다.

우주인을 포함해 국제우주정거장을 방문한 사람 중에 그곳에서 섹스를 해본 사람은 아직 없다. 어떻게 확신할 수 있냐고? 본인들 또는 그 동료들이 그렇다고 말했기 때문이다. 국제우주정거장에 있는 사람들에게는 개인의 프라이버시가 거의 없다. 둘 사이의 프라이버시는 말할 것도 없다. 우주 공간에서의 섹스가 어려운 점을 들어 인류의 미래가 위험해질 거라고 말하는 사람도 있다. 《우주에서의 섹스》라는 책은 책 전체에서 이 주제를 다룬다. 하지만 우주에서의 섹스는 완전히 사소한 문제다. 궤도 호텔에서 커플이 섹스를 한다고 해도 해를 입을 일은 없다. 또한 우주로 더 깊숙하게 여행을 할 때는 인공중력 환경에서 하게 될 것이다.

✴ 궤도까지의 진짜 왕복선: 우주 비행체

그렇다면 우주 호텔이나 우주 공장까지는 어떻게 갈까? 물론 우주 비행체를 타고 간다. 우주 비행체는 앞에서 언급한 대형 우주 리조트 내의 중심 허브에 착륙하게 될 것이다. 항공모함에 군용 제트기가 착륙하는 것과 아주 비슷하다.

하지만 좀 앞서 나간다는 생각이 들긴 한다. 현시점에서 우주로 가는 유일한 방법은 로켓을 타는 것이다. 최초의 우주 관광객이 국제우주정거장에 도착할 때 쓴 방법도 이것이었고, 우주 호텔에 최초로 도착할 사람도 이 방법을 쓸 것이다. 기업들은 2020년대 초반 관광 여행 개시를 목표로 이미 로켓 비행과 호텔 객실 예약을 받고 있다. 2050년쯤 되면 일이나 오락 목적으로 가까운 우주로 당일 여행을 갈 수 있을지도 모른다. 그러나 그 이전에, 비용은 꽤 들겠지만 우주 비행체를 이용할 수 있을 것이다.

〈스타워즈〉 같은 영화에서처럼 제트기 비슷한 우주선을 타고 지구에서 우주로 곧장 날아오르는 것은 핵 추진 없이는 어렵다. 그렇게 하려면 적어도 세 종류의 엔진이 필요하다. 산소가 풍부한 대기 하층부에 맞춘 엔진, 산소가 적은 고고도의 대기에서 효율적으로 작동하는 엔진, 우주의 진공 상태에서 작동하는 엔진이다. 이런 엔진들이 있기는 하다. 문제는 이 엔진들을 모두 한 우주선에 장착할 수 없다는 점이다. 제트 엔진은 약 12킬로미터 고도에서는 효율성이 뛰어나다. 제트 엔진은 산소가 풍부한 공기를 흡입해 압축한 다음 이를 연소실과 터빈으로 보내 비행기를 추진시키는 배기가스를 만들어낸다. 겉으로 보기에는 속도가 빠른 것 같지만 실제로는 마하 1 이하의 낮은 속도를 낸다. 공기가 더 엷은 고고도에서는 산소를 연소실에 더 빠른 속도로 보내는 램제트 또는 스크램제트 같은 엔진이 필요하다. 이 엔진들은 낮은 속도, 즉 이륙하는 동안의 비행기 속도에서는 잘 작동하지 않는다. 하지만 일단 작동하기 시작하면 마하 6의 초음속 비행이 가능하다. 물론 궤도에 진입하기 위해 필요한 속도인 마하 22에 비해서는 매우 낮은 속도다. 현재까지 제작된 비행기 중 가장 빠른 것은 무인 비행기인 나사의 X-43이었다. 스크램제트 기술을 써서 마하 9.6에 이른 비행기였는데, 높은 고도까지는 기존 제트기에 의해 운송됐다. 우주 비행체로 궤도 속도를 내려면 여전히 로켓 엔진을 장착하는 수밖에 없다.

유럽은 아이디어는 진취적이지만 재원 조달이 잘 안 되는 스카일론이라는 우주 비행체 제작 계획을 가지고 있다. 영국의 리액션 엔진 리미티드라는 기업이 구상한 단발궤도선으로 지난 1980년대부터 현재까지도 개발 중이다. 이 우주 비행체는 SABRE(합성 공기흡입식 로켓 엔진)라고 부르는 하이브리드 스크램제트-로켓 엔진을 이용한다. 이 엔진은 약 마하 5의 속도에 이를 때까지는 산화제로 쓸 산소를 대기에서 추출하고 그 후에는 더 빨리, 더 높이 올라가는 데 필요한 추가 추력을 저장된 로켓 연료(수소와 산소의 화합물)에 의존하는 방식으로 작동할 것이다. 하지만 엔지니어들은 마하 2가 넘는 빠른 속도에서 흡입되는 산소를 차게 유지시키면서 추출해야 한다는 문제를 안고 있다. 이 문제는 그동안 우주 비행체 제작의 가장 큰 장벽이었다. 기업이 이 프로젝트를 완성하기 위해서는

◆◆◆

수십억 달러가 필요하지만 현재까지 투자된 돈은 그에 훨씬 못 미치고 있다. 유럽우주국, 그리고 최근에는 미 방위고등연구계획국(DARPA)이 제시한 개념 테스트 정도만 겨우 할 수 있을 만큼의 돈이다. 이 같은 자금 부족 때문에 이제 이 프로젝트는 필요성을 의심받는 지경에 이르렀다. 1960년대에는 로켓 개발에 투자해야 할 필요성을 우주 경쟁이 제공했다. 엄청난 비용이었다. 아폴로 계획 수준의 자금 지원을 스카이론 프로젝트가 받았다면 벌써 완성되고도 남았을 것이다. 하지만 이제 자금을 지원해야 할 필요성이 없어진 것이다.

스카이론이나 나사가 꿈꾸는 모든 것은 기존 로켓을 보완해 아주 낮은 궤도에만 머무는 것들이다. 이런 우주 비행체들은 사람들을 실어 나르기에는 이상적일 수 있지만 무거운 화물을 수송할 경우에는 이야기가 달라진다. 지금까지 비행에 성공한 우주 비행체는 최소 다섯 가지 종류가 있다. 하지만 그중에서 수평으로 이륙해 궤도에 진입하는 데 성공한, 우리가 바라는 그런 진짜 비행체는 없다. 예컨대 나사의 우주왕복선을 우주 비행체라 부르는 사람도 있지만 사실 우주왕복선은 우주에 진입하려면 로켓이 필요한 글라이더에 불과했다. 소련도 거의 동일한 개념의 비행체를 띄운 적이 있다. 부란이라는 비행체로 1988년 단 한 번 비행했다. 이 비행체는 비행에는 문제가 없었지만 몇 년 후 이상한 격납고 사고로 산산조각이 났다. 미 국방부가 나사와 협력해 운용한 보잉 X-37은 우주왕복선의 축소판이었다. 2012년 아틀라스 5호에 실려 처음 발사됐다. X-37은 2012~2017년간 다섯 번 비행을 했으며 그중 한 번은 팰컨 9의 추진을 받았다. 기밀 군사 프로젝트였기 때문에 이 무인 비행의 목적은 대중에게 알려지지 않았으며, 비행 중 일부는 1년이 훨씬 넘게 지속됐다.

우주 공간에 거의 근접한 최초의 진짜 비행기는 미 공군의 X-15였다. 1960년대에 활동한 이 비행기는 초음속 로켓 추진 비행기로 수평으로 이륙해 80킬로미터가 넘는 고도까지 올라갔다. 이 정도 높이면 조종사를 우주인이라고도 부를 수 있다. 우주에 도착한 최초의 민간 우주 비행체는 스페이스십 1이다. 2004년에 카만 라인을 넘어 우주에 도달했는데, 카만 라인이란 고도 100킬로미터의 국제 공인 경계선이다. 궤도 높이로는 부족하지만, 스페이스십 1 제작사는 2주 안에 재사용 가능한 유인 우주 비행체를 두 번 발사한 최초의 비정부기구로 인정받아 상금 1,000만 달러의 안사리 X상을 받았다. 스페이스십 1은 상당한 성공 가능성을 제시한 것이다. 이 비행체는 제트 추진 화물 수송기에서 분리돼 공중에서 발사되는 우주 비행체가 될 예정이었다. 버진 갤럭틱은 스페이스십 1 우주 비행체 다섯 대로 비행대를 운영할 계획을 발표한 후, 한 장당 25만 달러에 이르는 탑승권 예약을 받기도 했다. 하지만 2014년, 이 우주 비행체 중 첫 번째가 테스트 도중 폭발해 파일럿 한 명이 숨지고 나머지 한 명은 중상을 입는 사고가 발생했다. 버진 갤럭틱의 리처드 브랜슨 회장은 2010년에 이미 비행 약속을 해놓은 상태였다. 사고는 최초의 상업 비행 일시를 2020년 이후로 미루게 만들었다. 이는 2018년 12월과 2019년 2월의 성공적인 시험 비행을 근간으로 추정한 날짜다.

블루 오리진의 창업자 제프 베이조스는 자사의 액체수소연소형 BE-3 엔진이 안전하다고 확신하게 되자 궤도 비행으로 가는 관문인 준궤도(suborbital) 비행에 대해 거의 같은 약속을 했다. 베이조스는 2020년

버진 갤럭틱의 스페이스십 2 우주 비행체(중앙 동체). 이 우주 비행체는 화이트나이트 2 화물 수송기에 실려 15킬로미터 고도까지 올라간 다음 발사돼 110킬로미터 높이까지 상승했다. 우주가 시작되는 카만 라인보다 10킬로미터 더 높은 위치였다. 버진 갤럭틱은 스페이스십 2 우주 비행체 다섯 대로 편대를 운영할 계획이다. 한 번에 여섯 명을 태우고 준궤도 우주 비행을 할 예정이며 탑승권은 한 장에 25만 달러다. 준궤도 우주 비행에서 우주선은 우주에 진입해 궤도를 도는 일 없이 지구 표면으로 돌아온다.

◆◆◆

초반에 발사를 할 예정이다. 상업적인 우주 경쟁이라 할 수 있다. 일단 비행기가 이륙하면 승객 여섯 명은 지구 위 100킬로 높이의 어둠을 배경으로 지구의 윤곽을 보면서 미세 중력에 몇 분 동안 노출된다.

스케줄이 좀 어긋나기는 했어도 이건 현실이다. 버진 갤럭틱의 움직임은 미국 연방항공청(FAA)을 자극해 2006년에 민간 우주 비행에 참여하는 승무원과 승객 요건에 관한 규정을 발표하도록 만들었다. 잘 알겠지만 안전벨트 착용이나 화장실 흡연 금지 같은 뭐 그런 것들이다. 미 의회는 2004년 상업적 우주 발사 수정 법 규정을 제정했다. 이 사업 분야가 이제 막 크기 시작한 분야라는 점을 감안해 이 법은 인간의 상업적 우주 비행과 관련된 규정을 단계적으로 시행하고 규제 기준도 관련 산업의 성숙과 함께 진화하도록 하고 있다. 가장 중요한 것은 이 법이 항공기 여행에 적용되는 안전 수준을 우주여행에는 적용하지 않는다는 점이다. 준궤도 또는 궤도 비행을 하려면 위험을 이해하고 있다는 내용을 담은 사전 동의서에 서명을 해야 한다.

지구 저궤도 호텔에 한 시간도 안 되는 짧은 시간에 도착할 수 있다는 사실이 놀라울 수도 있다. 하지만 이는 그 위치가 지구 어디에서든 몇백 킬로미터밖에 안 되는 곳에 있기 때문에 가능한 일이다. 어려운 부분은 공항, 좀 더 정확하게는 우주항까지 가는 일이다. 버진 갤럭틱은 캘리포니아주 모하비 소재 모하비 공항 및 우주항, 뉴멕시코주 소재 아메리카 우주항에서 발사를 할 예정이다. 두 곳 모두 인구가 많은 곳을 피해서 건설한 시설이다. 그렇게 한 이유는 두 가지다. 로켓과 우주 비행체는 여전히 위험하고 폭발 가능성이 있는 데다 시끄럽기 때문이다. 대부분의 사람들은 소음 때문에 공항 옆에 살기 싫어한다. 우주항은 훨씬 더 시끄러울 수 있다. 제트기 발사 때 소음은 약 150데시벨, 로켓 발사는 약 200데시벨이다(데시벨은 소리의 로그함수 단위다. 따라서 50데시벨이 늘어나면 소음의 크기는 10^5배, 즉 10만 배 커진다). 우주 비행체의 경우 이륙 때 소음은 제트기 정도일 수 있지만, 음속의 몇 배 속도로 대기권에 재진입할 때는 천둥소리만큼 큰 소닉붐(sonic boom, 음속 폭음)을 발생시킬 것이다. X-37이 이른 아침에 대기권에 재진입한다면 그 소음은 플로리다주 중동부 주민을 모두 깨울 정도로 클 것이다. 1년에 한 번이나 한 달에 한 번이면 참을 만하겠지만 매일 수백 번 이런 소리를 들어야 한다면 미칠 노릇이지 않을까.

우주 비행체 발사를 비롯한 우주로 가는 발사들로 인한 소음은 극복하기가 쉽지 않은 골칫거리지만, 우주 기반 인구와 경제를 진정으로 키워나가려면 필수적으로 해결해야 할 문제이기도 하다. 숫자를 좀 따져보자. 해마다 우주 리조트로 방문객을 데려가려면 주 단위로 우주 비행을 해야 할 것이다. 해마다 수백만 명이 우주에 접근하려면(그래도 지구 인구의 1퍼센트밖에 안 된다) 최소한 매일 50번의 발사와 착륙이 있어야 한다. 이 소음을 다 어떻게 할 것인가?

모하비 공항 및 우주항은 연방항공청으로부터 '재사용 가능한 우주발사체의 수평 발사용 우주항'으로 승인을 받은 미국 최초의 시설이다. 2004년 스페이스십 1의 비행 나흘 전의 일이었다. 그때부터 2018년까지 우주항 아홉 곳이 상업 용도로 연방항공청의 승인을 받았다. 버지니아주 월롭스섬에 소재한 동부 연안 지역 우주항(MARS), 코디악섬 소재 태평양 우주항 콤플렉스-알래스카 등이다. 2019년 시점에서 전 세계적으로 이 우주항들 외에는 비정부 우주항이 없지만, 스코틀랜드, 스웨덴, 인구 밀집 지역인 싱가포르 등에서 건설 계획이 시작된 상태다. 세계 곳곳에서 우주항 개발이 너무나 빠르게 진행되는 탓에 내가 지금 여기에 리스트를 적어도 1년 안에 구닥다리가 될 것이다.

1세대 우주 비행체는 우주 비행 자체에 국한될 것이다. 우주로 가 무중량 상태를 체험하면서 지구를 먼 곳에서 본다는 순수한 욕구를 채우고 돌아오는 우주여행 말이다. 하지만 이런 비행체들은 개조를 통해 고객들을 지구상 어디로든 세 시간 안에 데려다주는 용도로 쓸 수도 있다. 버진 갤럭틱은 런던에서 시드니까지 두 시간 30분 안에 비행할 계획을 세우고 있다. 보통 22시간이 걸리는 거리다. 뉴욕에서 홍콩은? 두 시간이다. 이 계획이 전 세계의 여행에 미치는 영향은 엄청날 것이다. 비용 문제만 뺀다면, 지구를 반 바퀴 돌아가서 미팅을 하고 저녁 때 돌아올 수도 있다. 파리나 런던에서 뉴욕까지 세 시간 만에 갈 수 있는 초음속 제트기인 콩코드

◆◆◆

아메리카 우주항 조감도. 뉴멕시코주 사막 분지인 호르나 델 무에르토에 위치한 이 우주항은 세계 최초로 상업용 우주항을 목적으로 건설돼 2011년 완공됐다. 이 우주항은 수직 발사 우주선과 수평 발사 우주선을 모두 수용할 수 있다. 우주항은 안전과 소음 문제 때문에 외딴 곳에 세워야 한다. 현재 버진 갤럭틱이 이 우주항을 임차해 사용하고 있다.

여객기는 다른 비행기보다 두 배 이상 빠르다. 호화로움이 아니라 속도로 명성이 높은 콩코드 여객기의 탑승권 가격은 1990년대에 약 8,000달러, 2019년에는 약 1만3,000달러였다. 12~24시간 걸리는 비행을 두 시간으로 줄이면 탑승권 가격은 엄청나게 오르겠지만 부유한 사람들은 감당할 수 있을 것이다. 문제라면 사막이나 바다 같이 멀리 떨어져 있는 발사 장소까지 가는 데 드는 시간일 것이다.

✱ 로켓을 넘어서: 스카이후크

우주 비행체는 달까지 갈 수는 없을지 모르지만 스카이후크(sky-hook)에 걸릴 정도의 높이까지는 갈 수 있다. 스카이후크는 로켓 발사 비용보다 훨씬 적은 비용으로 화물을 궤도 안으로 끌어올 수 있는 일종의 우주 밧줄 시스템이다. 인공위성처럼 지구 위에서 궤도 운동을 하는 커다란 플랫폼이 있다고 상상해보자. 인공위성과 다른 점은 케이블과 후크(고리)가 매달려 있다는 점뿐이다. 우주 비행체가 적절한 시점에 궤도 속도로 지나고 있는 후크까지 페이로드를 운반할 수만 있다면, 후크에 낚인 페이로드는 그 후크의 속도와 비슷한 속도로 움직일 수 있게 된다. 페이로드를 로켓의 도움 없이 궤도 안으로 집어넣는 것이 스카이후크의 기본 개념이다. 현재의 기술로 가능한 방법이기도 하다. 이 기본 형태, 즉 줄, 후크 또는 자석을 사용하는 형태는 비회전 스카이후크라고 불린다. 이 개념은 지난 1950년대에 실제로 시험이 이뤄졌는데, 약 300미터 높이로 비행기를 띄워 진행된 시험은 성공적이었다. 풀턴 지대공 회수 시스템(STARS)으로 명명된 이 시스템은 지상에 있는 병력을 회수하기 위해 미 중앙정보부, 공군, 해군에 의해 개발됐다. 이 시나리오에서 회수되는 사람은 사전에 팽창되기 전의 풍선, 헬륨 깡통, 보호복, 구조 하네스(장착 벨트) 등이 들어 있는 보급 패키지를 받는다. 회수되는 사람이 풍선을 팽창시켜 적당한 고도까지 올라가면 비행기가 그 풍선을 낚아챈다. 풍선과 연결된 줄이 팽팽해지면서 거기에 달린 사람은 서서히 비행기의 속도에 이르게 된다. 낚싯줄에 걸린 물고기처럼 말이다. 이 시스템은 실제 비상 상황에서 사용된 적이 없다고 알려져 있다. 하지만 이런 게 CIA, 공군, 해군의 방식이다.

만약의 경우를 대비하는 것이다.

비회전 스카이후크의 경우, 후크는 궤도 속도로 움직이는 지구 저궤도상의 플랫폼에 묶여 대기권의 끝자락에 대롱대롱 매달린 긴 줄이 된다. 성층권에 있는 풍선 또는 우주발사체가 화물이나 인간 승객이 실린 캡슐을 지나가는 후크에 걸면, 우주 기반 플랫폼으로 끌어올려지는 시스템이다. 더 다이내믹한 시스템은 회전 스카이후크다. 고적대 앞에서 지휘봉을 회전시키는 지휘자를 상상해보자. 그 지휘봉처럼 우주의 궤도상에도 위아래로 빙글빙글 회전하는 6킬로미터짜리 두꺼운 케이블이 있는 것이다. 회전 과정에서 이 케이블의 끝부분은 대기 상층부 안으로 살짝 들어갔다 다시 우주로 나온다. 그 케이블 끝에 잡힌 화물은 끌어올려지면서 궤도 속도를 얻게 된다. 그 후 화물은 케이블 끝부분이 화물을 잡았던 위치에서 180도 반대 방향에 이르면 풀려난다.

1990년대 보잉은 HASTOL(초음속 비행기 밧줄 궤도 발사) 시스템이라는 스카이후크 모델을 시험한 적이 있다. 실제로 스카이후크를 만들지는 않았지만 보잉은 시뮬레이션을 진행해 케블라, 자일론, 초고분자량 폴리에틸렌처럼 충분한 장력을 낼 수 있는 물질을 대량생산해 필요한 길이와 두께의 케이블을 만들 수 있다는 사실을 발견했다. 우리에겐 원하는 고도와 속도에서 이런 케이블에 닿을 수 있는 초음속 비행기가 있다. 게다가 연구 결과에 따르면, 회전하는 지휘봉(더 적절한 이름은 모멘텀 교환 테더다)은 페이로드 질량의 최소 200배가 넘는 질량을 가진 상태에서 100킬로미터 고도, 초속 4킬로미터의 속도를 유지한다면 페이로드를 낚아챈 후에도 지구 쪽으로 당겨지지 않는다. 연구 팀은 "HASTOL 시스템의 우주 테더 장비를 만드는 데 '버크민스터 풀러(Buckminster Fuller, 미국의 엔지니어 겸 건축가. 지오데식 돔을 비롯한 창의적인 작품으로 후배들에게 큰 자극을 줬다_역주) 탄소 나노 튜브' 같은 마법의 소재가 필요한 건 아니다. 기존 물질로도 만들 수 있다"고 밝힌 바 있다.

기본적인 스카이후크나 우주 테더 시스템은 정교하게 연결한다면 더 깊고 더 먼 우주 공간에서도 사용할 수 있다. 지구 저궤도의 목적지 중 하나는 궤도를 도는 거대한 우주항일 것이다. 로켓이 아닌 우주 비행체를

♦♦♦

타고 스카이후크 위치까지 도착해 궤도를 도는 우주항에 연결된다면, 현재의 기술로도 지구의 우주항에서 달로 가는 여행을 시작할 수 있다. 어쩌면 국제우주정거장같이 이미 약 초속 10킬로미터 속도로 궤도를 도는 우주항에서 달로 가는 우주선으로 갈아탈 수도 있다. 이런 우주선은 지구나 달에 착륙하지 않고 완전히 우주에서만 운행하기 때문에 천체의 중력 우물을 벗어나는 데 필요한 막대한 양의 연료가 필요 없다. 달 근처의 우주항에서 바로 달 표면으로 하강할 수도 있다. 이 시스템의 모든 요소, 즉 우주 비행체, 스카이후크, 우주항, 우주선은 일반 비행기나 공항처럼 반복 사용이 가능하기 때문에 우주 접근 비용은 상당히 줄이게 된다.

그렇다면 기술적으로 가능한데도 왜 이 시스템을 사용하지 않는 걸까? 우주의 다른 것들 대부분처럼 여기에는 골치 아픈 딜레마가 있다. 이 시스템이 비용 대비 효율을 얻기 위해선 우리는 해마다 수백 명의 인간을 우주로 보내야 한다. 현재로서는 그 정도의 수요는 없다.

스카이후크 기반 시설에 얼마나 많은 비용이 들지도 미지수다. 수년간의 연구와 개발도 필요하다. 보잘 것 없는 국제우주정거장에도 1,000억 달러나 들어갔다. 설계를 잘못한 탓에 비용이 이렇게 늘어난 것이다. 하지만 미국 주간고속도로망 건설 비용과 비슷한 5,000억 달러 정도면 괜찮을 것 같다. 일단 완공되면 화물을 우주로 옮기는 비용은 현재의 파운드당 1만 달러에서 파운드당 100달러, 심지어는 10달러 정도로 떨어뜨릴 수 있다. 간단한 HASTOL 시스템도 우주 관광 비용을 수천만 달러에서 6만 달러로 줄일 수 있다.

✴ 로켓을 넘어서: 엘리베이터, 링, 타워

우주 엘리베이터는 위아래로 움직이는 다른 엘리베이터들처럼 작동한다. 우주 엘리베이터는 스카이후크와 비슷하지만 케이블이 지상에서부터 이어진다는 점이 다르다. 터미널 플랫폼은 우주 공간에 존재한다. 우주 엘리베이터 전체는 원심력에 의해 팽팽한 상태를 유지할 것이다. 19세기 말 로켓 방정식을 만든 치올콥스키가 이 개념을 생각해냈다. 난해해 보이는 개념이고 실제로도 그렇다. 이 이상한 장치를 그 자리에 유지시킬 수 있을 만큼 강한 케이블은 현재로서는 없다. 하지만 실현 가능성은 잠시 덮어두자.

우주 엘리베이터는 현재 기준으로 우주 접근 비용을 가장 낮출 수 있는 수단이다. 시스템이 구축되기만 하면 킬로그램당 몇 달러 정도밖에는 들지 않을 것이다. 화물을 케이블에 붙여 지구 정지궤도에 있는 플랫폼으로 올려 보내기만 하면 된다. 이 플랫폼은 지구 정지궤도에 있기 때문에 지상에서 보면 항상 같은 위치에 있다. 플랫폼 밑의 지구와 같이 돌기 때문이다. 3만6,000킬로미터만 올라가면 되기 때문에 우주 엘리베이터 탑승 시간은 며칠 정도면 충분할 것이다. 우연히도 이 거리는 적도를 한 바

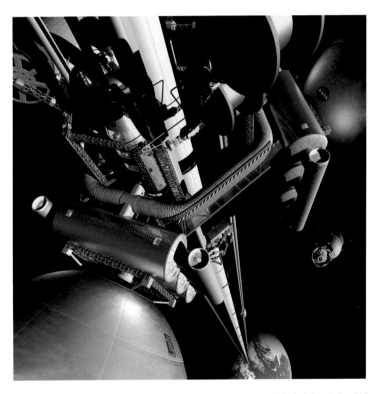

우주 엘리베이터 상상도. 케이블은 지구 위 3만6,000킬로미터 높이의 정지궤도에서 균형추, 즉 터미널로 팽팽하게 고정된다. (주로 수송, 테러 등의 이유 때문에) 지구에는 설치하기 어렵지만 달이나 화성에서는 이 우주 엘리베이터로 사람과 화물을 올리거나 내릴 수 있을 것이다.

퀴 도는 거리와 거의 비슷하다. 또한 지상의 엘리베이터에서처럼 너무 빨리 올라가면 케이블이 불안정해질 수밖에 없다. 부디 엘리베이터에서 음악이 나오지 않기를 빌자. 올라가는 데도 에너지가 들겠지만 얼마 안 되는 수준이다. 일단 터미널 플랫폼에 도착하기만 하면 지구의 자전 속도인 초당 약 3킬로미터로 움직이면서 지구 정지궤도에 진입하게 된다. 이때부터는 달이든 화성이든 우주선을 타고 여행을 하는 데는 거의 에너지가 들지 않는다.

　우주 엘리베이터는 현재의 기술 범위에 가까스로 들어 있는 상태다. 3만6,000킬로미터 길이의 케이블이 있어야 하는데, 현재로서 이 정도의 길이와 질량을 감당할 수 있는 케이블 소재는 탄소 나노 튜브밖에 없다. 탄소 나노 튜브는 강철보다 최소 117배, 케블라보다 30배 강하다. 현재까지 만들어진 가장 긴 탄소 나노 튜브는 0.5미터다. 우주 엘리베이터에 쓰일 케이블 한 줄기의 길이인 3,600만 미터에는 한참 못 미친다. 탄소 나노 튜브 케이블을 대량으로 싸게 만들 수 있는 방법을 발견한다 해도, 어디에 그 케이블을 둘 것인지도 문제다. 그 장소는 비행기, 그리고 그보다 훨씬 골치 아픈 테러 행위로부터 보호를 받아야 한다. 또한 우리가 그렇게 하는 데 성공한다고 해도 그 다음 단계에서는 궤도를 도는 수천 개의 물체를 걱정해야 한다. 이 물체들은 언제든지 우주 엘리베이터와 충돌할 가능성이 있다. 이런 이유 때문에, 기술적인 진보에도 불구하고 우주 엘리베이터가 실현될 가능성은 매우 낮다. 하지만 달과 화성에서는 우주 엘리베이터가 매우 매력적인 선택이다. 현시점에서는 그곳에서 테러가 발생할 걱정이 없기 때문이다. 또한 달이나 화성은 중력이 약해 지구에서처럼 케이블이 강해야 할 필요가 없기 때문에 우주 엘리베이터 제작이 더 쉬울 수 있다.

　지구의 경우 오비탈 링(orbital ring)을 제작하는 것이 더 현실적일 수 있다. 지구 저궤도에서 적도를 둘러싸는 자기부상열차 시스템이라고 할 수 있다. 오비탈 링의 구축이 성공하기만 한다면 그야말로 공학의 기적이라 할 수 있다. 하지만 오비탈 링은 탄소 나노 튜브 같은 마법의 소재가 필요 없다. 토성의 고리를 생각해보자. 전부 금속으로 이뤄져 있다. 금속 고리는 약 300킬로미터 고도에서 4만 킬로미터의 길이로, 지구 둘레를 완전히 감쌀 때까지 조금씩 이어붙이면 된다. 궤도 속도에 이르면 오비탈 링은 앞에서 언급한 우주 폐기물(금속 덩어리)처럼 영원히 궤도 운동을 할 것이다. 금속 링에 전류를 흘리면 자석으로 바꿀 수 있다. 자기 링 위 또는 주변의 정지 플랫폼이나 파이프 위를 떠다닐 수 있게 되는 것이다. 오비탈 링은 자기부상열차 시스템과는 정반대로 작동한다고 생각하면 된다. 열차는 정지해 있고 철도가 움직이는 방식이기 때문이다. 자석의 세기에 따라서는 사람들이 살거나 일할 수 있는 보호 돔을 갖춘 넓은 플랫폼을 구축할 수도 있다. 이 플랫폼에 머무른다면, 당신은 궤도에 있다고 말할 수 없다. 궤도 높이에는 있지만 궤도 속도를 유지하지는 않기 때문이다. 궤도에 있는 것은 발밑에서 약 초속 10킬로미터 속도로 도는 자기 링이다. 당신은 그 자기 링 위에 설치된 견고한 플랫폼에서, 지구 중력의 거의 100퍼센트를 느끼는 상태로, 움직이지 않고도 떠 있는 것이다. 물론 자기 링에서 벗어나면 지구로 떨어지게 된다(하지만 보호 장구와 낙하산 덕분에 살아날 가능성도 있다).

지구로 내려진 케이블을 통해 플랫폼에 도착할 수도 있다. 이 방법을 쓰면 전체 구조가 안정화되는 데 도움이 된다.

오비탈 링의 핵심은 우주 접근 비용을 낮추는 데 있다. 일단 링이 구축되면 사람들은 지상에서 300킬로미터를 이동하듯이 오비탈 링까지 쉽게 여행할 수 있다. 당일 여행도 가능하다. 기가 막힌 경치를 보러 갈 수도 있다. 오비탈 링을 보수하는 일을 맡아 거기서 살 수도 있다. 플랫폼을 이용해 더 먼 우주로 갈 수도 있다. 기차처럼 생긴 운송 수단에 부착된 우주선은 바람의 저항을 받지 않고 달, 화성 또는 그 너머까지 갈 수 있을 정도로 가속할 수도 있다. 충분한 속도에 도달하면 우주선은 기차에서 분리된 다음 엔진을 가동해 별들을 향해 날아갈 것이다. 이 시스템을 이용하면 태양 전지판처럼 무거운 물체도 우주로 운송할 수 있다. 인간은 우주에 설치된 태양 전지판에서 필요한 모든 에너지를 얻을 수도 있다. 지상에 있는 발전소에 마이크로파 형태로 전송하면 된다. 이렇게 무한한 에너지원을 사용하는 데 가장 큰 장벽은 태양 전지판을 우주에 설치하는 비용이다.[11] 화학연료를 사용하는 로켓으로 설치하려면 수백에서 수천조의 달러가 들 것이다. 오비탈 링은 그 자체를 생산하는 비용만 해결된다면 이 문제를 해결해줄 것이다. 강철, 알루미늄, 케블라 같은 제작 소재의 비용은 2억 킬로그램을 궤도로 진입시키는 데 드는 비용에 비하면 무시할 수 있는 수준이다. 이 비용도 1조 달러는 넘게 들 것이다. 이론적으로 아무리 가능성이 높아도 검증되지 않은 기술에 치르기엔 너무 큰 가격이다. 또 하나의 딜레마다.

오비탈 링과 비슷한 개념 중 하나는 떠다니는 고고도 활주로다. 이 활주로는 바람의 저항이나 대기가 상대적으로 적은 상태에서 엄청난 속도로 가속하는 발사체에 마찰을 제공한다. 아마도 당신은 이 활주로의 '떠다니는' 부분이 문제라고 생각할지 모른다. 하지만 활주로는 '액티브 서포트'로써 뜨게 만들 수 있다. 대부분의 구조물은 '패시브 서포트'를 통해 유지된다. 빔, 트러스, 아치 등을 가리키는 말이다. 액티브 서포트란 물체에 일정한 힘을 가하는 것을 말한다. 바람이 불면 얇은 종이가 들려 올라가는 경우를 생각하면 된다. 이론상으로 다리는 공기보다 가벼운 풍선들로도 유지가 가능하다. 이와 비슷하게, 활주로의 레일을 고고도 풍선들로 들어 올려서 높이를 유지시킬 수 있다. 50킬로미터 높이까지 들어 올릴 수 있는데, 이는 100킬로 높이의 우주 경계, 즉 카만 라인에는 못 미치지만 궤도 속도까지의 가속을 더 쉽게 만들기에는 충분한 높이다. 우주 비행체는 이 활주로까지 날아가 승객이나 화물을 기다리고 있는 우주선으로 환승시킬 수 있다. 또는, 적절한 고도에 이르렀을 때 활주로로 화물을 띄워 발사할 수도 있다. 하지만 이 방법을 가능하게 하려면 풍선을 더 높이 띄워 고정시킬 수 있는 방법을 찾아야 한다. 기지 유지라는 개념이다. 2018년 8월 나사 팀은 풍선의 상승 기록을 8킬로미터 차이로 갱신했다. 뉴멕시코주 상공 48.5킬로미터 높이까지 초박막 풍선을 띄우는 데 성공한 것이다.

로켓을 대체할 수 있는 아이디어는 많다. 모두 기술적으로는 가능하지만 대규모 투자를 요하는 것들이다. 제약 중 하나는 유지비일 것이다. 다리가 무너지는 것도 위험한데 우주 기반 시설이 무너지면 엄청난 재앙이 될 것이다. 하지만 우주여행은 소음이라는 단순한 이유 때문에 로켓으로는 이뤄지지 않을 가능성이 높다. 로켓이 더 싸지더라도 더 조용해지지는 않을 테니까. 지속가능한 우주 경제를 구축하려면 수백만의 사람들과 화물, 그리고 제작 소재들을 우주로 보내야 한다. 그렇게 하려면 하루에 수천 번의 발사를 해야 한다. 지금도 매일 수백만 명의 승객을 전 세계로 수송하기 위해 10만 번의 비행이 이뤄지고 있다. 이 정도로 많은 수의 로켓이 우주를 들락날락하면 그 소음은 지구 인구 전체를 귀머거리로 만들 수 있을 것이다.

◆ ◆ ◆

환상적인 지구 궤도 호텔과 대형 리조트

2020년 중반이면 로켓 비행 비용은 더 내려가 우주에 대한
수요를 이끌 것이다. 2025년에는 최초의 우주 호텔이 문을
열 것이고, 우주에서 찍은 뮤직비디오가 나올 것이며, 그
직후에는 우주에서 찍은 영화가 나올 것이다. 우주 비행체가
결실을 맺어 2030년이면 여러 업체가 매주 우주 호텔
관광 또는 지구 반대편으로의 여행을 제안하게 될 것이다.
발사 비용은 지구 저궤도의 무중력 상태나 진공 환경에서
제조된 제품으로 수익을 낼 수 있을 만큼 내려갈 것이다.
2030년대에는 우주가 부유층이 선호하는 여행지가 될
것이다. 2030년에는 발사와 하강 소음이 문제가 되겠지만
우주항을 먼 바다에 건설하는 것 외에는 해결책이 없을
것이다. 2050년이 되면 우주선 제작 공장과 물류 센터가
지구와 달 근처에 세워질 것이다. 인공중력을 갖추고 궤도를
도는 영구적인 대형 우주 리조트가 최초로 세워질 것이다.
22세기 초반이면 수십 년 동안의 계획과 제작을 거쳐 최초의
오비탈 링이 작동을 시작할 것이다. 22세기 중반이면 궤도를
도는, 주로 은퇴자를 위한 대형 도시가 세워질 것이다.

◆◆◆

CHAPTER 4.

달 : 지구의 위성이여, 우리가 돌아왔다

✱   냉전기 미국의 최대 굴욕

　　1969년 7월 20일, 미국은 우주인 두 명을 달에 착륙시켰다. 그 후 3년 동안 열 명의 우주인이 그 뒤를 이었다. 월면차를 탄 우주인도 있었고 돌을 수집한 우주인도 있었다. 그린을 찾지는 못했지만 골프를 친 우주인도 있었다. 하지만 그게 전부였다. 1972년 12월 14일 우주인 해리슨 슈미트와 유진 커넌은 사흘 동안 달 표면에 머문 뒤 떠났다. 그 이후로 아무도 다시 달에 가지 않았다.

　　우리가 지금 달에 가지 않는 이유는 많다. 가장 큰 이유는 앞에서도 언급했듯 비용을 생각할 때 굳이 갈 필요가 없기 때문이다. 1960년대 미국은 소련과의 전쟁 때문에 달에 가야만 했다. 1940년대 후반부터 전 세계적으로 발생한 대리전만을 말하는 게 아니다. 두 나라는 정치철학으로도 싸우고 있었다. 먼저 도발한 것은 소련이었다. 1957년 10월 4일, 타원 지구 저궤도에 스푸트니크 1호를 진입시킨 것이다.

　　이 일대 사건으로 미국은 경악했고 서방 국가들 사이에서는 공산주의자들이 기술 우위를 확보함으로써 공산주의가 더 우월한 체제임을 입증했다는 불안이 널리 퍼졌다. 이른바 '스푸트니크 위기'였다. 미국을 달로 가게 만든 유일한 원동력이 바로 이 불안이었다는 것을 잘 알아야 한다. 스푸트니크 이전에는 경쟁도, 절박함도, 달 착륙은커녕 지구 울타리를 언제까지 벗어나겠다는 데드라인도 없었다. 당시 분위기는 급박함과 정반대였다. 국제 협력을 통해 우주 시대로 서서히 진입해야 한다는 인식이 지배적이었던 것이다. 국제 과학 조직인 국제 지구물리의 해 특별위원회(CSAGI)는 1954년 10월 로마에서 회의를 열었다. 1957년 국제 지구물리의 해를 맞아 인공위성을 발사해야 한다고 촉구하기 위함이었다. 국제 지구물리의 해는 1957년 7월 1일부터 1958년 12월 31일까지 우주 기술에 초점을 맞추기로 한 시기로, 우연히도 이 기간은 태양의 활동이 절정에 이를 것으로 예측된 기간이기도 했다. 제안된 인공위성의 목적은 지구 표면의 지도를 만드는 것이었고, 미국과 소련 두 나라 모두 참여 의사를 밝혔다.

　　미국은 뱅가드(Vanguard) 프로젝트에 착수했다. 뱅가드 로켓은 질량 1.36킬로그램의 위성을 궤도에 진입시킬 수 있을 정도로 강력한 로켓

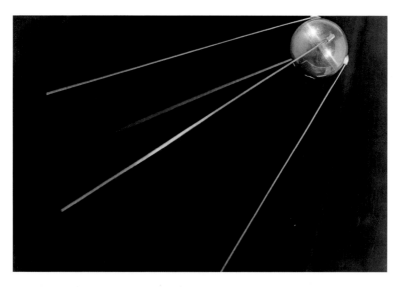

스푸트니크 1호는 인류가 만들어낸 최초의 '별'로서 이름의 뜻은 '동반자'다.
1957년 10월 4일, 스푸트니크 1호가 궤도 진입에 성공했을 때 미국 과학자들은 워싱턴 DC
소련 대사관에서 소련 과학자들과 세미나 직후 파티를 즐기고 있었다. 그 사이에 스푸트니크 1호는
미국인들의 머리 위를 두 번이나 지나갔다. 소련의 우주 공학 기술을 매우 얕보고 있던 미국의
과학자들은 《뉴욕타임스》의 한 기자가 파티장에 들어와 소련의 인공위성 발사 성공을 알리자 경악을
금치 못했다. 이날을 기점으로 세계는 완전히 변했다. 바야흐로 냉전의 무대가 지구에서 우주로
확장되기 시작한 것이다.

◆ ◆ ◆ ◆

이었다. 아이젠하워 정부는 소련이 스푸트니크를 개발하고 있다는 것을 알았지만 서방 국가 대부분은 소련이 예상보다 훨씬 빨리 인공위성을 궤도에 띄우는 데 성공하자 충격에 빠졌다. 무게가 거의 90킬로그램에 이르는 스푸트니크는 21일 동안 데이터를 전송했으며 석 달 동안 궤도에 머물렀다. 더없이 완벽한 성공이었다. 미국의 소형 위성인 뱅가드 1호는 1958년 3월이 돼서야 발사됐다. 당시 공산당 서기장 니키타 흐루쇼프는 뱅가드 1호를 가리켜 "과일만 한 위성"이라고 조롱했다.

스푸트니크는 미국인들의 자존심에 엄청난 타격을 줬다. 인공위성 경쟁의 패배에서 촉발된 집단 히스테리는 핵폭탄을 개발할 때보다도 훨씬 더 많은 돈을 우주 계획에 쏟아 붓게 만들었다. 미국인들은 세계에서 새로운 기술을 선도하는 건 자신이라고 믿어 의심치 않았다. 미국은 에디슨, 포드, 맨해튼 프로젝트의 나라였으니까 말이다. 그런데 신앙심이라고는 눈곱만큼도 없는 전쟁광으로 치부했던 소련인보다 자신들이 한참 뒤처져 있음을 깨달았으니 경악할 수밖에 없었다.

소련은 1957년 10월에 스푸트니크 1호를 발사한 데 이어 11월에는 스푸트니크 2호를 발사했다. 이번에는 500킬로그램의 화물과 함께 라이카라는 이름의 개까지 실어서 말이다. 그때까지 준비 근처에도 가지 못한 미국으로선 꿈도 못 꿀 일이었다.

1957년 12월 6일, 미국은 뱅가드 프로젝트로 개발된 부스터 로켓의 시험 발사를 공개 진행했다. 또한 이 환상적인 볼거리를 다뤄줄 뉴스 미디어를 초대해 대중의 신뢰를 회복하고자 했다. 하지만 실망스럽게도 이 로켓은 플랫폼에서 몇 미터 올라가다 그대로 폭발하며 화염에 휩싸였다.

당혹스럽게도 완전히 구겨진 미국의 체면을 다시 세워준 것은 패망한 지 얼마 안 된 나치의 요원들이었다. 1955년 당시에 아이젠하워 대통령은 해군의 뱅가드 프로젝트에 집중하기 위해 육군에서 제안한 로켓 프로젝트를 취소한 바 있다. 재개된 프로젝트에서 로켓 팀으로 영입된 이들은 베르너 폰 브라운을 포함해 대부분이 제2차 세계대전 때 히틀러 밑에서 일했던 독일인 이민자들이었다. 이 전직 나치 기술자 팀은 1958년 1월 31일에 익스플로러 1호라는 위성을 주피터-3 로켓에 실어 발사하는 데 성공했다.[12] 미국인들은 환호했다. 하지만 불행히도 그 희열 역시 곧 흔적도 없이 사라져버리고 말았다. 며칠 뒤 다시 시험 발사된 뱅가드 발사체가 하늘로 솟아오르다 6킬로미터 정도의 고도에서, 즉 사람들 눈에 매우 잘 띄는 높이에서 다시금 폭발해버렸기 때문이다.

★   우주 경쟁 성적표

그렇다면 우주 경쟁의 승리자는 누구일까? 인류 전체라고 말할 수도 있겠다. 전쟁이 동기를 부여했다곤 해도 1960년대의 노력이 없었다면 오늘날 달로 돌아가는 것에 관한 논의는 이뤄지지 못했을 것이다. 게다가 우주 경쟁은 전 세계 수십만의 청년들이 공학과 과학을 공부하도록 영감을 불어넣었다. 미국이 교육 분야에서 소련에 뒤지고 있다고 학계가 계속 경고하자 미 의회는 1958년 국가방위교육법을 서둘러 통과시켰다. 국가방위교육법을 기초로 모든 수준에서의 과학, 수학, 언어 교육을 강화하는 데 미국은 수백만 달러를 썼다. 이 책을 쓰기 위해 인터뷰한 사람들 대부분은 스푸트니크로부터 직접적인 영감을 받았다고 말했다. 그들 세대의 수많은 사람들은, 설사 나사에서는 일하지 않았어도 과학을 통해 전 세계 사람들의 삶의 질을 개선할 수 있는 직업을 선택했다.

미국은 소련과의 우주 경쟁에서 '승리'했다고 말할 수 있을까? 미국의 승리는 미국인들의 의견일 뿐이다. 구소련 사람들은 다르게 생각했다. 물론 미국이 소련보다 먼저 달에 간 것은 사실이다. 하지만 더 폭넓은 분야에서는 소련이 확실하게 미국을 앞섰다. 우선 소련이 최초로 이룬 업적들을 열거해보자.

†

◊   소련이 우주 개발에서 최초로 이룬 업적들 :

1.   대륙간탄도미사일과 케도발사체 제작하기

2.   위성의 케도 진입과 케도에 동물 투입하기

3.   지구 중력을 벗어난 우주선 발사(루나 1호), 우주와의 데이터 통신, 태양 주위 케도에 우주선 투입하기

◆ ◆ ◆ ◆

4. 인간이 만든 물체가 달에 도착(루나 2호), 달의 뒷면 사진 전송하기(루나 3호)

5. 금성에 탐사선 투입(베네라 1호), 인간을 궤도에 투입, 24시간 이상 인간을 궤도에 머무르게 하기

6. 동시에 두 명을 우주에 투입하기와 여성을 궤도에 투입하기(1963년)

7. 달에 연착륙 성공(루나 9호), 궤도상에서의 랑데부하기, 우주 공간에서 도킹에 성공하기

8. 지구 아닌 행성(금성) 표면에 도달하기(베네라 3호), 우주 공간에서 승무원 교체하기

위의 항목은 모두 소련이 최초로 이룬 것들이다. 그리고 이 모든 일이 아폴로 11호가 달에 착륙하기 이전에 이뤄졌다. 우주 시대에 미국이 최초로 한 일은 중대한 우주 기반 발견(1958년의 밴 앨런 복사대 발견), 기상 위성의 궤도 진입, 지구 정지궤도로의 위성 진입, 그리고 우리가 잘 아는 인간의 달 착륙 등이다.

달 착륙으로 말할 것 같으면 정말 환상적인 일이다. 하지만 달 착륙 이후 나사는 다시 소련을 따라잡는 상황으로 회귀해야 했다. 소련은 최초로 자동 기계장치를 이용해 샘플을 채취한 후 귀환했고(루나 16호), 최초로 자동기계 탐사차를 달 표면에 투입했으며, 최초로 금성에 연착륙하는 데 성공했고(베네라 7호), 최초로 우주정거장을 제작했으며(살류트 1호), 최초로 화성에 연착륙하는 데 성공했다(마르스 3호). 1980년대로 진입하자 소련은 영구 유인 우주정거장 미르를 최초로 만들었다. 미르는 1986년부터 2001년까지 운영됐다. 소련 우주 비행사들은 우주 체류 시간과 연속 체류 시간 전부 최상위에 위치해 있다. 미국 우주 비행사들은 그 근처에도 가지 못한다. 그리고 사람들이 잘 모르는 사실이 하나 있다. 미국은 2011년에 우주왕복선 프로그램을 종료했기 때문에 이제는 자력으로 우주인을 국제우주정거장으로 보낼 방법이 없다. 2020년 현재에도 미국은 러시아의 소유즈 우주선을 이용해 자국 우주인을 국제우주정거장으로 쏘아올리고 있다.

◆◆◆◆

미국의 달 탐사 승리의 모든 것을 상징하는 사진. 이 시절 미국과 소련의 우주 경쟁은 양국 정치인들의
전폭적인 지원, 국민의 호응, 과학자들과 공학자들의 헌신에 힘입어 과학의 눈부신 발전에 기여했다.
아폴로 17호를 끝으로 미국과 소련의 '우주 전쟁 1막'은 끝이 났다. '우주 전쟁 2막'이 시작된
2020년대에는 중국이 새로운 강자로서 도전장을 내밀었다. 과거에는 플레이어가 국가와 정부에
한정되었지만 지금은 기업과 기업인이 참여해 판도를 좌우하고 있다는 점도 눈여겨봐야 한다.

    미국의 업적을 과소평가하려는 의도는 없다. 소련의 업적을 조명하
고 현재 우리가 우주에서 이루고 있는 것들은 미국과 소련 두 나라 모두에
게서 골고루 얻은 교훈 덕분이라는 사실을 확실히 하고 싶은 것뿐이다. 하
지만 아폴로의 달 착륙은 인간의 업적 중 최고라고 할 수 있다. 절정기의
아폴로 계획은 40만 명 이상을 고용했고 2만여 개 기업과 대학의 지원을
필요로 했다. 이 계획이 가진 전쟁으로서의 속성을 보여주는 대목이다.
이 방대한 팀은 케네디가 정한 인간의 달 착륙이라는 야심찬 목표를 성취
하기 위해 7년에 걸쳐 처음부터 각종 기술을 만들어내야 했다. 발사대, 우
주 비행 관제 센터, 우주복, 소형 컴퓨터, 로켓 중 아무것도 없을 때였다.
미세 중력 상태에서 혈액이 흐를 수 있을까? 레골리스에 빠지지 않고 달

◆◆◆◆   167

에 착륙할 수 있을까? 작은 우주선에서 멀리 떨어진 지구와 교신할 수 있을까? 모르는 것이 너무 많았다. 인간을 달로 보내기 위해 엄청난 노력, 지능, 창의력이 투입됐고 이는 향후 50년 동안 유례를 찾기 힘든 광경이었다. 게다가 머큐리, 제미니, 아폴로 계획을 진행하는 동안 미국인 조종사와 우주인 십여 명이 목숨을 걸기도 했으며, 그중 세 명은 실제로 목숨을 잃었다.[13] 2019년 7월에 달 착륙 50주년을 맞아 이 대담한 꿈의 환상적인 실현을 다룬 다큐멘터리, 책, 잡지 기사가 쏟아져 나온 건 당연한 일이다.

케네디는 "우리는 (중략) 달에 가기로, 또 그 밖의 다른 일도 하기로 결정했습니다. (중략) 그것이 어렵기 때문입니다"라고 말했다. 하지만 앞서의 역사를 보면 알 수 있듯 그것은 미국인의 '결정'이 아니었다. 미국이 달에 가기로 한 것은 소련이 특정 방향으로 미국에 도전했기 때문이며, 미국에게는 달 외에 다른 논리적인 선택지가 없었다. 소련이 지구 핵까지 파고 들어갈 계획을 세웠다 해도 케네디는 비슷한 말을 하면서 1960년대 말까지 지구 중심에 가기 위한 '핵 경쟁'을 촉구했을 것이다. 그리고 아마 우리는 그 결과로 놀라운 부가 기술을 가지게 됐을 것이다. 도시와 지하 대륙을 연결하기 위한 천공기 같은 것을 개발해냈을 수도 있다. 가지 않은 길이다.

아폴로 시대의 진정한 챔피언은 케네디가 아니라 린든 B. 존슨이라고 주장하고 싶다. 존슨은 스푸트니크 발사 당시인 1957년에 상원 다수파 지도자였다. 그는 텍사스 농장에서 바비큐 파티를 하다 스푸트니크 소식을 라디오로 들었다. 그는 위성이 밤하늘을 가로지르는 모습을 유심히 관찰했다. 나중에 그는 당시를 이렇게 회고했다. "왜 그런지는 모르지만, 어떤 새로운 방식으로 하늘이 낯설게 보였다. 다른 나라가 우리의 위대한 나라를 제치고 기술적 우위를 성취하는 것이 가능할 수도 있다는 깨달음 때문에 엄청난 충격을 받았던 것도 기억이 난다." 그 일이 있은 후 존슨은 아이젠하위에게 나사 설립을 권장했다. 케네디에게는 달 착륙 목표를 세우라고 권했다. 그리고 그는 그 목표를 이루기 위해 매진했다.

인간이 아닌 로봇을 달에 보내는 것조차 얼마나 어려운지는 아폴로 이후 거의 50년이 지나서 열린 구글 루나 X 프라이즈(구글이 후원하는 세계 최초의 달 탐사 경쟁 프로그램)가 우승자 없이 종료된 것만 봐도 잘 알 수 있다. 민간이 돈을 대는 이 프로그램의 우승 상금은 3,000만 달러로, 달 표면에 탐사차를 착륙시켜 500미터 이상을 운행하고 고해상도 동영상과 이미지를 전송하면 받을 수 있다. 프로그램의 목적은 감당할 만한 비용으로 달과 그 너머에 접근할 수 있는 새 시대가 열리도록 우주 사업가들을 자극하는 것이었다. 이 프로그램은 2007년 시작됐으며 2015년에 마감 기한이 2018년으로 연장됐다. 하지만 참가자들은 목표 근처에도 못 갔다. 중요한 건 비정부 단체만 경쟁에 참여할 수 있었다는 점이다. 안 그랬으면 중국이 상금을 타갔을 테니까.

✳ 중국 등판
중국은 야심이 있다. 중국의 관점에서 보면, 그들은 '굴욕의 100년'을 겪었다. 19세기 초반까지 스스로를 세계의 리더라고 자부하던 중국은 이후 비참하게 전락해 "제국주의자들로부터 공격당하고, 괴롭힘을 당하고, 산산조각 찢겼다." 1940년대 후반 공산당이 부상하고 1949년 중화인민공화국이 수립되면서 굴욕은 끝나기 시작했다. 이제 중국은 부국강병이라는 오래된 개념에 기초해 위대함을 되찾고 싶어 한다. 우주, 특히 달은 부강한 나라가 되려 하는 중국의 욕망에서 특히 중요한 요소가 되고 있다. 실제로 중국의 우주 계획은 인민해방군의 연장이며, 중국은 우주를 확실하게 보호되는(그리고 전쟁이 수행될 수 있는) 궁극적인 고지로 보고 있다.
2013년 12월 중국은 위투(玉兎, 옥토끼)라는 이름의 탐사차를 달에 착륙시켰다. 2015년 10월 위투는 달 표면에서 가장 오래 활동한 탐사차라는 기록을 세우기도 했다. 미국에서는 많이 보도되지 않았지만 중국은 여러 번 달 주위 궤도를 돌거나 달에 착륙했다. 2019년에는 최초로 달의 뒷면 착륙에 성공하기도 했다. 중국은 모듈형 우주정거장도 몇 개 발사했으며, 현재 창정 2F를 포함한 창정 2라는 로켓 선단을 운영하고 있다. 인간을 궤도로 수송하는 로켓은 세계에서 단 두 대인데 그중 하나가 창정 2F다(다른 하나는 러시아의 소유즈 로켓이다). 다시 한번 떠올려보자. 중국

과 러시아는 인간을 우주에 보낼 수 있는 반면 미국과 유럽, 그리고 일본
은 그렇게 할 수 없다.

중국국가항천국(CNSA)은 2020년대 초반까지 달 표면 밑 몇 미터
깊이를 굴착하고 그 샘플을 지구로 가져올 탐사선을 보내겠다고 발표했
다. CNSA는 또한 우주인, 즉 타이코놋을 2020년대 안에 달로 보내 달의
남극에 기지를 건설하겠다는 계획도 발표했다. 현재 그 목표를 향한 중국
의 장정은 계속되고 있다.

2018년 5월 중국은 웨궁(月宮, 달의 궁전)-1이라는 이름의 거의 자급
자족이 가능한 4인용 달 거주구 모형실험을 1년에 걸쳐 실시했다. 이 실험
은 베이징 항공항천대학이 수행했으며 여덟 명의 지원자가 한 번에 몇 달
씩 돌아가며 모형에서 사는 방식으로 진행됐다. 이 실험은 인간이 얼마나
버틸 수 있는지가 아니라 식물을 포함한 폐쇄 시스템이 얼마나 버틸 수 있
는지를 연구하기 위한 것이었다. 중국 언론 보도에 따르면 이 거주구는 공
기와 물을 100퍼센트 재활용했으며, 지원자들은 음식 칼로리의 80퍼센트
를 동식물을 길러서 섭취했다. 지원자들은 음식 재료로 쓰기 위해 밀, 땅
콩, 렌즈콩과 15종의 채소를 재배했다. 상당히 특이한 식단이다. 신기한
건 인간이 버린 채소를 먹여 키운 밀웜(갈색거저리의 유충)을 단백질원
으로 섭취했다는 사실이다. 이 거주구는 각각 약 60제곱미터 크기의 밭
두 개와 침실, 식당, 화장실이 있는 약 40제곱미터 크기의 생활공간으로
구성돼 있었다.

중국이 나사나 유럽우주국보다 먼저 달에서 사람을 살게 만들 가능
성도 있는 것 같다. 중국 정부는 웨궁-1 거주구와 관련해 달과 그 너머에
서의 생활을 묘사한 8분짜리 동영상을 공개했다. 동영상은 어린이들이 별
에 가는 것을 꿈꾸며 우주를 바라보는 모습으로 시작한다. 그 뒤에는 강력
한 로켓 발사 장면이 화면을 채운다. 나사의 고품질 동영상 가운데 하나로
보일 정도다. 나오는 사람이 모두 중국인이고 중국어를 한다는 점만 다르
다. 〈스타트렉〉 중국판에서는 우주의 공용어가 만다린이다. 커크 함장은
다리는 여섯이고 눈이 갈색인 검은 머리의 한족이다. 미국인에게는 하사
관 정도의 작은 역할만 주어졌다.

마지막에서 두 번째로 달에 발자국을 남긴 잭 슈미트에 따르면, 중국의 야망은 미국에게 달로 돌아가야 한다는 '지정학적 명령'을 내리고 있다. 슈미트는 "현재 상황은 1960년대 소련과의 대치 상황과 아주 비슷하다"며 "그렇게 보이지 않는다면 관심이 없는 것이다"라고 말했다. 우주 경쟁이 다시 시작됐다는 생각은 이미 미국 군부와 정치계에 팽배해 있다. 불길하게 들릴 수도 있지만 신세계에 건설되는 정착지를 꿈꾸는 우주 애호가들에게는 좋은 소식일 수도 있다. 슈미트가 그중 한 명이다. 그는 미국이 달에서 채굴 작업을 하길 원한다. 특히 핵융합 연료가 될 가능성이 있는 헬륨-3의 채굴을. 같은 목적 때문에, 즉 채굴권을 갖기 위해 달을 주시하는 중국이 없었다면 미국은 달로의 귀환에 별 관심을 갖지 않았을지도 모른다. 하지만 상황이 변했다. 미국은 정권이 교체돼도 변하지 않을 안정적인 계획이 없을 뿐이다.

2019년 5월 나사는 2024년까지 미국인 남성과 여성 한 명씩을 달에 배치하라는 백악관의 지시를 발표했다. 아르테미스 프로젝트라는 이름의 이 계획은 지나치게 야심이 많은 트럼프 행정부가 달로의 귀환 시점을 두 달 전에 발표했던 2028년에서 몇 년이나 앞당긴 것이다. 겉보기에 이 계획은 우주에서 미국의 영광을 되찾고자 하는 대담하고 결정적인 움직임 같다. 하지만 실제로는 문제가 심각하다. 역대 미국 행정부로부터 얻은 교훈을 망각한, 실패가 예정된 계획이라 해야 할 것이다. 달에 영구 기지를 구축하는 것이 목적이라면 2024년까지 서둘러 인간을 달에 보내는 것은 얻는 것 없이 일을 복잡하게 하고 비용을 증가시킬 뿐이다. 중국의 체계적인 접근과는 달리 이 계획은 충동적인 것이다.

미국은 먼저 탐사선과 로봇을 보내 최종적으로 인간이 도착했을 때 이용할 수 있도록 기반 시설을 구축해야 한다. 실제로 이것이 나사와 유럽 우주국의 원래 계획이었다. 나사의 우주 진출 우선순위를 흐트러뜨리고, 계획을 취소하고, 현재 진행 중인 프로젝트들을 다시 생각하라고 강요한 것이 바로 트럼프의 백악관이다.

트럼프가 밀어붙였던 아르테미스 계획의 우주 커플은 달에 도착해서 무엇을 하게 될까? 발표된 것은 없다. 최소한 그 커플은 자동기계 장치

◆ ◆ ◆ ◆

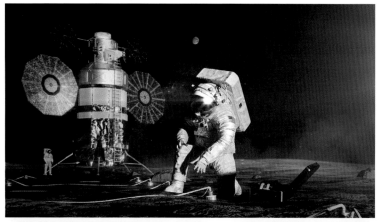

2017년 12월 11일, 트럼프 미국 대통령이 미국 주도의 통합 프로그램을 제공하는
'우주정책지침 1' 행정명령서에 서명하고 있다. 우주정책지침 1은 본래 유인 화성 탐사가 목표였으나
조금 더 현실적인 목표인 2024년 달 착륙으로 변경되며 아르테미스 계획이라고 명명되었다.
이후 우주정책지침은 다섯 개가 더 만들어졌는데, 우주정책지침 2는 민간 우주 비행 산업에 대한
규제 완화, 우주정책지침 3은 우주 교통 관리, 우주정책지침 4는 우주군 설립에 관한 내용이었다.
하지만 트럼프 대통령이 재선에 실패하면서 미국의 달 귀환은 2024년 이후로 연기되거나
아예 취소될 가능성도 있다.

가 할 수 있는 일, 예를 들어 피난처를 건설하거나, 물을 확보하거나, 마실
수 있는 산소를 생성하거나, 로켓 연료를 제조하거나, 달 표면 교통수단
을 위한 트랙을 부설하는 일은 하지 못할 것이다. 더 적나라하게 말하자
면, 저 커플은 달로의 영구 귀환이라는 대의에 전혀 기여하지 못한 채 그

저 300억 달러만 쓰고 올 것이다. 파멸이 예정된 트럼프의 아르테미스 프로젝트는 트럼프가 재선에 성공하지 못하는 한 다음 정부에 의해 2020년에 취소될 것이 거의 확실하다.

2020년에 취소되지 않는다 해도 추가로 엄청난 비용을 투입하지 않는 한 2024년 시한에 맞추지는 못할 것이다. 백악관은 1년 동안의 자금 투입만 보장하고 있는데 그 금액은 16억 달러다. 추가로 자금을 투입하려면 의회의 승인을 받아야 한다. 그런데 의회는 당 차원의 이유, 재정적인 이유를 들어 이 계획을 선호하지 않을 수 있다. 미국 회계감사원에 따르면 2024년 달 귀환 계획 발표 한 달 뒤에 제출된 보고서에서 나사는 우주 발사 시스템(Space Launch System, SLS)에 드는 진짜 비용을 숨겼다. 우주 발사 시스템은 우주인과 물자를 달과 그 너머로 수송하기 위한 로켓이다. 우주 발사 시스템은 현재 수년째 개발이 늦어지고 있으며 예산도 수십억 달러나 초과한 상태다. 회계감사원은 나사와 우주 발사 시스템의 주계약자인 보잉이 "코어 엔진 단계 섹션의 제작과 조립의 복잡성을 과소평가했다"는 사실을 발견했다. 우주 발사 시스템의 발사는 2017년으로 예정됐다가 2019년으로, 다시 2020년 6월로 연기됐으며, 최소한 2021년 6월까지는 연기될 것이다. 우주 발사 시스템은 사람을 태우기 전에 먼저 LOP-G 우주 정거장을 우주로 수송하기 위해 몇 번 정도 발사되어야 한다.

미국이 달로 귀환하는 궁극적인 목적이 무엇이든, 미국은 중국과 협력하지 않을 것이다. 2011년 미 의회는 나사가 중국과 긴밀하게 협력하는 것을 금지했다. 공법 112-25 39장에 따르면 "이 법으로 이용 가능해진 자금은 나사 또는 백악관 과학기술정책실이 중국과 어떤 형태로든 쌍무적으로 참여, 협력, 조정을 하는 쌍무적 정책, 프로그램, 명령, 계약을 개발, 설계, 계획, 공포, 시행, 수행하는 데 사용되어선 안 된다."

중국 배제 정책으로 불리는 이 규정이 명분이 없는 것은 아니다. 지금은 콕스 보고서로 알려진 1998년 의회 조사 보고서에 따르면, 미국의 항공우주 기업이 중국에 제공한 상용 위성 관련 기술이 결국 중국의 대륙간탄도미사일 기술을 개선시켰기 때문이다. 중국의 주목적은 미사일 기술 개선이었다. 보고서는 중국과의 정보 공유 금지 조치를 거의 즉각적으로 이끌었고 그 조치의 절정은 오바마 대통령이 2011년 서명한 법이었다. 2007년 중국이 위성 공격용 미사일 기술을 시험하면서 의도적으로 자국의 기상위성을 파괴한 후 양국 관계는 더 악화됐다. 중국이 미국의 위성을 파괴해 인류의 우주 개발 역사상 최대 규모의 궤도 잔해를 만들어낼 수 있다는 것을 증명했으니까. 그렇게 되면 15만 개나 되는 잔해가 지구 저궤도를 더 위험한 공간으로 만들 것이다(진실을 말하자면, 미국과 러시아도 수십 년 전에 위성을 폭파했다. 그리고 인도도 규모는 작았지만 2019년에 위성을 폭파했다. 불행히도 위성 폭파는 일부 국가들이 자신의 힘을 과시하는 수단이 돼버렸다).

＊　달을 향한 경주

　달의 표면적은 약 3,800만 제곱킬로미터다. 지구의 8퍼센트 정도밖에 안 되지만 그래도 아시아 대륙 정도의 크기는 된다. 여덟 번째 대륙이라 부를 수도 있겠다. 달은 누구의 소유도 아니다. 또한 전에는 '달과 기타 천체를 포함한 외기권의 탐색과 이용에 있어서의 국가 활동을 규율하는 원칙에 관한 조약'이라는 이름으로 알려졌던 우주조약에 따르면, 누군가가 달을 소유하는 것도 허용되지 않는다. 조약은 구체적으로 "달과 기타 천체를 포함한 외기권은 주권의 주장에 의하여 또는 이용과 점유에 의하여 또는 기타 모든 수단에 의하여 국가 전용의 대상이 되지 아니한다"고 규정하고 있다. 중국과 미국을 포함해 100개국 이상이 이 조약에 서명한 상태다.

　하지만 달 정착과 관련해 우주조약이 어떤 의미를 가지는지는 확실치 않다. 아무도 달 정착에 대해서 비판적인 의견을 낸 적이 없었던 건 확실하다. 특정 국가가 영토를 주장할 수는 없겠지만 광물 같은 달의 자원의 소유권을 주장할 수는 있으며, 그로부터 이익을 얻을 수도 있다는 것이 변호사들의 중론이다. 실제로 이런 생각은 자신들이 우주여행에서 소외됐다고 생각하는 작은 나라들을 불안하게 만들고 있다. 1979년 일단의 국가들이 '달과 기타 천체에서의 국가 활동을 규율하는 협정'이라는 이름의 조약을 체결했다. 이것은 이후 달 조약이라 불린다. 이 조약에 따르면 달의 자원은 인류 모두에게 속해 있으며 개인적, 상업적 또는 국가의 이득을 위해 이용될 수 없다. 이 조약을 비준한 나라는 18개국뿐이었고, 이 나라들 중 현재 우주에서 활동하는 나라는 없다. 미국에서는 궤도를 도는 우주 도시 건설을 바라는 사람들의 모임인 L5 협회(제3장 참조)가 미 의회에서 달 조약 반대 시위를 벌였다. 달 조약이 우주 개발을 좌절시킬 것이라는 이유에서였다. 간단히 말해 수익을 낼 가능성이 없다면 어떤 기업이 달의 기반 시설에 투자하겠냐는 주장이었다.

내 생각에 달에서 펼쳐질 초기 단계의 상황은 남극과 아주 비슷할 것이다. 국제 사회는 인정하지 않지만, 7개국이 남극에 대한 영토권을 주장하고 있다. 남극조약은 남극 대륙에 대한 주권을 허용하지 않고, 군사 활동을 금지하며, 최소 2048년까지는 채굴도 금지하고 있다(다만 일부에서는 중국이 과학 연구를 가장해 공격적인 채굴 탐사를 벌이는 것이 남극의 오염되지 않은 환경을 보존하는 데 나쁜 징조가 될 것이라고 본다). 남극의 자원, 광물 그리고 연료는 혹독한 기후로 고립된, 빙하 밑 몇 킬로미터 되는 지점에 묻혀 있다. 그것들을 남극 밖으로 반출할 수 있는 기반 시설도 없고, 가장 가까운 시장으로부터도 수천 킬로미터나 떨어져 있다.

달에 가는 것이 비용 면에서 비교적 감당할 만한 수준이 되면, 먼저 달은 남극처럼 과학 실험을 위한 장소가 될 것이다. 과학자, 엔지니어, 채굴업자들이 달 기지 요원들과 한 번에 몇 년 동안 머물게 될 것이다. 달의 자원으로 수익을 얻을 수 있다는 것이 증명되면 그때는 어떤 상황이 펼쳐질지 아무도 모른다. 국가와 대기업들은 가장 좋은 '땅'을 차지하기 위해 서로 치고받을 것이고, 국제사법재판소에는 우주조약과 관련된 소송이 줄을 이을 것이다. 달에서 경쟁이 벌어지고 수조 달러의 수익이 실현되기 시작하면 조약은 달에서의 상업 활동을 허용하기 위해 다시 작성되거나 재해석될 것이다. 식민화의 역사는 결국 자원 개발의 역사다. 과거의 국가들은 부를 다른 나라와 공유하느니 자원 전용, 일구이언, 조약 파기, 전쟁 따위를 선택했다.

새클턴 에너지라는 탐사 기업은 달에서 물을 채취해 지구 저궤도의 재공급 기지로 수송한다는 구체적인 계획을 가지고 있다. 물과 그 물의 구

◆ ◆ ◆ ◆

성 원자인 산소와 수소를 우주선에 공급한다는 것이다. 물과 산소는 마시고 수소는 태우기 위함이다. 새클턴 에너지는 카리스마 넘치는 빌 스톤이라는 사람이 이끌고 있는데, 동굴 탐사나 수천 미터 깊이의 심해 측정 등으로 기록을 세운 사람이다. 그는 나사에서 유로파 위성 미션 모델을 개발하기도 했다. 유로파 표면의 두꺼운 얼음층을 뚫고 액체 상태의 대양으로 파고들 수 있는 탐사선 모델이다. 또한 그는 자신이 산업용 '루이스 클라크 탐험(19세기 초반 미국의 메리웨더 루이스와 윌리엄 클라크가 실시했던 탐험. 미국 중부부터 태평양에 이르는 지역을 탐사했으며, 훗날 미국은 이를 근거로 이 지역에 대한 영유권을 주장했다_역주)'이라 이름 붙인 모험도 꿈꾸고 있다. 원정대를 이끌고 달의 새클턴 크레이터로 가 자신만의 연료를 만든 다음 달을 떠난다는 계획이다. 새클턴 에너지는 달의 물을 사용할 권리를 가질 수도 있다. 하지만 그 물을 팔 수 있을까? 아무도 모른다. 하지만 시장 가치는 벌써 정해진 상태다. 달에서 연료를 확보할 수 있다면 달까지 가는 비용의 3분의 1을 줄일 수 있다. 지구를 떠나는 로켓이 귀환 비행을 위한 연료를 가지고 가지 않아도 되기 때문이다. 유나이티드 런치 얼라이언스는 추진체에 대해 달 표면에서는 킬로그램당 500달러, 궤도상에서는 1,000달러를 지불할 의사가 있다고 밝힌 바 있다. 그리고 이 회사는 최소 1,000톤이 필요할 것이다. 나사는 우주선 발사를 위해서는 추진체 100톤이 필요하다고 추산했다. 빙하 채굴로 10억 달러 규모의 산업이 일어날 수 있으며, 이것은 단기적으로 달에서 가장 짭짤한 사업이 될 것이다.

　아직은 미지수인 자원의 집중도, 채굴 비용, 수송 비용에 따라 달의 자원은 세 개의 서로 다른 시장에 수익을 가져올 수 있다. 지구의 시장, 달 자체의 시장, 그리고 우주탐사 시장이다.

　지구에서는 두 종류의 달 자원이 비싸게 팔릴 수 있다. 헬륨과 희토류 광물이다. 지구에서는 희귀한 헬륨 동위원소지만 달에서는 비교적 풍부한 헬륨-3은 이상적인 핵융합 연료다. 헬륨-3 핵융합을 상용화할 수 있다면 우리는 깨끗한 '그린'에너지를 대량으로 얻을 수 있다. 비용이 적게 들지는 않을 것이다. 어쨌든 달에서 가져오는 것이니 말이다. 하지만 에

◆ ◆ ◆ ◆

너지 1킬로와트당 소비되는 화석연료의 가격과 비슷할 수도 있다. 희토류 광물은 세륨(Ce), 가돌리늄(Gd), 이트륨(Y) 같은 희토류 원소들로 구성 돼 있다. 만일 원소 주기율표가 있다면 따로 떨어져나온 부분에서 이 이름 들을 찾을 수 있을 것이다. 이들 원소와 광물은 현대의 장비들에서 핵심적 인 부분을 차지하고 있다. 디스프로슘과 터븀은 터치스크린에 사용돼 색 깔을 만들어내고, 가돌리늄은 MRI의 이미지를 더 선명하게 해준다. 이름 과는 달리 희토류 광물은 매우 흔하다. 문제는 그것들이 들어 있는 광석에 서 추출하기가 금이나 구리 같은 덜 흔한 원소보다 더 어렵다는 점이다. 달에서는 추출이 더 쉽고 안전할 수 있다. 칼륨(K), 희토류 원소, 인(P)의 혼합체인 크리프(KREEP)는 달에 풍부하게 존재하는데, 지구로 쏘아서 바다에 떨어뜨린 다음 수거하는 방법을 쓸 수 있다. 칼륨과 인은 토양을 비옥하게 하기 때문에 지구에서 확실하게 환영받을 것이다.

달에 살면서 이런 종류의 광물을 채굴할 때 가장 중요한 자원은 물 일 것이다. 달 깊은 곳에 얼음 형태로 존재한다. 그런데 물을 달 현지에 서 추출할 수 있다는 이야기는 마실 물과 산소, 연료로 쓸 수소가 확보된 다는 뜻이다. 이는 다시 달에서 활동하는 비용을 엄청나게 떨어뜨릴 것이 다. 달에는 우리 생각보다 훨씬 더 많은 물이 있는 것으로 보인다. 실제로 1970~1980년대에 달 기지 구축에 관심을 보인 나라가 거의 없었던 이유 중 하나가 물 부족 문제였다. 1990년대 달의 양극에 얼음이 있다는 사실을 나사가 발견한 후 달은 기지를 세울 만한 장소로 다시 부상했다. 2009년 인도의 찬드라얀 1호 미션은 달 표면에 물 분자가 광범위하게 퍼져 있다 는 것을 탐지해냈다. 2010년 분석에 따르면, 해가 들지 않는 크레이터 쪽 의 레골리스에는 전체 질량의 8퍼센트 정도 되는 물이 섞여 있다고 한다. 2018년 분석은 이 비율이 부분적으로 30퍼센트까지 올라간다는 것을 밝 혀냈다.

이런 발견들의 결과로, 달은 갑자기 아주 친근하게 보이기 시작했 다. 또한 달은 표면과 그 주변에 구조물을 세우는 데 필요한 모든 산업적 인 요소도 가지고 있다. 철, 규소, 알루미늄, 마그네슘, 티타늄, 크롬, 칼슘, 나트륨 등이 그것이다. 달에는 또한 우라늄도 있다. 이 원소들은 지구에서는 그렇게 많이 필요하지 않지만 달과 우주에서는 우주선과 궤도 도시를 만드는 데 필수적이다. 원재료를 달 표면에서 밖으로 던지기도 쉽다. 달은 중력이 약하기 때문이다.

달의 또 다른 자원은 바로 지적인 자산이다. 달에서 얻을 수 있는 과학 지식은 상당히 많다. 달의 기원에 관한 지배적인 이론은 달이 45억 1,000만 년 전 화성 크기의 원시 행성과 지구의 충돌에 의해 생성됐다는 것이다. 지구가 생기고 나서 3,000만 년밖에 안 지난 시점이다. '달 과학'을 연구하면 초기의 지구가 어떤 모습인지 알 수 있을 것이다. 당시 지구의 모습을 보여줄 지질학적 기록은 모두 손실된 상태다. 지구 표면이 수십억 년 동안 끊임없이 모습을 바꿨기 때문이다. 또한 달은 수많은 형태의 천문학과 인간을 더 깊은 우주로 보내는 방법을 연구할 때 훌륭한 플랫폼이 될 것이다.

★   달에서의 산업, 도전할 만한 가치가 있을까

수익 창출이 가능한 자원의 접근 비용과 집중도에 따라 다르겠지만, 달은 앞으로 20년 안에 관광이 가능한 과학 산업 공원이 될 수 있다. 달의 근접성과 전망을 고려하면 우리는 특정 시점에서 달에 가게를 차릴 수밖에 없다. 비용은 떨어지고 있고, 데이터는 집중된 자원을 근거로 낙관론을 제시하고 있다. 달은 중력이 약하다. 지구 표면에서 중력 우물을 벗어나 322킬로미터 높이의 지구 저궤도로 진입하는 데 드는 에너지보다 달에서 지구 저궤도까지의 약 40만 킬로미터를 지나 물자를 수송하는 데 드는 에너지가 더 적다는 뜻이다. 달에서는 재료를 가져오고 지구에서는 가벼운 최첨단 부품을 공수해 달 궤도나 지구 궤도상의 우주선 공장에서 초대형 우주선을 만들 수도 있다.

부유한 나라들은 채굴 작업을 계속 자동화하고 있다. 먼 곳에 있는 인간이 채굴 로봇을 통제하는 방식이다. 달에서도 이 방식을 쓰게 될 것이다. 이미 많은 나라들이 광물의 위치와 양을 알아내기 위해 원격 탐지 위성으로 달 표면 탐사를 진행하고 있다. 광물이나 휘발성 물질을 추출하는 화학 공장이 현지에서 소재를 가공하기 위해 소형화되고 있다. 지구의 6

분의 1밖에 안 되는 달의 중력 덕분에 발굴은 어떤 면에서 지구에서보다 더 간단하다. 물체가 더 쉽게 떠오르기 때문이다. 중력의 함수인 물체의 무게가 더 가볍기 때문에 더 많은 질량을 다룰 수 있다. 또한 국제우주정 거장에서와는 달리 어느 정도 중력이 있기 때문에 다양한 밀도를 가진 광석 등의 물질은 지구에서처럼 올라가거나 내려갈 수 있다. 따라서 미세 중력 상황에서 일어나는 골치 아픈 일들을 바로잡기 위해 특별히 신경을 쓰지 않아도 된다. 다만 굴착을 할 때 마찰로 인해 너무 많은 열이 발생할 수 있고, 그 열을 식힐 공기가 없다는 점에서는 불리하다. 또한 폭파 작업이 매우 위험할 수 있다. 파편들이 지구에서보다 더 빠르게, 더 멀리 날아갈 것이기 때문이다.

하지만 원자재를 매스 드라이버(mass driver)를 이용해 달 표면에서 밖으로 던질 수 있다는 것은 낮은 중력 환경의 큰 이점이다. 달의 탈출 속도(천체의 인력에서 벗어나기 위해 필요한 속도_역주)는 초속 약 2.4 킬로미터로 지구의 탈출속도인 초속 약 11.2킬로미터의 5분의 1밖에 안 된다. 달에서 탈출하기 위해 로켓을 이용하지 않아도 된다는 뜻이다. 초속 2.4킬로미터 이상의 속도로만 물체를 추진시키면 물체는 수평선을 넘어가지 않고 달 표면을 떠날 수 있다. 초속 2.4킬로미터는 발사된 총알 속도의 약 두 배다. 하지만 이 속도는 자기부상 열차 시스템을 이용하면 얻을 수 있다. 게다가 공기저항이 전혀 없다는 점도 도움이 된다. 매스 드라이버는 레일 위에 새총을 설치한 것과 비슷하다. 화물은 충분한 속도에 이를 때까지 몇 킬로미터 정도 가속되다 발사된다. 이런 식으로 달의 작업자들은 원자재를 매스 드라이버에 장착해 궤도상의 원하는 위치로 쏘아 올릴 수 있다. 배달된 원자재는 우주선이나 태양 전지판, 거대한 궤도용 장비를 만드는 데 사용된다. 물론 악마는 디테일에 있다고 하지만 이 시스템은 고도의 물리학이나 공학을 필요로 하지 않는다.

채굴된 달의 자원 대부분은 달이나 궤도 활동을 위해 쓰일 것이다. 예를 들어, 작업자들은 연료의 구성 요소인 수소, 산소, 알루미늄, 마그네슘 등을 채굴해 궤도상의 연료 기지로 던지거나 발사해 우주선이 사용하게 할 수 있다. 물에서 추출한 로켓 연료는 궤도상의 연료 충전 기지로 쏘아 올릴 수 있기 때문에 우주선 소유자들의 돈을 엄청나게 아껴줄 수 있다. 비행 전체에 필요한 연료를 전부 다 싣고 갈 필요가 없기에 더 작은 우주선을 만들어도 되기 때문이다. 달에서 우라늄을 농축해 공장, 거주 시설, 핵 발전 로켓 우주선에 전력을 공급할 수도 있다. 지구에서와는 달리 달에서는 핵 사고가 날 걱정이 거의 없다. 달의 모든 생명체는 에어록으로 보호되는 거주 시설과 환경 안에서만 살 테니까.

우주에 관한 논의를 할 때 부딪히는 딜레마에 대해 앞에서 말한 적이 있다. 달의 산업화가 말이 되려면 그곳의 재료를 필요로 하는 우주와 지구의 산업이 존재해야 한다는 딜레마다. 달에서 살고 일하는 것은 어렵지만 가능한 일이다. 하지만 그런 도전은 산업화로부터 얻을 수 있는 이득이 없는 한 시도되지 않을 것이다. 먼저, 핵융합 연료로서의 헬륨-3, 즉 ^{3}He에 대해 살펴보자.

✷ 대세는 핵융합, 헬륨-3

핵융합은 항성의 힘의 원천이다. 태양은 가벼운 원소들을 융합해 무거운 원소로 만든다. 주로 수소를 헬륨 핵으로, 헬륨을 탄소로 만든다. 이 과정에서 두 원자는 하나의 원자로 융합되면서 질량이 방출된다. 그리고 질량은 아인슈타인의 유명한 방정식 $E = mc^2$에서 보듯이 에너지, 그것도 아주 많은 에너지로 전환된다. 태양은 엄청난 중력에 의한 핵의 고온과 압력 덕분에 융합을 계속할 수 있다. 우리는 융합으로 얻는 에너지보다 더 많은 에너지를 사용하지 않으면 융합을 일으킬 수 없다. 원자를 쪼개는 핵분열은 일으킬 수 있지만 융합을 지속시킬 수는 없다. 수소는 융합이 매우 어렵다. 비슷한 것은 비슷한 것을 밀어내기 때문이다. 중수소(^{2}H)나 삼중수소(^{3}H) 같은 수소의 동위원소의 융합은 그보다 쉽다. 하지만 이 융합은 고속 중성자를 생성시킨다. 고속 중성자는 가두기가 힘든 데다 다른 물질과 충돌할 경우 그 물질을 방사능 물질로 만든다. 수소는 양성자와 전자는 있지만 중성자는 없다. 중수소는 중성자가 한 개, 삼중수소는 중성자가 두 개다. 이 뜨겁고 위험한 중성자는 부산물이다. 하지만 ^{3}He에는 중성자가 없다. 중수소와 융합시키면 보통 헬륨(^{4}He)과 양성자가 나온다. 양성

◆◆◆◆

자는 수소의 핵이다. 화학반응식은 D + ^{3}He → ^{4}He + p + 18.4MeV이다. 이와 유사하게, ^{3}He + ^{3}He은 ^{4}He과 양성자 두 개, 그리고 비슷한 양의 에너지다. 어느 쪽이든 양성자는 중성자보다 다루기가 안전하며, 방사능도 배출하지 않는다. 따라서 ^{3}He 기반 핵융합은 우리가 아는 한도 내에서 가장 깨끗하고 강력한 에너지원이다. ^{3}He 100킬로그램만 있어도 도시 전체에 1년 동안 전력을 공급할 수 있다. 석유와 비교해보자.

지구에는 ^{3}He이 거의 없다. 대기 중에 몇 조 분의 1 정도 있을 것이다. 하지만 달의 적도 근처에는 이 물질이 10억 분의 20~30 수준으로 존재한다. 달의 레골리스 표면부터 몇 미터 깊이까지 100만 톤 이상 있다는 뜻이다. ^{3}He은 톤당 수십억 달러에 팔릴 것이다. ^{3}He은 수십억 년 동안 태양풍에 의해 달 표면에 저장돼왔다. 1972년 아폴로 17호가 가져온 달의 암석을 수집해 분석한 지질학자 해리슨 슈미트는 달의 레골리스를 3미터만 파도 2제곱킬로미터당 100킬로그램의 ^{3}He을 얻을 수 있다고 추산했다. 그가 보기에 ^{3}He은 화석연료 연소를 둘러싼 기후 변화 문제, 핵분열의 방사능 방출 위험, 상대적으로 약한 지구의 태양광과 바람 등을 고려할 때, 늘어만 가는 지구의 에너지 수요를 충족시킬 수 있는 유일한 연료였다. ^{3}He을 얻기 위해 달까지 가려면 비용이 들겠지만, 그 비용을 감안한다 해도 ^{3}He은 와트당 가격이 석탄과 비슷할 것이라는 게 슈미트의 설명이다. 게다가 공해도 일으키지 않는다. 달의 레골리스에는 티타늄과 다른 가치 있는 원소들도 들어 있기 때문에 그 부산물들로도 수익을 낼 수 있을 것이다. 지구에서 점점 귀해져가는 ^{4}He도 100만 분의 1 단위로 존재한다. ^{3}He보다 1,000배가량 흔한 것이다. 달에서 수출할 수 있는 추가적인 상품이다.

슈미트의 355쪽짜리 책 «달로의 귀환»은 ^{3}He 채굴을 전제로 쓴 것이다. 이 책은 채굴 과정과 그로 인한 이득에 대해 자세히 설명하고 있다. 문제점은 없을까? 있다. ^{3}He을 이용한 핵융합이 아직 성공하지 못했다는 점이다. 게다가 달의 ^{3}He을 지구로 가져와도 반드시 핵융합을 일으킬 수 있다는 보장은 없다. ^{3}He 융합은 중수소나 삼중수소 핵융합보다 일으키기 어렵다. 따라서 우리는 달로 ^{3}He을 구하러 가기 전에 먼저 그런 종류의 핵융합을 성공시키고, ^{3}He과 지구에서 구할 수 있는 물질의 핵융합에 완전히 숙달돼야 한다. 슈미트는 중수소와 삼중수소의 상업적인 핵융합에 우리가 매우 근접해 있다고 생각했다. 상업 목적에 부합하려면 투입되는 에너지가 산출되는 에너지보다 작아야 한다. 슈미트는 연구에 더 많은 돈을 투입하기만 하면 된다고 생각했다. 하지만 핵공학자 대부분의 생각은 다르다. ^{3}He 핵융합에 완전히 숙달되지 않으면 달로의 귀환이 가져다줄 수익성에 치명적인 손상이 가해질 것이다. ^{3}He 핵융합에 성공한다면 달에서 얻을 수 있는 이득은 석유 산유국들이 얻고 있는 이득을 다 합친 것보다 크겠지만, 성공하지 못한다면 이익을 얻는 방법은 달의 물과 희토류 원소에 집중하는 것뿐이다.

^{3}He이 가진 또 다른 제약은 대부분의 양이 적도에 집중돼 있다는 점이다. 적도는 온도 변화가 너무 극적이라 채굴이 더 어렵다. 양극 지방은 농도가 떨어진다. 또한 화석연료처럼 ^{3}He도 일단 채굴돼 사용되기 시작하면 언젠가는 고갈된다. 이 자원이 얼마나 갈까? 한 세대? 한 세기? 단기적인 수익을 위한 투자를 할 가치가 있을까? 시장이 있을까? 태양의 에너지를 이용하는 게 더 낫지 않을까? 투자 비용과 채굴의 효율성에 따라 다르겠지만 달의 적도나 궤도에 태양 전지판을 설치해 태양에너지를 지구로 쏘거나 다른 깨끗한 재생 에너지 개발에 투자하는 게 더 경제적으로 이득이 되지 않을까? 이런 측면에서 많은 과학자들은 달에서 ^{3}He을 채굴하는 것을 미친 짓이라고 생각한다.

★   스마트폰 만드는 희토류

다음으로 가치가 높을 수 있는 희토류 원소를 생각해보자. 앞에서 언급했듯이 이 원소와 광물들은 지구에서도 희귀한 것은 아니다. 단지 그것들을 포함하고 있는 광석에서 추출하기가 어려운 것이다. 추출 작업은 힘들고 오염을 유발한다. 그래서 미국은 희토류 광물 채굴을 중단하고 중국에서 수입하기로 했다. 솔직히 말해서, 개발 단계에 있는 중국은 장기적인 환경문제보다는 빠른 경제 발전을 선호하고 있다. 2017년 현재 중국은 전 세계 희토류 원소의 80퍼센트를 채굴하고 있다. 10만5,000톤 정도의 양이다. 그 다음이 호주(2만 톤), 러시아(3,000톤), 브라질(2,000톤), 인도(1,500톤)의 순서다. 많은 나라들은 중국이 가격 상승을 유도하기 위해 희토류를 쌓아두고 있는 게 아닌지 걱정하고 있다.

달에서 희토류 원소를 채굴한다면 환경 걱정도 크게 줄어들 것이다. 그렇게 되면 바람직하겠지만 문제가 하나 있다. 중국은 다른 나라들이 자국의 상품 생산을 늘리려 하는 동안에만 희토류를 쌓아 가격 상승을 꾀할 수 있다. 총 17종의 희토류를 사용하는 아이폰만 봐도 알 수 있듯이 희토류의 수요는 아주 높다. 그렇기 때문에 각 나라들은 환경 비용을 감당하거나 희토류를 더 안전하게 채굴할 방법을 찾거나 재활용할 수 있는 방법을 찾게 될 것이다. 그리고 이런 노력은 희토류 가격이 상승하는 것을 억제할 것이다. ^{3}He과는 달리 희토류 원소의 가격은 누군가가 달에서 희토류 채굴을 시작하기 전에 폭등해야 한다. 또한 희토류 채굴이 경제성이 있으려면 먼저 달에서 다른 형태의 채굴이 확실히 이뤄져야 한다.

★   철과 더 흔한 자원들

^{3}He이나 희토류가 매혹적이고 전도유망해 보일 수는 있지만 달 채굴의 미래는 그보다는 더 흔한 얼음, 철, 알루미늄 등의 채굴에 달려 있을 수 있다. 이유는 두 가지다. 우선 이 같은 산업의 기초 요소들은 우주 기반 시설을 건설하는 데 이용할 수 있다. 아주 낮은 비용으로 건설 물자를 우주까지 보낼 수 있는 기반 시설에 투자하지 않는 한, 우주에서 사용될 물자를 지구에서 보내는 건 전혀 수지 타산이 안 맞는다. 궤도를 도는 도시를 위한 우주 기반 시설, 태양 전지판, 달 정착지, 채굴, 우주선 제작, 태양계 탐험에는 달의 물자가 쓰일 것이다(그리고 결국에는 소행성의 물자도 쓰일 것이다). 신세계의 식민지 개척자들이 집을 지을 때 구세계의 나무를 가져와 짓지 않았듯이 우주의 인간도 가까운 곳의 물자를 이용할 것이다. 지구는 우주에서 사용할 물자를 공수하기에는 중력 우물이 너무 깊다.

제5장에서 다룰 소행성에 비해 달은 알루미늄, 티타늄, 우라늄이 풍부하다. 티타늄은 일메나이트($FeTiO_3$)라는 광물의 형태로 존재한다. 따

라서 이 광물을 채굴하면 부산물로 철과 산소를 얻게 된다. 둘 다 달에서는 귀한 원소다. 처리가 힘들겠지만 집중형 태양 오븐이나 마이크로파를 이용하면 가능할 것이다. 우라늄은 원자로의 연료가 된다. 알루미늄은 주거 시설이나 태양 전지판의 지지 구조를 만들 수 있다. 최초의 채굴은 레골리스를 파서 수백 도로 가열한 다음 수소, 헬륨, 탄소, 질소, 불소, 염소 같은 원소를 수집하는 간단한 형태로 이뤄질 것이다. 주거 환경을 해칠 걱정이 없기 때문에 채굴은 어디서나 할 수 있으며 채굴된 것들도 낭비되지 않을 것이다. 콜로라도 대학 광업대학원 우주자원연구소 소장 에인질 아부드-마드리드는 탐사차를 비롯한 여러 장비를 달에 보내 자동기계 방식으로 자원을 추출하고 가공하기 위한 달 표면 원격 탐사가 이미 충분히 진척됐다고 말한다.

　　달의 레골리스 무게에서 20퍼센트 이상을 차지하는 것은 규소다. 규소는 알루미늄 등 다른 원소들과 결합하면 달 표면이나 궤도상에서 지구로 에너지를 쏘아줄 태양광 전지판의 소재로 사용할 수 있다. 마이크로파 형태로 지구에 에너지를 쏘는 태양 전지판을 지구 궤도에 충분히 배치한다면 지구의 가정과 산업에 필요한 에너지를 모두 충당할 수도 있다. 태양 전지판은 대부분의 위성에 전원을 공급하기 때문에 우리는 우주에서도 태양 전지판이 작동한다는 것을 잘 알고 있다. 게다가 우주에서는 구름이 끼지 않는다. 궤도 태양 전지판은 에너지 가격이 오르던 1970년에 매력적인 개념이었다. 당시 지미 카터 미국 대통령은 백악관 지붕에 온수용 태양 전지판 서른두 개를 설치했다. 전 국민이 보고 따라하라는 뜻이었다. 석유 가격이 떨어지자 로널드 레이건 대통령은 이 태양 전지판을 제거했다. 다른 의미에서 모범을 보인 것이었다. 하지만 궤도 태양 전지판이 수확하는 태양에너지는 변함없이 안정적이고 깨끗한 재생에너지다. 가장 큰 장벽은 기반 시설을 건설하는 비용이며 그 비용은 우주 접근 비용에 의해 결정된다.[14] 발사 비용이 떨어지면 달은 신흥 에너지 도시가 될 수도 있다.

　　달 채굴의 두 번째 이유는 지구의 자원이 대부분 유한하다는 점이다. 환경문제는 일단 제쳐두고 생각해보자. 특정 시점에 이르면 금속을 비롯한 다른 자원들이 고갈됨에 따라 추출 비용이 지나치게 올라가 경제적인 논란을 일으킬 것이다. 깊게 팔수록 비용은 상승한다. 달에서 자원을 추출하는 것이 더 싸게 먹히는 시점이 올 수도 있다. 환경 면에서 보자. 자원 채굴은 유해한 화학 물질을 발생시켜 지하수와 지표수와 토양을 오염시키고, 침식과 싱크홀을 유발하며, 생물 다양성에 불가피한 손실을 입히는 등 지구에 복구 불가능한 피해를 안긴다. 이 주장에는 이론이 거의 없다. 세계에서 가장 많은 오염을 일으키는 기업이나 국가들도 이 정도는 인정할 것이다. 사실 이 문제는 환경 손상과 경제 발전 사이의 함수에 관한 것이다. 많은 사람들은 경제 개발이 가치 있다고 생각한다. 그리고 그 많은 사람들, 판단을 내릴 수 있는 사람들은 환경을 해친 역사를 가진 선진국 사람들이다.

생명체가 살지 않는 달은 지구에 이익을 가져다줄 현실적이고 광활하며 개방적인 채굴장이 될 가능성이 매우 높다. 물론 반론이 있을 수 있다는 건 인정하지만 말이다. 하지만 인간은 원시 상태이던 달의 레골리스를 '망쳐버리는 것'을 참을 수 있을 것이다. 달은 매우 멀리 있고 원래 황폐한 곳이었기 때문이다. 심지어 달의 뒷면은 지구에서 보이지도 않는다. 슬프게도 지구에서 가장 많은 공해를 유발하는 광산들도 가장 멀리 있는, 가장 안 보이는 광산들이다. 어린이를 고용하거나 착취하는 빈곤한 나라들의 광산이다. 사람들은 스마트폰에 필요한 소재를 채굴하는 광산에서 이뤄지는 작업을 볼 수 없고 거기에 신경 쓰지도 않는다. 달에서는 어린이 노동이나 생물 다양성 감소 같은 비극은 없을 것이다. 게다가 가난을 벗어나 부유해진 나라들은 채굴과 굴착에 더 큰 제한을 가하고 있다. 몇 십 년 전의 미국, 유럽, 일본, 최근 들어서는 브라질의 예를 보면 알 수 있다. 이런 상황 때문에라도 달 채굴을 해야 할 수 있다.

요약하자면, 기본적인 달의 자원은 인류에게 도움을 줄 수 있다. 물론 우리는 다른 길을 생각할 수도 있다. 우주는 머릿속에서 지우고, 지구 인구를 줄이고, 유한한 자원을 더 효율적으로 사용하고, 모든 사람을 빈곤에서 구하기 위해 노력하고, 모든 사람에게 현재 선진국 수준의 기술, 교육, 이동성을 제공하는 방법을 말이다. 그것도 지구에서 더 많은 자원(부)을 뽑아내지 않는 형태로. 그렇게 하는 것은 옳은 일이고, 가능하다

◆◆◆◆

면 그렇게 해야 한다. 하지만 그럴 수 없다면 우리는 지구를 더 살기 좋은 곳으로 만들면서 달 자원과 다른 우주의 자원을 새로운 부의 원천으로 이용할 수 있을 것이다.

＊ 달에서도 공부는 멈출 수 없다

달에서의 과학 연구는 남극에서의 과학 연구와 놀라울 정도로 비슷할 것이다. 둘 다 독특한 지질학적 환경과 천문학적인 특성을 가지고 있다. 나사는 달에서 수행할 181개의 과학 연구 리스트를 작성해뒀다. 리스트 대부분은 달 표면의 암석을 통한 달, 지구, 소행성, 혜성 연구와 지구, 태양 그리고 그 너머에 대한 관찰이 차지하고 있다. 대담하지만 가능한 아이디어 중 하나는 달의 뒷면에 초대형 망원경을 설치하는 것이다. 달의 뒷면은 지구에서는 볼 수 없는 영역이다. '달의 어두운 면(dark side of the Moon)'이라는 말이 쓰이지만 사실 그건 잘못됐다. 달의 뒷면도 앞면과 똑같은 양의 태양빛을 받으니까(달의 뒷면은 우리가 보는 면이 다 밝아지는 만월 시기에만 완전히 어두워진다). 그럼에도 불구하고 달의 뒷면은 전파망원경을 설치할 수 있는 완벽한 위치다. 지구로부터의 간섭이 없기 때문이다. 다른 파장을 사용하는 전파망원경을 만들 수도 있다. 대기가 없기 때문에 시야는 언제나 완벽하다. 달 표면에 파장이 닿는 것을 방해하는 요소도 전혀 없다. 적외선 망원경은 크레이터의 칠흑 같은 어둠 속에서 특히 더 잘 작동한다. 또한 중력이 약하기 때문에 망원경의 접시형 안테나는 지구에서보다 크게 제작돼도 구조적으로 안정적이다. 이 점에서 달은 궁극적인 산 정상이라고 할 수 있다.

또 다른 종류의 달 과학은 달에서의 생활 그 자체를 연구하는 것이다. 우리는 지구의 6분의 1 중력이 건강에 미치는 영향을 연구할 수 있다. 앞에서 살펴봤듯이, 현재 우리에게는 데이터 포인트가 두 개밖에 없다. 1G(지구)와 0G(궤도)다. 몸이 달의 0.16G에 어떻게 반응하는지 알게 되면 화성의 0.38G에서 어떤 반응을 보일지 추정할 수 있을 것이다. 달에서 손실되는 뼈와 근육의 양이 국제우주정거장에서보다 16퍼센트 개선된다면, 이는 낮은 중력이 건강에 미치는 영향이 0과 1 사이에서 선형 경로를 따른다는 것을 암시한다. 그보다 더 좋은 결과가 나온다면, 0.38G에서는 꽤 지낼 만할 가능성이 높다. 이와 마찬가지로 주거지를 구축하고, 식물과 가축을 키우고, 물과 다른 자원을 추출하고, 돌아다니는 것 등 우리가 달에서 하는 모든 일은 지구에 더 먼 곳에서 살기 위한 연습이 될 것이다. 화성에 가려면 6~9개월이 걸린다. 화성에서 사는 사람에게 비상 상황이 발생했을 경우 저 긴 시간을 기다려야 한다는 뜻이다. 달은 사흘이면 도착한다. 물자는 연료만 더 쓰면 하루 안에 보낼 수도 있다. 달은 우주를 여행하는 신인류가 되기 위한 '연습'을 하기에 화성보다 확실히 안전한 곳이다.

★ 어디에 캠프를 세울까

우주에 대한 중국의 열망은 우주 선두 주자인 미국, 유럽, 러시아, 일본, 인도를 움직이고 있다. 이들은 단순히 달로 돌아가는 것뿐 아니라 달에 정착하는 것을 염두에 두고 있다. 과장이 아니다. 요즘에는 달에 가서 깃발을 꽂고 돌 몇 개를 수집하는 '아폴로 스타일'의 우주여행은 별 의미가 없다. 달에 대한 이해와 기술은 그곳에 기지를 세우는 것이 가능하고, 장기적으로 수익을 낼 정도는 아니라도 그 비용이 감당할 만하다고 많은 사람들이 생각할 만큼 진보했다.

표 4-1은 정착지로서의 달과 화성, 달의 양극과 달의 적도를 비교한 것으로, 캠프를 세우기에 이상적인 곳은 없다는 사실을 보여준다. 여기서 화성에 대해 말하는 이유는 우리가 달을 건너뛰고 곧장 화성으로 가야 한다고 주장하는 사람이 일부 있기 때문이다. 또 어떤 사람들은 달을 화성에 가기 위한 징검다리로 보고 있다. 나는 이 두 주장에 모두 문제가 있다고 본다. 달에서 화성으로 가는 것은 힘든 곳에서 더 힘든 곳으로 가는 것이 아니라 힘든 곳에서 비슷하게 힘든 곳으로 가는 것이다. 게다가 징검다리는 더 크고 좋은 것으로 넘어간다는 의미를 담고 있는데, 나는 화성이 달보다 우월하다고 생각하지 않는다. 달과 화성은 우리가 태양계로 뻗어나가는 과정에서 서로 다른 역할을 할 것이다. 또한 나는 우리가 화성에 간 다음에도 달을 떠나지 않을 것이라고 본다.

◆◆◆◆

달에 가장 오래 머문 사람은 1972년의 유진 커넌과 해리슨 슈미트다. 이 우주인들은 달 표면에서 75시간을 보냈다. 아폴로 미션 중에서 가장 과학적인 면이 강했던 것이 바로 이 미션이다. 광범위한 지질학 샘플(슈미트는 우주에 간 최초의 지질학자다)이 수집됐고 이 우주인들과 같이 달에 간 쥐 다섯 마리(각각 이름이 페, 피, 포, 펌, 푸이로 달에 간 최초의 설치류다)에 대한 생물학적 연구도 수행됐다. 하지만 달에서 며칠 이상을 사는 것은 힘든 일이 될 것이다. 커넌과 슈미트는 총 22시간을 달 표면에서 탐사차를 타고 돌아다니며 보냈고, 나머지 시간은 비교적 안전한 착륙선 안에서 보냈다.

달 기지는 수많은 보호 기능이 있어야 할 것이다.

[표 4-1] 달과 화성, 달의 양극과 적도 간의 정착 용이성 비교

달	화성
장점	장점
· 3일 안에 접근 가능	· 자녀를 키우는 데 충분할 수 있는 중력
· 지구와 거의 즉각적인 통신 가능	· 휘발성 물질이 생명을 유지할 수 있을 만큼 충분함
· 하늘에서 반짝이는 아름답고 익숙한 천체, 지구	· 낮과 밤의 주기가 지구와 거의 비슷함
· 채굴 가능한 광물이 있고 처리와 반출이 쉬움	· 작업을 할 수 있을 정도의 기온 일교차
· 드나들기 쉽고 원자재를 우주로 보내기에도 유리한 약한 중력	· 얇지만 이산화탄소로 구성된 대기 있음
	· 풍부한 광물
단점	단점
· 자녀를 키우기에 적당하지 않은 약한 중력	· 가는 데 6~9개월이 걸림
· 휘발성 물질(질소, 탄소)이 부족함	· 8~40분 정도의 통신 지연
· 밤이 약 2주 동안 지속됨	· 작은 불빛 정도로 보이는 지구
· 극단적인 낮과 밤의 기온 편차	· 채굴 가능한 광물 있으나 처리와 반출이 어려움
· 대기 없음	· 드나들기 어렵게 만드는 강한 중력
· 어디든지 달라붙는 유독한 먼지	

달의 양극	달의 적도
장점	장점
· 영하 50도 내외의 일정한 온도	· 헬륨-3을 비롯해 가치 있는 광물이 풍부함
· 크레이터 가장자리의 85~100퍼센트에 햇빛이 듦	· 적도 궤도로 물자를 던지기가 쉬움
· 얼음 크레이터가 풍부함	
단점	단점
· 산업적 가치가 있는 광물이 거의 없음	· 낮과 밤의 기온 변동이 영하 173~영상 127도로 심함
· 태양풍이 크레이터 가장자리에 전하를 띤 입자를 쌓이게 함	· 어두운 밤이 14일 동안 지속됨
	· 물이 부족함

◆ ◆ ◆ ◆

항상 존재하는 가장 큰 위협은 태양 방사선과 우주 방사선이다. 제2장에서 다뤘다. 달은 대기가 매우 희박하다. 지구 대기의 10조 분의 1 정도다. 이 정도면 진공이라고 봐야 한다. 이렇게 달에는 대기가 희박하고 자기권이 거의 없기 때문에 치명적인 방사선이 하루 종일 달 표면을 폭격하다시피 한다. 커넌과 슈미트가 달에 있을 때 심각한 태양 플레어가 발생했다면 그들은 방사능 중독으로 사망했을 것이다. 따라서 위치에 상관없이 모든 달 기지는 지하에 있거나 달 토양, 즉 레골리스로 2미터 이상의 외벽을 쌓아 방사선이 몸에 들어오는 것을 막아야 한다.

1950년대 이후에 나온 거의 모든 달 정착 시나리오에는 서로 연결된 돔들이 달 표면을 채우고 있는 장면이 나온다. 그렇게 되려면 돔의 벽이 충분히 두꺼워야 한다. 유럽우주국은 달에 로봇을 보내 이글루 같은 구조를 만들겠다는 계획을 내놨다. 2미터 두께의 레골리스로 덮인 팽창식 거주구다(이 두께는 단기적인 체류에만 적당하다. 5미터 넘게 레골리스를 쌓는다면 완벽한 보호를 받을 수 있다). 중력이 약하기 때문에 질량을 지탱하기 위해 튼튼한 구조로 만들 필요는 없다. 그래도 질량은 팽창식 돔 구조를 온전히 유지하는 데 도움을 줄 것이다. 단, 달에서는 지진이 자주 일어난다는 사실을 잊지 말자. 특히 매일 아침 태양이 달의 지각을 데우면서 발생하는 열 흔들림이 잦다.

달에는 기압이 없기 때문에 팽창식 거주구는 지구 성층권의 저기압에서 풍선이 팽창하듯 부풀 수 있다. 유럽우주국의 구상에 따르면 무인 달 착륙선이 달에 착륙하면 거주구 캡슐이 떨어져나온다. 폭이 몇 미터쯤 되고 길이가 그 두 배쯤 되는 실린더 형태다. 이 캡슐의 해치 한쪽에서는 바퀴가 달린 두 개의 로봇 장치가 나오고, 반대쪽에서는 대형 팽창식 거주구가 설치된다. 지구나 달 궤도상의 우주정거장에서 조종하는 로봇은 레골리스를 파내 3개월에 걸쳐 3D 프린팅과 비슷한 기법으로 팽창식 거주구에 입힌다. 캡슐은 거주구의 에어록 역할을 한다. 가압처리된 거주구에는 햇빛이 투과될 수 있는 둥근 천장이 있을 것이고 네 명이 거주할 수 있다. 거주자들은 미리 조립된 거주구가 완성된 후에 도착한다. 이 계획은 지구에서 성공적으로 실험을 마쳤다.

◆◆◆◆

유럽우주국이 계획하고 있는 달 기지 상상도. 이 팽창식 돔은 조립된 후 달의 레골리스를
재료로 로봇이 3D 프린터를 이용해 만든 막으로 덮이게 되며, 이 막은 우주 방사선과
미소 유성체로부터 거주민을 보호하는 역할을 하게 된다. 거주민을 완벽하게 보호하려면
레골리스 막은 두께가 몇 미터는 되어야 한다.

이 돔은 우주 방사선, 태양 광선, 작은 유성체(매우 큰 문제다), 온도
변화로부터 거주자를 보호해주며 적절한 기압과 산소 등이 있는, 작은 지
구와 같은 환경을 제공한다. 이것들은 거의 모든 태양계 천체에서 우리에
게 필요한 가장 기본적인 요소다. 달에서 이 문제를 해결한다면 약간의 조
정만 거쳐 화성이나 명왕성에서도 같은 방법을 시도할 수 있다. 비슷한 다
른 주거지 계획들에도 돔처럼 생긴 것들이 나오지만 실제로 그 돔들은 대
부분 지하에 묻힌 형태다. 돔의 맨 윗부분만 땅 위로 나와 있는 것이다. 이
런 계획은 처음 구상된 지 몇 십 년이 지났지만 실현하려면 대규모 굴착
작업을 해야 하고 물자도 달로 들여와야 하기 때문에 가까운 미래에 보기
는 힘들 듯하다. 앞에서 말했듯이, 지구의 물자를 지구 밖으로 쏘는 데도
연료가 많이 들지만 무거운 장비와 물자를 공기가 없는 달에 착륙시키는
데도 만만찮게 연료가 든다. 달 현지 자원에 의존하겠다는 유럽우주국의

계획은 프로젝트의 비용과 복잡성을 크게 줄이고 있다. 게다가 이 거주구들은 하나씩 지어진 뒤 지하에서 서로 연결돼 시간이 지나면 마을을 이룰 수도 있다.[15]

레골리스로도 벽돌을 만들 수 있을지 모른다. 벽돌을 제작하려면 보통 물이 필요하다. 하지만 물은 달에서 귀하기 때문에 엔지니어들은 레골리스에 황을 섞어 물 없는 벽돌을 만들거나 레골리스 자체를 고온에 구워 벽돌을 만드는 방법을 생각해냈다. 앞의 방법은 간단하지만 벽돌의 강도가 떨어지고 뒤의 방법은 에너지가 많이 든다. 어떤 방법을 사용하든 공기가 통과하지 못하게 하려면 벽돌에 유약을 바르거나 다른 방법을 써야 한다. 쉬운 일은 아니다.

방사선 문제는 그렇게 해결하면 된다. 하지만 달은 낮에는 엄청나게 뜨겁고 밤에는 엄청나게 춥다. 열을 잡아두고 순환시킬 대기가 없기 때문에 달 표면의 온도는 '낮'에는 127도까지 올라가고 '밤'에는 영하 173도까지 떨어진다. 든든하게 보호되는 주거 시설에 사는 것과 우주복만 입고 밖에 나가는 것은 전혀 다른 이야기다. 나사는 달 착륙을 '새벽', 즉 달 표면이 견딜 수 없는 수준으로 뜨거워지기 전에 할 예정이다. 따옴표를 쓴 이유는 달의 온전한 하루가 지구와 다르기 때문이다. 달의 하루, 즉 달이 자신의 자전축을 중심으로 완전히 한 바퀴 도는 시간은 약 29일, 지구의 한 달에 해당한다[이는 우연이 아니다. 달은 지구와 조석 고정(潮汐固定) 관계에 있어 달의 자전 주기는 달이 지구를 도는 공전 주기와 일치한다]. 따라서 달의 적도에서 새벽은 지구의 며칠에 해당하는 시간 동안 계속된다. 달의 정오는 7일 동안, 해넘이는 14일 동안 지속되며, 밤의 어둠은 2주 동안 이어진다.

이는 아무리 보호를 받는다 해도, 달 표면 대부분이 너무 덥거나 너무 춥다는 뜻이다. 밤 기온이 영하 173도까지 내려가는 현상은 지구에서는 있을 수 없다. 지구에서 측정된 가장 낮은 온도는 소련의 보스토크 남극기지에서 측정된 영하 89도였다. 달의 낮 기온인 127도는 요리할 때나 쓰는 온도다. 이 온도에서는 효율적인 채굴 활동이 힘들다. 로봇은 이 온도를 어느 정도 견딜 수 있을지 모르지만 사람은 그렇지 않다. 또한 2주

동안 어둠이 계속된다는 이야기는 그동안 태양에너지를 얻을 수 없다는 뜻이다. 해가 드는 2주 동안 태양에너지를 저장해도 이어지는 2주의 밤까지 사용할 수 있는 현실적인 방법은 없다. 초기 단계에서는 핵융합 원자로 같은 또 다른 에너지원이 필요할 것이다. 어둠이 계속되면 채소를 재배하는 데도 큰 제약을 받는다.

다른 요인도 있지만 달의 하루 주기는 우주탐사자들이 달의 극지방에 기지를 세우려는 주된 이유이다. 실제로 유럽우주국의 팽창식 돔은 달의 남극 근처에 위치한 섀클턴 크레이터에 배치될 예정이다. 중국도 남극 근처에 거주구를 설치할 예정이다. 남극 근처에서는 온도와 태양광의 양이 거의 일정하다. 지구와는 달리 달에는 계절이 없다. 황도(태양이 움직이는 천구상의 운동 경로)에 대한 달의 자전축 기울기는 1.5도밖에 안 되기 때문이다(참고로 지구는 23.5도다). 달의 남극에서 해가 비치는 지역의 평균 온도는 영하 50도다. 춥지만 어찌어찌 일은 할 수 있는 지구의 남극 수준이다. 더 중요한 것은 극지방 중 고도가 높은 일부에서는 전체 시간의 85~100퍼센트까지 해가 든다는 사실이다. 섀클턴 크레이터 근처에 있는 맬러퍼트 크레이터의 정상 일부에 대한 비공식 지명인 맬러퍼트 산은 '영원한 빛의 정상'일 수도 있다. 천체에서 항상 해가 비치는 곳이라는 의미다. 설령 어떤 곳이 한 달에 하루 또는 이틀 정도 어둠에 잠긴다고 해도 태양열 수집 장치를 극지방의 크레이터 가장자리에 잘 둘러서 배치한다면 일정한 전력을 만들어낼 수 있을 것이다. 이렇게 영구적으로 빛이 비치는 지역은 달의 소유를 금지한 우주조약에도 불구하고 부동산 가치가 높아질 것이다.

달의 극지방 기지가 가진 또 다른 장점은 그림자가 드는 크레이터 안에 얼음이 있다는 사실이다. 주거 시설에서 조금만 내려가면 된다. 물론 수십억 년 동안 깊은 곳에 얼어 있던 물을 이용하는 기술을 개발하기란 쉽지 않을 것이다. 여기서 '물'이란 얼어붙은 상태의 자갈을 뜻한다. 약 5~8퍼센트의 얼음 결정이 포함돼 있을 가능성이 있는 자갈이다. 비교하자면, 사하라 사막의 모래에는 2~5퍼센트의 물이 포함돼 있다. '달의 양극에 얼음이 있다'는 말은 극지방에 빙하가 넓게 뻗어 있어 잘라서 쓰면 될 거라는 상상을 불러일으킬지 모른다. 하지만 달의 얼음에서는 스케이트를 탈 수 없다. 손수레에 가득 실어도 3.8~7.6리터 정도의 물밖에 얻을 수 없을 것이다. 도무지 오아시스라고 보기 어렵다. 채굴한 자갈에서 물을 추출하거나, 자갈을 가열해서 나온 수증기를 모아야 한다. 그렇게 얻은 물은 마시거나 식량을 재배하는 데 쓸 수 있고, 혹은 산소와 수소로 분리시킬 수도 있다. 태양에너지는 이 전기분해에 필요한 전력을 제공할 것이다. 인도의 찬드라얀 1호 우주선의 달 광물 지도화 장치가 10년 전에 보내온 데이터를 다시 분석한 결과, 그림자에 덮인 달의 극지방 크레이터 몇 밀리미터 아래에 전체 무게의 30퍼센트를 차지하는 얼음을 함유한 물질이 있을 수 있다는 희망찬 소식이 전해지기도 했다.

전기분해 과정은 매우 간단하다. 하지만 전기분해는 언 자갈을 발굴하거나 휘발시킬 수 있어야만 가능하다. 이 자갈은 수억 년 동안 햇빛을 보지 못한 데다 온도가 절대 0도(영하 273.15도)보다 40도 정도밖에 높지 않다. 이 정도면 기계로 처리하기가 쉽지 않다. 어쩌면 원자력을 이용한 장비를 써야 할지도 모르고 이 작업을 하는 업체는 특별한 허가를 받아야 할 수도 있다.

달 표면 얼음 채굴의 수익성과는 상관없이, 달의 극지방은 기지를 세우기 좋은 곳이다. 온도가 안정적이고 태양에너지를 이용할 수 있기 때문이다. 다양한 공학, 과학 실험을 할 수도 있다. 이 정도면 좋은 시작이라고 할 수 있다. 하지만 물을 제외한, 수익성이 높을 것으로 보이는 헬륨-3이나 크리프 같은 달의 자원 대부분은 극지방보다 건조하고 더 적대적인 적도 지역에 집중적으로 몰려 있다. 광물도 달의 뒷면에 많이 분포한다. 지구가 결코 볼 수 없는 외로운 곳 말이다.

오래된 농담을 하나 해보자. 취한 사람이 가로등 밑에서 자기 집 열쇠를 찾고 있었다. 뭐하는 거냐고 묻자 그 사람은 길 위쪽에서 열쇠를 잃어버렸다고 대답했다. 상대방이 다시 물었다. "그런데 왜 여기서 열쇠를 찾는 거요?" 취한 사람이 답했다. "여기가 밝으니까 그렇지." 달에 이 농담을 적용해보자. 탐사 작업이 더 진행돼야겠지만 중론은 달의 극지방은 채굴 기회가, 특히 헬륨-3의 채굴 기회가 거의 없다는 데 모아지고 있다. 헬륨-3은 태양에서 온 것이기 때문에 달의 적도 지역에 가장 풍부하다는 이론이다. 하지만 우리는 자원이 풍부하지 않은 극지방에서 채굴 작업을 시작해야 할 것이다. 말 그대로 빛(그리고 물)은 극지방에 있기 때문이다.

✳ 유리 돔이요? 어유, 상상력도 풍부하셔라

달의 과학 기지와 캠프는 처음에는 아주 소박할 것이다. 남극에서처럼 기지와 캠프는 4~8인만을 수용할 것이다. 우선은 생명유지를 위한 자원을 달로 공수해야 한다. 공기, 물, 식량 그리고 온기를. 점점 더 많은 나라와 기업이 달의 부동산에 관심을 가지면서 이런 기지들은 국가 간의 친밀도에 따라 모이게 되고, 규모도 더 커질 것이다. 또한 남극에서처럼 관광도 곧 이어질 것이다.

달에는 어느 정도 중력이 있지만 달에서의 삶은 궤도에서의 삶이 가진 위험 요소들로 가득하다. 우리가 어떤 형태의 피난처를 가질지는 이런 상황에 의해 결정될 수밖에 없다. 과학소설 작가들은 유리로 덮인 거대한 돔을 묘사하곤 한다. 인정한다. 그런 돔에서 나오는 뜨겁고 노란 불빛은 천상의 빛처럼 안락하게 보인다. 하지만 이런 구조물들은 비현실적이고 실현될 가능성이 낮다. 두 가지 이유에서다. 첫째, 앞에서 말했듯이 달에는 태양과 그 너머에서 오는 치명적인 방사선이 가득하다. 일반적으로 빛은 이런 방사선과 함께 들어온다. 지구에서는 최첨단 금속 장치와 여과 물질로 가시광선은 통과시키지만 해로운 방사선은 차단하는 유리를 만들 수 있다. 달에서 이런 유리를 만들 방법이 있을까? 두 번째, 그런 유리를 만든다 해도, 또 주기적으로 달에 쏟아지는 미소 유성체의 충격을 견딜 만큼 그 강도가 뛰어나다 해도, 그런 구조를 유지하려면 엄청난 공학적 노력이 필요하다. 지구에서 가장 강한 유리 구조물도 두께가 10여 미터밖에는 안 된다. 달은 중력이 약하기 때문에 더 큰 구조물을 지을 수 있을지 모르지만 인건비, 건축 자재, 영하 50도의 추위, 공기와 기압이 없는 상황 등의 조건 때문에 최첨단 구조의 설계는 어려울 것이다. 예술적인 건축이 가능하려면 달에서 수십 년 동안 건설 경험을 쌓아야 한다.

◆◆◆◆

모든 우주 정착지의 기본 원칙은 다음과 같다. 처음에는 이글루나 몽골 유목민의 텐트 같은 구조가 세워질 것이고, 이어서 좀 더 넓고 볼 만한 거주 시설이 생길 것이다. 그 다음에야 타지마할 같은 웅장한 건축물이 세워질 수 있다. 물론 이것도 건축 기반 시설이 구축되고, 기본적인 물리학적 문제가 해결된 상태에서, 그런 웅장한 설계를 해야 하는 이유가 있을 때에만 가능할 것이다.

달 위에 그토록 거대한 돔 도시를 세우는 것에 대해 생각해보자. 누구를 위한 도시인가? 누가 달에서 살 것인가? 달의 인구는 중력에 의해 결정될 것이다. 0.16G가 정상적인 임신과 육아, 어린이의 발달을 가능하게 할 정도로 강하지 않다면 그 누구도 달에서 가정을 유지할 수 없다. 그럼 끝이다. 정착은 물 건너가는 것이고, 달은 산업 단지나 과학 공원, 관광지나 은퇴자를 위한 거주지에 머물게 되리라. 그렇게 되면 잠시 달에 머무는 사람들에게는 소박한 건축물만 주어지게 될 것이다.

✵   우주 시대의 원시인

최초의 기지와 캠프는 남극 캠프와 비슷할 것이고 공교롭게도 달의 극지방에 건설될 것이다. 달 극지방의 온도는 지구 양극의 겨울 온도와 거의 비슷하다. 온도와 방사선이 만드는 혹독한 환경 때문에 작업자들은 24시간 주기로 몇 시간밖에 실외 활동을 하지 못할 것이고 작은 돔 형태의 거주구에서 살게 될 것이다. 거주구 안에서의 생활은 방의 수만 더 적을 뿐 현재의 남극기지 생활과 매우 비슷할 것이다. 아니면 방의 수가 더 많은 국제우주정거장에서의 생활과 비슷할 수도 있다. 작업자들은 지구의 16퍼센트밖에 안 되는 중력의 영향을 떨쳐내기 위해 열심히 운동을 해야 할 것이다. 기반 시설 건설이나 과학 실험을 하면서 하루 종일 바쁘게 지내리라. 좋은 점 하나는 보름달의 여섯 배 크기로 보이는 환상적인 지구의 모습을 즐길 수 있다는 것이다. 귀찮은 일 중 하나는 정전기 때문에 아무 데나 달라붙는 유독한 달 먼지가 아닐지.

역사를 참고해 생각한다면, 달 작업자들은 거의 남성일 것이다. 현재도 오지 채굴장이나 과학 시설의 상황은 비슷하다. 1970년 이전에는 남극에 여성이 간 적이 거의 없다. 1980년이 되자 성비는 20대 1 정도로 변화했다. 하지만 2015년이 되자 여성은 남극 인구의 약 4분의 1을 차지하게 됐다(이것은 추정치다. 사람들이 워낙 빈번하게 남극을 들락거리기 때문이다). 최근 들어 일부 과학 분야에서 성 평등이 구현되고 있기는 하지만 달에서 주된 활동이 될 채굴과 자원 추출 산업에서는 아직 그렇지 못하다. 달은 노스다코타주의 석유 채굴 지역인 배컨과 같은 무법천지가 될까? 2006~2012년 배컨에서는 대거 유입된 남성 노동자들이 범죄, 폭력, 폭음, 불법 성행위 등을 저질렀다. 이것은 그냥 추측이지만 남극에서도 기지를 둘러싼 얼음만큼이나 깨끗하게 일이 진행될 것 같지는 않다.

잠재적인 달 거주자들을 혈거인으로 묘사할 생각은 없다. 하지만 달 거주자들이 늘어나면 이들은 동굴에서 살게 될 가능성이 매우 높다. 우리 조상들이 10만 년도 더 전에 살았던 그 동굴 말이다. 더 정확하게 말하면 용암 동굴, 즉 수십억 년 전 초창기의 달이 형성되는 동안 용암에 의해 파인 지하 터널이다. 우리가 원하는 곳(물이나 다른 가치 있는 자원이 있는 곳)에서 용암 동굴을 발견할 가능성은 매우 낮다. 우리가 달로 귀환하고 난 뒤 10년 동안은 특히 그럴 것이다. 따라서 가까운 미래에는 간단한 기지와 인간이 만든 지하 연결통로가 그 역할을 해야 한다. 하지만 수백 명, 수천 명을 수용하려면 방법은 용암 동굴밖에 없을 것이다. 특히 달의 교통 시설이 작업자들을 원하는 곳으로 수송할 수 있을 만큼 잘 갖춰진다면 더 그럴 것이다.

지구의 동굴처럼 달의 용암 동굴도 넓고 평평하고 폭이 수백 미터가 넘어 이용하기 좋을 수 있다. 이런 용암 동굴은 방사선, 유성체로부터 사람들을 지켜주는 완성된 피난처로 기능할 것이고, 영하 20도 정도로밖에 온도가 떨어지지 않기에 어느 정도는 온도의 영향을 피하는 용도로도 쓸 수 있다. 우리가 할 일이라곤 이 동굴들의 입구를 막고 기압을 유지하는 정도가 전부일지 모른다. 그렇게만 해도, 비록 지하일지언정 정상적인 생활을 누릴 수 있다. 인공조명에 의존해야 할지도 모르지만 사실 이런 용암 동굴에는 자연적인 채광창이 있다. 나사의 달 정찰 인공위성은 달의 지하 동굴에 뚫린 수백 개의 구멍을 발견했다. 일본의 셀레네 달 탐사선은 달

북반구의 바다인 폭풍의 대양의 마리우스 언덕에서 길이 50킬로미터, 폭 100미터의 동굴로 보이는 지하 구조를 발견했다.

이런 자연적인 구멍들을 막으면 기압이 유지되는 거대한 피난처를 만들 수 있다. 아폴로 11호 착륙 위치에서 몇 백 킬로미터 떨어진 고요의 바다에 있는 구멍은 캠프나 호텔을 세울 수 있는 후보지 중 하나다. 폭 90미터에 평평한 표면까지의 깊이가 107미터인 이 구멍은 스포츠 경기장처럼도 보이는데, 이 정도 깊이면 바닥에 있는 사람은 태양 방사선을 쬐지 않아도 되고 대부분의 우주 방사선도 피할 수 있을 것 같다. 거울을 이용하면 2주간 이어지는 달의 낮 동안 지하 영역에 햇빛을 비출 수도 있을 듯하다. 바닥은 생활이 가능할 정도로 밤과 낮의 온도 변화(영하 20~영상 30도)가 적당해 보인다.

호흡을 해야 한다는 사실을 잊지 마라. 달에는 공기가 없지만 달의 레골리스에는 산소가 풍부하다. 질량 기준으로 최대 45퍼센트가 산소다. 하지만 이 산소는 SiO_2, TiO_2, Al_2O_3, FeO, MgO 같은 광물 속에 갇혀 있다. 이런 광물을 채굴하면 우리가 마실 산소를 얻을 수 있을 것이다. 이 사실은 물(그리고 물이 포함한 산소)이 적은 극지방 외의 지역에서 중요하다. 나사는 '현지 자원 이용(in situ resource utilization, ISRU)' 방법을 통해 산소를 만들어내는 시험을 진행 중이다. 물이 풍부하다면 물을 쪼개서 산소와 수소를 얻을 수 있다. 앞으로 다룰 온실 식물의 이산화탄소/산소 사이클을 이용하는 방법도 있다. 레골리스를 약 900도까지 가열한 뒤 (달로 가져온) 수소와 섞어 물을, 다시 물을 가지고 산소를 만들어낼 수도 있다. '선구형 현지 달 산소 시험대(Precursor In-situ Lunar Oxygen Testbed, PILOT)'가 이런 프로젝트 중 하나다. 1년당 산소 생산량을 1,000킬로그램으로 일정하게 유지시켜 달 기지에 필요한 산소를 공급하려는 프로젝트다.

★ 달에 테마파크를 짓는 신기한 방법

이제 좀 재미있는 이야기를 해보자. 관광이다. 달은 미래에 틀림없이 관광지가 될 테니까.

150년 전에 아프리카 사파리에 갔듯이 사람들은 달에도 2주짜리 여행을 가게 될 것이다. 처음에는 부유층이 약간의 위험을 안고 갈 것이다. 적어도 처음에는 아이들은 가지 않을 것이다. 몇몇 기업들은 이미 가능성을 타진하고 있다. 달 여행은 근접 비행이라는 형태로 시작할지도 모른다. 지구 저궤도 관광이 자리를 잡는 2020년대 초반이면 가능해질 것으로 보인다. 달까지 비행만 하고 착륙은 하지 않는 건 지구 위 수백 킬로미터 높이의 궤도를 돌다 우주 호텔로 가는 것보다 쉽고 비용도 많이 들지 않기 때문이다. 2018년 스페이스 X는 첫 번째 유료 고객을 발표했다. 온라인 의류 판매 사업으로 큰 부호가 된 일본인 마에자와 유사쿠다. 마에자와는 '디어 문(Dear Moon)'이라는 프로젝트를 위해 다섯 명의 아티스트와 동승할 예정이다. 스페이스 X의 BFR을 타고 가는 이 여행은 2023년이면 가능해질 것이다.

이제 21세기 중반 무렵의 실제 관광이 어떤 모습일지 상상해보자.

달 관광이 스키를 타러 휴양지로 가는 것 정도로 안전하고, 편안하고, 저렴해지는 때가 올 것이다. 호텔리어들은 오랫동안 그날을 꿈꿔왔다. 콘래드 힐튼의 아들 배런 힐튼은 1967년 미국 천문학회 회의에서 달에 힐튼 호텔을 세우겠다는 계획을 발표했다. 암스트롱과 올드린의 달 착륙 2년 전의 일이다. 힐튼은 모형 객실 열쇠, 예약 카드를 포함한 구체적인 설계안까지 가지고 있었다. 인터넷으로 예약을 하는 시대가 올 줄은 몰랐던 게 확실하지만 말이다. 지금도 우주 호텔에 대해 이야기하는 것이 50년 전처럼 우스운 일일까? 과감하게 아니라고 나는 말하고 싶다. 지금은 우주 호텔을 가능하게 만들 기술이 있기 때문이다.

앞에서 말했듯이 달에 대형 돔 호텔을 짓는 일은 공학적으로 매우 힘들 것이다. 더 합리적인 선택은 관찰용 돔이 달린 소박한 호텔을 지하에 짓는 것이다. 어느 정도는 방사선에 노출되면서 한 번에 몇 시간 정도 머무는 호텔이다. 물론 창문은 반드시 있어야 한다. 달에서 보는 풍경은 관광객이 누릴 수 있는 세 가지 기쁨 중 하나니까. 나머지 둘은 낮은 중력과 역사적인 장소들이다. 먼저 풍경에 대해 이야기해보자.

'장엄한 폐허', '지구상 그 어떤 곳보다 더 황폐한'이라는 말이 있다.

◆ ◆ ◆ ◆

버즈 올드린이 달을 두고 한 말이다. 달에 가고 싶게 만드는 말로는 들리지 않지만, 미국의 배드랜즈 국립공원이나 아프리카의 사하라 사막 같은 곳에는 분명히 모종의 아름다움이 있다. 이들과 달의 유일한 차이점은 달은 전체가 칠흑 같은 하늘에 덮인 황폐한 곳이라는 사실이다. 달은 대체로 바다, 고지대, 크레이터(충돌구)로 구성돼 있다. 바다라고 부르는 이유는 지구에서 볼 때 바다처럼 보이기 때문이다. 사실은 아주 오래된 화산 분출로 형성된 매우 건조한 평원이다. 고지대는 바다보다 고도가 높은, 별다른 특징 없는 평원이다. 그리고 크레이터는 오래전에 소행성과 혜성이 충돌해서 생긴 흔적이다. 거대한 달의 크레이터 가장자리에 서서 그 크레이터를 만든 충돌에 대해 생각해본다면 분명 탄성을 지르게 될 것이다.

하지만 달에서 볼 수 있는 진정으로 아름다운 것은 아마 지구일 것이다. 지구는 하늘에 떠 있는 거대한 공, 지구에서 보는 태양과 달보다 최대 여섯 배는 더 큰 공으로 보일 것이다. 달에서는 지구가 한 달 동안 커졌

달 궤도를 도는 아폴로 8호에서 본 '지구가 뜨는' 모습. 1968년 12월 24일 우주인 빌 앤더스가 찍은 이 역사적인 사진은 우주에서 지구를 찍은 최초의 사진 중 하나로 우리의 행성 지구의 아름다움과 연약함을 잡아내고 있다.

◆◆◆◆

다 작아졌다 하는 모습으로 보일 것이고, 지구 위의 구름들이 이루는 무늬와 대형 폭풍의 모습도 확인할 수 있을 것이다. 게다가 지구는 낮이나 밤이나 항상 보일 것이다. 이런 풍경은 과거나 미래의 어떤 '식민지'와 비교해도 독특한 풍경이 아닐 수 없다. 이는 물론 달의 밝은 면에서 본다는 전제에서다.

달에는 공기가 없기 때문에 별이 깜빡이거나 왜곡된 상태로 보이지 않는다. 별은 지구에서 보는 것보다 약간 더 커 보이고 색깔이 더 선명해진다. 또한, 빛 공해가 거의 없기 때문에 육안으로 더 많은 별이 보일 것이다. 전기를 사용하기 전에 인류가 보던 하늘과 비슷하리라. 지구가 태양을 가리는 일식도 기대할 수 있다. 그 누구도 보지 못한 장관일 것이다.

중력이 약하기 때문에 일어나는 일도 아주 재미있을 것이다. 기압이 유지되는 안전한 호텔에서는 인공 날개를 퍼덕이며 말 그대로 날아다닐 수도 있다. 연습도 해야 하고 힘도 좀 들겠지만, 0.16G 환경에서는 두 팔로 퍼덕거리면서 날아다니는 게 이론적으로 확실히 가능하다. 공중으로 3미터를 뛰어오를 수도 있다. 별로 위험하지 않다. 표면에 떨어질 때도 천천히 떨어지기 때문이다. 지구에서 들던 무게의 여섯 배를 들 수도 있다. 친구를 한 손으로 잡아서 던질 수도 있다. 달에서 느낄 수 있는 재미의 대부분은 격한 스포츠의 형태를 띨 것이다. 저중력과 트램펄린이 결합되면 엄청난 높이까지 올라갈 수 있다. 하지만 이상하면서도 재밌는 것 중 하나는 모든 것이 천천히 움직인다는 느낌일 것이다. 낮은 중력 상태에서는 경사진 곳을 지구에서의 약 6분의 1 속도로 내려가게 된다. 저글링도 더 쉬울 것이다.

해리슨 슈미트는 달에서는 스키도 타기 쉬울 것이라고 생각한다. 그는 달 표면에서 흔히 보는 깡충거리는 동작으로 뛰지 않고 크로스컨트리 스키 동작으로 달의 토러스-리트로 계곡을 여기저기 돌아다녔던 사람이다. 그는 파트너인 유진 커넌에게 "스키를 가져올걸"이라고 말하며 스키 타는 흉내를 내기도 했다. 슈미트는 달의 지형을 가로지르는 크로스컨트리 스키, 햇빛이 들어 너무 춥지 않은 크레이터로 내려가는 스키 슬로프를 상상하고 있다. 일단 스키를 타다 나무를 들이받을 일은 없을 것이다.

◆◆◆◆

이제는 밖에서 놀 때 직면할 수 있는 위험한 상황에 대해서도 알려 주겠다. 당신은 뛰거나, 혹은 스키를 타면서 석양을 추월해버릴 수 있다. 달에서는 해가 매우 천천히 지기 때문에 적도에서 서쪽으로 시속 16킬로 미터 속도 이상으로 움직이면 어둠보다 몇 발자국 앞선 상태를 유지할 수 있다. 이 속도를 계속 유지하지는 못하겠지만, 지구에서는 태양을 앞서려 면 비행기를 타야 하는 것과 꽤 다른 점이다. 당신은 스키 캠프와 이 사실 을 자랑해 친구들의 부러움을 살 수 있을지 모른다.

초기 관광객들은 극지방 캠프에서 머물 가능성이 높다. 극지방 관광 의 가장 큰 단점은 거의 영구적인 빛을 내는 별들을 제한적으로밖에 볼 수 없다는 것과 역사적인 장소들, 즉 아폴로 우주인들이 방문했던 여섯 장소 에서 멀다는 것이다. 아폴로 11호가 착륙했던 고요의 기지 근처의 고요의 바다에 호텔을 세운다면 얼마나 좋을까. 거기는 볼 것도 많다. 최초의 인 간 발자국, 펄럭이지 않는 미국 국기, "AD 1969년 7월, 지구 행성에서 온 사람들이 달의 이곳에 발을 디디다. 우리는 온 인류를 위해 평화적으로 왔 다"라고 쓰인 팻말이 세워진 이글호의 착륙 장소 등등. 다 합치면 약 100 여 개 물체가 최초의 달 착륙 때 달에 남겨졌다. 대부분은 기념품, 도구, 장비 같은 것들이다. 뉴멕시코 대학의 달 유산 프로젝트는 지도를 포함해 알려진 모든 물품의 전체 리스트를 가지고 있다. 이 물품들은 모두 소유할 경우 우주조약을 위협할 정도의 위치에 오를 것이다.

다른 착륙 장소 다섯 곳은 미국인 관광객에게 특히 역사적인 관심을 불러일으킬 장소다. 월면 운반차 세 대가 아직도 현장에 주차돼 있다. 또 한 러시아, 일본, 유럽, 중국, 인도의 (종종 의도적으로 파괴되기도 하는) 무인 우주선 착륙 지점은 해당 나라의 관광객들이 방문하게 될 것이다. 아 폴로 12호 착륙 지점인 폭풍의 대양 내부에 있는 인식의 바다는 특히 흥미 를 끄는 곳이 될 것이다. 달 박물관이라는 작품이 거기 있기 때문이다. 이 작품은 2센티미터 정도 세라믹 기판에 미술가 로버트 라우선버그, 데이비 드 노브로스, 존 체임벌린, 클라스 올든버그, 포레스트 마이어스, 앤디 워 홀이 간단한 그림을 새겨놓은 것이다. 워홀이 새겨넣은 것은 남성 성기 또 는 로켓이다. 이 기판은 달 착륙선의 다리 중 하나를 감싸는 소재에 끼워

◆ ◆ ◆ ◆

넣어졌다는 말이 있다. 이 기판은 실제로 존재한다. 이름은 밝혀지지 않았지만 나사와 계약 관계에 있던 엔지니어 중 한 명의 손에 있었던 것은 확실하다. 문제는 그 엔지니어가 이 예술 작품을 달 착륙선에 진짜로 끼워 넣었는가의 여부다. 일단 마이어스의 증언에 따르면, 그 엔지니어는 자신이 그랬노라고 주장했다고 한다.

★   마실 다니기

　달에서 호텔을 유지하는 것은 보통 노력으로는 힘들 것이다. 직원과 물품 부족이 주된 이유다. 낮은 중력이 건강에 어떤 영향을 미칠지에 따라 달라지겠지만, 호텔 직원은 남극에서처럼 한 번에 1~2년을 달에서 살게 될 것이다. 관광객을 인솔하는 일을 할 수도 있다. 어쩌면 사람들을 달로 데려다준 승무원들이 가이드 역할도 겸할지 모른다. 역사적인 착륙 지점에서 다른 착륙 지점으로, 용암 동굴에서 다른 용암 동굴로, 다른 마을로 이동하려면 기반 시설이 고도화돼야 할 것이다. 달에는 공기가 없어서 비행기가 뜰 수 없다. 제트팩을 이용하는 건 불가능한 일은 아니지만 연료가 많이 든다. 탐사차나 운반차는 골프 카트 속도로 움직이기 때문에 시간과 식량, 보호 장치가 충분하지 않을 경우 모래투성이의 언덕들을 몇 킬로미터씩 가로질러 다니기에 적합하지 않다. 자기부상 열차가 이상적일 수 있다. 공기저항이 없기 때문에 자기부상 열차는 비행기만큼 빠르게 움직일 것이다. 가압 처리된 열차 객실은 매우 편안할 것이다. 레일은 달 현지의 철로 만들면 된다. 하지만 적대적인 환경에서 철을 추출해 레일을 놓는 데 필요한 노동력을 고려하면 몇 년은 걸릴 것이다.

　달에서의 운송은 가압 처리가 이뤄진 바퀴 달린 탐사차 형태로 아주 단순하게 시작될 것이다. 과거 달 표면차(LRV)로 알려졌던 아폴로 시대의 운반차는 최고 속도가 시속 16킬로였다. 그 이상 속도를 내는 것은 어려울 수도 있다. 0.16G 환경에서는 정지 마찰력이 줄어들고 달 먼지가 차의 바퀴 골과 하부 몸체로 날아들기 때문이다. 수백 킬로미터씩 떨어진 기지와 기지 사이에서 차가 고장 나는 것은 작은 일이 아니다. 그 상태에서 보급품이 떨어지고 추위나 더위가 덮치면 사실상 죽는 것이다. 2주일 분량의 충분한 보급품을 실을 수 있는, 느리지만 일정하게 움직이는 탐사차가 개발된 상태지만 지구에서 가져와야 한다. 이런 차를 달까지 운반하려면 엄청난 비용이 들 것이다. 또한 처음 10년 정도는 수요는 많은데 공급은 거의 없는 상태가 계속될 것이다.

실현 가능하면서도 비교적 간단한 운송 방법은 스키장에 있는 케이블 시스템을 이용하는 것이다. 곤돌라는 유독한 먼지 위에서 움직일 수 있다는 장점이 있다. 속도도 빠른 편이다. 공기저항이나 옆바람이 없기 때문이다. 콘크리트(그리고 콘크리트를 만들기 위한 귀중한 물)가 필요한 도로, 철과 침목이 필요한 레일과 달리 케이블 시스템은 달 표면 여기저기에 전략적으로 배치된 지지 기반만 있으면 된다. 좀 더 비현실적인 아이디어로는 달 호퍼(lunar hopper)가 있다. 아직 존재하지 않기 때문에 묘사하기가 어렵다. 차에 스프링 다리 네 개를 달아 먼 거리를 마치 벼룩이 점프하듯 이동한다는 발상이다. 달은 중력이 약하기 때문에 차량이 점프하기도, 착륙하기도 쉽긴 하다.

운송 기반 시설이 자리를 잡을 때까지, 달 표면 작업자들은 기지에서 반경 십여 킬로미터 범위에서만 일하게 될 것이다. 달 운반차, 제트팩 또는 간단한 장치를 이용하면 몇 시간 안에 갈 수 있는 거리다. 이런 상황은 달에서 편안한 삶을 누리게 해줄 근사한 건물을 짓는 건 물론이려니와, 관광 개발조차 제약하고 연기시킬 것이다. 간단히 말하자면, 남극에서 일하는 사람들처럼 달에서도 사람들은 기지에 갇히게 될 것이다.

✱ 역시 불안한 건강 문제

앞서 언급했듯이 달에서 살면 수없이 많은, 치명적인 건강 위험에 노출된다. 적절한 피난처가 있다면 이런 위험들은 완화될 수 있다. 하지만 달의 약한 중력은 문명 발달에 걸림돌이 될 가능성이 매우 높다. 중력은 제2장에서 다뤘다. 약한 중력 상태에서 장시간을 보낸 달 방문자들은 지구의 강한 중력에 두 번 다시 적응하지 못할지도 모른다. 아마 과학으로는 밝힐 수 없는, 어떤 돌아올 수 없는 지점이 있을 것이다. 추측컨대 달에서 10년을 지내고 나면 몸은 지구에서의 삶에 두 번 다시 적응하지 못할 것이다. 지구에 돌아오자마자 뼈가 부서질지도 모르니까. 지구 중력보다 작은 중력의 장기적인 효과에 대해서는 아무것도 알려진 것이 없다.

궤도를 도는 도시에 대해서는 제3장에서 이야기했다. 이런 우주 주거 시설은 달 기반 시설보다 훨씬 많은 이점을 제공한다. 중력을 조작할 수 있기 때문이다. 궤도를 도는 장치 전체를 회전시켜 지구 중력을 모방할 수도 있다. 문제는 달 표면에서 장치를 회전시키는 일이 너무 어렵다는 것이다. 그러려면 쇼핑몰 크기의 회전 놀이기구 같은 장치를 만들어 그 장치에 탄 사람, 즉 달 거주자가 원심력을 중력처럼 느끼게 만들어야 한다. 사실상 불가능하다. 만화영화에서나 가능한 일이다.

또 하나의 문제는 "왜"다. 왜 공기와 물, 선명한 빛깔도 없는 달에서, 그것도 지하에 있는 거대한 놀이기구 같은 장치에서 평생을 살아야 한단 말인가? 달 이곳저곳을 제대로 탐험하지도 못할 테고, 아이를 제대로 키우기도 어려울 텐데. 그게 무슨 장점이 있을까? 방문하는 건 좋다. 하지만 첫 방문에서 느낄 참신함은 곧 사라질 것이다. 수십만 또는 수백만의 사람들이 달에서의 이런 삶에 매력을 느낄까? 지구에서 극도로 빈곤한 삶을 사는 것도 비참하지만 최소한 지구에는 중력과 공기라도 있다.

중력이 약하다는 문제를 차치하고도, 달에서는 유독한 달 먼지를 피하는 일도 쉽지 않다. 사실, 풀풀 날리며 쉽게 닦아낼 수 있다는 인상을 주는 '먼지'라는 말은 달 먼지를 설명하기에 부족하다. 달 먼지는 면도날처럼 날카롭고 석면처럼 거친 물질이기 때문이다. 달 먼지가 이렇게 된 것은 미소 유성체와 방사선의 폭격이 레골리스를 갈아 미세 무기로 만들었기 때문이다. 초기 인간이 돌을 부숴서 창촉을 만든 것과 비슷하다. 또한 달에는 액체 상태의 물이 없기 때문에 레골리스가 침식돼 동글동글하게 변할 일도 없었다.

과학자들은 이 달 먼지가 호흡을 통해 몸으로 들어오면 폐 세포를 죽이거나 복구 불가능한 DNA 손상을 일으킨다는 사실을 발견했다. 용어를 만든다면 '달 레골리스 진폐증' 정도 될 것 같다. 아폴로 우주인들은 달 표면에서 얼마 안 되는 시간만을 보냈지만 달 먼지에 노출돼 고통을 겪었다. 해리슨 슈미트는 우연히 달 먼지를 들이마셨는데, 하루 동안 건초

열 증상을 겪었다. 달 먼지는 피하기가 힘들다. 전하를 띠고 있어 아무 곳에나 달라붙는 데다, 낮은 중력 환경에서는 한 번 떠오르면 가라앉는 데시간이 오래 걸리기 때문이다. 훨씬 더 두려운 것은, 정전기 부상(electro-static levitation)이라 불리는 현상에 의해 달 먼지가 지표 몇 미터 위에서 분수나 강줄기 형태로 일어나는 상황이다. 이 경우 달 먼지 속에서 놀지 않더라도, 그냥 밖에서 걷기만 해도 우주복에 달 먼지가 달라붙을 수있다. 거주구에 들어갈 때 이 달 먼지도 같이 들어가게 되는 것이다.

달에서 걸었던 마지막 우주인인 유진 커넌은 1973년의 아폴로 17호기술 보고서에서 달 먼지 문제의 심각성에 대해 이렇게 언급했다. "달 먼지는 달에서의 정상적인 활동에 가장 큰 걸림돌 중 하나라고 생각한다. 달 먼지만 제외하면 생리적, 물리적, 공학적, 기계적인 문제는 극복할 수 있을 것이다." 달 먼지는 우주인의 지퍼를 고장 내 우주복의 안전성을 위협하기도 했다. 커넌과 슈미트가 조금만 더 달에 머물렀다면 우주복과 장비가 망가질 수도 있었다. 이 일은 가장 길었던 마지막 아폴로 미션 때까지 문서화되지 않았기 때문에 나사는 장기 달 거주자는커녕 우주인의 안전을 유지하는 데도 어느 정도 수준의 보호가 필요한지 알지 못했다. 우주 먼지는 피하는 법을 알고 있는 태양 방사선이나 우주 방사선과는 대조를 이룬다. 달 먼지로부터 보호를 받으려면 석면 제거에 쓰이는 것과 비슷한 오염 제거 배기 시스템이 필요할 것이다. 달에서의 생활이란 이런 것이다.

※ **달에서 먹을거리 키우기**

다음으로 식량 안전 문제가 있다. 달에서 펼쳐지는 다른 대부분의 활동처럼 식량 생산을 위해서도 피난처가 있어야 한다. 즉, 달 표면이 아니라 지하에서 식량을 재배해야 한다는 뜻이다. 하지만 과학자와 공학자들은 이 문제에 대해 상당한 수준의 성과를 낸 상태다. 예를 들어 애리조나 대학 통제환경 농업연구소는 튜브 모양의 달 온실을 만들어냈다. 길이 5.5미터 높이 2.2미터의 온실로 하루에 식량 1,000킬로칼로리를 생산할 수 있다. '생물학적 재생 생명유지 시스템(BLSS)'이라는 이름의 이 온실은 또한 우주인 한 명에게 필요한 공기와 식수를 100퍼센트 공급할 수 있다. 이 폐쇄 루프 시스템에서 식물은 인공조명을 받아 수경 재배되며, 식물 성장에 필수적인 질소, 칼륨, 인이 포함된 영양염(nutrient salt)으로 영양을 공급받는다. 이렇게 자라난 식물은 우주인들이 마실 산소와 물을 생산한다. 물론 식물 자체를 먹을 수도 있다. 물과 산소를 마신 우주인들은 이산화탄소, 오줌, 똥을 배출하고, 이것들은 다시 시스템 안으로 유입된다. 간단하게 말하면, 소형 생물권을 만들고 이 생물권을 달 거주지에 집어넣음으로써 잠수함이나 국제우주정거장에서 사용하는 산소/이산화탄소 교환기 같은 대형 기계가 필요 없도록 만든다는 뜻이다. 먹는 식량은 그대로 공기와 물이 된다.

생물학적 재생 생명유지 시스템의 개발을 이끈 진 자코멜리에 따르면 이 시스템은 킬로와트시당 26그램의 신선한 바이오매스를 생산할 만큼 효율이 높아 태양 전지판이 만드는 전기만으로도 구동할 수 있다. 적어도 달의 낮 동안은 그렇다. 달 표면 자연광에 식물이 노출되면 사람이 그러하듯 해로운 방사선을 뒤집어쓰게 된다. 해가 전체 시간의 80퍼센트 이상 동안 비치는 달의 극지방에서 반사되는 태양광을 이용해 온실을 만들 수도 있다. 하지만 그러려면 지구상의 대형 온실과 닮은 구조물을 만들기 위해 레골리스를 대량으로 채굴하는 큰 공사를 해야 할 것이다. 달에 기반 시설이 구축된다면 그 정도 크기의 온실을 짓는 것도 가능할지 모른다. 생물학적 재생 생명유지 시스템의 미덕은 제한된 공간에 곡물을 차곡차곡 배치하고 조명을 제공함으로써 공간 대 수확량의 비율을 매우 효율적으로 극대화시킨다는 데 있다. 게다가, 생물학적 재생 생명유지 시스템은 팽창식이고 달까지 운반하기에도 비교적 가볍다.

자코멜리 연구 팀은 식량과 산소 두 가지를 모두 제공할 식물을 재배하는 생물학적 재생 생명유지 시스템이 포함된 4인용 달 거주구를 설계했다. 식량은 더 공수돼야 할 것이다. 열심히 일하는 우주인은 하루에 3,000킬로칼로리를 소비할 테니까. 식물 재배용 조명과 영양분도 정기적으로 갈아줘야 한다. 하지만 식량을 3분의 1만 적게 공수해도 초기 달 미션의 비용을 줄일 수 있고, 곡물과 저장 식품이 있는 상태에서 신선한 음

◆◆◆◆

애리조나 대학 통제환경 농업연구소에서 설계한 달 온실 모형. 길이 5.5미터, 높이 2.2미터 크기의 원통형인 이 모형은 가볍고 팽창이 가능해 달이나 화성의 지하에서 사용될 수 있을 것이다. 이 모형은 한 사람에게 필요한 산소 100퍼센트와 1,000킬로칼로리의 열량을 공급하도록 설계됐다.

식까지 쉽게 먹을 수 있다면 심리적인 상승효과도 노릴 수 있다. 지구에 있는 생물학적 재생 생명유지 시스템 모형은 녹색 잎채소, 딸기, 토마토, 고구마를 온전히 실내에서 재배할 수 있다. 이 모형은 실외에서 기르는 것보다 효율이 높다. 애리조나 대학 연구 팀이 온도, 습도, 영양분 공급, 해

◆ ◆ ◆ ◆

충을 통제하기 때문이다. 잡초를 뽑을 필요도 없다.

　애리조나 대학의 생물학적 재생 생명유지 시스템은 모형 중 하나일 뿐이다. 하지만 나사가 100퍼센트 외부 공수가 아닌 추가적인 현지 식량 생산 쪽으로 방향을 잡는다면 결국 나사는 이 모형 또는 이것과 비슷한 자급자족 시스템을 사용하게 될 것이다. 이 장 앞부분에서 언급한 중국의 웨궁 1호 실험에선 단백질과 지방 공급을 위해 콩을 비롯한 다양한 곡물이 포함돼 있었다. 중국 방송에 따르면 연구 팀은 이 시스템의 효율이 98퍼센트에 이른다고 주장한다. 실험을 시작할 때 단 2퍼센트만 시스템에 보급하면 된다는 뜻이다. 사실이라면 매우 놀라운 일이다. 이 프로젝트의 기술적인 세부 사항에 대해서는 거의 알려진 것이 없다. 또한 이 팀의 누구도 내 질문에 답하지 않았다. 공개된 자료에서는 에어록이 보이지 않기 때문에 산소/이산화탄소 사이클의 완전성이 불분명해 보인다.

　다른 나라 팀들도 달 레골리스 모조 물질에서 식량 재배를 시도하고 있다. 아직까지는 별 성과가 없다. 식물이 싹은 트지만 잘 자라지 못하기 때문이다. 만일 수경 재배법이 공간과 물의 할당이라는 면에서 효율이 뛰어나다면, 굳이 레골리스에서 식물을 재배해야 하는지에 대해 의문이 제기될 것이다. 다양한 곡물, 심지어는 뿌리채소도 수경 재배 시스템에서 기를 수 있다. 또한 레골리스 모조 물질은 레골리스가 아니다. 효과적인 수경 재배 시스템으로 달 정착을 준비하고, 달에 가서는 다른 형태의 농경을 시도하는 것이 더 합리적일 수 있다.

　게다가 달이 지구와 가깝다는 사실은 많은 사람을 먹이기 위해 대규모의 달 농경을 시도하는 데 따를 무수한 장애 요소들과 결합되면서 식량의 100퍼센트를 달 농경으로 해결해야 할 필요성을 없앨 가능성이 높다. 남극에서처럼 식량 대부분을 공수하는 것이 더 쉬울 수 있다는 뜻이다. 달에 많은 인구가 살게 된다는 것은 달에 가는 비용이 싸졌다는 말이다. 따라서 달로 공수되는 식량도 그렇게 비싸지 않을 수 있다. 자체 생산으로 수천 명을 먹이려면 그 사람들 각자가 생물학적 재생 생명유지 시스템을 소유하고 관리해야 한다. 아니면, 전통적인 온실을 달의 지하에 만들고 정교하게 반사된 자연광을 식물에 공급할 수도 있다. 달에는 탄소, 질소,

수소가 부족하기 때문에 농경에 필요한 물질의 기초를 제공하려면 이런 원자들을 적어도 한 번은 대량 공수해야 할 것이다. 또 다른 장애물은 수분(受粉)을 손으로 해야 할 거라는 사실이다. 자기권이 없고 중력도 낮은 상태에서 벌이나 다른 곤충은 번식은커녕 날 수도 없을 것이다. 0.16G 환경에서는 가축을 기르는 것도 불가능할 것이다. 물이 충분하다면 균류를 키우는 건 가능하다. 조류(藻類)를 통에서 키울 수도 있다. 조류, 맛있을 것 같다.

✳   맨몸으로 뛰놀 수 있는 달을 만들어볼까요
    다른 위성이나 행성에서 살면 호텔, 잘해야 실내 쇼핑몰에 갇혀 사는 느낌일 것이다. 결코 바깥나들이를 경험하지 못할 테니까. 사실, 밖에 있어도 밖에 있는 것이 아니다. 공기, 압력, 방사선 등의 이유로 우주복에 갇혀 있어야 하니 말이다. 바람에 머리칼이 흔들리는 일 따윈 없다. 실내 선풍기 바람이 머리칼에 스칠 순 있지만 그건 실제 바람이 아니다. 비가 오는 일도 없다. 달을 테라포밍하지 않는 한 그렇다.
    달을 테라포밍한다는 것은 보호 장비 없이 밖을 걸어 다닐 수 있는 미니 지구를 만든다는 뜻이다. 하지만 테라포밍은 짧아도 몇 백 년이 걸리는 일이다. 달을 테라포밍한다는 계획은 눈부신 공학 기술과 형편없는 논리가 결합된 결과라고 할 수 있다. 테라포밍을 하려면 우선 대기를 만들어야 한다. 대기를 만들기 위해 먼저 생각할 수 있는 방법은 (모종의 수단으로 태양계 끝자락에서 가져온) 혜성 50~100개를 달에 충돌시키는 것이다. 그렇게 하면 토양에 갇힌 산소를 공기 중으로 해방시키는 동시에 귀한 물로 들어찬 대양을 만들어내고 질소의 양도 크게 늘릴 수 있다. 또한 자전 주기를 24시간으로 수정할 수도 있을 것이다. 하지만 이렇게 조율된 파괴를 일으키려면 달에 사는 사람들을 100년 정도 대피시켜야 한다. 그러고서도 대략 1,000년에 한 번씩 이 짓을 반복해야 한다. 달에는 자기권이 없기 때문에 비교적 짧은 시간 안에 대기권 거의 전부를 날려버릴 수 있는 태양풍으로부터 보호를 받을 수 없기 때문이다. 또한, 이 모든 일을 할 수 있는 기술을 보유했다면 인류는 아마도 중력 크기를 자유롭게 조절할 수 있는 대형 궤도 도시를 건설할 가능성이 높다. 확실히 말하지만, 달을 테라포밍한다고 해서 중력 문제가 해결되지는 않을 것이다. 그렇다면 화성을 테라포밍하는 건 어떨까? 물론 가능하다. 달과 마찬가지로 수백 년을 들인다면야. 달을 테라포밍하는 것은 목표 상태까지 도달하는 시간을 단축시키면서도 이미 살고 있는 사람들에게 피해를 주지 않는, 오늘날의 우리로서는 상상도 못할 기술을 얻을 때까지는 어리석은 일이자 논의할 필요조차 없는 일이다.

식량과 기타 물자를 지구에 의존하는 단기 체류 작업자들에 의한 달의 산업화. 나는 달이 그 방향으로 갈 것이라고 본다. 하지만 좋은 일은 시간이 걸린다. 한 번 달에 가봤다고 해서 무작정 그곳으로 가 시작할 수는 없다. 달로 돌아가기 전에 기본적인 기반 시설을 구축해야 한다. 우주인들이 지평선을 넘어 소통할 수 있게 해주는 달 통신위성 같은 것들 말이다. 이동통신 업체들은 달에 4G 네트워크를 구축하기 위한 경쟁을 벌이고 있다. 물론 그 비용을 정당화해줄 시장이 있다는 전제하에서. 달의 궤도를 도는 거주구들은 보급과 대피를 위한 소중한 안전망도 제공해줄 것이다. 남극기지들이 안정적인 이유는 이미 기반 시설이 구축돼 있어 엄청나게 많은 비용을 들이지 않고도 임무를 수행할 수 있기 때문이다. 남극기지들이 건설된 것은 최초의 남극 탐험자들이 남극 대륙에 발을 디딘 지 약 50년이 지나서였다. 남극에 일상적으로 접근할 수 있게 되기까지 다시 50년가량이 더 걸렸다. 이런 식으로 생각한다면, 아폴로 이후 50년이 지난 지금, 우리는 달로의 영구 귀환을 위한 길에 제대로 들어선 것이다.

◆◆◆◆

달 착륙 음모론에 어떻게 대응해야 할까

2020년대 후반에는 달로의 귀환이 이뤄질 것이다. 2020년대 말까지는 기초적인 로봇 탐사와 부유한 고객들을 대상으로 한 달 궤도 관광이 시작될 것이다. 2030년대 말까지는 소규모 과학 캠프, 채굴 캠프 형태로 영구적인 인간 거주가 시작되며, 2040년대 말까지는 소규모 달 표면 관광이 이뤄지면서 단기 거주 인원이 수백 명에 달하게 될 것이다. 21세기 말까지는 휴가나 연구 목적의 달 여행 비용이 대다수 사람들이 감당할 수 있을 만큼 낮아질 것 같다.

달에 대해 마지막으로 한마디 하겠다. 이 책을 읽는 사람은 달 착륙 음모론에 동조하지 않을 것이다. 달 착륙 음모론이란 나사가 달 착륙을 조작했고 모든 영상을 비밀 창고에서 만들었다는 터무니없는 생각을 말하는 것이다. 이 음모론을 믿는 사람들이 놀라울 정도로 많다. 그리고 그 사람들과 과학적인 사실을 가지고 논쟁을 벌여서도 안 된다.

하지만 달 착륙 음모론자들도 부정할 수 없는 진실이 하나 있다. 달에 가기 위한 경쟁은 소련과의 경쟁이었다. 미국이 달 착륙을 조작했다면 소련이 강하게 반발했을 것이다. 하지만 그러지 않았다. 소련은 기꺼이 미국에 축하를 보냈다.

◆ ◆ ◆ ◆

CHAPTER 5.

소행성 : 신세기의 골디락스

✱   의외로 태양계에서 가장 기묘한 장소, 소행성

소행성을 우주의 바위라고 하는 사람도 있고, 틀림없는 금광이라고 하는 사람도 있다. 소행성은 대부분 미행성이 부서진 잔해다. 미행성이란 태양계 초기에 행성의 일부가 되지 못한, 광물과 금속으로 구성된 파편들이 뭉친 딱딱한 덩어리를 말한다. 소행성 가운데 다수가 화성과 목성 사이의 공간에서 벨트 모양을 이루며 태양 주위 궤도를 돈다. 목성 트로이군이라 불리는 소행성들은 목성 궤도를 따라 태양 주위를 돌지만 또 다른 소행성들, 즉 지구접근천체(NEA)들은 지구와 더 가까운 곳에서 돌며 이따금 달보다 가까워지기도 한다. 지름 350미터의 NEA인 아포피스는 2029년 4월에 지구에서 3,100킬로미터 떨어진 지점까지 접근할 가능성이 있다. 지구 동기궤도의 위성보다 더 가까워진다는 뜻이다. 큰일이 벌어질 수도 있다.

소행성은 유성체와는 다르다. 지름이 1미터가 안 되면 유성체고, 1미터가 넘으면 소행성이다. 수십억 개의 소행성들 중에는 지름이 100미터가 넘는 것들도 몇 억 개나 있다. 가장 큰 소행성은 세레스라는 이름의 소행성이다. 이 천체는 너무 커서 지금은 명왕성 같은 왜행성(矮行星)으로 분류된다.

세레스는 지름이 약 1,000킬로미터에 이르며 질량은 소행성 벨트 전체 질량의 3분의 1을 차지한다. 또 다른 3분의 1은 세레스 다음으로 큰 열한 개의 소행성들이 차지하며, 나머지 3분의 1은 수십억 개의 부스러기 같은 소행성들이 채우고 있다. SF 영화에서는 암석 덩어리들을 좌우로 피하면서 위험천만하게 소행성 벨트를 뚫고 나가는 장면이 자주 나온다. 하지만 사실은 이렇다. 소행성들은 넓디넓은 우주의 3차원 공간에 서로 수십만 킬로미터씩 떨어져 있다. 아주 형편없는 우주 비행사가 아니라면 소행성과 충돌할 일은 없다. 하지만 소행성 벨트에서 여덟 번째로 큰 실비아는 레무스와 로물루스라는 두 위성을 거느릴 만큼 거대하다. 각각의 위성은 약 700킬로미터와 1,300킬로미터씩 떨어져 실비아 주변을 돌고 있다. 소행성 벨트에서 육안으로 볼 수 있는 유일한 소행성은 베스타다. 세레스의 반 정도 크기지만 태양광을 더 많이 반사하는 소행성이다.

◆◆◆◆◆

왜행성으로 분류되는 명왕성, 명왕성의 공전 궤도 밖에서 태양을 공전하는 에리스, 화성과 목성 사이
소행성대에서 발견된 세레스를 지구와 비교한 그림. 인류가 우주로 진출하면 암석으로 되어 있는
소행성과 왜행성은 매우 훌륭한 자원 채취 기지가 되어줄 것이다. 특히 세레스는 목성과 토성 너머까지
거주 지역을 확장할 때 중간 기지를 건설하기 좋은 위치에 있다.

또한 소행성은 혜성과도 다르다. 혜성은 태양계의 가장자리에서 형
성된 '지저분한 얼음 공'이다. 혜성 중 일부는 궤도가 심하게 찌그러진 타
원형이라 약 100년에 한 번씩 지구에 근접하기도 한다. 혜성이 태양에 근
접하면 얼음과 휘발성 기체가 타오르면서 육안으로 볼 수 있는 혜성 특유
의 꼬리가 만들어진다. 혜성에 대해서는 제7장에서 더 다룰 것이다. 혜성
은 우리가 외태양계를 식민지화한다면 앞으로 몇 백 년 동안 유용할 것
이다.

소행성은 달이나 화성 같은 매력은 없을지 몰라도 유용한 자원임에
는 틀림없다. 소행성 대부분은 몇 조 달러 가치에 이르는 귀금속을 포함하
고 있다. 금이나 백금 같은 것들이다. 또한 소행성은 중력장이 매우 약하
기 때문에 착륙 또는 탈출하는 데 거의 에너지가 들지 않는다. 국제우주정

거장과 도킹하는 수준이라고 보면 된다. 우리가 태양계로 활동 범위를 넓히게 될 때 소행성 채굴은 주요한 역할을 하게 될 것이다. 소행성은 그 안에 있는 물 때문에 같은 무게의 금만큼의 가치를 지닌다(물론 소행성에는 진짜 금도 있다). 이런 측면에서 많은 과학자들은 달 채굴보다 소행성 채굴 쪽이 더 경제성이 있다고 본다. 실제로 달 지지자와 소행성 지지자들은 마치 둘 중 하나를 골라야 하는 것처럼 오늘날에도 열띤 토론을 벌이고 있다. 내 생각에는 둘 다 장점과 단점이 있기 때문에 현시점에서 어느 쪽이 더 낫다고 말하기 힘들다(바꿔 말하면, 둘 중 어느 곳에도 아직 섣불리 투자해선 안 된다는 뜻이다).

소행성은 크게 세 가지 유형으로 나뉜다. C형, S형, M형이다. 이 세 가지 유형 모두 가치가 있다. C형은 탄소(carbon)를 포함하고 있거나 그 자체가 탄소다. 이 유형은 전체 소행성의 약 75퍼센트를 차지하며 소행성 벨트에서 화성보다는 목성과 더 가까운 위치에 있다. 태양에서 상당히 떨어져 있기 때문에 이 소행성들은 온도가 낮으며 내부의 물이 증발해서 날아가지도 않는다. 물은 얼음 안에 갇혀 있다. 이런 소행성은 질량의 10퍼센트가 물일 수도 있다. 또한 C형 소행성 대부분은 인도 포함하고 있다. SF 소설가 아이작 아시모프가 '생명의 병목'이라 불렀던 원소다. 행성이 얼마나 많은 생명을 유지할 수 있는지는 행성에 포함된 인의 양에 따라 결정되기 때문이다. 화성은 인이 거의 없다. 따라서 인간이 화성에서 산다면 C형 소행성으로부터 인을 가져와야 한다. 그 인은 지구에서도 사용할 수 있다. 이 유형의 소행성들은 암모니아도 포함하고 있다. 암모니아로부터 화성에 절실한 질소를 얻을 수 있다. 화성은 인간이 생명을 유지하는 데 필요한 물이 충분치 않은 것 같다. 지하에 얼음 형태로 있는 물까지 계산해도 부족하다. 하지만 얼음이 풍부한 C형 소행성이 화성을 살짝 스치도록 조종한다면, 수증기와 산소를 얻어 화성의 대기를 인간이 살아가기에 적합하게 만들 수 있다. 세레스와 베스타가 C형이다. 문제는 움직이기에는 이 소행성들이 너무 크고 위험하다는 것이다.

S형 소행성은 규소(silicon)가 많다. 돌이 많다는 뜻인데, 석영이나 화강암 같은 규산염이 많다는 뜻이기도 하다. 규산염은 시멘트, 유리와

◆◆◆◆◆

함께 토양을 구성하는 핵심적인 물질을 만드는 데 필요하다. S형 소행성은 니켈, 철, 귀금속도 거의 20퍼센트나 포함하고 있다. 이 금속들은 태양전지판이나 우주선 같은 우주 기반 구조물을 만드는 데 사용할 수 있다.

금속(metal)이 풍부한 M형 소행성은 소행성 전체의 약 5퍼센트를 차지한다. 'M'은 돈(money)의 약자인지도 모르겠다. 이 유형의 소행성 중 일부는 수조 달러 가치의 백금, 금, 티타늄 등 귀금속을 포함하고 있다. M형 소행성 가운데 가장 큰 축인 16 프시케는 지름이 200킬로미터인데, 1경 달러에 상당하는 철, 니켈, 금을 품고 있다. 이런 가격을 말하는 게 좀 우습기는 하다. 가격은 희소성에 의해 정해지는데, 16 프시케를 지구로 끌어오면 해당 금속 시장은 붕괴될 것이기 때문이다. 그럼에도 불구하고 채굴 비용이 지구에서의 금속 가격 밑으로 떨어진다면 돈이 되긴 할 것이다. 민간 기업들은 백금 계열 금속인 이리듐, 오스뮴, 팔라듐, 백금, 루테늄, 로듐을 채굴하기 위해 M형 소행성을 주시하고 있다. 이런 금속들은 지구 기반 산업에서 유용한 촉매로 다양하게 쓸 수 있다. 지구의 지각에는 거의 없는 원소들이고 그나마 조금 있는 것은 사실 소행성 충돌 때 떨어져 나온 것이다.

C형, S형, M형이라는 기본적인 분류는 100년도 더 전에 만들어진 것이다. 현대에 이뤄진 관찰로 이 분류 체계는 더 넓어졌고 초기 체계로 보면 겹치는 경우도 생겨났다.[16]

핵심은 이것이다. 우리가 우주에서 살기 위해 필요한 것은 소행성에 다 있다는 사실. 실제로 우리는 이미 소행성을 채굴하고 있다. 우리가 지구에서 채굴하는 금속들 중 다수가 소행성에서 온 것이기 때문이다. 이런 금속들 대부분은 채굴이 가능한 지구 지각 밑에 존재한다. 지구가 녹아 흐르던 시절, 중력은 친철원소(親鐵元素), 즉 철과 결합하기 쉬운 원소들을 지구의 핵 쪽으로 끌어당겼다. 거기에는 코발트, 금, 니켈, 은, 텅스텐 등 수많은 원소들이 포함된다. 무거운 원소들은 가라앉고 수소, 탄소, 질소, 산소 같은 가벼운 원소들은 위로 올라갔다. 지표면 근처에서 우리가 채굴하는 것은 대부분 지난 수십억 년 동안 지구와 충돌해 박살난 소행성의 잔해들이다. 우주에서 소행성을 채굴하는 것의 또 하나의 좋은 점은, 물질

들이 마치 우리를 위한 것처럼 서로 분리돼 있다는 사실이다. 어떤 소행성
은 완전히 금속으로만 핵이 이뤄져 있다. 시간의 흐름 덕에 외부 잔해가
없어진 상태로 말이다. 소행성 대부분은 표면이 녹아 흐르는 시기를 겪지
않았기 때문에 귀금속들이 소행성 중심부로 들어가는 일도 없었다. 금이
소행성 표면 물질의 0.7ppm 수준으로 분포돼 있는 소행성도 있다. 지구
지각의 경우는 0.001ppm이다(다시 말하지만, 이 금도 금이 많이 포함된
소행성이 지구와 충돌해 생긴 것이다). 백금의 분포 농도가 63.8ppm나 되
는 소행성도 있다. 지구의 경우는 0.005ppm이다.

★   우주에서 금보다 더 비싼 H_2O
  물, 암모니아, 철 같은 일부 자원이 흔해 보인다면 다음 사실을 잊지
말자. 지구에서 가치 있는 것과 우주에서 가치 있는 것은 완전히 다르다.
  물을 우주로 가져가는 데 비용이 얼마나 들까? 지구에서는 물 1갤런
이 10센트밖에 안 하지만 국제우주정거장에서는 1만 달러다. 소행성의 자
원 중 물 같은 것은 우주에서 귀중하고 수익을 낼 수 있는 반면 지구에 흔
치 않은 소행성 자원은 지구에서 더 가치가 있을 것이다. 소행성에는 론스
달라이트 같은 이국적인 물질도 있다. 이 물질은 소행성의 탄소 덩어리가
지구 또는 달에 충돌할 때 생기는, 다이아몬드보다 더 단단한 물질이다.
  소행성 중 어디를 '파면' 좋은지를 알게 되면서, 몇몇 업체는 그곳
을 채굴할 기술을 개발하고 있다. 이 문장에서 '어디'란 당연히 채굴할 소
행성을 가리키는데, 채굴 장비를 가지고 소행성까지 가는 데 드는 비용을
생각한다면 매우 중요한 문제다. 정부가 나설 차례다. 지구에서의 경험을
여기에 적용해보자. 인류 역사를 통틀어서, 자국 영토 내의 자원에 접근
하기 위한 원정에 돈을 댄 것은 늘 정부였다. 1804년부터 1806년까지 토머
스 제퍼슨 대통령의 명령으로 미국을 서쪽으로 가로질러 태평양에 이르
렀던 루이스 클라크 원정대의 비용 5만 달러(지금이라면 수백만 달러)를
댄 것은 정부였다. 원정대는 프랑스로부터 획득한 새 영토의 지도를 작성
하고 점점 몸을 키워나가는 미국을 위해 목재, 광물 등의 자원에 관한 정
보를 수집했다. 이와 마찬가지로 현대의 정부 기관들은 소행성을 탐험하

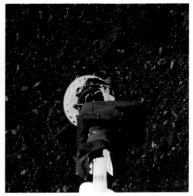

첫 번째 사진은 2018년 나사가 소행성 101955 '베누(Bennu)' 탐사를 목표로 쏘아 올린 오시리스-렉스 탐사선이다. 두 번째 사진은 베누에 도착한 오시리스-렉스가 마치 진공청소기처럼 보이는 관으로 소행성 표면을 빨아들이는 사진이다. 2023년 지구에 도착할 샘플의 양은 약 60그램 정도로 예상된다. 한편 소행성 베누는 다른 소행성과 그 의미가 무척 다른데, 2200년 전에 지구와 충돌할 가능성이 2,700분의 1 수준이기 때문이다. 표면 암석의 종류와 경도, 그리고 지질 구성을 조사해둔 뒤 먼 미래에 여차하면 소행성 파쇄 계획으로 베누를 우주의 먼지로 만들어버릴지도 모른다.

고 망원경과 우주탐사선으로 먼 우주 공간을 탐사하고 있다. 이들은 반사된 빛과 분출 가스에 대한 스펙트럼 분석을 통해 탐사 결과를 확인하고 있다. 이론적으로는, 소행성의 잠재적인 가치에 대해 알게 되면 상업적 채굴도 활성화시킬 수 있다.

소행성으로의 '원정'은 모두 로봇을 이용한다. 그 원정 중 하나가 2016년 시작된 나사의 오시리스-렉스 미션이다. 오시리스-렉스는 2018년 12월 소행성 101955 베누에 도착했으며 오는 2023년 9월 지구로 귀환할 예정이다. 이런 일은 시간이 많이 걸린다. 오시리스-렉스가 베누에 도착하기까지는 2년이 걸렸다. 베누는 지름이 500미터에 이르는 C형 소행성이다. 초고층 건물 높이에 해당한다. 2년 동안 약 5킬로미터 거리에서 소행성 궤도를 돌면서 어디에 착륙해 샘플을 채취할지 결정한 후, 이 우주선은 몇 초 동안 착륙해 최대 2킬로그램의 샘플을 채취한 다음 지구로 귀환할 예정이다.

1999년에 발견된 베누는 지구접근천체로 지구와 화성 사이에 있다가 6년에 한 번씩 이쪽으로 다가온다. 베누는 지구위협소행성(PHA)으로 간주된다. 언젠가 지구와 충돌할 수 있기 때문이다. 나사가 베누를 선택한 이유는 주로 과학적인 것이었다. 베누가 비교적 가깝고, 작업하기에 충분히 크고, 태양계 탄생 당시의 탄소 물질을 지금도 가지고 있기 때문이다. 이 미션은 또한 채굴을 위한 공학 연습이기도 하다. 어떻게 궤도를 돌고, 착륙하고, 채굴하고, 떠날지를 연습하는 것이다. 이 지구접근천체가 언젠가 너무 가깝게 접근한다면 우리는 이 소행성 경로를 변경시키거나 채굴이 편하도록 달 궤도를 돌도록 만들 수 있을지 모른다.

소행성에 처음 착륙한 건 오시리스-렉스가 아니라 나사의 또 다른 우주선인 NEAR다. 2001년 소행성 에로스에 착륙했다. 소행성 샘플을 처음 채취한 것은 일본 우주항공연구개발기구(JAXA)의 하야부사 탐사선이다. 2005년 소행성 25143 이토카와에 30초 정도 착륙했다. 샘플 채취는 예상보다 쉽지 않았고 2010년에 캡슐이 지구로 돌아올 때까지도 탐사선이 정확히 무엇을 채취했는지 확실히 알 수 없었다. 샘플은 일본 우주항공연구개발기구가 원했던 돌덩어리가 아니라 먼지에 가까웠다. 하지만 이 샘플이 지구로 돌아온 최초의 소행성 샘플이라는 사실은 분명하다. 일본 우주항공연구개발기구는 또한 이온 추진 엔진의 사용법을 보여주기도 했다. 이온 추진 엔진은 소행성 주변에서 정밀한 조작을 하기에 이상적인 엔진이다. 하야부사 2호는 2018년 6월 소행성 162173 류규에 착륙해 비슷한 임무를 수행했다. 샘플을 수거해 2020년에 귀환할 예정인데, 이번에는 미니 표면 탐사차 네 대를 싣고 갔다. 탐사차들은 유례가 없는 형태였다. 바퀴가 없었기 때문이다. 류규의 중력은 너무 약해 표면에 닿지도 못할 바퀴를 붙일 필요가 없었다. 따라서 이 탐사차들은 소행성 표면에서 뒤뚱거리며 움직이는 상자처럼 보였다. 이 미션으로 일본은 소행성 채굴의 최전선에 자리 잡을 수 있었다.

앞에서 국제우주정거장과 도킹하는 것만큼 쉽다고 말한 소행성 착륙이 달에 착륙해 샘플을 채취하는 것보다 더 어렵다고 한다면 모순처럼 보일 것이다. 더 어려운 이유는 세 가지다. 첫째, 소행성은 달보다 멀리 있기 때문에 우주선과 지구 사이의 통신이 지연된다. 둘째, 소행성의 표면은 거칠고 들쭉날쭉해 최적의 착륙 장소를 탐색하기 위해 비행하는 데 연

하야부사 1호와 소행성 25143 이토카와. 하야부사 1호의 기구한 우주 여정과 극적인
지구 귀환은 우주 탐사 역사에서 매우 이름 높다. 이동 중 태양풍에 직격당해 여러 기능이 정지된 1호
탐사선은 소행성 착륙 과정에서 남은 기능들 중 일부가 고장났고 샘플 채취를 위해 발사한 쇠구슬도
불발로 끝나 JAXA 관계자들을 절망에 빠뜨렸다. 하지만 관계자들과 1호는 불굴의 의지로 탐사와
채취를 계속했고 1호는 마침내 이토카와에서 벗어나 지구로 무사히 샘플을 가져오는 데 성공했다.
하야부사 1호는 가동되는 게 신기할 정도로 만신창이가 되었지만 최후의 임무인 '지구 사진을
찍으세요'까지 무사히 완수한 후 파란만장한 10년의 생을 마감했다.

료가 많이 든다. 셋째, 소행성 미션은 거의 최저 예산으로 진행된다. 비용
을 거의 신경 쓰지 않았던 아폴로 미션 때와는 전혀 상황이 다르다. 그리
고 연습도 더 많이 해야 한다.

나사 우주선 돈(Dawn)은 최초로 이온 추진 기술을 이용해 소행성
베스타와 세레스의 궤도를 돌다 2018년 11월 퇴역했다. 이 미션은 나사가
본연의 목적인 우주 탐험을 위해 새로운 기술을 도입한 주목할 만한 사례
다. 이는 또한 진보된 형태의 우주탐사를 위한 서막이기도 했다. 소행성
채굴과 화성 여행을 하려면 이온 추진 기술이 필요할 것이다.

소행성 착륙 기술이 좋아지면서 민간 기업들은 현지에서 암석을 채
굴할 계획이나 소행성을 아예 지구 가까이로 견인할 계획, 혹은 다른 기업

◆◆◆◆◆

이나 정부가 우주에서 작업할 수 있도록 도움을 준다는 계획을 세우고 있다. 플래니터리 리소스라는 기업은 2015년과 2018년에 천문학 연구와 지구 관찰, 수익성이 있는 소행성을 찾아내기 위한 저비용 망원경을 테스트했다. 2018년 10월 플래니터리 리소스는 콘센시스에 인수됐다. 콘센시스는 암호화폐용 블록체인 소프트웨어와 툴을 개발하는 회사다. 이 회사는 암호화폐가 지구의 금융 당국을 대리해 우주 채굴 투자와 채굴된 물질 판매에 쓰일 가능성이 있다고 추정한다. 이와 비슷한 예로, 딥스페이스 인더스트리(DSI)는 소행성에서 채굴한 물, 산소, 수소를 파는 궤도 연료 재공급 스테이션을 만들어 돈을 벌 계획을 세우고 있다. 이것은 장기적인 계획이고 우선 DSI는 델타 v를 변화시켜 더 낮은 비용으로 우주선이 지구 저궤도에서 고궤도로 올라갈 수 있도록 하는 추진 시스템을 개발하고 있다. 이 계획은 더 많은 소행성을 채굴할 기회를 열어줄 것으로 보인다. 가령 델타 v가 초당 4.5킬로미터라면 접근할 수 있는 지구접근천체는 전체의 약 2.5퍼센트뿐이다. 그런데 델타 v를 초당 5.7킬로미터로 올리면 이 비율이 25퍼센트가 된다. 이런 방식으로 DSI는 상업적 우주 시장 구축을 돕고 있다.

하버드-스미소니언 우주물리학연구소의 퀘이사 전문가인 마틴 엘비스는 최근 소행성 채굴에 큰 관심을 갖기 시작했다. 그는 지름 약 30미터의 작은 소행성이 300톤의 물을 포함할 수 있다고 말한다. 이것을 수소로 분해하면 지구 저궤도에서 화성까지의 미션에 드는 연료를 넉넉하게 공급할 수 있다. 10억 달러라는 상당히 괜찮은 가격에 민간 기업이 나사나 유럽우주국의 로켓에 연료를 제공할 수도 있다. 전문가들 대부분은 처음에는 달 채굴이 더 쉬울 거라고 생각한다. 그럼에도 불구하고, 기술이 성숙해진다면 소행성은 거의 무제한의 자원을 제공할 수 있다. 민간 기업들은 우주 접근 비용을 줄일 수 있는 방법을 연구하면서 소행성에 주목하고 있다. 현재로서 소행성 채굴의 가장 큰 제약은 우주 접근 비용이다.

✳ 누가 '조만장자'가 될까

소행성은 누가 갖게 될까? 우주조약에 따르면 누구도 가질 수 없지만 아무나 가질 수 있다. 지난 장에서 말했듯이 이 조약은 애매모호해서 상업 목적의 소행성 채굴을 허용하기 위해 다시 쓰이거나 최소한 재해석될 소지가 많다. 특정 기업이 달에서, 이를테면 귀중한 물을 모조리 로켓 연료로 써버리며 이익을 얻는다면 이를 공정하지 않다고 주장할 수 있다. 매우 설득력이 있는 주장이다. 하지만 이 주장은 소행성에서 통하기 힘들다. 일단 소행성의 숫자가 많다. 지구 인구 한 명당 소행성 하나 꼴이다. 또한 소행성은 달과 마찬가지로 생명체가 없다. 게다가 지구의 제한된 자원을 고려하면 우주가 제공하는 자원을 이용하지 않는 것은 어리석은 일일 것이다. 소행성이 궤도에 있을 때는 안 되고 지구에 떨어져야만 채굴이 허용될 이유가 있을 리 없다.

우주물리학자 닐 더그래스 타이슨은 소행성 자원을 개발한 사람이 최초의 조만장자가 될 거라고 말했다. 과장된 표현일 수도 있다. 억만장자면 몰라도 무려 조만장자라니? 하지만 방금 말했듯이 한 사람이 독점할 수 있는 소행성은 얼마든지 있다. 물론 백금이 풍부한 1조 달러짜리 소행성을 잡는다고 해서 그만큼의 백금을 팔지는 못할 것이다. 백금을 그렇게 많이 채굴하면 백금 가격이 떨어질 것이고, 그렇게 되면 채굴의 수익성도 떨어진다. 어떤 우주 부호가 자원을 쌓아두기로 결심한다 해도 수십억 개가 넘는 소행성 중에서 다른 것을 찾으면 그만이다. 하지만 소행성의 주인들이 수조 달러 규모의 우주 경제의 일부로서 연료나 다른 자원 시장을 구축할 가능성은 상당히 높다.

최초로 채굴되는 소행성은 가장 가까운 소행성일 것이다. 가까우면 당연히 채굴 가능성이 높아지기 때문이다. 흥미롭게도 이 소행성들은 위험한 동시에 가치 있다. 위험하다는 것은 이 소행성들이 지구와 충돌할 경우 지구상의 생명체를 다 쓸어버릴 정도로 크고 가깝기 때문이고, 가치 있다는 것은 우리가 착륙해서 채굴을 할 수 있을 정도로 크고 가깝기 때문이다.

가장 가치 있는 소행성 중 하나가 바로 일본이 탐사하고 있는 소행성 류규다. 류규는 지름이 약 1킬로미터로 물, 암모니아, 코발트, 철, 니켈이 풍부하다. 우주에서야 1킬로미터가 아주 작게 생각될 수 있지만, 그 정

◆◆◆◆◆

하야부사 1호의 경험을 바탕으로 JAXA는 하야부사 2호를 소행성 류규로 발사했다.
하야부사 2호는 1호와 달리 큰 사고 없이 무사히 류규에 도착했고 인류 최초로 소행성 지표면 아래의
물질을 채취하는 데 성공했다. 세 번째 사진은 2호가 촬영한 소행성 표면 사진이다. 2호는 표면 샘플을
무사히 채취해 지구로 투하했고 이 샘플은 2020년 12월 6일에 수거되었다. 2호는 연장 탐사가
결정되었으며 목표는 소행성 1998KY26이다.

도 규모의 채굴장이 지구에 있다고 생각해보자. 이 정도 작은 규모의 채굴
장에서 수백만 톤의 물질이 추출될 수 있다. 류규의 물질 가운데 처음에
가장 귀하게 여겨질 물질은 물일 것이다. 암모니아는 달이나 화성 정착이
시작되고 몇 십 년 동안 중요할 것이다. 이 두 천체는 대규모 농경을 하는
데 필수적인 질소가 없기 때문이다. 현실적으로 말하면 니켈과 철은 지구
에서 부족하지 않으며, 우리가 우주선이나 궤도 도시 같은 대형 구조물을
만들기 전까지는 우주에서도 별 필요가 없다. 하지만 소행성의 코발트는
지구에서 큰 의미를 가질 것이다. 윤리적인 문제를 해결할 수 있기 때문이
다. 중앙아프리카의 코발트 광산에서는 지금도 여전히 노동 착취가 이뤄
지고 있다.

　　다른 타깃 소행성으로는 1989 ML, 네레우스, 디디모스, 2011 UW158,
안테로스가 있다. 2011년에 발견된 2011 UW158 소행성은 지름이 300미터
밖에 안 되지만 백금이 풍부하다. 이처럼 개발 가능성이 있는 소행성이 매
년 발견된다는 사실에 주목하자. 이 같은 소행성을 채굴할 때는 대부분 로
봇을 이용할 것이다. 물질의 분포 상태에 따라 오거컨베이어로 표면을 훑
을지, 아니면 자석으로 끌어올릴지가 결정될 것이다. 소행성 물질은 낮은
중력 환경에서 느슨하게 결합된 자갈더미와 비슷하다. 암모니아나 물처

◆ ◆ ◆ ◆ ◆

럼 증발할 수 있는 물질은 열을 가해 증기를 수집할 수 있다. 딱딱한 소행성은 갱도를 뚫으면 된다. 지름 몇 십 미터 수준의 작은 소행성은 지구 저궤도로 끌고 와 우주정거장 옆에 '주차'시킨 후 작업자들이 천천히 해체하면 그만이다.

나사의 소행성 궤도재설정 미션(ARM)은 지구 근처 소행성과 랑데부해 로봇 팔이나 로봇 작살로 그 소행성을 잡아 지구와 달 사이 공간으로 끌고 가는 것이 목적이었다. 이 미션은 2018년 백악관 우주 정책 명령 제1호에 의해 취소됐다. 이 명령은 대신 달로의 귀환을 지시했다. ARM의 계획은 지름이 몇 미터밖에 안 되지만 몇 톤 정도의 물질을 포함한 아주 작은 소행성을 안정적인 달 궤도로 끌어와 우주인들이 채굴하게끔 만드는 것이었다. 여기서의 채굴이란 샘플을 긁어내서 지구로 돌아오는 것을 말한다. 이 미션에서 테스트될 주요 기술 중 하나는 태양력 전기 추진이었다. 태양 전지판에서 얻은 전기를 이용해 전자기장을 만든 다음 전하를 띤 이온을 가속시켜 배출하는 기술이다. 이 기술은 추진체를 매우 효율적으로 사용해 정확한 추력을 만들어낼 수 있다. 낮은 추력으로 큰 질량을 다루는 법을 알게 된다면 미래의 화성 미션에 도움이 될 것이다. 미래의 화성 탐사 우주선은 작은 소행성과 랑데부해 그 소행성을 미세한 자갈로 부수고, 그 자갈로 우주선을 코팅해 방사선 차폐막을 만들 수도 있다. 이 방식을 사용하면 차폐막 때문에 너무 무거워져 화성 발사가 불가능한 우주선을 지구에서 발사할 수 있게 된다. ARM에는 행성 방어 기술을 시연한다는 목적도 있었다. 소행성을 지구 쪽으로 끌어당길 수 있다는 것은 지구로부터 멀어지게 할 수도 있다는 뜻이기 때문이다. 그 이유로 이 미션은 예산이 다시 배정될 때까지 창고에서 대기 중이다.

소행성 채굴이 가능해지려면 완성까지는 아니라도 많은 기술이 개발돼야 한다. 여기에는 정밀 조작, 낮은 중력에서의 물체 고정, 거의 무중력 상태에서의 광석 가공 기술 등이 포함된다. 달이나 소행성 채굴에는 장단점이 있다. 달은 계속해서 가까워지고 있으며, 장기적이고 큰 규모의 활동이 가능하다. 달에는 중력이 있어 가벼운 물체와 무거운 물체가 분리된다. 단점은 달에도 중력 우물이 있다는 사실이다. 중력이 0.16G인 데다 감속을 가능케 하는 대기가 없어 무거운 장비를 내리기도 어렵다. 하강 속도를 줄이려면 엔진 구동을 위한 연료가 필요하다. 매스 드라이버가 설치돼 물자를 달 표면에서 밖으로 던질 수 있게 되기 전에는 발사에도 많은 양의 연료가 필요하다. 달의 탈출속도는 초속 2.4킬로미터로 발사된 총탄의 약 두 배 속도다. 소행성은 더 멀리 있긴 하지만 일부 소행성들은 착륙에 필요한 델타 v가 작아 연료가 더 적게 든다. 감속을 하는 데 연료가 덜 든다는 뜻이다. 지름이 몇 백 미터밖에 안 되는 소행성에는 중력이 거의 없다. 따라서 앞에서 언급했듯이, 착륙은 우주정거장에 도킹하는 것과 매우 비슷하다. 탈출속도도 초속 몇 미터로 낮다. 대부분의 소행성에서는 튀어 오르는 것이 가능하다. 이 때문에 굴착 장비로 표면을 파는 작업(작용)을 할 경우 장비가 소행성 표면에서 밀려나는 결과(반작용)를 초래하지 않도록 단단히 고정시켜야 한다. 이 모든 어려움 때문에 거의 무중력 상태에서의 채굴은 지금까지 이뤄지지 못했다. 일본 우주항공연구개발기구 미션 하야부사 호의 예에서 봤듯이 물질을 살짝 떠내는 작업조차 쉽지 않다.

★ 룩셈부르크, 우주로 뛰어들다

그렇다, 세계에서 가장 작은 나라에 속하는 그 룩셈부르크가 맞다. 작지만 부유한 룩셈부르크는 더 부유해지고 싶어 한다. 룩셈부르크는 플래니터리 리소스의 주식 10퍼센트를 2,800만 달러에 인수한 것을 포함해 수천만 달러를 우주 채굴에 투자해왔다. 1967년 룩셈부르크는 우주조약에 서명했지만 그 후 50년이 지난 2017년에는 달과 소행성을 비롯한 다른 천체들에서 기업들이 채굴한 물질에 대한 권리를 인정하는 법을 통과시켰다. 오랫동안 위성 통신 산업의 리더 역할을 해온 이 작은 나라는 이제 우주 채굴 분야에서 실리콘밸리 역할을 하고 싶어 하는 것 같다. 우선, (지금은 콘센시스 산하의) 플래니터리 리소스와 딥스페이스 인더스트리가 룩셈부르크에 사무실을 세웠다. 중국도 자원의 탐사와 이용과 관련해 룩셈부르크와 MOU를 체결했다.

룩셈부르크는 통신 위성 분야에서 했던 일을 우주에서도 하고자 한

◆ ◆ ◆ ◆ ◆

다. 1980년대 이전의 통신 위성은 정부가 자금을 대거나 정부의 규제를 받았다. 규제가 풀린 것은 그 후다. 1985년 룩셈부르크 정부는 유럽위성협회(SES)의 창업을 도왔다. 유럽 최초의 민간 위성 사업자이자 현재 60여 개의 위성을 운영하고 있는 세계 제2위 인공위성 기업이다. 룩셈부르크는 자금 지원, 법적 지원, 규제 완화를 통해 우주 채굴을 현실로 만들려 한다. 우주 채굴 관련 법에 서명한 룩셈부르크의 에티엔 슈나이더 부총리는 "우리 목표는 소행성이나 달 같은 '천체'의 자원을 탐사하고 상업적으로 이용하기 위한 전반적인 토대를 안착시키는 것"이라고 말했다.

룩셈부르크의 이 법은 전례가 없지 않다. 미국은 2015년 비슷한 법인 '민간 우주 경쟁력 및 기업 촉진법'을 통과시킨 바 있다. 이 법은 민간 기업이 자신이 채굴한 것을 소유하고 판매할 수 있다고 허용한 법이다. 우주조약에 따라 천체 자체만 소유할 수 없을 뿐이다. 하지만 좀 모순이 있긴 하다. 이 미국 법에 따르면 기업은 소행성에 아무것도 남지 않을 때까지 소행성의 물, 연료, 산소, 건축 자재 등을 채굴해 판매할 수 있다. 그게 소행성을 소유하는 것과 뭐가 다른가? 변호사들은 이 미국 법이 공포되자마자 의문을 제기하고 나섰다. 일부 변호사들은 이 법이 우주조약 제2조를 직접적으로 위반한다고 주장했다. 우주조약 제2조는 "달과 기타 천체를 포함한 외기권은 주권의 주장에 의하여 또는 이용과 점유에 의하여 또는 기타 모든 수단에 의한 국가 전용의 대상이 되지 아니한다"고 규정하고 있다. 여기서 문제가 되는 부분은 '국가 전용'(민간 기업이 국가로 간주될 수 있는가?)과 '이용과 점유에 의하여'(달에 있는 것만으로 달을 이용한다고 할 수 있는가?)이다.

우주조약은 달에 무기 반입을 못하게 하는 데는 성공했다. 하지만 아무도 달이나 소행성 채굴의 상업적 측면에 대해서는 문제 삼지 않았다. 조약이 체결되던 1967년에는 공상 같은 이야기였기 때문이다. 하지만 지금은 현실이 됐다. 시대가 완전히 바뀐 것이다. 미국과 룩셈부르크 두 나라가 투자를 장려하는 법을 통과시킨 이유가 여기에 있다. 우주 자원으로 수익을 내는 것이 최소한 실현은 가능하다는 보장 없이 기업들이 어떻게 우주에 투자할지는 모르겠다. 또한 우주조약과 달 조약이 어떤 방식으로 수익 창출을 허용할지도 모르겠다. 따라서 나는 우주 접근이 쉬워짐에 따라 우주조약을 재검토해야 한다는 압력이 늘어갈 것이라 예상한다.

✳ 뭐 이런 데서 살겠다고

이 책은 우주 정착에 관한 책이다. 그리고 나는 로봇을 이용한 채굴에 관해 계속 이야기해왔다. 채굴을 위해 소행성에서 살아야 할 이유는 거의 없어 보인다. 초기에는 단기간 소행성 벨트를 방문하거나 채굴된 물자의 수송을 돕는 형태로만 인간이 소행성에 머물게 될 것이다. 세레스는 예외일 수 있다. 앞에서 말했지만 세레스는 작은 행성으로 간주되고 있으니까. 세레스의 크기는 명왕성의 반 정도, 달의 4분의 1가량 된다. 세레스에 과학 기지를 세우거나 소행성 채굴장, 달, 화성을 지원하는 공급 기지를 구축할 수도 있다. 21세기 말이면 임시 직원들이 그곳에 머물게 될 것이다. 물론 거듭 이야기했듯, 근처의 궤도 위 우주항이 거주하기에는 더 좋은 시설일 테지만.

세레스에서의 생활은 힘들 것이다. 달과 마찬가지로 대기가 없는 세레스는 방사선으로부터 자연적인 보호를 받지 못한다. 작업자들은 피난을 위해 지하로 파고들어야 할 것이다. 불가능하진 않겠지만 지각의 구성과 깊이에 불명확한 점이 많아 피난처가 어디에서 세레스의 얼음층과 만날지도 미지수다. 세레스로 가고 오는 데만 몇 년이 걸릴 것이다. 화성보다 멀기 때문이다. 세레스의 중력은 0.03G다. 미세 중력보다 치명적이지는 않지만 장기적으로 인간의 건강에 좋진 않을 것이다. 태양광은 지구에서보다 열 배는 약할 것이기 때문에 태양에너지를 수집하기도 어려울 것이다. 산업 활동을 유지하려면 원자력 에너지가 필요할 수도 있다. 지구와의 통신도 평균 30분은 지연될 것이다. 더 정확하게 말하자면, 세레스에서 사는 것은 달에서 사는 것보다 힘들다. 거리, 중력의 부재, 물과 몇몇 광물을 제외한 자원의 희소성이 그 이유다.

하지만 과학의 힘을 한번 믿어보자. 세레스의 얼음 덮인 지각 밑 액체 바다 속에는 외계 생물체가 살 가능성이 아주 적지만 있다. 2015년 나사의 돈 미션은 세레스 궤도에 진입했다. 베스타 주위의 궤도를 돌고 몇

◆◆◆◆◆

년이 지나서 말이다. 2017년 돈의 과학 팀은 세레스 전체 질량의 10퍼센트가 얼음이라는 추정을 내놨다. 이들은 또한 톨린(tholin)이라는 유기화합물도 탐지해냈다. 지구에서 생명 발생을 가능하게 했을지도 모르는 생명 발생 이전의 물질이다. 세레스의 얼음을 뚫고 들어가는 것은 목성과 토성의 얼음 덮인 위성들을 탐사하는 데 필요한 징검다리가 될 수 있다. 이 위성들은 생명체 거주 가능성이 더 높지만 세레스보다 두 배에서 네 배 정도 멀다. 인간이 세레스에 가는 것은 화성에 가는 것보다 약간 더 힘들다. 더 멀지만 착륙하기는 더 쉽다. 모두 현재의 기술로 가능한 일이다.

채굴 산업의 허브로서 세레스는 좋은 위치에 있다고 할 수 있다. 소행성 벨트의 한가운데에 있기 때문이다. 세레스에는 채굴할 수 있는 물이 충분하며, 약간이나마 존재하는 중력도 다른 소행성들에서 가져온 광석을 처리하는 데 유리하게 작용한다. 우주 비행 측면에서 보면, 세레스에 착륙하고 세레스를 떠나는 것은 그리 어렵지 않을 것이다. 중력 우물이 깊지 않기 때문이다. 세레스는 중력이 약해 점프하면서 다닐 수 있고 영구 산업 기지를 세우기도 쉽다. 더 중력이 약한 다른 소행성들은 그냥 점프만 해도 우주 공간으로 날아갈 수 있다. 또한 세레스는 찾기도 쉽다. 언제든지 세레스의 위치를 파악할 수 있는 것이다.

문제는 이런 허브가 과연 필요하냐는 점이다. 소행성 채굴은 지구 근처 소행성부터 시작될 것이다. 당연히 가깝기 때문에. 소행성을 거의 아무것도 남지 않을 때까지 채굴하거나 달과 지구 사이 궤도로 옮기는 것은 지구의 장기적인 안전을 위해 좋은 선택일 수 있다. 소행성 벨트 중심부의 소행성들이 필요할지의 여부는 얼마나 많을 것을 우주에 만들 것인가에 달려 있다. 게다가 궤도 도시 같은 대형 공사가 이뤄지려면 100년은 더 있어야 한다.

요점은 앞으로 100년 동안은 달이 더 살기 좋을 텐데 굳이 세레스에서 장기 거주할 현실적인 이유가 있냐는 것이다. 경제적인 목적으로 세레스에 접근하거나 정착할 정도의 기술이면 훨씬 더 문명의 느낌을 주는, 온기와 인공중력을 갖춘 대형 궤도 구체를 만들 수도 있을 것이다.

소행성에서 사는 것은 비현실적으로 보인다. 하지만 소행성 '안'에

◆ ◆ ◆ ◆ ◆

서 사는 건 어떨까? 실제로 도시 크기의 소행성도 있다. 산 하나 정도의 질량과 직경을 가진 소행성들이다. 이런 소행성의 속을 비워서 수십만 명이 살기에 충분한 공간을 확보한 다음 원심력을 이용해 중력을 시뮬레이션할 수 있다. 직경 100미터의 공간을 분당 4회전 시키면 1G의 인공중력을 만들 수 있다. 이 중력은 지구 자전으로 지구상에서 경험하는 회전과는 다를 것이다. 밖에서 보면 안에 있는 사람은 거꾸로 선 모양새일 것이다. 머리는 소행성의 중심을 향하고 발은 표면을 향할 테니까. 회전하는 양동이의 물을 생각하면 된다.

오스트리아의 건축가 겸 토목공학자 베르너 그란들은 소행성이 안정성을 유지하려면 소행성 핵의 최소 부피밀도가 세제곱센티미터당 3그램은 돼야 한다고 추산했다. 지구 맨틀 상부의 부피밀도 정도인데, 많은 소행성이 이 기준을 충족한다. 소행성 정착이 가능할 수 있다는 이야기다. 이 공간은 가족과 공동체가 살아갈 수 있을 만큼의 자원을 제공할 것이다. 표면과 가까운 쪽에 수직 농장을 만들 수도 있을 것이다. 회전하지 않는 공간에서 여과된 태양 반사광과 인공조명을 사용하면 된다. C형 소행성은 최대 10퍼센트가 얼음이다. 마실 물과 산소가 충분하다는 뜻이다. 이것을 재활용하거나 인간이 배출한 이산화탄소를 농장에서 나온 산소와 교환시킬 수 있다. 대부분의 도구도 3D 프린터를 이용해 만들면 된다. 보급품은 우주선을 타고 세레스나 베스타에 있는 대규모 '교환 기지'로 가서 가져오면 된다. 수백 년 전 마차를 타고 읍내로 가던 것과 비슷하다. 아니면 세레스에 있는 업체가 드론을 통해 보급품을 보내주는 방법도 생각할 수 있다.

◆ ◆ ◆ ◆ ◆

소행성의 인류 파종 계획

소행성 안에서 사는 방법과 소행성 자원을 이용해 궤도
도시를 건설하는 방법 사이에는 소행성이 물, 공기, 금속, 흙,
영양분 등의 물자를 10조에서 수백조의 사람들에게 공급하는
법이 있을 수 있다. 이 아이디어를 좀 더 발전시켜보자. 수소
핵융합을 이용할 수 있다면 산 크기의 소행성을 튼튼한 우주
방주로 만들어 먼 항성계로 출발할 수 있다. 몇 백 세대 안에
목표 항성계에 도착할 것이다.

2030년대까지 로봇만을 이용한 소행성 채굴이
현실화되고 2040년대까지 로봇 탐사선이 세레스와
베스타에 도착할 것이다. 2060년대 말까지 인간의 세레스
착륙이 성사될 것이고, 21세기 말까지 세레스에 소규모의
준영구적 정착이 시작될 것이다. 23세기에는 소행성에서의
영구 정착도 시작될 것이다.

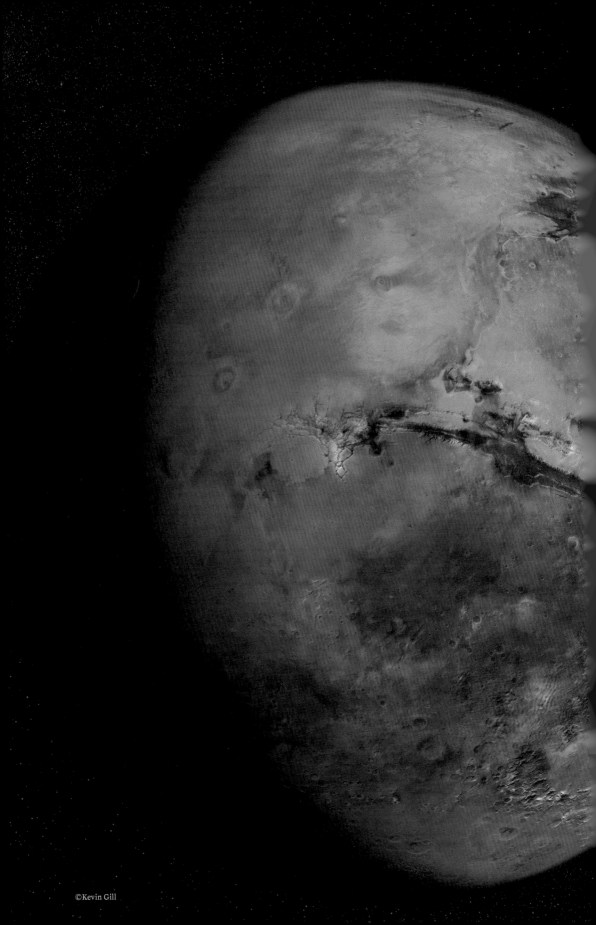
©Kevin Gill

CHAPTER 6.

화성: 붉은 행성에서 감자 먹기

★ 그나마 환경이 지구와 제일 비슷한 행성

사람들이 화성에 열광하는 데는 그럴 만한 이유가 있다. 이번 세기 안에 지구 외의 자연 천체에서 영구 정착이 가능해진다면 그곳은 분명 화성 정착지일 것이다. '정착지'란 어른들이 아이들을 기르고 새로운 문화가 발전하는 곳을 뜻한다. 달-지구 시스템 안에 궤도를 도는 초대형 도시를 세우는 것은 분명 가능하지만 이런 일이 조만간 일어날 것 같지는 않다. 궤도 도시를 건설하는 데 드는 비용과 건설의 복잡성, 지구가 제공하는 것을 궤도 도시가 제공하지 못하는 상황에서도 그곳에서 살겠다는 의지 등의 현실적인 이유 때문이다. 화성이 다른 천체들과 다른 점은 무엇일까? 검은 하늘에 덮인 달은 춥고 황량하며 낮은 중력이라는 문제를 안고 있다. 채굴이나 과학 탐사, 방문을 하기에는 좋지만 아이들을 키우기에는 좋지 않다. 금성은 중력 문제는 없지만 표면이 납을 녹일 정도로 뜨겁다. 따라서 금성까지 가서 금성 대기권 가운데 높이 떠 있는 도시에서 살 이유가 별로 없다. 수성의 경우 중력은 화성과 비슷하지만 역시 고온이 문제다.

따라서 태양계 천체 중에서 화성을 제외하면 적당한 중력과 온도를 제공할 수 있는 곳은 없다. 실제로 화성은 길을 들일 수 있어 보인다. 친숙하기도 하다. 보라. 화성의 산과 협곡, 계곡이 우리에게 손짓한다. 웅장한 올림푸스산은 에베레스트산보다 거의 세 배나 높다. 매리너 계곡의 폭은 미국 본토 너비 정도다. 또한 화성은 인류 생존에 필요한 화학 원소를 모두 가지고 있다.

화성은 한때 생명체를 품을 만큼 따뜻하고 습기가 많았다. 그리고 우리가 노력한다면 언젠가 다시 그렇게 될 가능성도 있다. 하지만 매우 중요한 의문이 생긴다. 인간이 과연 화성에 정착해서 살아갈 수 있을까? 지금은 건조한 계곡들이 비옥한 토양으로 바뀌고, 바싹 마른 강바닥에 물이 흐를 수 있을까? 물이 흐르지 않더라도, 세대를 이어 계속 화성에서 생산적인 삶을 살아갈 수 있을까? 화성 기지들이 마을로, 그리고 활발한 생물학적, 경제적 생태계를 가진 도시로 커나갈 수 있을까?

물론 화성에 인간을 보내기 위한 첫 단계는 화성에 인간을 보낼 계

화성. 이 이미지는 바이킹 궤도선이 촬영한 102장의 사진을 이어붙인 것이다.
길이가 2,000킬로미터가 넘고 깊이도 최대 8킬로미터인 매리너 계곡이 눈에 확 띈다.
서쪽 가장자리에 보이는, 각각의 높이가 25킬로미터인 타르시스 화산(어두운 점들) 세 개가
자리 잡은 지역이 가장 경관이 좋은 곳일 것이다.

획을 세우는 것이다. 미국의 경우 그 계획은 행정부가 교체되는 4년 또는
8년 주기와 명운을 같이했다. 중국은 2040년대 말까지 화성에 식민지를
세울 계획을 가지고 있다. 중국은 지도자가 바뀐다 해도 계획을 바꾸지 않
을 것이 확실하다. 계획이 연기될 수는 있지만 행정부 교체 같은 사소한
이유로 취소되지는 않을 것이다. 나사는 또 다른 계획을 세웠다. 하지만
이 계획은 로드맵이라기보다는 시(詩)처럼 보인다. 미션 자체가 아니라
기술적 목표들을 통해 '지구 의존' 단계에서 '성능 시험' 단계로, 다시 '지

구로부터의 독립' 단계로 이행한다는 계획이다. 이 계획은 아폴로 시대처럼 구체적인 요구를 정리하는 대신, 흩어져 있어 자금 지원을 받지 못하는 아이디어들을 실제 날짜가 표기되지 않은 시간표에 넣어 연결시킨 것이다.

인류의 우주 비행에서 역사적인 이정표를 남긴 미국의 노력에 문제가 있다면, 그건 나사가 '대통령의 탐사 비전'으로 알려진 개념과 경쟁해야 한다는 점이다. 정치적인 문제는 접어두자. 대통령이 우주에 대해 어떻게 생각하는지 누가 신경을 쓰겠는가? 그건 전혀 중요하지 않다. 나사에 자금을 지원하고 나사의 과학자들과 공학자들이 방향을 결정하도록 해야 한다. 하지만 나사는 원래부터 군사적인 목적으로 설립되었기 때문에 의회와 미국 대통령은 나사의 우주 활동에 지나치게 많이 간섭한다. 저들의 변덕으로 프로그램이 취소되고 심한 경우에는 특정 선거구에서 어떤 일을 하라고 지시가 내려오기도 한다. 비효율성에도 불구하고 지금껏 그렇게 하고 있다. 우주왕복선과 국제우주정거장 계획이 엉망이 된 것도 다 이 때문이다. 나사는 비용을 초과하는 계약을 하고 미국 내에 흩어진 공급처로부터 비효율적인 공급을 받았다. 예산 초과는 당연한 일이었다. 그 결과 나사는 미션 위주의 기관이 아니라 선거 지역구 위주의 기관으로 변해버렸다.

✳   정치와 프로파간다는 우주 탐사를 어떻게 가로막았나

실제로 나사가 미션을 중심으로 돌아갔을 때는 성과가 뛰어났다. 모든 우주과학 미션에서 그랬다. 나사는 목성, 토성, 천왕성, 해왕성, 명왕성에 탐사선을 보냈다. 인류에게는 선물 같은 미션이었다. 또한 미국은 허블, 찬드라, 케플러, WMAP 같은 우주망원경으로 우주 기반 다파장 천문학에서 우위를 확보하고 있다. 이런 성과를 낸 비결은 아주 간단하다. 천문학자들은 미션을 제안하고, 이를 실현하는 데 필요한 과학 이론과 역량을 입증하는 타당한 논거도 제공한다. 나사는 매년 이런 제안 중에서 특정한 수의 제안을 선정한다. 천문학자들은 거의 항상 예산 범위 안에서 제시간에 그 제안들을 발전시킨다. 이런 측면에서 나사와 미국 정부는 전 세계

우주 기관의 부러움을 샀다. 하지만 정치인들이 생각해낸 거대 프로젝트에 우주인들을 덧붙이는 형태가 되면 일은 빠르게 어그러진다.

지난 40년 동안 나사가 인간의 우주탐사에서 거의 아무런 역할도 하지 못한 이유에 대해 나를 포함한 많은 사람들이 이렇게 주장한다. 나사가 계속해서 바뀌는 미국 대통령들의 지시를 받느라, 또 미국 의회의 지나친 간섭을 받느라 그랬노라고. 나사가 겪은 대통령만 열두 명이다. '비전'은 계속 달라졌다. 지구 저궤도에 머물겠다. 아니다, 달에 가겠다. 아니다, 달 대신 화성에 가겠다. 아니다, 달에 가겠다. 타깃이 계속 움직인 것이다. 지미 카터는 인간 활동보다는 우주과학을 추진했다. 로널드 레이건은 궤도에서 더 큰 존재감을 확보하기 위한 교두보로서 국제우주정거장을 지지했다. 조지 H. W. 부시는 달로의 귀환에 이은 화성 여행을 추진했다. 빌 클린턴은 국제우주정거장을 완공하기 위해 러시아와의 협력에 집중했다. 국제우주정거장은 클린턴이 집권할 당시 예산을 초과하면서 덜 국제적으로 변했다. 조지 W. 부시는 달로 귀환하고 싶어 했다. 버락 오바마는 달을 건너뛰고 소행성과 화성으로 가고 싶어 했다. 도널드 트럼프는 여러 번 달 또는 화성에 가야 한다고 표명했으며 국방부가 주도하는 우주군을 창설하고 싶어 했다.

1964년 미국 대선에서 해리 골드워터가 린든 B. 존슨을 이겼다면 미국은 달에 착륙하지 못했을 것이다. 골드워터는 아폴로 미션을 공개적으로 비판하면서 민간 우주 프로그램이 군사 목적 우주 활동 예산을 너무 많이 잠식하고 있다고 말한 인물이다. 하지만 승자는 존슨이었고 이후 1969년 7월로 예정된 아폴로 11호 미션이 너무 많이 진행된 탓에 1969년 1월에 취임한 리처드 닉슨은 이를 도저히 취소할 수 없었다. 닉슨은 그 후 다시 3년이 지나서야 아폴로 계획을 조기 취소시켰다.

나사의 연간 예산은 약 200억 달러다. 그 정도 예산이면 달에 가거나 화성에 갈 수도, 심지어 두 곳 모두에 갈 수도 있다. 나사가 해야 할 일이 그것밖에 없다면 그렇다는 말이다. 하지만 나사는 로켓 제작, 우주과학, 항공학, 지구과학, 유인 우주 비행 분야에서 다른 대규모 프로그램을 진행해야 한다. 더 큰 문제는 나사가 연간 예산 중 상당 부분을 국제우주정거장에 써야 한다는 것이다. 예산의 5분의 1이다. 1990년대 엔지니어 데이비드 베이커와 앞서 언급한 마틴 마리에타사(社)의 로버트 주브린(«화성 정착론»의 저자)은 마스 다이렉트(Mars Direct)라는 미션 개념을 구상했다. 현재 화폐 가치로 약 400억 달러를 투자해 10년이 조금 넘는 기간 안에 화성에 영구 정착지를 세운다는 계획이다. 개발 단계에서 매년 몇 십억, 유지 단계에서 매년 약 40억 달러가 든다. 현재 국제우주정거장에 매년 들어가는 돈과 비슷한 액수다. 나사는 이를 진지하게 고려했고 나사 내부에서 환호에 가까운 반응을 보인 사람도 많았다. 하지만 마스 다이렉트 계획은 아직 의회 지침과 나사 지침을 만족시키지 못하고 있다.

중요한 것은 영구적인 화성 정착은 재정적, 생물학적, 공학적 관점에서 가능하다는 것이다. 이제부터는 향후 20년 동안 펼쳐질 수 있는 일들을 짚어보자.

★ 여행은 지구에서 시작된다

화성의 풍경은 남극의 풍경과 유사하다. 춥고, 단색이고, 외지지만 눈을 사로잡는 매력이 있다. 겨울 동안 남극에 사는 사람이 많지 않은 이유는 그곳에서의 생활이 너무 힘들기 때문이다. 특히 해가 뜨지 않는다는 점에서. 화성에서 사는 건 더 힘들 것이다. 공기가 없기 때문이다. 숨 쉴 공기, 혈액 세포가 터지는 것을 막아줄 대기압을 형성하는 공기, 태양과 그 너머에서 오는 해로운 방사선을 막아줄 공기가 말이다. 공기가 전혀 없는 달에 비하면 화성에는 훨씬 더 많은 공기가 있다. 하지만 화성의 공기는 너무 옅고 대부분이 이산화탄소로 구성돼 있으며, 그중 1~2퍼센트만이 질소, 아르곤 그리고 약간의 산소다. 숨을 쉴 수 없기에 생존할 수도 없다. 아주 춥지만 않다면, 지구의 몇몇 유기체들은 화성에서 살 수 있을지도 모른다.

지구 대기는 약 78퍼센트가 질소, 20퍼센트가 산소, 1퍼센트가 아르곤이다. 이산화탄소와 다른 기체들도 미량 존재한다. 지구의 해면 대기압은 약 10만 파스칼, 즉 1기압이다. 화성의 대기압은 600파스칼, 즉 1기압의 0.6퍼센트 정도다. 화성에서 가장 큰 문제가 바로 이 기압이다. 이곳의 공기는 들이쉴 수도 없을 뿐더러 태양 방사선과 우주 방사선도 차단하지 못하고, 몸이 팽창해 액체나 기체를 방출하는 것을 막지도 못한다. 화성 정착에 뒤따르는 거의 모든 문제는 대기 문제와 관련돼 있다. 중력 문제가 없기를 바랄 뿐이다. 부디 0.38G가 아이의 임신과 건강한 성장에 충분하기를. 화성의 중력을 시뮬레이션한 국제우주정거장에서의 실험을 제외하면, 화성에 직접 가보기 전까지는 우리가 0.38G에서 얼마나 잘 살 수 있을지 알 수 없다.

화성 정착과 달 정착의 차이점이 바로 이것이다. 달은 대기와 중력 둘 다 문제지만, 화성은 (아마도) 대기만 문제라는 것이다.

달에서 먼저 살아보는 것이 화성에서의 삶을 시작할 때 뭔가 도움이 될까? 분명히 그럴 것이다. 두 천체 모두 기본적인 피난처의 모습은 같을 테니까. 적당량의 압력, 식량, 물을 갖추고 방사선으로부터 잘 보호받을 수 있는 지하 피난처나 거주 시설. 핵심적인 차이는 장기 거주 전략에 있다. 달은 지구와 가까운 데다 낮과 밤이 28일 주기로 바뀌면서 온도가 극단적으로 오르내리기 때문에 달에서의 생활은 향후 몇 백 년 동안 지구에 의존하게 될 것이다. 처음에는 약한 중력에 대처하는 방법이나 낮은 농축도로 레골리스에 뒤섞인 얼음 같은 자원을 채굴하는 법을 알아내야 한다. 하지만 화성은 지구까지의 거리와 비교적 감당할 수 있는 온도 및 낮과 밤의 교체 주기 등의 이유로 결국, 그것도 빠른 시일 내에 경제적으로 생존할 있는 자급자족 가능한 정착지로 탈바꿈할 것이다. 화성에서는 이산화탄소를 메탄과 산소로 전환해 로켓 연료를 만드는 기술과 자연 태양광으로 식량을 재배하는 대규모 온실을 건설하는 기술이 확보돼야 할 것이다.

먼저 달에 감으로써 우리는 우주 피난처에서 사는 법을 배울 수 있다. 운송, 보급, 저장, 외부 활동을 위한 보호복 착용에 관한 지식을 얻을 수 있으리라. 달에 먼저 가는 것은 극단적인 화성 예찬론자들의 주장과 달리 결코 시간 낭비가 아니다. 우주에서 우리가 하는 모든 활동은 우주에서 사는 법에 대해 최소한의 가르침을 준다. 설령 그 과정에서 대가를 지불하더라도 말이다. 달 표면 거주자들은 지구의 도움을 받거나 지구로 대피하는 데 3일이 걸리는 상황에서 진짜 위험, 실시간으로 대처해야 하는 상황과 마주하게 될 것이다. 그런 점에서 달 거주자는 잠수함이나 지구의 모형 거주구 시뮬레이션이 제공할 수 없는 경험을 하고, 그 경험을 다시 (9개월 거리에 있는) 화성을 위해 공유하게 될 것이다. 지구에 있는, 비교적 값싼 모형 거주구는 달과 화성에서의 생활을 위한 아주 기본적인 연습만을 제공해줄 뿐이다.

※   사막의 피난처

제1장에서 인간 탐사 연구 아날로그(HERA)와 하와이 우주탐사 아날로그·시뮬레이션(HI-SEAS)에 대해 언급한 적이 있다. 이런 모형들의 가장 큰 한계는 진짜가 아니라는 것이다. 나사는 기껏해야 감옥에서 받는 스트레스에 대해 연구하는 것일 수도 있다. 정말로 화성 여행을 하고 싶다면 화성으로 가야 한다. 화성 여행은 1~2년 동안 비좁은 공간에서 지내면서 겪을 불편 따위는 단박에 잊어버릴 만큼 엄청난 심리적 상승작용을 일으킬 것이다. 개인적으로 나는 심리적 위험이 과대평가됐다고 생각한다. 화성으로 가는 첫 번째 미션에 참가하는 사람들은 목적의식으로 넘쳐날 것이다. 그 후 이주하는 일반인들은 더 편안한 우주선에서 더 짧은 시간 동안 여행하게 될 것이다.

지구상의 다른 화성 모형 미션들은 화성에서 살고, 일하고, 움직이는 연습을 하는 데 초점을 맞추고 있다. 1998년 주브린 등이 설립한 비영리 우주 단체인 화성협회가 운영하는 플래시라인 화성 극지 연구소(Flashline Mars Arctic Research Station, FMARS)와 화성 사막 연구소(Mars Desert Research Station, MDRS)가 그 예다. 이 시설들은 사람들이 상상하는 최초의 화성 거주구 그대로의 모습을 하고 있다. 에어록과 안테나를 갖춘 간단한 원통형 구조로 밖에는 차량이 주차돼 있다. 플래시라인 화성 극지 연구소는 캐나다 누나부트 지역의 배핀만에 있는 데번섬에 자리 잡고 있다. 화성의 극지방과 많은 면에서 비슷한 극지 사막 생태계다. 미국 유타주 남부 사막에 위치한 화성 사막 연구소는 디자인은 플래시라인 화성 극지 연구소와 비슷하지만 온실과 천문대를 갖추고 있다. 제한된 예산으로 이 두 시설을 운영 중인 화성협회는 식량을 재배하고 근처의

땅을 조사 발굴함으로써 주브린의 책 《화성 정착론》에서 제시된 개념들
(이 장에서 나중에 다룰 것이다)을 시험하고 있다. 시설의 위치는 화성의
지질과 비슷한 곳으로 선정됐다. 참가자들은 모두 지원자로, 대부분 대학
생이다. 화성 사막 연구소는 온실이 처음에는 바람, 다음에는 화재로 파
괴됐을 때 '진짜' 문제가 무엇인지 체감했다.

　　나사도 자체 피난처 실험을 하고 있다. 애리조나주에 위치한 나사
의 사막 기술 연구소(Desert Research and Technology Studies, Desert
RATS)는 달이나 화성 표면에서 살고 움직이기 위한 기술을 1년 단위로
테스트하고 있다. 마치 1960년대 아폴로 미션 때와 같이 나사는 대학과의
연계를 통해 차량, 우주복, 도구 등을 테스트한다. 여기에는 영화 〈스타워
즈〉에 나온, 바퀴가 여섯 개 달린 거미 모양 차를 닮은 전 지형 대응형 6족
외계 탐사차도 포함돼 있다. 달이나 화성의 어떤 지형에서도 다닐 수 있
(기를 바라)는 탐사차다. 또한 나사는 흙의 일정 부분을 평평하게 만든 다
음 가열하고 굳혀 착륙대와 발사대를 만들 수 있는 로봇 장치도 시험 중
이다.

　　나사가 자금을 지원한 호튼 마스 프로젝트(Houghton Mars Project,
HMP) 연구소도 데번섬의 플래시라인 화성 극지 연구소 근처에 있다. 조
금 더 크다. 이 연구소는 호튼 크레이터(약 4,000만 년 전 운석이 충돌해
만들어진 지름 약 23킬로미터의 크레이터_역주)에 있는데, 이곳은 화성
의 지형처럼 건조하고 식물이 없으며 돌이 많다. 이런 지형은 호튼 마스
프로젝트가 화성에서 사용될 로봇 채굴 기술을 시험하기에 최적의 모형
이다. 이들은 플래시라인 화성 극지 연구소와 함께, 기반 시설이 멀리 있
고 부족한 상태에서 에너지 저장, 통신, 원격의료가 가능한지를 시험하고
있다. 호튼 마스 프로젝트는 나사 엔지니어이자 화성협회와 화성연구소
를 공동 창립한 파스칼 리가 고안한 것이다. 사막 기술 연구소와 호튼 마
스 프로젝트를 통해 나사와 그 파트너들은 화성 배경 SF 소설과 영화의
배경이 되는 기본적인 장비들을 시험하고 있다. 가압 탐사차, 로봇 굴착
기, 신축성 가압 우주복 등이 그것이다.

◆◆◆◆◆◆

2011년 만들어진 사막 기술 연구소의 현장 사진. 위쪽 사진은 심우주 거주지 모델이며 상단에 보이는 구획은 이 프로젝트에 참여한 학생이 만든 X-Hab 로프트다. X-Hab은 공기를 넣어서 부풀릴 수 있다. 그 아래 1층은 거주 공간으로 지름은 약 5미터 내외다. 오른쪽에 'HYGIENE MODULE'이라는 문구가 적힌 곳은 위생 구획이다. 아래는 탐사차에서 캐빈만 분리해 행성 표면에서 이동하는 사진이다. 탐사차도 모듈 형식으로 개발하여 2개의 탐사차를 연결하거나 탐사차에서 캐빈만 분리하여 사람과 물자를 추가로 더 싣는 실험을 하고 있다.

◆◆◆◆◆◆

✱ 맨땅, 아니 레골리스에 헤딩하기

다른 핵심 프로젝트 중에는 '현지 자원 이용'이라는 것이 있다. 이 것은 '행성의 개척자들'이 땅에 의존해 살 수 있도록 도와줄 것이다. 달과 화성에서의 임시 정착 및 영구 정착 시 사람들은 현지 자원에 상당 부분을 의존해야 한다. 로켓 방정식의 기본적인 물리적 속성 때문에 공기나 물 같은 무거운 물질(그렇다. 공기도 무겁다)은 우주로 가져가기 힘들기 때문이다. 우리는 하루에 550리터의 산소를 들이마신다. 약 1킬로그램이다. 화성으로 가는 우주인 네 명이 2년 동안 호흡하려면 산소 3톤이 필요하다 (금액으로는 약 3,000만 달러다).

나사와 캐나다 우주국이 추진한 산소 및 월면 휘발성 물질 추출을 위한 레골리스 환경 과학 연구(Regolith and Environmental Science and Oxygen and Lunar Volatile Extraction, RESOLVE) 미션의 목표는 굴착 플랫폼, 오븐, 실험실을 두루 갖춘 탐사차를 통해 물과 산소를 생산해 내는 것이다. 이 탐사차는 1미터 깊이에서 추출한 지질 핵을 분쇄한 다음 900도로 가열해 산소를 방출시킨 뒤, 그 산소를 수소와 섞어 한 시간 안에 물을 만들 수 있다. 암석에서 물을 얻는 것이다. 모세의 기적이 따로 없다. 달에서 사용하기 위해 설계된 이 장치는 암모니아, 일산화탄소, 헬륨, 수소 같은 중요한 휘발성 물질을 찾는 용도로 화성에서도 쓸 수 있다. 이와 관련된 것으로 '선구형 현지 달 산소 시험대(PILOT)'라는 장치도 있다. 이것 역시 레골리스의 광물 속에 갇힌 산소를 추출할 수 있기에 화성에서도 쓰임새가 있을지 모른다. 화성의 레골리스에는 달보다 더 많은 물이 포함돼 있는 데다, 물에서 산소를 추출하는 것은 에너지도 덜 들기 때문이다.

화성의 대기에도 산소(O_2)가 있지만 이것들은 이산화탄소(CO_2)에 묶여 있다. '화성 산소 현지 자원 활용 실험(Mars Oxygen In-Situ Resources Utilization Experiment, MOXIE)'은 이산화탄소를 추출해 800도까지 가열한 뒤 고체산화물 수전해전지라는 촉매에 통과시켜 호흡할 수 있는 산소를 만들어내는 장치다($2CO_2 \rightarrow 2CO + O_2$). 부산물로 생성되는 유독한 일산화탄소는 연료로 쓰거나 메탄으로 전환할 수 있다. 이 장치는 실험실 테스트가 완료된 상태로 나사의 마스 2020 탐사차 미션 때 활용될 것이다. 이 미션에서 성공을 거둔다면 나사는 장치의 규모를 100배로 늘릴 계획이다. '화성 산소 현지 자원 활용 실험' 프로토타입은 30와트 전력으로 시간당 10그램의 산소를 만들어낼 수 있으며 태양에너지도 사용한다. 화성에서 우주인들이 사용하게 될 확장 버전은 방사성 붕괴를 전기로 전환하는 장치인 방사성동위원소 열전기 발전기를 사용해야 할 것이다. 이 발전기는 태양에너지가 너무 약한 화성 바깥으로 보내는 우주선 대부분의 전자장치에 에너지를 공급한다.

산소는 숨 쉬기 위해서뿐만 아니라 연소를 위해서도 필요하다. 수소와 메탄(CH_4), 그리고 모든 탄소 기반 연료는 산소, 즉 산화제 없이는 점화할 수 없다. 따라서 온실에서 동식물을 위한 완벽한 $CO_2 : O_2$ 비율을 만들어낸다 해도 우리는 여전히 연료를 연소하기 위해 산소가 필요하다. '화성 산소 현지 자원 활용 실험' 장치는 대량 설치가 가능하기 때문에 산소를 대량으로 저장할 수 있게 해준다.[17] 화학적 순환의 아름다움이 보이지 않는가? 화성은 문명에 필요한 모든 것을 가지고 있다. 우리가 원하는 형태가 아니라서 문제일 뿐이다. 하지만 수소, 탄소, 산소 기반의 분자들은 에너지만 있다면 모두 서로 대체가 가능하다. 화성에서는 어떤 것도 낭비해선 안 된다. 물에서 분리된 수소는 산소와 함께 연료로 연소되면 다시 물로 돌아간다. CO_2는 O_2와 CO로 전환되고, CO는 산소와 연소되면 다시 CO_2로 돌아간다($CH_4 + 2O_2 \rightarrow CO_2 + 2H_2O$). 없던 물질이 창조될 수도 없고 있던 물질이 사라질 수도 없다. 자원이 손실되는 유일한 순간은 우리가 현실적으로 그것을 수집하지 못할 때뿐이다. 로켓 발사 때처럼.

중국이 이미 몇 번이나 자국만의 현지 자원 이용 프로젝트와 사막 현장 연구를 수행했다는 사실은 주목할 만하다. 중국은 수백만 에이커에 이르는 '화성 월드'를 차이다무 분지에 건설하고 있다. 칭하이-티베트 고원에 있는 이 건조한 지역은 황량한 풍경을 가지고 있어 화성의 지리적 조건과 비슷하다. 이 화성 월드는 주로 과학 연구를 위한 것이지만, 화성을 테마로 한 탐사 캠프와 가상 화성 체험관을 갖춘 관광 시설도 지어질 예정이다. 유럽, 일본, 우주에 관심을 보이기 시작한 두바이 등 세계 곳곳에서 이런 프로젝트가 수십 개씩 진행되고 있다. 이들 모두는 기발한 이니셜을 가진 시설을 만들어 시험을 진행하는 중이다. 이제 우리는 화성에 갈 준비가 된 것 같다. 거의 됐다는 말이다.

✱ 화성 식민지의 장애물 1: 지구 탈출하기

1989년 7월, 아폴로 11호의 달 착륙 20주년을 맞아 미국 조지 H. W. 부시 대통령은 워싱턴 DC 소재 국립항공우주박물관 계단에서 연설했다. 궤도 우주정거장 건설(그때는 프리덤 우주정거장이라는 이름으로 불렸다), 달로의 영구 귀환, 30년 내 유인 화성 미션 성공을 포함한 포괄적인 내용을 담은 연설이었다. 달 착륙으로부터 반세기가 되는 2019년을 목표 연도로 잡은 이 계획은 우주탐사계획(Space Exploration Initiative, SEI)이라는 이름으로 불렸다. 나사는 이 아이디어를 받아들여 지금은 악명 높은, '90일 연구'로 알려진 프로젝트를 위탁했다. 이 프로젝트는 90일 뒤 위와 같은 사업을 벌이는 데 총 5억 달러의 비용이 들 것이라고 추산했다. 지금으로 치면 1조 달러 이상의 돈이다.

안타깝게도 이 계획은 우주 정책이 아니라 우주 쇼에 가까웠다. 현실에 거의 기초를 두지 않은 달콤한 계획에 불과했던 것이다. 우주탐사계획의 문제 중 하나는 당시에는 건설되지도 않았던 프리덤 우주정거장에 의존했다는 것이다. 프리덤 우주정거장은 국제우주정거장의 원래 이름이었다. 건설 비용이 계속 초과되자 다른 나라의 지원을 받기 위해 '프리덤'을 '국제'로 교체한 것이다. 이 계획은 모든 사람이 원하는 걸 전부 집어넣으려 한 것 같다. 연료 저장고가 우주정거장에 추가돼야 하고, 우주 기지는 달에 있어야 하며, 화성에 가려면 달에서 초대형 우주선을 만들어야 하고, 화성에 성조기를 꽂을 우주인은 그곳에 단 며칠만 머물러야 한다는 등의 요구가 반영돼 있었다. 1989년 부시는 이 계획을 이끌어 갈 국가우주위원회를 설립했다. 위원장은 댄 퀘일 당시 부통령이었다. 또 하나의 중대한 실수였다. 국가우주위원회 위원들은 나사가 돈을 잡아먹는 기술적인 문제에 대한 혁신적인 해결책을 내지 못한다고 질타했으며, 댄 퀘일은 이를 중재할 수 있는 능력이 전혀 없었다. 나사는 부시의 공언으로 의외로 큰 예산을 지급받을 수 있을 것이라 오판했다. 백악관이나 나사 어느 쪽도 이 계획과 관련된 의회 토론에 참석하지 않았다. 의회는 제2차 세계대전 이래 가장 많은 비용을 요구하는 이 계획에 충격을 받지 않을 수 없었다.

또한 이 엄청난 가격표는 나사가 더 이상 위대한 업적을 이루지 못할 것이라는, 당시 미국인들 사이에서 싹트기 시작한 의심과 맞물렸다. 우주왕복선은 기대에 부응하지 못했고 우주왕복선 챌린저호는 1986년 발사 몇 분 만에 폭발해 교사 한 명을 포함한 승무원 일곱 명 전원을 죽음으로 몰았다. 부시의 우주탐사계획 연설 후 1년도 지나지 않아 허블 우주망원경은 반사경의 결함을 안은 채 발사됐다. 어처구니없는 실수였다. 레이건 행정부 이후 등장한 풍조가 여기서도 고개를 들었다. 적자가 늘고 경제가 흔들리자 정치권은 현실적인 이유를 들어 이 계획을 3년도 지나지 않아 취소시켰다. 나사 역사가인 소르 호건은 우주탐사계획에 대해 다음과 같이 요약했다. "최종적으로 분석해볼 때 우주탐사계획은 의사결정 과정의 결함을 보여주는 전형적인 예이며, 고위 수준의 정책 지도가 부족했고, 중대한 재정적 제약에 대처하는 데 실패했으며, 프로그램의 적절한 대안이 없었고, 의회의 지원을 얻지도 못했다." 2024년까지 달로 귀환하겠다고 발표한 누군가가 생각난다.

이 시대에 이뤄진 긍정적인 발걸음 중 하나는, 우주탐사계획이 와해된 후 1992년에 임명된 나사 국장 댄 골딘이 로봇을 이용한 화성 탐사 연구를 태양계 탐사의 주목표로 만들었다는 점이다. 게다가 이 목표는 대통령에 따라 비전은 바뀌었을지언정 취소되지 않고 살아남았다. 또한 그 시대는 로버트 주브린이라는 인물이 부상한 시기이기도 했다. 그는 우주탐사계획이 제안한 비용의 20분의 1만으로 화성에 갈 수 있는 방법이 있다고 생각했다. 주브린의 계획은 마스 다이렉트라고 명명됐다. 결국 불확실성과 위험을 회피해왔던 나사는 안전을 이유로 이 계획을 거절했지만, 1995년 무렵부터 오늘날까지 나사가 세운 계획들은 이상할 정도로 마스 다이렉트와 닮아 있다. 결국 모두 화성에 인간을 보낸다는 계획이다.

주브린은 땅에 의존해 사는 방법으로 엄청나게 비용을 줄일 수 있다고 생각했다. 우주탐사계획에서 나사가 연료, 공기, 물 등 왕복 여행에 필요한 모든 것을 다 가지고 간다는 계획을 세운 것과 대조적이다. 저 세 가지 자원 모두 화성에 있는 것들이다. 마스 다이렉트 계획에 따르면, 먼저 무인 지구귀환탐사선(Earth Return Vehicle, ERV)과 수소 기체 화물을 보낸다. 6개월 정도 걸린다. 착륙 후에 탐사선은 수소를 이용해 화성 대기의 이산화탄소를 메탄 연료와 물로 전환시키는 장치를 설치한다.[18] 다음으로 물은 산소와 수소로 분해된다. 이 두 가지 반응을 1년 동안 반복하면 지구귀환탐사선이 지구로 귀환하는 데 필요한 연료와 산화제를 충분히 만들어낼 수 있다. 물론 지상 탐사차를 움직일 추가 연료, 마시거나 '호흡할' 물과 함께 말이다. 지구에서 수소 6톤을 가져가면 108톤의 메탄과 산소를 화성에서 만들 수 있다. 아주 간단한 화학반응이다. 실제로 주브린은 나사로부터 받은 소액의 자금으로 메탄을 생성하는 장치를 만들어 가능성을 보여준 바 있다. 문제는 탐사차를 안전하게 착륙시킨 뒤 춥고 압력이 낮은 저중력 상태에서 작동하게 하는 것이다.

잘 생각해보자. 지구와 화성은 약 26개월에 한 번 거리가 가장 가까워진다. 따라서 지구귀환탐사선 발사 후 2년여가 지나서 다시 로켓 두 대를 화성에 보낼 수 있다. 또 하나의 지구귀환탐사선(연료와 물 생성 사이클을 다시 시작하기 위해서다)과 4인용 주거구 모듈이다. 승무원들은 무거운 연료, 공기, 물 없이 가볍게 화성에 착륙한다. 처음에 보낸 지구귀환탐사선은 화성에서 이미 만들어둔 연료를 실은 상태로 지구 귀환을 준비하고 있다. 두 번째 지구귀환탐사선은 첫 번째 지구귀환탐사선이 손상될 경우를 대비한 비상 귀환 우주선 역할을 한다. 승무원은 화성에서 약 1년 반을 지낸 뒤 귀환한다. 지구와 화성이 다시 가까워지는 시점이다. 그러는 동안 사이클이 반복된다. 새로운 우주인 네 명이 다시 지구귀환탐사선을 타고 또 다른 거주구와 함께 화성에 도착한다. 2년마다 새로운 우주인, 지구귀환탐사선, 거주구가 화성에 도착한다. 그리고 지하 통로를 통해 거주구들이 서로 연결되면서 서서히 화성에는 마을이 형성된다.

마스 다이렉트 계획에서는 2년마다 새로운 장비도 화성에 도착한다. 소형 원자로나 태양 전지판 같은 것들이다. 여러 해가 지나면 우주인들은 화성에 기반 시설을 구축하기에 충분한 도구를 확보하게 되고, 플라스틱, 유리, 세라믹을 생산할 수 있는 작은 공장들도 세워진다.

마스 다이렉트에 대해 나사가 문제를 제기한 가장 큰 이유는 주브린의 숫자들을 믿지 못했기 때문이다. 필요한 연료의 양, 그리고 필요하지 않은 질량과 관련된 숫자가 너무 낙관적이라는 것이다. 이해는 간다. 나사는 이 계획을 비틀어 한 번에 우주선 세 대를 보내는 형태로 재설계했다. 주브린은 이 수정된 계획이 마스 세미 다이렉트라며 야유를 보냈다. 10년간 이 계획에 드는 비용은 550억 달러로 계산됐다. 이 정도 비용이면 나사가 예산 범위 안에서 우주과학이나 지구과학 같은 다른 활동을 하면서도 감당할 수 있을 것이다.

마스 다이렉트에는 다른 문제도 있었다. 지구귀환탐사선을 강력한 자외선과 끊임없이 몰아치는 먼지로부터 2년 동안 보호할 수 있을지의 여부였다. 이런 사소한 것들이 비용을 증가시켰다. 결국 나사는 마스 다이렉트도, 마스 세미 다이렉트도 수용하지 않았다. 화성 미션 지지자 중 일부는 나사가 외부인의 지시를 받는 상황을 달가워하지 않았기 때문이라고 추측하기도 한다. 로버트 주브린과 이 계획을 같이 세운 동료 데이비드베이커는 결국 일반인일 뿐 나사의 일원은 아니었으니까. 대신 나사는 값비싼 국제우주정거장을 건설하는 데 집중했다.

★   화성 식민지의 장애물 2: 화성까지 비행하기

돈, 로켓, 화성에 가겠다는 의지가 모두 있다고 가정하자. 이 정도 조합은 중국과 그 파트너 또는 미국과 그 파트너 어느 쪽에서든 나올 수 있다. 2030년대에는 이들 중 어떤 쪽이라도 화성에 갈 가능성이 생길 것이다. 게다가 비용만 충분히 낮아진다면, 억만장자 중 일부가 화성 여행에 필요한 비용을 지원할 가능성도 있다. 자금 지원이나 동기부여와는 무관하게, 문제는 어떻게 여행을 하는가이다. 화성으로의 여행은 화성에서 사는 것보다 더 어렵다.

제2장에서 다뤘듯이 화성 여행과 관련된 건강 위험은 심각하다. 나는 낮은 중력이 미션 성공에 가장 큰 위험 요소가 된다고 본다. 따라서 그 문제에 대해 자세히 논해보겠다.

◆◆◆◆◆◆

화성까지의 여행은 6~9개월의 시간이 걸린다. 이 정도 시간을 미세 중력 환경에서 보낸다면 뼈와 근육이 점점 약해질 것이다. 국제우주정거장에서 6개월을 지낸 우주인들은 궤도에서 두 시간씩 운동을 했음에도 지구로 귀환했을 때 신체 기능을 잘 발휘하지 못했다. 이들은 대부분 귀환 후 최소 하루 동안은 전혀 걷지 못하며 도착 순간부터 메스꺼움을 느낀다. 지구에는 그나마 우주선에서 귀환자를 꺼내 휠체어로 옮겨줄 팀이 있으니 다행이라 할 것이다. 하지만 화성에는 그런 일을 해줄 팀이 없다. 우주인들은 즉각적으로 자기 몸을 완전히 통제할 수 있어야 한다. 미세 중력 환경에서 오래 지내면 근육이 약해지고 골밀도가 한 달에 최소 1퍼센트씩 줄어들며 시력도 손상을 입는다. 9개월을 우주에서 보내고 지구가 아닌 화성에 착륙했을 때의 유일한 위안은 화성의 중력이 0.38G라는 사실이다. 지구에 비하면 중력으로 받는 고통은 더 적을지 모른다.[19]

나사는 국제우주정거장에서 340일을 지내고 돌아온 우주인 스콧 켈리의 신체 능력을 정밀 테스트한 적이 있다. 지구에 착륙했을 당시 켈리는 겨우 걸을 수 있는 정도였지만, 날이 갈수록 나아져 곧 물리적인 활동 대부분을 수행할 수 있게 됐다. 그런데 조정력은 완전히 없어진 상태였다. 이런 증상을 가리키는 말이 있다. 우주 부적응 증후군(Space Adaptation Syndrome, SAS)이다. 뇌는 어느 쪽이 '아래'인지 모를 때 혼란을 겪는다. 우주 부적응 증후군은 우주인들이 국제우주정거장에 도착할 때와 지구로 돌아올 때 겪는 증상이다. 올라갈 때는 별 문제가 없다. 이미 적응한 승무원들이 국제우주정거장에 있기 때문이다. 화성 미션의 경우, 지구 관제 센터 요원들이 처음 이틀간 도움을 줄 것이다. 하지만 화성에 도착하면 스콧 켈리가 겪은 것과 똑같은 증상 때문에 미션 자체가 위협을 받을 수도 있다.

여행 중에 하루 네 시간 저항 훈련을 하면 도움이 될 것이다. 그렇다면 화성으로 가는 방법은 기본적으로 두 가지가 있다. 우선, 미세 중력 환경에서 운동을 지속하면서 가는 방법이다. 0.38G의 화성 환경에서는 우주 부적응 증후군의 강도가 38퍼센트 정도만 되기를 기도하면서. 두 번째는 돈을 투자해 우주선이 인공중력을 생성하도록 만드는 방법이다. 개인적으로 나는 중력이 사치품이라고 생각하지 않는다. 인공중력 없이 화성에 우주인을 보내면 그 우주인은 미션을 수행할 수 없을 테니까. 그건 거의 사형선고라고 본다.

SF 영화에서 중력 문제는 무시될 때가 많다. 〈스타트랙〉이나 〈스타워즈〉 같은 영화에는 중력장 생성 장치가 등장한다. 우주선에 필요한 중력을 제공하는 장치. 하지만 이런 기술은 현존하지 않으며 워프 드라이브처럼 현대 물리학의 한계를 뛰어넘은 상상의 기술일 뿐이다. 화성으로 가는 여행에서 우리는 원심력을 이용해 인공중력을 유도해야 할 것이다. 《화성 정착론》을 쓴 주브린을 포함한 많은 공학자들이 지지하는 간단한 아이디어가 있다. 우주인들이 있는 캡슐을 균형추에 묶는 방법이다. 우주에서 케이블로 연결된 캡슐과 균형추를 서로 떨어뜨린다. 케이블이 팽팽하게 펴지면 양자의 거리는 1,500미터가 된다. 그때 엔진을 구동해 캡슐이 균형추를 중심으로 빙빙 돌게 하면 중력이 생성되는데, 이 상태 그대로 화성까지 가는 것이다. 분당 1회전이면 화성의 중력과 비슷한 중력을 만들 수 있다. 분당 2회전이면 지구의 중력과 비슷한 중력이 나온다. 별로 우아하지는 않지만 효과적이긴 하다. 더 우아한 아이디어는 앤디 위어의 SF 소설 《마션》에 나온다. 소설 속 우주선의 이름은 헤르메스. 중심에 대관람차처럼 회전하는 허브가 장착된 100미터 길이의 튜브 모양이다. 바퀴의 바깥 부분에서는 화성 정도의 중력을 느낄 수 있다. 승무원들이 대부분의 시간을 보내는 곳이다.

소설 속 헤르메스는 너무 거대해서 우주에서 조립된다. 나사는 생각도 못할 일이다. 안타깝게도 나사는 더 간단한 연결형 디자인을 고려하지 않는 것 같다. 나사의 현재 계획은 개발 단계에 있는 오리온이라는 우주선에 우주인 네 명을 태워 보내는 것이다. 우주 발사 시스템에 의해 발사되는 우주선이다. 오리온은 회전하지 않는다. 나사는 국제우주정거장에서 개발한 운동 프로그램을 이용해 우주인들의 건강을 유지할 계획이다. 인공중력의 구현 가능성에 대한 확신이 없고 추가적인 비용을 우려하기 때문이다. 솔직히 비용 문제를 거론하는 부분은 어처구니가 없다. 운동기구를 추가했을 때 늘어나는 질량이나 운동에 따른 추가적인 칼로리 소비 때

✦✦✦✦✦✦

문에 늘어나는 식량의 무게는 생각도 안 한단 말인가? 하루에 몇 시간씩 운동하느라 낭비하는 시간은 차치하고 말이다.

나사는 또한 우주인들이 화성에 도착해 하루나 이틀 정도 쉬면 스스로 회복될 거라고 생각한다. 우주인들이 지구로 귀환하고서 며칠이 지나면 부분적으로 회복하는 것은 사실이지만, 이는 의료 전문가들의 도움을 받을 때의 이야기다. 조정력 이상, 근육 약화 같은 문제는 의학의 도움 없이도 해결될 수 있을지 모른다. 하지만 미세 중력이 과다 중력(macrogravity)과 만나면 다른 증상이 발생한다. 기립성 저혈압이다. 탈수와 심혈관 기능 약화가 겹쳐지며 위험할 정도로 혈압이 낮아지는 증상이다. 심장이 뇌까지 혈액을 올려 보내지 못해 지구로 귀환하는 우주인이 의식을 잃는 경우도 있다. 게다가 우주인은 뼈가 약해진 상태라 걷기나 물건 들기 등 일상적인 활동으로도 골절이 발생할 수 있다. 우주인들은 무거운 보호복을 입은 채 이런 일들을 해야 한다. 미세 중력하에서의 장기 미션이 끝나는 바로 그 시점부터 이 같은 화성 미션을 시작해야 하는 것이다.

인공중력은 효과가 있다. 이미 테스트가 이뤄졌고 추가적인 테스트가 더 있을 것이다. 일본 과학자들은 국제우주정거장 내 자국 모듈에 실험용 쥐를 집어넣은 회전 장치를 배치했다. 쥐들은 1G의 인공중력 환경에서 35일을 살았는데 같은 시간에 미세 중력 환경에서 산 쥐들과 비교했을 때 궤도 생활의 부정적인 영향을 전혀 받지 않았다. 더 야심찬 프로젝트는 '외계 거주, 자치, 행동 건강을 위한 다세대 독립 식민지(Multigenerational Independent Colony for Extraterrestrial Habitation, Autonomy, and Behavior Health, MICEHAB)'이다. 설치류와 보호 로봇을 우주로 보내 1G 또는 0.38G 인공중력 환경에서 설치류들이 얼마나 잘 번식하는지 알아보는 미션이다. 하지만 이 미션은 아직 개념 설계 단계에 있어 투자도 받지 못했다. 이 연구가 제대로 진행된다면 화성에서 인간이 임신할 수 있는지의 여부도 알게 될 것이다.

제2장에서 나는 화성 여행 동안 겪게 될 방사선 위험에 대해 다뤘다. 최소한 화성으로 가는 미션 초기에는 감당할 수 있는 위험일지 모른다. 하지만 식민지 개척을 위해 많은 사람들을 화성으로 실어 나르려면 효과적

◆ ◆ ◆ ◆ ◆ ◆

인 방사선 차폐 방법을 생각해내야 할 것이다. 화성으로 가는 우주선에서 태양 폭풍을 만난다면 거의 40렘의 방사선에 노출될 수 있다. 전신 CT 촬영을 40회 했을 때 노출되는 양이다. 우주선 내의 간단한 폭풍 피난처로 들어간다면 5렘 정도로 방사선 노출량을 줄일 수 있다. 좋진 않지만 끔찍한 정도도 아니다. 물탱크 뒤 식료품 저장실처럼 작으면서 차폐가 잘 되는 공간에서 태양 폭풍이 지나갈 때까지 기다리는 것도 방법이 될 수 있다.

아폴로 우주인들은 약 10일 동안 달에 머무르며 1렘 정도의 방사선에 노출됐다. 우주인 열두 명 중에서 한 명은 61세에 사망했고(심장마비), 한 명은 69세에 사망했으며(오토바이 사고), 한 명은 74세에 사망했다(백혈병). 나머지는 모두 80세 넘게 살았다. 미국 남성의 평균 기대 수명보다 오래 산 것이다. 샘플 크기가 작기는 하지만 아폴로 미션이 수명을 단축시키진 않았다고 어느 정도 확신할 수 있다. 스콧 켈리는 국제우주정거장에서 지내는 동안 8렘의 방사선에 노출됐다. 미국 노동자의 방사선 노출 한계치는 3렘이다. 켈리가 암에 걸릴지는 시간이 지나야 알 수 있을 것이다. 설령 켈리가 암에 걸리더라도 샘플 크기가 1밖에 안 된다. 방사선이 암을 일으킨 걸까? 전 세계 사람들 중 3분의 1이 암으로 사망한다. 스카이랩의 우주인들은 단 두 달 만에 17.8렘의 방사선에 전신이 노출됐다. 앨런 빈도 그중 한 명이었다. 달에 갔던 사람이기도 하다. 빈은 86세에 원인불명의 병으로 급사했다. 나사는 미르에서 1년 동안 지낸 우주인들이 21.6렘의 방사선에 노출됐다고 추산한다. 그들의 건강에 관해서는 아무런 자료가 없다. 러시아가 굳게 입을 다물고 있기 때문이다. 화성 여행자는 저들과 비교도 안 될 만큼 많은 방사선에 노출될 것이다. 물론 미국 '노동자'의 허용량을 가뿐히 뛰어넘을 수치다. 사고가 터진 핵 발전소의 인부를 제외하면 말이다.

✳ 화성 식민지의 장애물 3: 화성에 살아서 착륙하기

화성까지의 여행을 복잡하게 만드는 또 다른 문제가 있다. 바로 착륙이다. 우주 당국 중 그 어느 곳도 많은 질량을 화성에 착륙시키는 법을 모른다. 화성에 (거의) 착륙시킨 가장 무거운 물체는 소련의 마스 2호와 마스 3호 탐사선으로 둘 다 1,210킬로그램이다. 마스 2호는 화성 표면에 충돌했고, 마스 3호는 착륙 당시 모래 폭풍에 휩쓸려 몇 초 만에 교신이 끊어졌다. 미국의 바이킹 착륙선들은 무게가 그 반밖에 안 됐다. 탐사선은 나사가 2012년에 900킬로그램짜리 화성 과학 실험실(Mars Science Laboratory, MSL)인 큐리오시티 로버(탐사차)를 내놓을 때까지 계속해서 가벼워졌다. 화성 거주 계획을 실행하려면 몇 톤 정도의 화물을 착륙시켜야 한다. 화성의 엷은 대기는 진입하는 우주선의 온도를 높이는 동시에 낙하산을 이용한 감속을 어렵게 한다. 어느 쪽이든 최악의 상황이다. 게다가 대기권에 진입한 후 떨어질 바다도 없다. 나사는 스카이 크레인을 개발해 큐리오시티를 하강시켰다. 스카이 크레인은 하강 속도를 줄이는 역추진 장치다. 로봇 탐사선을 착륙시키는 데 실패한다면(지금까지 여러 번 실패했다) 수십억 달러를 잃는 것이나 다름없다. 우주인을 태운 거주구를 착륙시키는 데 실패하면 수많은 생명과 꿈을 잃는 것이다. 2018년 나사 인사이트 탐사선의 완벽한 착륙은 좋은 징조다. 이 탐사선은 약 600킬로그램을 싣고 화성 대기에 진입했다. 그 짐 중 일부는 연료였다. 탐사선은 높은 지점에 착륙했기 때문에 감속에 사용할 대기도 적었다.

✳   화성으로 가는 고속도로를 건설하는 방법

방사선과 미세 중력 문제를 해결할 수 있는 가장 좋은 방법은 무엇일까? 최대한 빨리 화성에 가는 것이다. 이론상으로는 현재 기술로도 6~9일이면 화성에 갈 수 있다. 하지만 현실에서는 6~9개월이 걸린다. 어째서일까?

달과 지구 사이의 거리는 비교적 일정하게 유지된다. 평균 38만 4,000킬로미터다. 이 거리는 근지점, 즉 가장 가까운 위치에서는 36만 3,000킬로미터로 줄어들고 원지점, 즉 가장 먼 위치에서는 40만5,000킬로미터로 늘어난다. 따라서 언제 달로 출발하는지는 문제가 안 된다. 달이 원지점에 있든 근지점에 있든 별로 달라지는 게 없으니까. 로켓 여행은 기껏해야 몇 시간 정도밖에 차이가 안 난다. 하지만 화성까지의 거리는 변화폭이 매우 크다. 이 붉은 행성은 태양 반대편에 있을 때도 있다. 화성까지의 거리는 최단 5,500만 킬로미터에 최장 1억 킬로미터다. 즉, 타이밍이 전부란 말이다. 화성은 움직이는 목표물이기 때문에 화성이 지구로 접근하는 적절한 시점에 화성으로 출발하는 게 좋다. 이 기회는 약 26개월에 한 번 온다.

하지만 비행 속도는 다른 세 개 요인에 의해서 지배된다. 지포스(g-force), 연료 효율성, 그리고 감속 필요성이다. 감속은 하나의 궤도에서 다른 궤도로 가기 위한 속도 변화인 Δv와 관련이 있으며 반대 방향으로의 엔진 가동을 요구한다. 정확히 필요한 속도로 감속을 하지 못하면 목표물을 지나치게 되고, 그러면 다시 돌아오기 위해 더 많은 연료를 써야 한다. 아폴로 미션은 달에 가는 데 약 3일이 걸렸다. 이 정도의 여유로운 속도면 우주인들이 쉽게 감속해 달 궤도로 들어갈 수 있다. 천천히 움직일수록 감속이 쉬워진다. 나사의 명왕성 탐사선 뉴호라이즌스는 달에서 멈출 필요가 없었기에 여덟 시간 35분 만에 시속 5,800킬로미터의 속도로 달을 지나쳤다. 이 정도 속도면 (화성이 가장 가까운 위치에 있다고 가정할 때) 41일 만에 화성을 지나칠 수도 있다. 따라서 이론상으로는, 현재의 로켓 기술과 화학연료를 가지고도 적절한 시점에 보급품을 실은 로켓을 발사한다면 41일 만에 화성에 도착하게 만들 수 있다. 엉성하고 파괴적일 수 있지만 빠르기는 하다.

하지만 연료 효율성은 가장 짧은 경로를 택하지 못하게 하는 요인이다. 뉴호라이즌스는 태양계 가장자리에 닿는 데 필요한 탈출속도로 비행했다. 이 정도 속도라면 이론상으로는 지구에서 발사된 우주선이 화성의 예상 위치로 이어지는 직선 경로를 따라 날아가다 중간쯤에서 엔진을 최대로 가동시켜 감속할 경우 60~80일 정도에 목표 위치에 도착할 수 있다. 하지만 이 운전법은 연료가 너무 많이 들기 때문에 현실적으로 불가능하다. 제3장에서 언급한 로켓 방정식에 따르면 그 정도로 많은 연료를 실은 채로는 지구를 벗어날 수 없기 때문이다. 지구 저궤도에서 연료를 재충전한다면 가능할 수도 있다. 그래도 여전히 많은 양의 화학연료가 필요하다. 따라서 로켓 엔지니어들은 이 방법이 아닌, 호만 전이 궤도를 통해 우주선을 화성으로 보내는 방법을 사용한다. 호만 전이 궤도는 소용돌이치는 타원형의 궤도로, 지구 궤도를 떠난 우주선이 태양 주위를 반 바퀴 돌아 화성 궤도로 접근하는 경로다. 이 궤도는 연료 효율성이 모든 것을 지배하는 현시점에서 가장 효율적으로 연료를 사용해 화성까지 갈 수 있는 경로이기도 하다. 9개월 정도 걸린다. 더 직접적인 경로도 있지만 그 경로로 가는 것은 물살을 거슬러가는 것과 비슷하다고 할 수 있다. 호만 전이 궤도는 1960년대 이후 화성으로 가는 고속도로였다. 대부분의 탐사선은 이 경로를 택했다.

주브린은 마스 다이렉트 계획에서 호만 전이 궤도와 비슷하지만 약간 다른 경로를 제안했다. 연료는 더 많이 들지만 화성 도착까지 걸리는 시간은 8개월로 단축된다. 화성에 가는 훨씬 더 빠른 경로는 지구-화성 순환선을 이용하는 경로일지 모른다. 이 순환선은 우주선이 한 번은 화성과 가까운 경로를, 그 다음에는 지구와 가까운 경로를 번갈아 타면서 착륙하지 않고 계속 태양 주위를 도는 경로이다. 우주 열차라고 생각할 수도 있다. 이 경로는 자유 순환 궤도라고 불리는데, 그 이유는 하나의 거대한 천체(예를 들어 화성)의 중력이 우주선을 잡아채 계속해서 다른 천체(지구)로 돌아가게 만들기 때문이다. 연료가 거의 필요 없는 궤도다. 순환선은 새총의 탄알처럼 중력의 추진을 받아 계속 궤도에 머무른다. 지구나 화성 근처를 지나는 이 순환선을 이용하려면 셔틀이 필요하다. 자유 순환 궤도의 여러 모델 중에서 현재 고려되고 있는 것은 S1L1이라는 궤도다. 이 궤도를 이용하면 약 150일, 즉 5개월이면 화성에 갈 수 있을 것이다.

주브린의 마스 다이렉트 경로는 현재의 기술로도 갈 수 있는 반면, 지구-화성 순환선은 두 가지 기술이 더 필요하다. 정확하게 궤도를 따라 움직이는 기술과 정확하게 순환선과 도킹하는 기술. 아직까지는 구현할 수 없는 기술이다. 게다가 순환선으로 사용할 대형 우주선도 만들어야 한다. 하지만 우리가 화성에 주기적으로 가기 시작한다면 지구-화성 순환선은 뛰어난 시스템이 될 것이다. 순환선을 궤도상에서 계속 움직이게 만들고 도킹과 분리 과정에서 상실되는 속도를 만회하려면 최소한이라고는 해도 연료가 어느 정도 필요할 것이다. 버즈 올드린도 이와 비슷한 아이디어를 가지고 있다. 올드린 화성 순환선이다. 올드린은 6개월이면 화성 여행이 가능하다고 말한다. 지구-화성 순환선의 또 다른 매력은 화물의 일부를 화성의 위성인 포보스에 떨어뜨릴 수 있다는 점이다. 나중에 말하겠지만, 포보스는 중요한 기지가 될 것이다.

화성에 훨씬 더 빨리 가고 싶은가? 프리먼 다이슨의 오리온 프로젝트가 있다. 약 1주일이면 화성에 도착할 수 있는 강력한 핵 추진 로켓 시스템을 써보자. 나사의 오리온 우주선과 혼동하지 마라! 그건 지구 저궤도를 넘어 여행하기 위해 나사에서 추진 중인 4인승 소형 우주선이다. 오리온 프로젝트는 무게 4,000톤의, 건물 크기만 한 우주선 프로젝트로 1957년부터 1965년까지 정부의 기밀 프로젝트였다. 핵폭탄 수천 개를 동력원으로 사용할 예정이었다. 핵연료는 화학연료 로켓보다 훨씬 효율이 높다. 따라서 우주선은 필요한 연료를 싣고 빠른 속도로 가속한 다음 중간쯤에서 반대 방향으로 추진해 속도를 줄일 수 있다. 물론 오리온 프로젝트는 결실을 맺지 못했다. 설계상에 안전 문제가 많았기 때문이다(원자폭탄이니 별수 없다). 그래도 개념 자체는 여전히 유효하다. 하지만 여전히 문제는 있다. 그 정도 속도를 내려면 치명적인 지포스와 마주해야 한다. 지포스란 가속을 하는 동안 좌석 쪽으로 붙게 만드는 힘을 말한다.

인간이 역사상 가장 빠르게 비행한 것은 1969년 5월의 아폴로 10호 미션 때였다. 몇 달 뒤로 예정된 달 착륙의 리허설 격인 임무를 마친 승무원 3인이 귀환 비행에서 최고 시속 3만9,897킬로를 기록한 것이다. 사실 속도 자체는 위험하지 않다. 생물학적 관점에서 볼 때, 기술만 충분하다면 인간은 보호된 우주선을 타고 빛의 속도로도 움직일 수 있다. 문제는 가속도다. 이런 빠른 속도로 진입할 때는 조심스러워야 한다. 고속도로에서 운전하는 상황을 가정해보자. 시속 30킬로미터로 달리는 차량이 단 몇 초 만에 90킬로미터로 가속할 경우 운전자는 약 0.5G의 압력을 받게 된다(정지 상태에서 2.74초 만에 시속 96.56킬로미터까지 가속한다면 1G의 압력을 받을 수 있다).

일단 순항 속도에 이르게 되면 지포스는 줄어든다. 하지만 급브레이크를 밟아 시속 90킬로미터이던 속도를 몇 초 만에 0으로 만드는 것 역시 위험하다. 안전벨트를 맸어도 충격이 엄청날 것이다. 자동차보다 1,000배

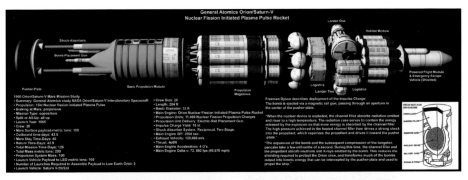

오리온 계획은 '핵무기의 가장 훌륭한 활용법'이라는 칼 세이건의 말처럼 핵폭발을 우주선의 추력으로 쓰는 (지금 보면 정신 나간) 계획이다. 대략 400미터 크기에 800만 톤에 달하는 무게의 우주선을 우주로 올려놓은 뒤 꽁무니에서 핵폭탄을 터뜨려 추력을 얻는 계획이라고 할 수 있다. 그 추력은 가공할 만한 것이어서 우주왕복선 주 엔진의 13배에 달하며 화성까지 가는 시간을 12개월에서 4주로 대폭 줄일 수 있다. 저명한 과학자 프리먼 다이슨은 한술 더 떠서 지름 20킬로미터에 4,000만 톤 무게의 우주선을 만들어서 3,600만 톤의 핵무기를 폭발시키면 1,330년 걸려서 센타우루스자리 알파로 갈 수 있다는 논문을 발표하기도 했다. 1970년대에 핵추진 로켓으로 우주 탐사를 주장했던 프리먼 다이슨과 그가 예상했던 우주선.

는 빠르게 움직이는 우주선에서는 최고 속도로 비행하려면 며칠에 걸쳐 가속해야 한다. 속도를 줄일 때도 마찬가지다.

이륙하는 동안 우주인들은 3G에서 8G 정도의 힘을 경험하게 된다. 하지만 우주인들은 안전벨트를 맨 채로 등을 좌석 등받이에 대고 있기 때문에 지포스는 가슴에서 등 방향으로 작용한다. 즉, 뇌의 혈액을 다리로 몰지 않는다는 뜻이다. 그러니 우주인들이 기절할 걱정은 없다. 그러다 순항 속도에 이르면 모든 것이 조용해진다. 다이슨의 화성 여행 계획을 실행한다면, 엄청난 속도로 가속할 때 충격 흡수장치가 없을 경우 우주인은 좌석 쪽으로 쭉 밀리다 결국 곤죽이 될 것이다. 원자폭탄의 가속도는 10,000G 범위에 있다. 다이슨은 이론상으로 이 가속도를 4G 정도로 줄일 수 있다고 생각했다. 여행 시간의 효율성은 여행 거리가 길어질수록 높아진다. 가령 센타우루스자리 알파까지 가는 긴 여행에서는 천천히 가속할 공간이 충분하다. 다이슨은 원자력 엔진이라면 승무원 여덟 명을 태운 100톤짜리 우주선이 지포스를 편안한 수준으로 유지하며 약 60일 만에 화성에 도착하게 할 수 있다고 계산했다. 여기서 무게의 반은 실제 페이로드다.

너무 빨리 가는 것의 또 다른 문제는 우주선에 부딪히는 우주 파편들이다. 우주 파편은 광속의 10퍼센트를 넘는 속도로 행성 간 여행을 하게 될 경우에도 문제가 될 것이다. 자동차 앞 유리창에 부딪히는 벌레들, 아니면 조약돌을 생각하면 된다. 속도가 빨라질수록 이 작은 돌들이 앞 유리창을 깰 확률이 높아진다. 광속의 10퍼센트 속도에서는 미세한 먼지 입자들이 종이를 뚫는 총알처럼 우주선을 찢어놓을 것이다. 현실적인 해결책은 없다. 이 문제는 너무나 먼 미래의 일이라 지금 해결할 필요가 없을 뿐이다.

✳   잘도 이런 미친 계획을!

더 특이한 화성 정착 아이디어도 있다. 그중 하나가 마스원(Mars One)이다. 네덜란드의 작은 민간 기업이 수행한 프로젝트다. 자세한 내용은 이렇다. 불특정한 수의 일반인들을 불특정한 날짜에 화성으로 보내서 (그것도 편도로) 불특정한 거주구에 살게 하는 것이다. 여기에 필요한 자금도 불특정한 방법으로 조달한다. 크라우드 펀딩이나 프로젝트에 대한 다큐멘터리 또는 제작, 발사, 착륙, 생활, 심지어 사망을 다루는 리얼리티 TV 쇼의 판권 판매 등을 생각해봄직하다. 이 회사가 낸 책 «화성: 인류의 위대한 모험»에는 구체적인 내용이 나오지 않는다. 수개월간 우주를 안전하게 비행할 방법도, 이제껏 나사가 화성에 착륙시켰던 그 어떤 물체보다도 큰 우주선을 안전하게 착륙시킬 방법도, 그곳에서 자급자족할 방법도 전혀 기술돼 있지 않다.

    2012년에 처음 제안된 마스원은 교묘한 사기이거나 실패가 예정된 진지한 프로젝트였다. 마스원 프로젝트를 진행한 기업 마스원 벤처스는 사람들을 화성에 보내기 위한 조정 작업만 했다. 이 회사는 항공 관련 경험이 없어 로켓, 우주선, 착륙선, 거주구, 생명유지 장치 등을 모두 외부에 위탁했다. 하지만 수만 명의 사람들이 최초의 화성 우주인이 되기 위해 이 프로젝트에 지원했다. 이 회사는 최종 24명을 확정하기 전 단계로 후보자를 100명으로 줄였다. 그중 결혼한 사람, 자녀가 있는 사람들은 가족을 지구에 두고 떠나겠다는 이들이었다. 하지만 이 프로젝트가 한 일은 후보자 선정이 전부였다. 2016년까지 통신위성과 보급품을 화성에 보내겠다는 1차 목표는 2020년이 돼도 달성되지 않았고, 다른 목표들, 예를 들어 2018년까지 탐사차 배치, 2020년까지 생명유지 장치 배치, 2023년까지 최초의 승무원 배치 등도 무엇 하나 이뤄지지 않았다. 항공업계 내부 관계자와 전문가들은 마스원이 연극 같은 것이고 결코 화성에 가지 못할 것이라는 데 의견을 같이했다. 이 회사는 2019년 파산했다. 하지만 나는 마스원이 적어도 화성에 대한 사람들의 지대한 관심을 증명한 것만큼은 평가해줘야 한다고 생각한다.

    대형 우주선에 100명을 태워 화성으로 보낸다는 일론 머스크의 계획은 이보다는 약간 더 현실적이다. 이 계획의 셀링 포인트는 일론 머스크라는 이름이다. 마스원 벤처스와 달리 머스크와 그의 회사 스페이스 X는 로켓 발사를 성공시켰다. 게다가 스페이스 X는 재사용 가능한 화성 내 운송 기반 시설을 구축할 구체적인 계획을 가지고 있다. 궤도로 진입시킬 150톤짜리 재사용 가능 로켓 개발이 그 예다. 이 로켓은 인간을 달로 데려간 새턴 5호보다 최소 10톤은 더 무거운 로켓이 될 것이다. 현시점에서는 100명은커녕 우주인 두 명을 화성에 보낼 로켓도 없다. 스페이스 X는 그 정도의 역량을 구축하겠다는 계획이다. 처음에는 지구 저궤도, 그다음은 화성이 목표다. 사람들을 태울 화성 로켓은 300톤을 띄울 수 있으며 이 중량에는 스타십이라는 이름의 우주선도 포함된다. 스타십은 40개의 객실과 넓은 공용 영역을 갖추고 있으며, 한 번에 100명씩 총 100만 명의 사람

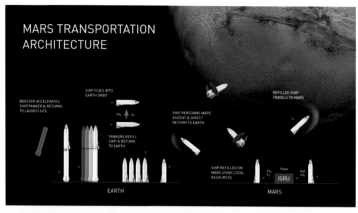

스페이스 X는 화성 탐사와 유인 기지 건설을 목표로 '마스 프로그램'을 계획했다. 마스 프로그램의 핵심은 완전히 재사용 가능한 발사체, 유인 우주선, 지구 궤도상의 우주 급유기, 화성의 착륙장, 화성 현지 자원을 활용한 로켓 연료 생산 시설, 인간 거주 지역 등이다. '마스 프로그램'의 궁극적인 목표는 자급자족이 가능한 화성 도시를 2050년까지 건설하는 것이다. 2020년 12월, 일론 머스크는 2024년까지 무인 탐사 차량을 화성에 보내고 이어서 2026년까지 유인 우주선을 보내겠다고 밝혔다. 이 별난 CEO는 "화성에서 생을 마감하고 싶다"고 밝힐 정도로 화성과 우주 사랑이 유별나다.

들을 운송할 예정이다. 하지만 계산을 한번 해보자. 그렇게 하려면 1만 번의 비행을 해야 한다. 로켓, 연료, 소음 모두 엄청날 것이다. 하루에 한 번씩 발사한다고 하면 100만 명을 보내기 위해서는 27년이 넘게 걸린다.

스페이스 X의 이 계획은 대담하긴 하지만 몇몇 요소가 해결되지 않는 한 실현 가능성은 그리 높지 않다. 현존하는 가장 큰 로켓인 새턴 5호보다 훨씬 큰 로켓 시스템을 제작하려면 수백억 달러가 필요할 테니 스페이스 X는 그 자금부터 구해야 한다. 투자의 위험성이 높고 수익은 적을 것이라는 점을 고려하면 쉬운 일이 아니다. 아마 스페이스 X는 프로젝트의 부산물로 얻는 기술로 수익을 낼 것이다. 사람들을 지구 저궤도로 수송하거나 화물을 30분 안에 전 세계로 운반할 수 있는 기술 등이 그것이다. 게다가 로켓은 궤도에서 연료를 다시 채워야 하는데, 좋은 생각이긴 하지만 아직 검증이 안 된 기술이다. 착륙선은 화성에서도 연료를 채워야 하는데, 그러려면 화성의 연료 수송 시스템이 마스 다이렉트에서 제안된 시스템보다 훨씬 규모가 커야 한다. 즉, 로봇을 이용해 화성에서 몇 톤의 메탄과 산소를 생산하는 정도로는 부족하다는 이야기다. 또한 스페이스 X는 이 거대한 시스템을 본격적인 수송이 시작되기 전에 화성에 착륙시켜야 한다. 이 정도 크기의 물체가 화성에 착륙한 적은 이제껏 한 번도 없다. 스페이스 X는 화물을 화성으로 수송해줄 지구-화성 순환선에 투자하는 것이 더 현명할 것 같다. 대량 수송이 목표라면 말이다. 게다가 100만 명은 너무 야심찬 계획이라 허세의 느낌이 좀 난다.

화성 여행의 가장 어려운 부분은 화성에서 귀환하는 일이다. 이 때문에 화성 여행을 진지하게 고려한 이들 중 다수가 그것을 편도 여행이라 지칭했다. 그들 중에는 두 번째로 달에서 걸었던 버즈 올드린과 이론 물리학자이자 우주학자인 로런스 크라우스도 포함돼 있다. 2009년 크라우스는 《뉴욕타임스》 의견란에 이 생각을 담은 글을 썼다. 화성에서 죽을 때까지 살 나이 든 사람들을 그곳으로 보내자는 제안이었다. 올드린의 경우, 화성 여행을 자살 미션이라 부르진 않았지만 즉각적으로 귀환할 전망이 없는 미션이라고 여겼다. 사람들을 귀환시키는 건 기술이 더 발전한 뒤에나 가능할 테니 그 동안에는 화성에 인류의 발자취를 남기는 데 힘쓰자는 주장이었다. 나는 어처구니가 없다고 생각한다. 그렇게 서두를 필요가 있을까? 당장 떠나야 할 만큼 지구가 위험한 것도 아닌데 말이다. 안전하게 화성으로 가는 방법을 알게 된 다음에 여행을 떠나면 되지 않을까? 500년쯤 지나서 과거를 돌이켜보면 화성에 처음 간 것이 2020년이든 2080년이든 별 차이 없을 것이다.

이러한 화성 미션들을 하나하나 따져보는 것도 좀 실없어 보일지 모르겠다. 이미 1952년 이후 여러 나라 정부와 과학 관련 학회들이 70개가 넘는 화성 미션을 검토해왔지만, 그럼에도 우리는 아직까지 화성에 발을 딛지 못한 상태이기 때문이다. 하지만 그전의 화성 계획이 얼마나 진지하게 진행됐는지와 상관없이, 우리는 역사상 그 어느 때보다 화성 착륙에 근접해 있다. 지금처럼 많은 정부, 기업, 민간 재단이 달이나 화성에서 살기 위해 거주구, 우주복, 온실, 우주선 등의 기반 시설 개발에 적극적인 태도를 보인 사례도 없다.

나사는 위험이 적고 장기적이면서 점진적인 화성 경로를 추구하고 있다. 이 계획은 지난 1990년대 중반 이래 여러 변화를 겪었다. 2009년에는 오바마가 이 계획을 재탄생시켰고 그 후로 여러 차례 조정이 있었다. 따라서 나사의 계획은 여기서 분명하게 말하기 힘들다. 동시에 고려해야 할 여러 개의 시나리오로 인해 복잡하기 때문이다. 달을 통해 다른 방식으로 접근해야 한다는 목소리도 있고, 화성으로 직접 가야 한다는 목소리도 있으며, 우주인 4~6인을 화성에 먼저 보내야 한다는 목소리도 있다(2009년 처음 공개된 나사의 화성 로드맵 《인류 화성 탐사 계획 참고안 5.0》은 100쪽에 이른다. 2014년 공개된 후속 계획서는 500쪽이다). 핵심은 이렇다. 우주인을 배치하거나 하강/상승 착륙선을 보내기에 앞서 표면 발전 시스템, 별도의 화물 착륙선, 표면 거주구와 관련된 1단계 과정이 먼저 있어야 한다. 나사 사람들은 표면 거주구(surface habitat)를 'SHAB'이라고도 부른다. 국제우주정거장이 그러했듯 표면 거주구도 지구에서 각 부위를 만든 다음 지구 저궤도에서 조립할 수 있다. 테스트만 끝나면 바로 화성으로 보내는 것이다. 표면 거주구가 화성 주위 궤도를 도는 동안 착륙선과 발전 시스템을 먼저 착륙시키면 된다. 내구성이 강한 로봇 장치를 화성에 여러 번 착륙시키고 화성 주위에 위성도 배치시킨 나사라면 이 모든 일이 가능할 것이다. 착륙선과 표면 거주구의 정상 작동을 확인하면 나사는 현재 설계 중인 화성 환승 우주선에 우주인들을 태워 약 200일 주기의 고속 환승 궤도로 진입시킨다. 우주인들은 궤도에서 표면 거주구와 랑데부한 다음, 그것을 타고 화성으로 내려간다. 그 다음 우주인들은 40일이나 60일 또는 18개월 동안 화성을 탐사하게 될 것이다. 임무를 마친 우주인들은 하강/상승 착륙선을 타고 그들이 화성에 머무는 동안 대기하고 있던 화성 수송 우주선으로 돌아온다. 이후에는 지구로 귀환해 환호 속에서 퍼레이드를 벌이면 끝이다.

눈치챘겠지만, 최종 목표로 이어지는 몇몇 단계들이 아직 완성되지 않은 상태다. 한 단계에서만 지연이 발생해도 목표 달성은 힘들어진다. 우주왕복선 계획이 지연되면서 스카이랩의 실패와 수많은 미션의 연기, 국제우주정거장의 비용 초과가 초래된 예처럼 말이다. 또한 화성 착륙은 한 번에 성공해야 한다. 실패해도 다시 시도할 수야 있지만, 화성 계획 자체가 주기성을 갖지 않기 때문이다. 나중에 다시 사용할 장비들을 화성에 남겨두는 것과는 별개로 말이다. 내 생각에 주브린이 제안한 마스 다이렉트 계획의 장점은 2년에 한 번 착륙할 때마다 화성 기지가 확장될 수 있다는 부분이다. 그 시스템에서는 우주인들이 오고 가는 동안에도 기지는 계속 커져 화성에서의 영구 정착을 가능케 한다. 나사는 현재 몇 년 동안 계획했던 열 추진체 대신 주브린의 아이디어와 비슷한 메탄/산소 귀환 로켓 추진체를 고려하고 있다. 나사의 '화성 2040' 계획도 주브린의 '화성 2000' 계획과 점점 닮아가고 있다.

겉보기에 나사의 업적을 따라잡으려는 것처럼 보이는 중국도 화성에 인간을 착륙시킬 비슷한 계획을 가지고 있다. 이 계획에는 2020년대 초까지 궤도 우주선 일곱 대와 탐사선 여섯 대를 거의 한꺼번에 보낸다는 대담한 계획도 포함돼 있다. 2020년대 말까지 지구 저궤도와 지구-달 사이 궤도에 우주정거장을 세우고, 2020~2030년대에 달에 여러 번 우주선을 보내 최종적으로 2040년에 인간의 화성 여행을 가능케 한다는 그림이다. 한편 일본은 나중에 유인 화성 기지를 지원하기 위해 2024년까지 화성의 위성들에 로봇 미션을 보낸다는 계획을 발표했다.

★ '선외이동탐사복' 따위, 개나 주라지!

계획만 잘 세우면 최소한 단기적으로라도 화성에 사는 것은 그렇게 어렵지 않을 것이다.

일단 중력 문제는 제쳐놓자. 0.38G가 미칠 장기적인 영향에 대해서는 전혀 모르기 때문이다. 하지만 한 가지는 확실하다. 우주인들이 지구 중력을 재현한, 1G 환경을 갖춘 우주선을 타고 간다면 화성에서는 슈퍼맨 같은 힘을 가지게 된다는 사실이다. 지구에서보다 세 배 강력한 힘으로 물건을 들고, 점프하고, 던질 수 있게 된다는 뜻이다. 우주인들이 0G 환경에서 9개월을 지낸 뒤 도착한다면 0.38G 환경에 적응하기 위해 일주일 정도는 필요할 것이다.

여행 동안의 온도는 큰 문제가 안 될 것이다. 물론 춥겠지만 그래도 화성 온도는 인간의 이해와 경험 범위 내에 있을 것이다. 화성의 적도에서는 낮 기온이 20도까지 올라간다. 사실 이 정도면 쾌적한 날씨다. 밤에는 열을 가둬두는 두꺼운 대기가 없기 때문에 영하 100도까지 떨어진다. 지구의 남극보다 약간 더 춥지만 감당할 만하다. 다행히 '밤'은 그냥 열두 시간 정도 지속되는 밤이다. 화성의 하루 길이는 지구와 놀랄 정도로 비슷하다. 24시간 37분이다.

화성에서 진짜로 위험한 기상 요소는 먼지 폭풍이다. 영화화되기도 한 책 《마션》은 먼지 폭풍이 나사 승무원들을 덮쳐 대피하는 장면에서 시작된다. 현실적으로 보면 화성에서 파편은 그렇게 빠르게 날아다니지 못한다. 파편을 날릴 정도의 대기가 거의 없기 때문이다. 이는 작가 앤디 위어도 인정한 사실이며 이 놀라울 정도로 정확한 SF 소설에서 유일한 오류는 이것밖에 없다(감자 재배 이야기는 뒤에서 다루겠다). 먼지 폭풍이 위험한 것은 화성 전체에 퍼져 몇 주에서 몇 달 동안 태양을 가리기 때문이다. 먼지 폭풍은 시야를 몇 미터 수준으로 떨어뜨리고 태양 전지판을 손상시켜 정전을 일으킬 수 있다. 먼지 폭풍은 드물지 않게 발생한다. 1971년 11월, 불행히도 소련의 마스 2호와 3호 탐사선은 대형 먼지 폭풍이 시작될 때 착륙하는 바람에 미션이 큰 방해를 받아 조기 종료되고 말았다. 나사의 매리너 9호는 먼지 폭풍 한 달 전에 도착해 궤도에 머물면서 모래 폭풍을 피해 화성 지도를 작성하고 기상 연구를 수행할 수 있었다. 하지만 먼지 폭풍은 인간이 착륙할 때 언제든지 불 수 있고 승무원들의 생명을 앗아갈 수도 있다. 화성에서 오랜 시간 버텼던 오퍼튜니티 탐사선은 2018년 불어

닥친 먼지 폭풍으로 인해 수개월간 태양광 발전을 하지 못해 결국 파괴되고 말았다.

　　방사선 노출도 간단한 문제가 아니다. 화성은 자기권이 없고 대기도 엷기 때문에 우주 방사선과 태양 방사선으로부터 거의 보호를 받지 못한다. 우주 방사선은 모든 방향에서 오지만 화성 자체가 행성 반대편에서 오는 방사선은 막아주기 때문에 우주인들은 우주선에 있을 때의 절반 정도 되는 우주 방사선에만 노출된다. 화성 대기도 조금은 도움이 된다. 나사의 큐리오시티 탐사선에서 진행된 실험에 따르면 화성에서 300일 동안 머물 경우 하루에 0.00018~0.000225Gy 정도의 방사선에 노출된다. 'Gy', 즉 그레이는 건강 쪽에 초점을 맞춘 방사선 흡수량 측정 단위다. 우주 방사선은 태양 방사선보다 에너지 수준이 높아 투과력이 더 강하고 치명적이다. 좋은 소식은 이 정도의 방사선량은 국제우주정거장에서 우주인들이 노출되는 양과 큰 차이가 없다는 사실이다. 이상적이라고 할 수는 없지만 끔찍한 수준도 아니다. 화성 표면에서 인간은 심각한 태양 플레어가 발생하기 전에 경고를 받을 수 있으며 그에 따라 피난처를 찾을 수도 있다. 또한, 이들은 야외에서 길어야 여덟 시간 정도를 보낼 것이다. 큐리오시티는 하루 24시간 내내 밖에 있었다.

　　화성의 엷은 대기에서 걸어 다니려면 가압 보호복을 착용해야 한다. 화성 표면의 평균 기압은 6밀리바다. 고원과 산에서는 훨씬 낮아진다. 지구에서는 해면 기준 기압이 1,000밀리바다. 에베레스트산 정상에서도 340밀리바까지밖에 안 떨어진다. 간신히 살 수 있는 수준이다. 하지만 6밀리바 환경에서는 혈액이 '끓기' 시작한다. 액체가 몇 초 만에 기화되기 때문이다. 따라서 화성에서는 온도와 상관없이 함부로 밖을 돌아다니면 안 된다. 옷을 다 벗고 나가도 안 되고, 바람을 느끼려 해서도 안 된다. 화성을 테라포밍해 기압을 최소 300밀리바 정도로 만들기 전에는 절대 안 된다. 그날이 올 때까지는 볼썽사나운 우주복을 입고 다니는 수밖에 없다.

　　하지만 우주복이 개량될 가능성도 있다. 우주복은 아폴로 시대 이래 별로 달라지지 않았다. 우주왕복선과 국제우주정거장용으로 디자인된

요즘 우주복은 선외이동탐사복(Extravehicular Mobility Unit, EMU)이라는 이름이 붙어 있다. 선외이동탐사복의 러시아 버전은 아를란 우주복이다. 아를란은 러시아어로 독수리라는 뜻이다. 이 우주복은 아주 투박하다. 기본적으로 '입는 우주선' 역할을 하기 위해 적절한 압력, 산소, 온기, 기저귀, 통신기기를 갖추고 있기 때문이다. 우주인들은 오랫동안 우주복이 다루기 힘들고 입거나 벗는 데 한 시간씩 걸린다고 불평해왔다. 30단계를 거쳐야 우주복은 입거나 벗을 수 있다. 그 시간 대부분은 산소 100퍼센트, 기압 350밀리바의 우주복 '환경'에 적응하는 시간이다.[20] 우주에서 활동을 한 후에도 똑같은 단계를 거꾸로 밟아 우주복을 벗어야 한다.

선외이동탐사복은 두 가지 주된 이유로 쓸모가 없을 것이다. 먼저, 선외이동탐사복은 아폴로 우주복보다 두 배는 무겁다. 미세 중력하에서는 이 무게가 별 문제가 안 될지 몰라도 화성에서는 문제가 된다. 두 번째, 이 우주복은 걷고, 땅 파고, 물건을 옮겨야 하는 탐사 활동을 하기에 너무 거추장스럽다. 화성에서는 매일 우주유영(우주인이 우주선 밖에서 하는 활동)을 해야 한다. 인간이 화성에 가는 것도 결국 그걸 하기 위함이다. 그런데 선외이동탐사복은 걷는 것보다 떠다니는 것에 초점이 맞춰진 우주복이다. 우주 공간에서는 걷거나 무릎을 구부릴 일이 없으니까. 받아들이자. 선외이동탐사복은 미래의 우주탐사를 위한 우주복이라 하기엔 뭔가 많이 부족하다.

새로운 대안들 가운데 유력한 것 하나는 아폴로 이전의 오래된 디자인에 기초를 두고 있다. 공기를 팽창시켜 몸을 압박하는 대신 기계적 압력을 이용하는 장비로, 미 공군에서는 이를 '선외이동탐사복'이 아니라 '우주활동복(Space Activity Suit, SAS)'이라고 부른다. 만약 당신이라면 EMU와 SAS 중 뭘 입고 다니고 싶은가? 하긴, 고민할 것도 없다. 명백하게도 SAS가 멋지다(sassy)! EMU 따위는 지나가는 새나 주라지. 한편 MIT에서는 압력을 유지하면서도 움직임을 자유롭게 해주는 신축성 와이어 수천 개가 장착된, 몸에 딱 달라붙는 우주활동복을 개발하고 있다. 몇 년간 나사에서 일했던 데이버 뉴먼이 이끄는 MIT 연구 팀은 이탈리아 디자이너와 협력해 기능과 스타일을 결합시키려 하고 있다. 하지만 기능은 버리고 스타일만 살린 것 같다. 몇 년째 연구 중이지만 아직도 기능 면에서는 거의 쓸모가 없어 보이니까. 2010년대 중반 우주복에 대한 TED[미국의 비영리 재단에서 운영하는 강연회. 그 이름대로 기술(Technology), 오락(Entertainment), 디자인(Design)을 주제로 18분 이내의 강연이 이뤄진다_역주]에서의 강연이나 언론 보도가 줄을 이었지만 실제로 사용하려면 몇 년이 더 걸릴지 모르겠다.

✳   화성에서 건물 짓기

최초로 화성에 정착한 사람들이 쓸 피난처는 지구에서 제작해 먼저 보내진 물건이거나 화성으로 가는 우주인들이 가져간 물건일 것이다. 거주구를 세울 수 있는 땅은 충분하기 때문에 곧 남극 과학 기지를 넘어서는 수준의 마을이 생길 것으로 보인다. 보조 피난처는 달에서와 같은 가벼운 팽창식의 구조물로, 방사선 차폐를 위해 화성의 레골리스를 덮은 모양이 될 것이다. 나사는 아이스 홈이라는 프로토타입 피난처를 보유하고 있다. 도서실과 식물 재배실 같은 호화로운 시설을 갖춘 초대형 돔 형태의 팽창식 거주구로 승무원 네 명이 충분히 사용할 수 있을 만큼 널찍한 피난처다. '아이스'는 피난처의 벽 내부와 천장에 단열 및 방사선 차폐를 위해 몇 미터 두께의 물과 얼음을 집어넣어서 붙여진 말이다.

화성 정착의 초기 단계에서, 우주인들은 그곳에 1년 정도만 머물게 될 것이다. 따라서 장기적인 방사선 차폐가 영구 정착자들에 비하면 중요하지 않을 것이다. 장기적인 거주를 하려면 지하나 용암 동굴에서 살아야 한다. 화성 표면은 방사선 때문에 매우 황폐하다. 소재 과학이 발달하지 않는 이상, 마을을 방사선으로부터 보호하려면 지하에 자리를 잡거나 뭔가 튼튼한 물질로 덮는 수밖에 없다. 이는 보호 역량이 질량과 밀접하게 연결돼 있기 때문이다. 치과 엑스레이를 찍는 동안 납 앞치마를 입는 이유는, 납의 밀도가 높아 얇은 앞치마로 만들어도 어느 정도의 방사선을 막을 수 있기 때문이다. 같은 질량을 가진 털로 옷을 만들어도 방사선을 막을 수야 있겠지만, 그러려면 치과 의사들은 엄청나게 두꺼운 털 치마를 입어야 할 것이다. 재밌기는 하겠다. 지구는 해로운 방사선 대부분을 막을 수

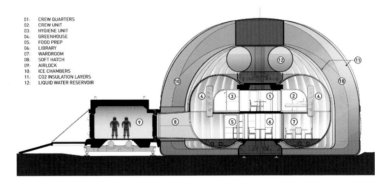

01: CREW QUARTERS
02: CREW UNIT
03: HYGIENE UNIT
04: GREENHOUSE
05: FOOD PREP
06: LIBRARY
07: WARDROOM
08: SOFT HATCH
09: AIRLOCK
10: ICE CHAMBERS
11: CO2 INSULATION LAYERS
12: LIQUID WATER RESERVOIR

화성의 아이스 홈 상상도. 화성 최초의 거주 시설은 매우 검소할 것이다. 달, 화성, 명왕성과 그 너머에서 지어질 모든 피난처는 온기, 산소, 기압을 제공한다는 점에서 근본적으로 같을 것이다.

있는 대기가 있다. 대기의 밀도는 세제곱미터당 1.2킬로그램이다. 이 정도면 태양 방사선과 우주 방사선 입자들이 통과하기가 매우 힘들다. 반면 화성 표면의 평균 기압은 0.087psi이다. 지구만큼의 보호를 받으려면 우리 위에 훨씬 더 많은 질량이 있어야 한다. 그런 질량은 납이든, 털이든, 먼지든, 물이든 어떤 형태로든 확보할 수 있다. 가장 실용적인 것을 선택하면 된다.

　장기적인 대규모 주거 시설은 레골리스로 만드는 것이 가장 실용적

◆◆◆◆◆◆

일 것이다. 납은 실용적이지 않으니까. 찾아내서 채굴하고 광석을 녹여야 하는 데다 인체에도 해롭다. 털을 화성으로 보낼 것 같진 않다. 그렇다면 물이 꽤 쓸 만해 보인다. 나사가 아이스 폼 주거구를 고려하는 것도 그런 이유에서다. 물을 쓴 차폐막은 레골리스로 만든 것보다 더 얇아도 방사선으로부터 우리를 보호할 수 있다. 하지만 화성에서 물은 장기적인 대규모 주거 시설의 재료로 쓰기에는 너무 귀한 물질이다. 그렇다면 대안은 화성 어디에나 있는 레골리스밖에 없다. 지구 대기 수준의 보호 기능을 확보하려면 피난처는 최소 5미터 두께의 레골리스를 그 위에 덮어야 한다.

　물론 2층 높이 정도 되는 양의 먼지를 파내는 것이 쉬운 일은 아니다. 지구에서도 힘들다. 처음 화성에 도착하면 그 일을 해낼 굴착기가 우선 필요할 것이다. 몇 년 동안은 소형 로봇 굴착기가 이 일을 해낼 것이다. 심각한 문제 중 하나는 화성 지하에 있을 것으로 예상되는 얼음이다. 드릴이든 굴착기든 사용할 경우 마찰이 생길 것이고, 그 마찰은 열을 발생시킬 것이고, 그 열은 얼음을 녹일 것이다. 그런데 압력이 낮은 화성에서는 녹은 얼음이 액체 상태를 거치지 않고 바로 증발해버릴 가능성이 크다. 화성의 대기 온도가 영하라면 수증기는 바로 다시 냉각돼 굴착 도구를 얼어붙게 만들 것이다.

　그렇게 만든 피난처는 가압 상태를 유지해야 한다. 따라서 그 내부 구조물은 지구에서 공수해온, 내구성이 강한 팽창식 구조물이어야 한다. 화성 정착자들이 플라스틱을 만들고 금속을 채굴하기 위한 기반 시설을 구축하기 전까지는 그래야 한다. 피난처는 레골리스로 만든 벽돌로도 지을 수 있지만 벽돌은 공기와 압력을 잃지 않도록 특별한 방식의 유약 처리를 해야 한다. 이런 어려움들을 고려하면 최초의 화성 마을은 동굴이나 용암 동굴이 있는 지역에 몰리게 될 것이다. 화성에는 이미 우리가 사용하라고 파인 것 같은 구멍이 있다. 정착자들은 가압 처리된 거주구를 이 구멍 안에 설치하기만 하면 된다. 달에서처럼 화성에도 용암 동굴이 많다. 그리고 그중 일부는 도시 전체를 품을 만큼 거대하다.

　지하에 갇혀 살 거면 왜 굳이 화성까지 가냐고 물을 수도 있다. 그림이나 SF 소설에서 보는 표면 거주지는 임시 거주자들에게만 적합하다. 평생 화성에서 산다는 것은, 적절한 대기가 만들어지거나 물리학과 공학이 보호 기능이 충분한 투명 유리를 만들어낼 때까지는 지하에서 살아야 한다는 뜻이다. 하지만 머리를 좀 더 써서 그늘진 언덕을 파고 들어가 거주구를 짓는 방법도 있다. 북반구의 북쪽 면 같은 곳을 말한다. 이런 언덕은 태양 입자를 대부분 막아주고 우주 방사선 노출량도 상당량 줄여준다. 이 시나리오대로라면 구조물의 북쪽 면에 두꺼운 강화유리를 여러 겹 설치할 경우 환상적인 화성의 경치를 즐길 수 있다. 폐소공포증으로 인한 우울증도 날려 보낼 수 있다. 창가에서 느긋하게 휴식을 취하면 된다. 침대만 창가에 놓지 않으면 된다. 그런데 내가 '두꺼운 강화유리를 여러 겹'이라고 한 이유는 크고 얇은 물체는 압력 차에 의해 떨어져나갈 수 있기 때문이다. 거주구 내부의 기압은 500밀리바 정도인 반면 밖은 약 5밀리바밖에 안 된다. 따라서 흔히 묘사되는, 커다란 판유리로 된 창이 달린 화성 거주구는 현재의 재료로는 만들 수 없다.

언덕에 주거 시설을 짓는 것은 상상하기 어렵지 않다. 그런 집들은 지구에도 흔하다. 비슷한 시나리오로는 지하에 보호 장치가 잘 갖춰진 건물을 짓거나, 지상에 지을 경우 지표면 위로는 창문 몇 개만 내놓고 나머지는 다 지하에서 터널과 동굴로 연결하는 방법 등이 있다. 시내 대부분이 스카이웨이와 통로로 연결된 미네소타주 미니애폴리스처럼 말이다. 수백 개의 매장이 붙어 있는 초대형 실내 쇼핑몰을 생각해도 된다. 각 매장이 거대 거주구 내의 가구별 거주 공간이라고 생각하면 이해가 쉬울 것이다. 지하 건물은 주거, 상업, 산업, 교육 영역으로 나뉠 것이다. 빌딩 자체가 하나의 커뮤니티가 되는 셈이다. 지구에서처럼 우리는 공격적인 도시 계획을 통해 오랫동안 잘 작동할 화성 도시가 건설되는 광경을 보게 될 것이며, 화성에 사는 것 자체에 의해 야기되는 예상치 못한 위험과 효율성을 이유로 그 도시들이 새로운 형태로 자연스럽게 진화하는 모습도 보게 될 것이다.

화성의 기술이 진보하면서, 즉 지구의 기술을 화성에서도 똑같이 구현할 수 있게 되면서 새로운 가능성이 생겨날 것이다. 앞에서 언급했듯이 물은 레골리스보다 방사선을 잘 차단한다. 게다가 투명하다. 물로 지붕을

♦♦♦♦♦♦

만드는 것도 가능하다. 1세제곱미터의 물은 5세제곱미터의 레골리스만큼 차폐 능력을 지닌다. 50센티미터 두께의 물이면 대부분의 해로운 방사선을 차단할 수 있다. 이 때문에 플렉시글라스(폴리메타크릴산메틸 수지. 항공기나 대형 수족관의 유리창 소재로 쓰이는 투명하고 내구성이 뛰어난 소재_역주) 두 장 사이에 물을 넣는 방법이 유력하게 검토되고 있다. 물의 무게는 그 안의 압력을 유지시키는 데 도움이 될 것이다. 화성에는 플렉시글라스를 제작할 소재가 있으며 화학반응도 매우 간단하다. 자외선이 플렉시글라스를 마모시키는 성질이 있다는 점을 감안하면 지붕 관리를 잘 해야겠지만 말이다.

모든 피난처에는 안정적인 공기 교환 시스템이 있어야 한다. 화성에서는 문을 열 수 없기 때문이다. 잠수함을 다시 떠올려 보자. 인간은 산소를 들이마시고 이산화탄소를 내뱉는다. 식물은 그 반대다. 하지만 모든 물체는 어떤 식으로든 기체를 분출한다. 공기 교환을 제대로 해주지 않으면 피난처는 곧 이산화탄소와 일산화탄소, 그리고 다른 기체들로 매우 유독한 상태가 될 것이다. 잠수함과 국제우주정거장에서 우리는 공기 흐름을 제어하는 기술을 구현해냈다. 다만 저 두 곳에서는 신선한 공기를 들여올 수도 있었다. 그에 반해 화성에서는 나쁜 공기에서 벗어날 방법이 없다.

✱ 질소와 아르곤으로 공기를 만들어보자

공기와 관련해 거의 말하지 않는 사실이 있다. 우리가 많은 양의 질소를 들이마신다는 점이다. 지구 해면 기준으로 공기는 약 78퍼센트가 질소(N_2), 20퍼센트가 산소(O_2), 2퍼센트가 아르곤과 일산화탄소 같은 미량 기체로 구성돼 있다. 그럼에도 우리의 혈액으로 들어오는 건 산소뿐이며 질소는 허파에 들어왔다가 그대로 빠져나간다. 질소 원자 두 개가 너무 단단하게 결합돼 있어 다른 원소와는 거의 결합하지 않기 때문이다. 질소 기체가 공기의 80퍼센트를 차지한다는 사실은, 질소 기체가 기압의 약 75퍼센트를 차지하고 있다는 뜻이다. 질소의 원자량은 7이다. 산소는 8로 약간 더 무겁다. 중요한 건 공기가 텅 빈 것이 아니라는 사실이다(물이 절반

차 있는 유리잔은 반이 비었거나 반이 찬 게 아니라 완전히 차 있다고 할 수 있다. 물이 없는 나머지 반은 공기로 채워졌으니까). 공기는 질소가 대부분을 차지하며 이 비활성 기체는 기압에서 매우 중요한 역할을 한다.

나사의 바이킹 미션 데이터에 따르면, 엷은 화성의 대기는 95.3퍼센트가 이산화탄소, 2.7퍼센트가 질소, 1.6퍼센트가 아르곤으로 이뤄져 있다. 미량의 산소, 수증기, 일산화탄소와 기타 기체도 섞여 있다. 그렇다면 가압 처리된 화성 거주구 안의 공기는 어떻게 구성될까? 우리를 포함한 동물에게 필요한 것은 산소다. 하지만 100퍼센트 산소 환경은 부식을 매우 잘 일으키며 가연성 또한 아주 높다. 불꽃 한 번이면 거주구 전체가 날아갈 수도 있다. 거주구의 공기가 지구 공기와 같다면 이상적일 것이다. 문제는 화성에 질소가 별로 없다는 점이다. 에너지를 사용하면 화성 대기에서 질소를 추출할 수도 있을 것이다. 행성은 크고 거주구는 작기 때문에 처음에는 그 정도 양이면 충분할지 모른다.

행성 과학자 크리스토퍼 맥케이는 질소 50퍼센트, 아르곤 30퍼센트, 산소 20퍼센트 비율의 혼합 기체를 제안했다. 맥케이의 논리는 이 질소 대 아르곤 비율이 2.7퍼센트가 질소, 1.6퍼센트가 아르곤인 화성 대기의 비율과 어울린다는 것이다. 그렇다면 화성 대기를 빨아들여 이산화탄소만 제거하는 장치를 쓸 수 있다. 그 경우 질소 58퍼센트, 아르곤 34퍼센트, 산소 3퍼센트, 일산화탄소 2퍼센트 비율이 된다. 편하게 숨을 쉬려면 산소가 약 20퍼센트가 되어야 한다. 따라서 산소를 추가하고 독성이 있는 일산화탄소를 제거하면 50 : 30 : 20 비율이 된다. 이제부터 이 비율을 '맥케이 칵테일'이라 부르겠다. 맥케이는 더 나아가 1,700세제곱미터의 화성 공기로부터 1킬로그램의 질소와 아르곤 혼합 기체를 얻는 데 필요한 에너지를 계산해냈다. 9.4킬로와트시다. 빨래 건조기를 두세 번 돌릴 정도의 에너지다. 이만큼의 에너지라면 맑은 날에 태양 전지판을 가동시켜 얻을 수도 있다. 인간은 지구 해면 기압의 반 정도 되는 500밀리바 환경에서도 생존할 수 있다. 이 역시 공기를 구성하는 데 드는 비용을 줄일 수 있을 것이다.[21]

그럼에도 불구하고 화성 정착지 인구가 수백에서 수백만으로 늘어나면, 그때는 질소 기체와 아르곤 기체가 희귀한 물품이 될 것이다.

✳ 화성의 농부가 되려면

질소는 기압을 위해서만 필요한 게 아니다. 식량을 기르는 데도 필요하다. 그래서 2015년 나사의 큐리오시티 탐사선이 일산화질소(NO)를 탐지해냈을 때, 사람들은 마치 금광을 발견한 것처럼 환호했다. 일산화질소는 질산염(NO_3)을 가열하면 얻을 수 있다. 질산염은 생물학적 방법으로 얻을 수 있는 질소로서, 질소 기체(N_2)와는 다르다. 질산염은 농업에 필요한 비료로 만들 수 있다. 요약하자면, 큐리오시티의 발견으로 화성에서 극도로 어려운 농업이 좀 수월해졌다. 그렇다면 어디서 식량을 재배할 것인가?

제4장에서 다룬, '생물학적 재생 생명유지 시스템(BLSS)'을 이용하는 수경 재배 온실은 달에서처럼 화성에서도 효과가 있을 것이다. 문제는 대형 커뮤니티의 식량 수요를 이 시스템만으로 100퍼센트 만족시킬 수 있느냐다. 달은 지구와 가깝기 때문에 식량을 대량으로 지구에서 공수할 수도 있다. 생물학적 재생 생명유지 시스템에서 재배한 신선한 식량은 겨울 남극기지에서 그러했듯 보조 식량 역할밖에는 하지 못한다. 게다가 내 예측이지만, 달은 낮은 중력 때문에 아이들을 키우기가 어려워 시간이 지나도 달에는 몇 천 명밖에 살지 못할 것이다. 그 정도면 식량 수요가 많지 않기 때문에 대형 달 농장도 필요가 없다.

화성 정착의 초기 단계에서는 모든 면에서 자급자족을 달성하는 것이 목표다. 이는 인구와 관계없이 화성 정착민이 먹을 식량을 100퍼센트 재배하기 위한 노력에서부터 시작된다. 인공조명을 이용하는 초대형 지하 온실도 방법이 될 수 있다. 지구에서는 실내 수경 재배, 즉 수직 농업으로 엄청난 효율을 달성하는 데 성공한 바 있다. 수직 농업은 LED를 사용해 빛을 공급하고 컴퓨터로 온도, 습도, 영양분을 조절하며 식물 성장과 열매 맺기에 가장 적합한 파장을 쏘아주는 농법이다. 잡초나 해충도 걱정할 필요가 없다. 이런 효율성 덕분에, 잎채소들 위주이긴 하지만 컨테이너 하나 정도의 공간에서 1에이커 분량의 식량을 수확할 수 있다. 버섯은 나무, 줄기 그리고 먹을 수 있는 식물에 붙어 자랄 수 있다. 또한 버섯은 단백질원으로, 모든 식물을 먹을 수 있는 에너지원으로 바꿔서 효율을 크게 높이기도 한다. 애리조나 대학의 '화성을 위한 버섯' 프로젝트의 핵심이 이것이다.

이 모든 것은 지구에서는 아주 잘 작동한다. 하지만 사람들이 거의 언급하지 않는 문제가 좀 있다. 전구를 어디서 구할 것인가? 전구는 영원히 사용할 수 없다. 기껏해야 1년밖에 안 간다. 화성에서 LED를 만들려면 수십 년, 수백 년이 걸릴지도 모른다. 그때까지는 식량과 전구를 지구에서 공수해야 한다. LED나 다른 조명 수단을 화성에서 생산할 수 있을 때까지는 인공조명을 이용한 온실로 식량 자급을 하긴 힘들 것이다.

화성에는 땅이 많다. 따라서 공간 효율성은 문제가 안 된다. 화성에는 태양광도 풍부하다. 지구의 약 반 정도다. 최초의 기지와 정착지가 세워질 가능성이 높은 적도 지역은 제곱미터당 600와트 강도로 하루에 열두 시간 정도 햇빛을 받는다. 이 정도면 북위 70도의 캐나다 데번섬에 여름 동안 쏟아지는 태양광 양이다. 작물이 데번섬 온실에서 자랄 수 있다면 화성에서도 자랄 수 있을 것이다. 데번섬에서는 잘 자랐다. 하지만 이 작물들은 양배추, 뿌리채소, 겨울 밀처럼 추운 계절에 자라는 식물이었다. 제약 조건은 온도가 아니다. 태양광(의 부족)이다. 토마토나 멜론 같은 여름작물은 더 많은 태양광이 필요하다. 이들도 알래스카 같은 북쪽에서 자랄 수 있다. 따뜻한 온실에서 어찌어찌 키워낸다면야. 하지만 이건 여름에 해가 열여덟 시간 이상 비추기에 가능한 일이다. 화성은 적도에서도 볕이 드는 시간이 기껏해야 열두 시간이고, 그나마도 토마토가 열리기에는 너무 약하다. 아무리 온기를 많이 공급해도 그렇다.

그래도 괜찮다. 자연 태양광을 받는 화성의 초대형 온실에서는 곡물, 푸른 채소, 닭 사료용 벌레를 포함해 다양한 식량을 재배할 수 있을 것이다. 토마토나 멜론 같은 여름작물은 인공조명만 있다면 키울 수 있다. 이런 온실은 인공조명이 있든 없든 화성 기지나 마을에서 녹색 온기가 있는 오아시스로서 가장 인기 있는 장소가 될 것이다. 물고기 양식장을 만들 수도 있다. 지구의 양어 수경 재배법(물고기 양식과 수경 재배를 결합한

◆◆◆◆◆◆

방법)을 이용하는 초고효율 시스템은 거의 완벽한 폐쇄 사이클이 될 것이다. 질소가 풍부한 어류 폐기물이 박테리아를 통해 걸러져 식물이 흡수할 수 있는 비료가 되는 사이클이다.

여기서 주의할 점은 먼지 폭풍 때문에 해가 몇 주 동안 밝게 비치지 않을 수도 있다는 사실이다. 이래서야 결론이 안 난다. 화성에서 재배하는 식물의 성장을 방해할 정도로 먼지 폭풍이 자주 발생하고 오래 지속된다면? 온실의 보조 인공조명이 그동안 태양광을 대체할 수 있을까? 2018년 화성 전체에 불었던 강력한 먼지 폭풍은 화성을 두 달 동안 암흑천지로 만든 바 있다.

또 주의해야 할 것은 화성의 레골리스에 독성이 있다는 사실이다. 화성의 레골리스는 과염소산염(ClO_4^-) 기반의 염과 산으로 가득 차 있다. 이런 레골리스에서는 식물이 자랄 수 없고, 인간도 저 물질들을 먹게 되면 병에 걸린다. 호르몬 분비를 조절하는 갑상선의 기능을 떨어뜨리기 때문이다. 하지만 너무 걱정할 필요는 없다. 과염소산염을 이용해 산소를 만들 수도 있으니까. 크리스토퍼 맥케이가 이끄는 연구 팀은 과염소산염을 줄여주는 박테리아 또는 그 박테리아가 만들어내는 효소를 이용해 과염소산염을 산소로 전환시키는 해결법을 제안했다. 실제로 연구 팀은 효소와 물을 이용해 과염소산염 6킬로그램을 한 시간 동안 들이마실 수 있는 양의 산소로 전환시켰다. 연구 팀은 이 방법이 화성에서의 위급 상황 시 공기를 공급하는 수단이 될 거라고 보고 있다. 효소 한 봉지만 들고 가면 된다는 것이다. 이 방법을 확장해 넓은 화성 땅의 독성을 없앨 수 있을지는 아직 더 지켜봐야 한다.

과염소산염을 제거하고 비료만 댄다면 화성의 레골리스에서도 작물이 자랄 수 있다. 펜실베이니아주 필라델피아 근교에 소재한 빌라노바 대학 연구 팀은 시뮬레이션한 레골리스에서 다양한 작물 재배를 시험했다. 바질, 케일, 홉, 양파, 마늘, 상추, 고구마, 민트가 모두 잘 자랐다. 연구를 이끈 에드워드 기넌은 학생들이 물만 제대로 줬어도 더 잘 자랐을 거라는 농담을 했다. 하지만 그렇다 해도 레골리스가 에덴동산이 될 것 같지는 않다. 지구에 사는 우리는 농업을 당연하게 여긴다. 하지만 농업은 흙

◆◆◆◆◆◆

과 다양한 무기물과 유기 물질, 그리고 우리가 잘 모르는 미생물과 거대한 유기체 등으로 구성된 복잡한 그물망 같은 것이다. 화성에는 흙이 없다. 따라서 식물이 자랄 수는 있지만 그 식물의 영양 가치는 알 수 없다. 지구에서도 토양 무기물이 부족하면 케샨병 같은 영양 부족으로 인한 질병이 초래된다. 케샨병은 토양에 셀레늄이 부족했던 중국의 여러 지방에서 한때 널리 퍼졌던 병이다. 화성 방문자들은 질소, 인, 칼륨으로 만든 흔해빠진 비료로 키운 식량을 먹으며 생존할 수 있다. 하지만 정착민은 필수 비타민, 무기물, 미네랄, 파이토뉴트리언트(식물만이 가진 영양소를 이르는 말_역주) 등 본인조차 잘 알지 못하는 각종 물질을 골고루 섭취해야 한다.

지방 역시 부족한 영양소다. 씨나 견과류의 기름을 섭취하는 방법도 있지만, 그러려면 공간이 너무 많이 필요하다. 해바라기 정도면 충분할지도 모르겠다. 보통 한 가족이 한 달 동안 쓸 기름 1리터를 얻는 데 해바라기 씨 1.5킬로그램 정도가 필요하다. 지구에서 땅 1헥타르를 경작하면 씨 1,800킬로그램, 즉 오일 1,200리터를 얻을 수 있다. 이 정도면 100가구가 1년 정도 쓸 양이다. 어렵기는 하겠지만 대형 온실에서 재배하면 될 것이다. 유채 씨, 참깨 씨, 땅콩에도 같은 방법을 적용할 수 있다. 각과류(殼果類, 호두처럼 단단한 껍데기에 싸인 열매_역주)는 추출할 수 있는 기름의 양이 더 많지만 화성의 햇볕으로는 키우기 어려울 수 있다.

✳   화성에서 감자만으로 버텼다는 거짓말

햇빛, 흙, 기타 재배 관련 문제들을 고려할 때 영화 ⟨마션⟩의 주인공 마크 워트니가 실제 화성에 있었다면 감자를 키우는 데 성공했을까? 아니다. 독성이 있는 흙에서 그런 조명을 사용해서는 결코 감자를 키울 수 없다. 워트니는 그 외에는 다 제대로 했다. 비료(인간의 배설물), 물, 약간의 이산화탄소 등등. 단, 레골리스에서는 과염소산염을 제거해야 했다. 그리고 기본적인 조명을 위해 설계된 전구들 가지고는 덩이줄기를 키워낼 만큼의 에너지를 공급하기 어렵다. 그 정도 조명으로는 약간의 풀밖에 자랄 수 없다. 또한 워트니는 감자만 먹고는 자신의 계획대로 4년을 버티지 못했을 것이다. 감자는 비타민C, 칼륨, 마그네슘, 아이오딘, B 계열 비타민 등이 풍부하다. 하지만 생명체가 살지 않는 레골리스에서 자란 감자에는 영양 성분이 제대로 포함되지 않았을 것이다. 게다가 지구에서 자란 감자에도 핵심 영양분이 들어 있지 않다. 1년도 안 돼 워트니는 비타민A 결핍으로 인한 야맹증, 비타민D 결핍으로 인한 구루병, 비타민E 결핍으로 인한 신경 손상, 비타민K 결핍으로 인한 잦은 멍, 칼슘 결핍으로 인한 뼈 약화, 심장 약화, 셀레늄 결핍으로 인한 치명적인 케샨병 등으로 고생했을 것이다. 또한 감자에는 또 다른 필수 영양소인 지방이 거의 없다.

나사가 감자 대신 고구마를 짐에 넣었다면 워트니는 훨씬 잘 지냈을 것이다. 고구마는 (조명만 적당하다면) 기르기 쉽고, 제곱미터당 더 많은 칼로리를 생산하며, 잎까지 먹을 수 있어 감자의 두 배 정도 되는 영양을 제공하고, 생으로도 먹을 수 있으며, 오래 보관할 수 있다. 한마디 덧붙이자면, 감자는 화성에서 선택할 수 있는 최고의 식물이 아니다. 영양이 부족하고 박테리아, 바이러스, 곰팡이에 의한 질환에 취약하기 때문이다.

수경 재배 시스템을 보충해 화성 레골리스에서 기를 수 있는 이상적인 작물로는 카사바, 수수, 부들, 대나무 그리고 잡초로 여겨지는 민들레가 있다. 노력 대비 성과가 크기 때문이다. 형편없는 땅에서도 잘 자라는 카사바는 가뭄에 대한 저항성이 가장 높은 곡물 중 하나다. 이미 유전공학으로 더 영양이 풍부하게 개량됐다. 수수는 열악한 조건의 좁은 땅에서 많은 양의 식량을 제공해주는 곡물이다. 워트니가 키웠던 감자에 비하면 수수는 단백질이 다섯 배, 지방은 30배나 들어 있다. 단위당 칼로리도 네 배 정도나 된다. 민들레, 치커리, 명아주는 보도블록 틈새에서도 자랄 수 있으며 뿌리, 줄기, 잎, 꽃, 씨 모두 먹을 수 있다. 빠르게 자라는 대나무도 훌륭한 영양원이다. 부들은 먹을 수 있는 탄수화물을 에이커당 가장 많이 생산한다. 부들의 잎으로는 방석을 만들 수 있고 섬유질로는 줄을 만들 수 있다.

물론 과학자들은 유전공학을 통해 피난처가 아닌 화성의 자연환경에서도 잘 자라는 식물과 조류를 만들 생각을 하고 있다. 하지만 아직 테스트가 안 된 상태다. 시뮬레이션만 했지 아무도 진짜 화성에 가보지 않았

◆◆◆◆◆◆

기 때문이다. 가장 생명력이 강하고 생산성이 높은 식용 식물을 화성의 농장에서 재배해보는 건 어떨까? 바로 칡이다.

　다행히도 화성에는 작물을 기를 수 있는 물이 있다. 대부분 지하에, 얼음 상태로 말이다. 이 얼음을 꺼내서 녹일 수 있다면 화성 전체를 덮을 만큼의 물이 될 것이다(대기가 얼음의 기화를 막는다는 조건에서 그렇다는 말이다). 2018년 7월 이탈리아 우주국은 폭 20킬로미터의 거대한 액체 호수가 화성의 남극 아래 1미터 위치에 있다는 것을 발견했다. 화성의 생명체 존재 가능성을 크게 높인 발견이었다. 이것은 또한 화성에 액체 상태의 물이 다량 존재한다는 것을 최초로 밝힌 획기적인 발견이기도 하다(많은 사람들에게 이것은 이중의 발견이었다. 첫 번째는 화성에 액체 상태의 물이 존재한다는 사실의 발견이고 두 번째는 이탈리아에 우주국이 존재한다는 사실의 발견이다).

★　화학자와 공학자는 선택이 아닌 필수

　레골리스, 폭발한 우주선 잔해, 수명을 다한 착륙선과 탐사선을 제외하면 현재 화성에는 건설 재료로 쓸 수 있는 것이 많지 않다. 최초의 방문자들을 거주구, 차량 한두 대, 장비 몇 개 정도를 가지고 올 것이다. 하지만 그 뒤에는 땅에 의존해 살면서 화성에서 지속적으로 살 궁리를 해야 한다. 그리고 그러려면 엷은 대기와 땅에 뚫린 구멍밖에 없는 곳에서 문명을 만들어낼 화학자와 공학자가 필요해 보인다.

　마스원이 웃음거리가 된 이유는 능력이 뛰어나고 기지가 풍부한 동시에 단호한 사람이 없었다는 데 있다. 소위 '보통 사람'들은 화성에서는 쓸모가 없을 것이다. 오늘날 화성으로 이주하는 것은 1600년대에 신세계로 이주했던 것과 두 가지 면에서 확연히 다르다. 첫 번째, 화성에는 정착민에게 생존법을 가르쳐줄 원주민이 없다. 두 번째, 지금은 사물의 작동 원리를 아는 사람이 거의 없다. 현대인 대부분은 사고 바꾸는 법만 알지 만드는 법은 모른다. 컴퓨터를 사용하는 법은 알지만 어떻게 만드는지는 모른다. 차가 고장났을 때 3D 프린터로 부품을 만들어서 고칠 수 있을까?

　마지막 개척 시대 이후 우리는 수많은 자립 기술을 상실했다. 우리

중 무너지지 않게 집을 짓고, 비가 새지 않게 하고, 금속을 다루고, 모래를 유리로 만들고, 흙을 세라믹으로 만들고, 과일 나무의 가지를 치고, 음식을 보존하고, 식초를 알코올로 바꾸고, 비누를 만들고, 옷을 짜고, 고장 난 기계를 고치고, 배관과 공기의 흐름을 이해하고, 심한 출혈을 멈추고, 뼈가 부러졌을 때 부목을 댈 수 있는 사람이 몇이나 있을까? 초기 단계 화성에서 가장 중요한 사람은 사물이 작동하는 원리를 깊이 이해하고 있는 사람일 것이다. 화성에는 안락하고 현대적인 삶에 필요한 모든 화학 원소가 있다. 실용적인 목적을 위해 그 원소들을 다룰 수 있는 사람만 있으면 된다. 로버트 주브린은 원재료를 식량, 연료, 세라믹, 유리, 플라스틱, 금속, 전선, 구조물, 생존 도구 등으로 바꿀 수 있는 토목공학, 화학공학, 산업공학 관련 기술이 필요하다고 정리했다.

이런 물품을 만들기 위해 첨단 공장이 필요하지는 않다. 인간은 지난 수천 년 동안 이것들을 만드는 법을 익혀왔다. 비교적 최근에 발명된 플라스틱만 빼고. 하지만 플라스틱 생산은 일산화탄소와 수소를 결합해 에틸렌(C_2H_4)을 만드는 간단한 과정만 거치면 된다. 에틸렌 자체는 플라스틱이 아니지만 에틸렌은 부드러운 것이든 딱딱한 것이든 모든 플라스틱을 만드는 출발점이 된다. 대체 물질을 찾아야 하는 정착민들은 독창성을 발휘할 기회가 많을 것이다. 물 대신 황을 콘크리트 결합재로 사용하거나 석회 없이 유리를 만드는(석회는 고대의 해양 유기체의 골격 잔해에서 추출한다) 등등. 하지만 재주가 좋은 정착민은 정착지 내의 산업 지역에서 필요한 거의 모든 것을 만들어낼 수 있을 것이다.

첨단 부품은 지구로부터 공수해 화성에서 조립할 수 있다. 질량이 얼마 안 되기 때문이다. 세탁기를 생각해 보자. 세탁기는 얇은 금속으로 둘러싼 공간 안에 아주 조그만 전자장치가 들어 있는 구조다. 전자장치를 제외한 나머지 모든 부분은 화성에서 만들 수 있다. 우주 시대 기술에도 똑같은 원리가 적용된다. 화성 정착민은 첨단 전자장치를 제외하고는 거의 화성의 자원으로만 위성을 만들고 발사할 수 있어야 한다. 하지만 화성이 지구의 기술 자립 수준에 이르려면 몇 십 년이나 몇 백 년은 기다려야 할 것이다.

◆◆◆◆◆◆

✱   개척지, 무역 파트너로서의 화성

다시 말하지만, 우리는 화성을 경제적으로 자립시킬 필요는 없다. 화성과 지구는 서로 의지하면서 인류의 발전을 도모해야 한다. 단순한 과학 기지가 아닌 개척지로서의 화성은, 르네상스 이후 볼 수 없었던 인류의 정신을 일깨울 가능성을 가지고 있다. 르네상스는 그 자체로 탐험의 시대와 비슷했다. 실제로, 개척지로서 화성만큼 좋은 곳은 없을 것이다. 화성은 소수의 과학자와 관광객들만 방문하는 남극처럼 유지하기에는 비용이 너무 많이 든다.

지구와 화성을 구세계와 신세계에 비교하곤 한다. 신세계는 1492년 이후 갈수록 접근이 쉬워져 부와 자유의 목적지가 됐다. 장기적인 측면으로 볼 때 화성은 지구와, 훨씬 더 적대적이지만 경제적, 과학적으로 흥미로운 소행성 벨트 및 외행성 사이에서 완전히 거주가 가능한 세계로서 태양계에서 독특한 위치를 차지할 것이다. 지구와 소행성들 사이에서 화성은 공급 허브로서도 기능할 것이다. 비유를 확대해보면, 화성은 아메리카 대륙의 자원을 유럽에 공급할 때 거점이 된 서인도 제도의 섬들이라 할 수 있다. 단기적으로 화성은 지구에 직접적인 경제적 이익을 가져다줄 소중한 존재가 될 수 있다.

초기 단계 무역은 일방적인 형태를 띨 것이다. 화성에서 수출할 만한 것은 금, 백금, 희토류, 희귀 보석 같은 귀금속이 대부분이다. 핵융합 연료인 중수소도 있긴 하다. 중수소는 수소의 동위원소로 지구보다 화성에 여덟 배가량 더 흔하다. 달과 소행성 채굴에 대해서는 언급한 바 있다. 화성은 더 다양한 자원을 제공할 가능성이 있다. 게다가 잠재적 핵융합 원료인 헬륨-3은 달에 얼마나 있는지 아직 잘 알려지지 않은 반면, 화성의 중수소 비율은 공기 1킬로그램당 833밀리그램으로 훨씬 확실하다.

하지만 채굴은 매우 투기성이 강하다. 화성의 지질학자들은 주맥을 찾아야 할 것이다. 주맥은 금이나 그 비슷한 귀한 광석이 묻혀 있고 발굴도 쉬운 광맥을 말한다. 언젠가 우주조약이 수익 활동을 허용하는 쪽으로 개정된다면 탐사 원정을 후원한 나라가 채굴 업체에 그 권리를 팔 수 있을 것이고, 해당 업체는 자원을 채굴할 노동자와 장비에 투자하게 될 것이다. 채굴은 주로 로봇을 이용할 테지만 인간의 힘도 필요할 것이다. 그럼에도 화성에서의 채굴은 지구나 달에 비해 경쟁력을 갖긴 힘들다. 1온스(0.28그램)에 약 2,000달러, 1톤에 약 6,000만 달러를 버는 금을 생각해보자. 화성에서 지구까지 1톤을 발사하는 데 1,000만 달러 정도 든다면 손에 남는 건 5,000만 달러다. 하지만 사전에 광산을 구축하는 데만 100억 달러의 돈이 들었을 수도 있다. 손익분기점을 맞추려면 금 200톤을 팔아야 한다는 계산이다. 지구에서 가장 큰 광산은 매장량이 1,000톤 정도이며, 1년에 10~20톤밖에 팔지 않는다. 큰손들과 경쟁하면서도 금 가격을 떨어뜨리지 않으려면 10~12년은 운영해야 투자금을 회수할 수 있을 것이다. 위험성 높은 투자를 해놓고 기다리기에는 너무 긴 시간이다.

수익성은 화성에서 물건을 보내는 비용에 의존한다. 이때 쓸 수 있는 기발한 방법 두 가지가 있다. 첫 번째는 화성의 위성인 포보스에 로켓 호퍼를 보내는 방법이다. 포보스는 완전한 구형에 가까운 암석 덩어리(궤도를 이탈한 소행성일지도 모른다)로, 지름이 22킬로미터밖에 안 된다. 화성과의 거리는 6,000킬로미터다. 이에 비해 달은 지구에서 40만 킬로미터나 떨어져 있어 로켓 호퍼로 오가기에는 너무 멀다. 중력이 낮은 포보스로 화물이 운송되면 다시 이를 매스 드라이버, 즉 전자기 새총을 통해 지구로 쏘아 보낼 수 있다. 화물이 지구에 도착하려면 시간이 좀 걸리겠지만, 운송이 정기적으로 이뤄지기만 한다면 빠르지 않은 것은 문제가 못 된다. 두 번째는 우주 엘리베이터를 이용하는 방법이다. 지구에서는 충분히 강한 케이블을 만든다 해도 안전 문제 때문에 이것을 사용하기 힘들지만 화성에서는 꽤 가능성이 높다. 화성의 정지궤도는 지구의 정지궤도보다 훨씬 낮다. 각각 1만 7,000킬로미터, 3만 6,000킬로미터다. 여기에 화성의 중력이 지구 중력의 38퍼센트라는 점을 감안하면 더 적은 장력의, 더 짧은 케이블로도 충분하다는 결과가 나온다. 그렇다면 굳이 탄소 나노 튜브 같은 낯선 소재를 사용하지 않아도 된다. 현재 기술로 대량생산이 가능한 자일론, M5 같은 강한 소재를 쓰면 되고 케블라도 괜찮은 선택지다. 제3장에서 다룬 스카이후크와 우주 테더 시스템은 지구보다 화성에서 더 만들기 쉬울 것이다. 투자 문제만 해결된다면 말이다. 이런 도구들은 화물과 사람을 화성에서 올리거나 화성으로 내릴 일이 많아질수록 더 실용성을 갖게 될 것이다.

주브린은 화성에 또 하나의 보물이 더 있다고 말한다. 지적재산권이다. 주브린은 화성의 개척지가 갖는 독특한 환경 때문에 정착민들은 지구에서도 유용할 수 있는 도구, 기술을 만들어내거나 효율적인 작업 방식을 찾아낼 거라고 예상한다. 여기서 핵심 요소는 거리다. 달이나 남극처럼 문명과 가까이 있는 정착지에서는 정착민들이 혁신을 해야 할 필요가 없으니까.

주브린은 이런 혁신 정신을 '양키 독창성'이라 부른다. 눈앞의 도전에 맞서 자립과 발명을 한다는 이 정신은 주브린의 《화성 정착론》과 2019년 작 《우주 정착론》의 핵심을 이루는 요소다. 하지만 나는 이런 생각이 서양인의 편견에 기초한 과장이라고 본다. 양키 독창성을 이끈 미국 개척지의 환경과 화성의 환경이 도저히 같다고 여길 수 없다. 지난 몇 백 년 동안 인간이 마주했던 다른 수십 개의 개척지(오스트레일리아나 캐나다 등)가 미국의 개척지와 달랐던 것처럼 말이다. 우선, 아메리카 대륙에는 나름대로 독창적이었던 사람들이 수천 년간 살고 있었다. 단지 자신들의 업적에 특허를 내지 않았을 뿐이다. 게다가 유럽인은 미국뿐 아니라 캐나다에도 정착했지만 오늘날 미국과 캐나다의 문화는 매우 다르다. 이유는 이렇다. 미국 개척지는 길들일 수 있는 종류의 개척지였다. 이 땅은 미국인에게 집요함, 자신감, '양키 독창성'이라는 말을 만들어낼 수 있는 배짱을 부여했다. 반면, 캐나다는 개척지로 나아가기에는 너무 추웠다. 당연한 이야기지만 미국의 개척지보다 캐나다 북부의 정착지가 (위협적인 남미의 정글이나 오스트레일리아의 사막만큼은 아닐지언정) 훨씬 더 화성의 환경과 닮아 있다. 소위 양키 독창성이라는 개념은 화성에서 씨알도 안 먹힐 것이다. 따라서 우리는 화성 정착지에 대한 투자와 정착지 건설을 합리화할 특허의 가치부터 따져보는 게 낫다.

요약하자면, 그 누구도 화성에서 돈을 벌 수 있다고 확신할 수 없다. 그리고 이 사실은 향후 몇 백 년은 아닐지라도 몇 십 년 동안은 화성 정착지 건설을 방해할 것이다.

◆◆◆◆◆◆

✴   화성에서 살아가는 데 필요한 첨단 기술들

개척지 비유를 계속해보자. 화성의 로봇은 노동자 겸 짐 나르는 짐 승 역할을 할 것이다. 완성돼야 할 핵심 기술 중 하나는 화성 지형을 누비 도록 프로그램 된 자율 주행 자동차다. 이런 자동차는 가압 처리된 유닛에 2~4인을 태우고 물, 공기, 식량 등을 실은 상태로 일주일 이상을 주행할 수 있어야 한다. 그러면 사람들은 운전할 필요 없이 유닛 안에서 일하거나 잘 것이고, 이런 방식으로 광활한 화성을 탐험할 수 있다. 화성 표면에는 주의를 요하는 보행자나 다른 차도 거의 없기 때문에 자율 주행 자동차는 마른 강바닥, 절벽, 바위 등 여타 '도로'에서 마주할 수 있는 위험 요소들 만 피하면 된다. 나사는 가압 처리된 우주복을 뒤에 매달고 탐사를 수행하 는 자동차를 개발하고 있다. 우주복을 매단 것은 우주인들이 조종석에서 나와 빠르게 탐사할 수 있도록 하기 위해서다.

자동차는 심부름도 할 수 있을 것이다. 광산이나 물이 있는 곳까지 물품을 배달하거나 보급품을 수거해오는 식으로 말이다. 레골리스를 평 탄하게 한 다음 소결시켜 진짜 도로를 만드는 자동차가 개발될 수도 있 다. 시간이 지나면 여러 차량들을 일정 시간마다 가이드해주는 전자 신호 등을 이용한 방대한 도로 네트워크가 구축될 수도 있다. 가장 중요한 자율 주행차 중 하나는 24시간 작업하며 피난처를 만드는 굴착기일 것이다. 이 모든 자동차는 현 세대의 탐사차보다 우월할 것이다. 지구 쪽 관제 센터의 통제를 받지 않는 상태에서 자체 프로그램으로 움직이거나 근처에서 제 어를 받기 때문이다. 지구 쪽 관제 센터와의 교신은 전파가 빛의 속도로 이동한다 해도 4~24분 정도 지연이 생긴다. 나사의 오퍼튜니티 탐사선은 42.2킬로미터(마라톤 완주 거리다)를 이동하는 데 7년이나 걸렸다. 탐사 선 기술이 놀라운 건 사실이지만 탐사선은 관제 센터의 명령을 받을 때만 몇 센티미터씩 움직인다. 소중한 탐사선이 모래에 빠지거나 보이지 않는 협곡에 떨어지기를 원치 않는 관제 센터 요원들의 걱정 때문이다.

인공지능도 도움이 될 것이다. 큐리오시티 탐사선에 장착된 원시적 인 AI 시스템도 돌과 다른 특이 물체를 식별해내 카메라를 그쪽으로 향하 게 할 수 있었다. 차세대 자율 주행차와 장비들은 지구에서나 화성에서나

◆◆◆◆◆◆

제한적이긴 해도 스스로 생각하는 능력을 갖게 될 것이다. 무인 자동차 기술처럼 이 장비들은 시각, 후각, 촉각을 이용해 주변 환경을 탐지해내고, 입력 데이터를 분석한 뒤 미리 저장된 지식 은행의 데이터와 비교해 그 결과에 따라 계속 갈지, 경로를 바꿀지, 멈출지를 결정해 움직일 것이다. 기계의 학습은 점점 더 그 수준이 높아질 것이다. 기계가 통계 기법을 이용해 지구의 음성인식 소프트웨어처럼 점차적으로 더 나은 움직임과 결정 능력을 보이게 될 수도 있다.

SF 소설에 나오는 이야기가 아니다. 2018년 5월 구글 I/O 개발자 페스티벌에서 구글 CEO 순다르 피차이는 구글 AI 어시스턴트가 사람들에게 전화를 거는 모습을 보여줬다. 한 번은 미용실을 예약하는 전화였고, 다른 한 번은 저녁 식사를 예약하는 전화였다. 첫 번째 전화는 완벽하게 성공했다. 대화가 복잡했는데도 AI는 미용실 직원의 말을 듣고 자신이 원하는 서비스에 맞는 시간을 예약했다. 두 번째 전화는 더 놀라웠다. 영어가 모국어가 아닌 식당 직원이 4인 미만은 예약을 받지 않는다고 설명하는 것을 이해해야 했기 때문이다. AI는 그 말을 알아들었을 뿐 아니라 수요일이면 보통 얼마나 기다려야 하는지를 묻고 그 대답에 따라 대화를 이어나갔다.

증강 현실도 화성 생활의 긴장을 풀어줄 것이다. 현재 우리는 지구 자기장을 탐지해 북쪽으로 향하면 부드러운 소리를 내는 장치를 입고 다니는 수준에 이르렀다. 청력이 심하게 나쁜 사람도 달팽이관 이식을 하면 소리를 들을 수 있으며, 시각장애인도 비슷한 전자 인터페이스를 통해 시각의 일부를 제공받기 직전에 와 있다. 우리는 가시광선 스펙트럼을 넘어 적외선이나 자외선까지 보거나 느낄 수 있게 될지 모른다. 아직은 구현되지 않은 기술들이 언젠가 화성 거주민들에게 풍경과 냄새, 바다나 숲의 소리, 기타 지구의 소중한 요소들을 제공해 뇌를 편안하게 해줄 수 있을 것이다. 어쩌면 그들로 하여금 지구에 있는 친구 또는 친척과 더 밀접한 상호작용을 하게끔 도와줄 수도 있다.

3D 프린터는 레골리스나 낙하산, 고무, 플라스틱 같은 화성 여행에서 생긴 쓰레기를 잉크 삼아 지구에서처럼 도구나 기계를 만들 수 있을 것

◆◆◆◆◆◆

이다. 달 계획 때와 마찬가지로, 로봇 프린터는 인간보다 먼저 도착해 피난처나 도로망을 만들 수 있다. 라밀 샤가 이끄는 시카고 소재 노스웨스턴 대학 연구 팀은 달이나 화성의 레골리스를 3D 프린터의 잉크로 만드는 방법을 개발했다. 레골리스를 간단한 용매와 바이오폴리머와 결합시켜 신축성 있으면서도 튼튼한 고무 비슷한 물질(레골리스는 전체 무게의 90퍼센트를 차지한다)을 만들고, 이를 잉크로 사용하는 방법이다. 연구 팀은 이 물질로 서로 물리는 벽돌을 만들어냈다. 더 장기적인 목표는 이 과정을 전부 로봇이 진행하게 하는 것이다. 탐사차가 레골리스를 퍼오면 그걸로 잉크를 만들어 프린터에 집어넣는다는 계획이다. 화성 정착의 초기 단계에서는 사람 구하기가 쉽지 않을 것이다. 게다가 밖에서 일을 하면 방사선 노출 위험을 무릅써야 하고 우주복을 제대로 입는 데도 시간이 꽤 걸린다. 로봇이 할 수 있는 모든 일, 예를 들어 운전, 운반, 굴착, 쌓기 등은 로봇을 시켜야 할 것이다.

　화성에서 일할 때 쓰이는 모든 장비는 하나같이 무겁고, 정교하며, 외부로부터 가져와야 한다. 그 때문에 무거운 기술 장비를 착륙시키는 기술도 필요하다. 점점 나아지는 추세이긴 하지만, 우리는 화성에 무거운 장비를 착륙시킨 경험이 별로 없다. 착륙에 성공하면 관제 센터의 다 큰 남자들이 서로 뽀뽀를 하거나 껴안으며 환호하는 데는 다 이유가 있다. 지금까지 화성 미션 중 절반 이상이 실패했기 때문이다. 착륙 과정에서 폭발한 경우도 많았다. 소련과 러시아는 도합 20번 시도해 겨우 두 번 성공했다. 1990년대에는 나사의 화성 미션 여섯 번 중에 네 번이 실패했다. 엔지니어들은 이를 '화성 방어 시스템'이라 부른다. 하지만 2000년 이후에는 열두 번의 미션 중에서 세 번만 실패했다. 그 세 번의 실패 중 두 번은 착륙 문제였다. 화성에 물체를 착륙시키는 건 쉬운 일이 아니다. 중력은 비교적 강한데 대기는 얇아 에어로브레이킹을 하기가 매우 어렵기 때문이다. 1톤이 넘는 물체는 단 한 번도 화성에 착륙한 적이 없다(소련의 마스 3호는 1,200킬로그램이었고, 연착륙에 성공했다고 발표됐지만 14초 뒤 폭발했다). 그런데 앞에서 소개한 자율 주행차 가운데는 몇 톤이 넘는 것들도 있다.

◆◆◆◆◆◆

나사가 현재 개발 중인 진입 비행체 중에는 저밀도 초음속 감속기(Low-Density Supersonic Decelerator, LDSD)라는 것이 있다. 어찌 보면 비행접시처럼도 생긴 이 물건은 거대한 팽창식 케블라 튜브를 이용해 대기 중에서 초음속으로 하강하는 우주선을 감속시키는 물건이다. 초속 6킬로미터의 속도를 몇 분 내로 초속 0.5킬로미터까지 줄일 수 있다. 이 정도 속도라면 대기가 엷어도 저고도에서 초대형 낙하산을 펼칠 만하다. 다만 이것으로는 충분한 감속이 이뤄지지 않을 것이다. 역추진을 위한 엔진이 있어야 한다는 뜻이다. 여기서 역추진이란, 부드럽고 정확하게 지면에 착륙할 수 있도록 하강의 반대 방향으로 엔진을 가동해 우주선의 속도를 늦추는 것을 말한다. 나사의 화성 과학 실험실(MSL)은 899킬로그램의 큐리오시티 탐사차를 싣고 이것과 거의 동일한 방식으로 화성에 진입했다. 화성 과학 실험실은 직경 4.5미터의 열 차폐막을 가지고 있었다. 저밀도 초음속 감속기를 쓰는 대신 초기 제동(initial braking)으로 감속하기 위해서였다. 이 차폐막은 최고 2,090도까지 온도가 올라갔다. 철도 녹일 수 있는 온도다. 이것은 현재까지 비행한 것들 중 가장 큰 차폐막인데, 그럼에도 화성 과학 실험실보다 무거운 것은 보호하지 못했을 것이다. 저밀도 초음속 감속기는 최대 3톤의 무게까지 테스트가 진행되고 있다. 안정적인 진입 비행체가 없다면 화성 정착은 영원히 연기될 것이다.

화성 정착민은 완벽한 폐쇄 루프 시스템도 가지고 있어야 한다. 국제우주정거장과 핵잠수함은 정기적으로 신선한 물자를 보급 받는다. 그리고 지금까지 물, 산소, 이산화탄소가 완전히 보존되는 폐쇄 시스템을 완성한 사람은 없다. 이를 시도했던 바이오스피어2가 완벽하게 실패한 사실은 잘 알려져 있다. 화성에서의 이런 시도는 소박하게 시작돼야 하며, 비상 상황을 대비한 산소, 물 같은 필수품도 준비돼 있어야 할 것이다. 바이오스피어2는 다섯 개의 생물군계를 갖춘 야심찬 실험이었다. 화성의 거주구는 정글, 습지, 해변 환경 같은 것으로 복잡하게 구성돼서는 안 된다. 하지만 영역별로 분리는 돼야 한다. 그래야 문제가 생긴 영역을 빠르게 고립시켜 고칠 수 있다. 바이오스피어2에서 산소를 빨아들이는 예상치 못한 박테리아가 자란 것이 그 예다.

아주 어처구니없는 아이디어가 있었다. 화성에서의 건축을 기획하는 플랫폼인 '화성 도시 디자인'이라는 단체로부터 후원을 받아 거주구 디자인 콘테스트가 이뤄진 적이 있다. 결과는 엉망진창이었다. 제출된 디자인들을 보면 기기도 전에 날려고 한다는 말이 생각날 것이다. 화성에 세워질 거대 건축물은 지구가 아닌 화성에서 설계될 것이다. 도시 또한 화성을 한 번도 가보지 못한 사람들의 상상력이 아닌, 실현 가능성에 의해 소박하게 시작해 유기적으로 성장할 것이다.

✱ 내성적인 사람이 화성 여행을 잘 견딜까

처음에는 정부의 우주 당국이 직접 화성 방문자들을 선정할 것이다. 현재 상황을 봐서는 이번 세기의 말까지 그럴 것 같지는 않지만, 정착이 가능해진다면 이주민은 화성 여행 비용을 쉽게 감당할 수 있는 사람들이나 새 삶을 찾고 싶어 하는 사람들로 구성될 것이다. 아메리카라는 도박장에 자신이 가진 것을 다 걸었던 초창기 아메리카 식민지 사람들이나 다른 정착민들이 그랬던 것처럼. 잃을 것이 거의 없고 얻을 것만 있다면 결정은 쉬울 것이다.

예상 시나리오를 써보자. 화성에 주목해온 나라가 몇 있다. 러시아는 화성에 가고 싶어 하지만 너무 실패를 많이 해서 정신을 못 차리고 있다. 러시아는 화성이나 달에 그 어떤 것도 제대로 착륙시킨 적이 없다. 이는 현대에 들어서도 마찬가지다. 중국과 합작한 포보스-그룬트/잉휘 1호는 지구 저궤도도 벗어나지 못했다. 유럽우주국과 함께 추진한 2016년 엑소마스 궤도선/스키아파렐리 EDL 데모 착륙선 미션은 부분적으로만 성공을 거뒀다. 궤도선은 맡은 바 임무를 다했지만 착륙선은 폭발했기 때문이다. 러시아는 2045년까지 인간을 화성에 착륙시킨다는 느슨한 계획을 가지고 있지만 러시아 우주국은 아직까지도 로봇 미션 계획을 발표하지 않고 있다. 앞에서 언급했듯이 중국은 여러 미션 계획을 가지고 있다. 2035년까지 유인 미션을 실행할 가능성이 있다. 그리고 중국은 여성 없이 남성만으로 화성에 갈 계획을 세우고 있다. 중국(그리고 러시아)은 문화적인 이유로 장시간의 친밀함이 요구되는 미션에 남녀를 섞어 보내는 것

◆◆◆◆◆◆

에 반감을 가지고 있다. 화성에 도달한 경험은 미국이 훨씬 많지만 중국은 인간을 화성에 보내는 것으로 미국을 이기려 하고 있다. 그리고 먼저 화성에 가겠다는 중국의 이 '위협'이 더 가시적인 형태를 띠기 전까지는, 미국도 그다지 경쟁의식을 불태울 것 같지 않다.

나사는 화성에 보낼 최고의 승무원을 찾기 위해 연구를 진행하고 있다. 승무원은 4~6인이 될 것 같고 여성과 남성 모두 선정될 가능성이 높다. 특히 승무원이 네 명을 초과한다면 그럴 가능성이 더 높다. 승무원이 4인이라면 전원 남성일 것이다. 물론 승무원 전원을 여성으로 구성한다면 현실적인 이익이 있다. 남성에 비해 여성은 칼로리를 적게 소비하고 따라서 식량도 덜 필요하다(이는 질량, 연료, 돈이 줄어든다는 의미다). 또한 30세 이하 여성은 방사선에 의한 내피세포 손상과 혈관 손상이 적다. 남녀 승무원이 섞였을 때 발생할 수 있는 성적인 역학 관계와 그 관계가 미션에 미칠 영향은 확실하지 않다. 따라서 남성 네 명 또는 남성 네 명/여성 두 명 미션이 유력시되고 있다. 고의적으로 짝이 안 맞게 하는 것인데, 논란을 피하기 어려울 것으로 보인다.

나사는 우주인 선정 기준을 전부 공개하지 않는다. 누군가가 선택받기 위해 시스템을 조작할 수도 있다고 생각하기 때문이다. 하지만 화성 미션에는 국제우주정거장 미션이나 달 미션과는 다른 판단 기준을 적용할 것이다. 머큐리, 제미니, 아폴로 시대에는 'A 유형'의 사람들만 선택됐다. 의욕이 넘치고 건장하며 경쟁심이 강한 유형이다. 이후 우주로의 이동이 더욱 가시화되면서, 초점은 기술적 전문성과 리더십 능력을 갖춘 군인 출신 조종사에서 다양한 능력을 가진 과학자와 공학자에게로 이동했다. 국제우주정거장이 그 예다. 하지만 화성으로의 여행은 독특한 성격을 요구하는 새로운 도전이 될 것이다.

먼저, 미션의 윤곽을 살펴보자. 화성 미션은 2~3년 정도 걸릴 것이고 좁은 공간에서 단조로움, 고립감, 육체적인 어려움을 견뎌야 한다. 그렇기 때문에 나사는 이런 어려움을 이겨내고 다른 승무원들을 인격과 능력 면에서 보완해줄 후보를 고려하고 있다(2040년대에 예정된 미션이니 후보자들은 이 책이 출간되는 시점에서는 대부분 아직 어린이일 것이다).

♦ ♦ ♦ ♦ ♦ ♦

성격적 특성을 따질 때는 전통적인 다섯 개 요소가 어떻게 조합됐는지를 살피게 될 것이다. '빅 파이브'라 불리는 이 기준은 잠수함 미션 요원을 선발할 때 사용되며, 다혈질 정도(뒤집어 말하면 감정적 안정성), 외향성, 개방성, 친절성, 성실성으로 구성된다. 화성까지 가는 긴 미션에서는 어느 정도의 내향성도 있어야 할 것 같다. 즉, 혼자서도 잘 지낼 수 있거나 최소한 혼자 있는 것을 참을 수 있어야 한다는 뜻이다. 남극기지에서 겨울 내내 홀로 과학 연구를 하면서도 제정신을 유지할 수 있는 종류의 사람들을 말한다. 빅 파이브와 관련된 요소로는 회복력, 호기심, 창의성이 있다. 경쾌함도 중요한 요소다. 하와이에서 시행한 하와이 우주탐사 아날로그·시뮬레이션 IV 프로젝트 참가자였던 트리스탄 배싱스웨이트는 자신이 재미있고 유쾌한 성격 때문에 선정된 것 같다고 내게 말했다. 하지만 어떤 성격이 가장 잘 맞을지는 아직 모른다. 미리 테스트할 방법도 없고 선택을 검증해줄 사람도 없으니까. 다른 성격들로 팀을 구성해 화성 여행을 열댓 번 하기 전까지는 그럴 것이다.

능력과 관련해서는 확실한 것이 하나 있다. 승무원은 비행 중일 때와 화성에 있을 때 모두 몸이 건강해야 하고, 제대로 교육받은 상태여야 하며, 똑똑해야 하고, 미션의 한 요소에 대한 깊은 전문성을 가진 동시에 미션의 모든 측면에 대해서도 잘 알고 있어야 한다. 최소 수개월을 화성에서 머문다고 가정하면 최초의 승무원은 각 영역에서 최소한 한 가지 전문성은 가지고 있어야 한다. 비행, 생물학, 지질학, 화학공학, 기계공학 등. 이런 핵심적인 지식들은 승무원들이 화성에 안전하게 도착하도록 해주고(조종사), 공장을 세우거나(공학자), 화성을 연구하게(과학자) 해주기 때문이다. 조종사와 공학자는 역할이 겹치는 경우가 많다. 그렇다면 이 둘은 의료 요원으로서도 훈련을 받아야 한다. 의료 요원 한 명이 부상을 입을 경우를 대비해서다. 음식 준비, 정원 가꾸기, 컴퓨터나 전자 제품 정비 같은 2차적인 능력 분야에 대해서는 서로 겹치지 않도록 신중하게 조정해야 한다.

나사와 유럽우주국, 그리고 기타 우주 기관들은 (아직) 장기적인 정착에 대해선 생각하지 않고 있다. 처음 몇 번의 미션은 100퍼센트 과학 연구가 목표일 것이다. 마을을 만들겠다는 의도는 전혀 없이, 탐사 구역에만 기지를 세울 것이다. 제안된 구역은 화성 전체에 흩어져 있고, 일부 기지는 버려질 수도 있다. 서로 다른 승무원들이 몇 번씩 방문하는 기지가 생길지도 모른다. 나사는 화성에서의 역할이 탐사라고 생각한다. 16~17세기의 탐험가들처럼 말이다. 정착지나 식민지는 나중에 건설될 것이다. 정부의 우주 기관이 얻은 정보와 교훈이 이러한 움직임을 불러일으킬 수도 있고, 독립적인 자금의 지원 또는 실행이 그렇게 만들 수도 있다. 어쨌든 이번 세기 안에 화성이 끝내 별 가치가 없다는 사실이 드러나거나 독소나 저중력 문제 같은 예상치 못한 위험 요소가 영구 정착을 너무 어렵게 만든다면 우리는 두 번째 지구라는 꿈을 버려야 할지 모른다.

1세대 탐사자들이 화성의 식민지화가 가능하다는 것을 증명했다고 가정해보자.

'실제로' 누가 가려고 할까? 다시 역사에서 단서를 찾아보자. 최초로 아메리카를 개척한 사람들 중 일부는 부를 추구하는 자들이었다. 종교 탄압이라는 동기가 있기 전까지는 말이다. 여기에는 황무지 깊숙이 들어간 탐험자들과 사냥꾼들도 포함된다. 채굴이 수익성을 갖게 되면, 남자든 여자든 화성에서 장기간 머물겠다고 지원할 것이다. 꼭 화성에서 일생을 보내겠다는 것이 아니라 10년쯤 머물면서 많은 돈을 벌겠다는 의도일 것이다. 물론 계속 남는 사람도 있겠지만 대부분은 결국 상업 우주선을 타고 지구로 돌아올 것이다.

화성 이주의 동기가 종교 탄압일 것 같지는 않다. 종교가 더 이상 의미가 없기 때문이 아니라 가장 심하게 탄압받는 사람들은 대개 가장 가난한 편이고, 그래서 화성 여행 비용을 감당할 수 없는 경우가 많기 때문이다. 미얀마의 로힝야족이 그 예다. 그리고 그들은 탄압을 피하기 위해 새로운 행성이 아니라 다른 나라를 찾을 가능성이 높다. 그럼에도 불구하고 많은 사람들, 분명 수백만 명은 지구상의 정치나 다른 문제 때문에 너무 좌절한 나머지 정부로부터의 자유를 얻고자 화성으로 향할 것이다. 새로운 세계에 제일 먼저 도착하는 것만으로도 땅과 부를 얻을 수 있다는 희망과 개척지에 끌려 화성에 가는 사람도 많을 것이다. 어쨌든 미국에서는 가

◆◆◆◆◆◆

장 오래 살고 있는 집안(아메리카 원주민 집안은 제외)이 가장 부유한 집안인 경우가 많기 때문이다.

나는 결국 모든 것이 돈 문제일 거라고 생각한다. 화성 여행 비용이 감당할 만한 수준이 되면 사람들은 가기 시작할 것이다. 물리학자 프리먼 다이슨도 이 주제에 대해 생각했다. 그는 우주 이민을 다른 대규모 이민과 비교했다. 그는 메이플라워(1620년 종교 탄압 등의 이유로 잉글랜드를 떠난 100여 명의 사람들을 아메리카, 지금의 미국 땅으로 옮긴 선박. 탑승객들은 훗날 미국이라는 국가의 기초를 세우게 된다_역주) 여행 비용이 평균적인 가정의 약 7.5년 치 임금이었다고 추정했다. 모르몬교도들의 유타 이주 비용은 약 2.5년 치 임금이었다. 현재 기준으로 화성을 여행하려면 10억 달러 이상 들 것이다. 1만 년 치 임금이다. 그 비용을 감당할 수 있는 사람은 없다. 하지만 100만 달러, 즉 10년 치 임금이라면 이야기가 달라진다. 10년 치 임금을 모아 집을 사는 사람도 있지 않은가. 비용을 더 떨어뜨릴 수 있을까? 다이슨은 또한 〈순례자, 성인, 우주인〉이라는 글에서 콜럼버스의 여행과 메이플라워의 여행 사이에는 128년의 시간이 있었음을 지적했다. 그 기간에 유럽 각국은 배를 만들거나 상업적인 기반 시설을 구축했다. 저 유명한 메이플라워가 102명을 태우고 영국 플리머스에서 출발해 케이프 코드를 거쳐 매사추세츠에 도착할 수 있었던 것은 이 같은 노력의 결과였다. 2085년은 스푸트니크가 발사된 지 128년이 되는 해다. 나는 그때쯤이면 화성으로의 여행 비용이 감당할 만한 수준이 될 거라고 생각한다.

메이플라워의 승객 102명 중 도착 후 첫 번째 겨울을 넘길 때까지 살아남은 이가 쉰세 명밖에 되지 않았다는 점을 말해야겠다. 그 이전인 1609~1610년 겨울에는 제임스타운(영국이 북아메리카 버지니아 식민지 내에 건설한 최초의 영구 식민지)의 식민지 개척자 550명 중 440명이 목숨을 잃었다. 이 시기는 '기아 시기'로 알려져 있다. 화성 정착 역시 최초의 정착민들에게는 소풍이 아닐 것이다. 분명 사망자가 나올 것이다.

◆◆◆◆◆◆

★ 제3차 세계대전은 화성에서

화성에 정착하기 전에 넘어야 할 큰 장애물이 하나 더 있다. 우주조약이다. 제4장에서 언급했듯이 우주조약은 화성이 "주권의 주장에 의하여 또는 이용과 점유에 의하여 또는 기타 모든 수단에 의한 국가 전용의 대상이 되지 아니한다"고 분명하게 규정하고 있다.

화성에 정착지를 건설하기로 한다면, 이 조약을 피할 수 있는 방법은 사실상 이 조약을 무시하는 것밖에 없다. 예를 들어 일론 머스크가 100만 명을 화성에 보낸다면 우주조약에 서명하거나 그 조약을 비준하지 않은 10여 개 국가 중 하나에 회사를 세워야 할 것이다. 리히텐슈타인 같은 나라 말이다. 정착민들은 리히텐슈타인 국민이 아닌 한 시민권을 포기해야 할 것이다. 물론, 조약을 무시하거나 조약에서 탈퇴한 선례가 없는 것은 아니다. 2002년 미국은 1972년 서명한 탄도미사일 방어조약에서 탈퇴했다. 미사일 방어체계를 구축하기 위해서였다. 더 확실한 예도 있다. 미국이 아메리카 원주민 부족들과 맺은 수많은 조약을 파기한 사례다. 이유는 하나였다. 돈이다. 아메리카 원주민에게 할당된 땅에서 발견된 금, 은, 석유 등의 귀한 자원이 이유였다고도 할 수 있다. 수익을 많이 낼 수 있는 자원이 달이나 화성에서 발견된다면 우주조약은 폐기될 수 있다. 또한 우주조약은 우주 군사화 요구가 거세짐에 따라 위협받는 중이다. 중국과 미국은 이런 의도를 숨기지 않고 있다. 특히 미국은 최근 공군 소속이던 우주군을 분리해 제6군으로 독립시키는 방안을 확정했다.

나는 비관적인 사람은 아니지만, 과학 탐사로 영구 정착지가 경제적으로 지속 가능하다는 것이 증명된다면 화성은 영토 확보를 위한 각축장이 될 수밖에 없다고 생각한다. 조약이 무시된 상태로 처음 화성에 들어간 나라들이 화성을 소유할 것이라는 게 내 예상이다. 물론 우주를 여행할 수 있는 대국들이 방대한 영토를 골고루 나눠 갖거나, 한 나라가 너무 많은 영토를 갖는 것을 막고자 유엔이 세계 유산 지역을 지정해 영토 확보가 가능한 지역을 제한할 수도 있다. 이런 내용을 담은 조약이 50년 정도 효력을 발휘하다가 화성 정착지가 커지면 개정이 이뤄질지도 모른다. 간단히 말하면, 우주조약이 핵무기의 우주 확산을 효과적으로 막았을지는 몰라도 이 조약은 결국 폐기되거나 다른 조약으로 대체될 것이다. 우주의 접근성이 더 높아진 지금, 현재의 우주조약으로는 우주를 실용적으로 이용하거나 상업화할 수 있는 여지가 거의 없기 때문이다. 땅의 전용을 허용하도록 조심스럽게 조약을 개정한다면 탐험과 식민지화를 더 활기차게 만들 수도 있을 것이다.

✳   〈화성침공〉은 없다

화성에서 생명체가 발견되면 모든 것이 바뀐다. 화성 생명체 발견은 인류 역사에서 가장 중대한 발견 중의 하나가 될 것이다. 화성에 생명체가 존재했거나 존재하고 있다면, 은하계와 우주에 걸쳐 반드시 생명체가 존재한다는 뜻이 된다. 아이작 아시모프의 0-1-무한 법칙이라는 것이 있다. 이 법칙에 따르면 2는 불가능한 숫자다. 생명체가 존재하는 행성이 전혀 없거나, 하나 있거나, 무한하게 많을 수는 있어도 둘이나 셋일 수는 없다는 이야기다. 이 발견은 수많은 질문이 꼬리를 잇게 한다. 언제, 그리고 어떻게 화성에 생명체가 등장했는가? 우리가 알고 있는 생명체는 화성에서 생긴 뒤 운석에 실려 지구로 건너왔을까? 우리 태양계 다른 곳에도 생명체가 존재할까? 나는 화석 형태라도 화성에서 생명체를 찾는다면 목성과 토성의 위성들로 향하는 우주탐사의 새 시대가 열릴 거라고 생각한다. 이 위성들도 생명체가 존재할 가능성이 있기 때문이다.

화성 정착지의 운명에 대해 생각한다면 이 문제는 굉장히 심각해질 수 있다. 이제 어떻게 할 것인가? 외계 생명체가 존재하는 상태에서 정착지를 건설하는 것이 윤리적인가? 안전하긴 할까? 나는 그렇다고 생각한다. 하지만 이 주제에 대해서는 수많은 반대 논리가 있을 수 있다.

윤리적인 관점에서 나는 우리가 확장해나갈 자유가 지구에만 국한될 이유가 없다고 생각한다. 인간은 약 6만 년 전에 아프리카 대륙을 떠났다. 지구상의 다른 모든 대륙과 섬으로 이주하는 것이 금지된다는 생각은 전혀 하지 않은 채. 나는 어떤 종류의 생명체가 화성에 존재하든 인간이 화성으로 이주하는 것은 자연스러운 확장이라고 생각한다. 이런 생명체를 우연히 파괴하기 전에 그 생명체에 대해 연구해야 한다고 주장하는 사람들도 있다. 하지만 화성에 지금도 생명체가 존재한다면 그 생명체는 화성 표면 밑에서 살고 있을 것이다. 화성 표면의 인간과 고립된 표면 밑 외계 생명체 거주지는 접촉할 일이 거의 없을 것이다. 실제로 고대 미생물은 지구 표면 밑 깊숙한 곳에 살고 있다. 지구 표면의 산소와 빛이 그들에게는 독이 되기 때문이다. 우리도 고대 미생물을 건드리지 않고 그들도 우리를 건드리지 않는다. 우리가 지하에 사는 생물체와 우연히 마주치지 않는 한 화성에서도 그럴 것이다. 하지만 나는 마주칠 가능성이 매우 낮다고 생각한다.

안전 문제와 관련해, 생물학적 감염도 거의 가능성이 없다고 생각한다. 《안드로메다 스트레인》 같은 SF 소설에 자극을 받은 사람들은 화성에서 온 외계 미생물이 지구의 인류를 쓸어버릴 거라고 확신하기도 한다. 하지만 그건 생물학을 몰라서 하는 말이다. 천연두나 에볼라 같은 질병을 일으키는 치명적인 미생물은 인간을 비롯한 다른 생명체들과 몇 억 년을 공진화해왔다. 특히 바이러스는 숙주의 DNA를 이용해 번식한다. 박테리오파지라는 바이러스는 박테리아만 공격한다. 식물이나 동물만 공격하는 바이러스도 있다. 바이러스는 치명적이긴 하지만, 감염시키는 숙주가 정해져 있다는 이야기다. 감자 역병 때문에 많은 사람들이 굶어 죽은 적은 있다. 하지만 인간이 감자 역병균에 감염된 적은 한 번도 없다.

화성의 미생물이 인간에게 전염성을 가지려면 체온 36.1도인 인간의 몸에서 영양분을 추출하고 번식하는 것이 유리하다고 생각해야 한다. 이 미생물은 아마 수십억 년 동안 지하에서 거의 얼어붙은 상태로 살아왔을 것이다. 감염이 일어난다면 기막힌 우연일 것이다. 게다가 외계 미생물이 다른 모든 생명체를 놔두고 인간을 가장 원할 것이라고 생각하는 것은 너무 인간 중심적인 발상일 수 있다. 화성에서 인간의 건강을 위협하는 것이 있다면 그건 무기물일 것이다. 해로운 화학 물질을 포함한 화성의 먼지가 발진이나 폐 손상을 일으킬 수는 있다. 하지만 이런 질병은 아무리 치명적이라 해도 전염되지는 않는다.

이렇게 마무리해야겠다. 화성에서 과거의 생명체든 현재의 생명체든 생명체를 발견할 가능성은 높다. 화성은 10억 년 이상 지금보다 따뜻하

◆◆◆◆◆◆

고 습기 있는 환경을 유지했기 때문이다. 지구에 생명체가 등장한 기간과 일치한다. 화성에는 보호 역할을 하는 대기, 광활한 대양이 있으며 물의 순환도 일어난다. 실제로 화성은 지구가 생명체를 품을 수 있는 조건과 거의 동일한 조건을 가지고 있다. 게다가 최근 관측 결과에 따르면 화성에는 액체 상태의 물이 넘실대는 지하 호수가 최소 한 개는 있는 것으로 보인다. 생명체는 화성 표면에서 지하 피난처로 숨어 들어갔을 수 있다. 27억 년 전 지구에서도 산소 때문에 공기의 독성이 강해지자 일부 생명체들이 지하로 들어갔다. 우주물리학자 닐 더그래스 타이슨은 지구 생명체만 특별하다고 생각할 이유가 전혀 없다고 말한다. 우리가 알고 있는 형태의 생명체는 우주에서 가장 흔한 원소들로 구성돼 있다. 수소, 탄소, 질소 그리고 산소. 지구 생명체가 비스무트 동위원소로 구성됐다면 좀 특이할 수도 있었겠다. 타이슨은 생명체가 항성 폭발로 배출되는 가장 흔한 원소들로 구성돼 있다는 사실은 생명체가 매우 흔할 수 있다는 뜻이라고 말한다. 생명체가 존재한다는 이유만으로 화성에 정착하지 않는다면 우주에서 펼쳐질 인류의 확장은 생명체를 품기에 너무 적대적인 위성과 행성들에 국한될 것이다.

* <u>화성의 낮과 밤, 그리고 휴일</u>

화성에 오신 것을 환영합니다. 화이트 존은 짐만 올리거나 내릴 수 있는 구역입니다. 화이트 존에 우주선을 방치하지 마십시오.

영구 정착지 건설은 고사하고 화성에 발을 디디는 데만 몇 십 년은 걸릴 것이다. 이 장은 합리적이지만 확실하지는 않은 세 가지 가정을 바탕으로 쓴 것이다. 첫 번째는 2030년에서 2050년 사이 어느 시점에 인간이 화성에 간다는 가정이다. 화성 원정은 미국이나 중국이 주도할 가능성이 높다. 물론 민간 기업이 주도할 가능성이 없는 것은 아니다. 두 번째는 0.38G가 임신을 하고 아이를 건강하게 키우기에 충분한 중력이라는 가정이다. 세 번째는 화성에 첫 발을 딛고 몇 십 년이 지난 뒤에도 이 붉은 행성에 가고 싶어 하는 사람이 여전히 수백만 명은 되고, 그중 수천 명이 실제로 화성에 가는 데 성공한다는 가정이다.

◆◆◆◆◆◆

나는 남극에 정착하는 것보다 화성에 정착하는 데 사람들이 더 관심을 보일 거라고 생각한다. 두 가지 이유에서다. 첫째, 나는 화성 이주가 부분적으로 순진함에 의해 촉발될 것이라고 생각한다. 화성에 살고 싶어 하는 수많은 사람 중에서 화성 이주가 얼마나 힘든지 아는 사람은 별로 없을 것이다. 그들은 현실을 생각하기보다 새로움을 찾아 화성으로 갈 것이다. 화성 이주가 인류의 위대한 실험이라는 생각이 그들을 북돋을 것이고, 최소한 몇 세대가 걸리는 항성 여행이 시작되기 전까지는 그 의미가 퇴색하지도 않을 것이다. 1세대 정착민은 불멸의 이름을 얻게 된다. 화성에 가는 이유치고는 좀 비이성적일지도 모르지만, 그것도 이유는 이유다. 두 번째, 이주민 일부는 자유를 위해, 지구의 정부들로부터 탈출해 자신만의 이상적인 정부를 세우기 위해 화성에 가는 사람들일 것이다. 그 자유의 대가가 화성 피난처에 갇혀 사는 것이라는 사실이 아이러니이긴 하겠다.

이제 과학자, 관광객, 임시 노동자, 영구 정착민의 일상생활이 어떨지 생각해보자. 화성을 매력적으로 만드는 요소 중 하나는 시간과 계절이 지구와 비슷하다는 점이다. 화성의 항성일, 즉 항성 주위를 도는 화성이 자신의 자전축을 중심으로 완전히 한 바퀴 회전하는 데 걸리는 시간은 24시간 37분 22.633초다. 우연히도 지구의 항성일인 23시간 56분 4.096초와 거의 비슷하다. 따라서 우리의 생체 시계는 화성의 주야(晝夜) 주기에 적응하기 쉬울 것이다.[22] 우리가 이 미세한 차이를 어떻게 다룰지 생각하는 것도 재미있다. 먼저, 화성 초를 만드는 방법이 있다. 지구의 초보다 조금 길게 만들어 24시간 주기를 유지하는 것이다. 초, 분, 시를 각각 약 2.7퍼센트씩 늘리면 된다. 나사 미션 중 일부는 이 방식을 사용했다. 나사 제트 추진 연구소의 일부 연구원들은 시계장이 가로 안세를리안이 만든, 화성 초가 적용된 손목시계를 차고 있다. 화성 탐사선의 운행 스케줄을 맞추기 위해서다.

아예 새로 시작하는 방법도 있다. 12진법과 60진법에 기초해 만들어진, 낡은 숫자 체계를 사용하는 24시간 시계를 버리는 것이다. 미터법을 적용해 화성의 하루를 '10 화성 시간'으로 구성하는 방법을 써보자. 이렇게 하면 10초가 1분, 10분이 한 시간이 된다. 하루는 1,000 화성 초가 되고,

◆◆◆◆◆◆

우리가 아는 1초는 1 화성 마이크로(100만 분의 1) 초와 1 화성 밀리(1,000 분의 1) 초 사이에 위치하게 된다. 하루를 하나의 단위로 쓰는 방법도 생각할 수 있다. 데시(10분의 1) 일, 센티(100분의 1) 일, 밀리 일, 나노(10억 분의 1) 일 같은 하위 단위를 정하면 된다. 밀리와 마이크로 사이에 10만 분의 1에 해당하는 새로운 이름('세코'라고 부르자)을 부여하면 1 세코 일은 약 0.8 지구 초가 된다. 처음에는 어색할 수 있지만 화성 정착 2세대들에게는 자연스러울 것이고 계산하기도 편할 것이다.[23]

　　1 화성 일은 솔(sol)이라고 불린다. 화성이 태양 주위를 완전하게 한 바퀴 도는 1 화성 년은 668.60솔, 즉 지구의 686.98일이다. 지구 1년의 1.9배인 셈이다. 우연히도, 그리고 편리하게도 대략 두 배다. 따라서 화성의 하루는 지구의 하루와 길이가 비슷하고, 화성의 한 해는 지구의 2년과 비슷하다. 이렇게 편리한 행성이나 위성은 없다. 게다가 화성의 자전축 기울기는 25도다. 지구의 자전축 기울기인 23.5도와 매우 비슷하다. 이는 화성에 4계절이 있다는 뜻이다. 물론 지구처럼 계절이 골고루 있진 않다. 화성의 공전 궤도가 더 타원형이기 때문이다. 북반구 기준으로 화성의 봄은 약 7개월, 여름은 약 6개월, 가을은 5.3개월, 겨울은 약 4개월이다.

　　과학자들은 화성에서 현장 연구를 할 것이다. 화성의 현지에서는 무궁무진한 연구를 할 수 있다. 이 연구 중에서는 생명체 탐색이 우선일 것이다. 그 외의 다른 연구들 역시, 비록 지구에서도 할 수 있긴 하지만, 핵심적인 연구가 될 것이다. 여기에는 (1) 화성이 따뜻하고 습기가 많은 곳에서 춥고 건조한 곳으로 변한 20억 년 전에 어떤 일이 일어났는지를 밝혀내는 연구, (2) 기본적인 생물학, 기후학, 화학, 지질학, 즉 '화성학' 연구가 포함된 지질 연구 등이 있다. 초기 목표는 더 많은 탐사를 위한 기반 시설 구축과 자원 매장 가능성을 밝히는 지형 조사가 될 것이다. 초기 단계에서는 건설과 정비에 많은 시간을 할애해야 할 것이다.

　　기업들이 화성 여행 비용을 줄이고 시간을 단축하는 법을 알게 되면 자연스럽게 관광도 이어질 것이다. 인간이 최초로 화성에 가는 2040년쯤이면 지구 저궤도 관광이 자리를 잡았을 확률이 높다. 달 궤도나 달 관광도 가능할 것이다. 하지만 화성 여행에서 비용보다 더 큰 장애물은 거리다. 달에 가는 데는 일주일도 안 걸린다. 부유한 모험가라면 몇 주 정도 시간을 내 달에 휴가를 갈 수도 있다. 화성 여행 기간을 몇 주 수준으로 줄여 주는 추진 기술이 개발되지 않는 한(가능성은 있지만 이번 세기에는 힘들 것 같다), 화성에 가려면 인생에서 2년을 따로 빼놓아야 한다. 99.99퍼센트의 사람들은 감당하지 못할 수천만 달러에 이르는 이 비용은 거부들에게는 매력적인 비용일 수 있다. 숫자를 따져보자. 12인승 화성행 우주선에 거부 열 명을 태우고(승무원이 두 명 포함되어야 한다) 이들에게 1인당 1억 달러씩을 받으면 모두 10억 달러가 된다. 이 정도면 화성에 기반 시설이 구축된 후의 여행 비용으로는 합리적이라고 할 수 있다.

화성 관광객들이 하는 관광의 99퍼센트는 그냥 화성에 있는 것이다. 좀 이른 것 같긴 하지만, 화성 여행 가이드가 됐다고 하고 가볼 만한 곳을 추천하겠다. 화성은 어쨌든 지구의 절반 정도 되는 크기의 온전한 행성이다. 기반 시설이 갖춰지기 전까지 화성 여기저기를 돌아다니는 것은 근본적으로 불가능할 것이다. 비행선이나 비행기를 띄우는 건 가능하다. 하지만 그런 장치를 만드는 데는 시간이 좀 걸릴 것이다. 그때까지는 가압 처리된 투어 버스에 갇혀 반경 100킬로미터 안에서만 움직여야 한다. 반드시 봐야 할 곳은 매리너 계곡이다. 태양계에서 가장 큰 계곡 중 하나로, 틀림없이 환상적인 풍경을 볼 수 있을 것이다. 길이 4,000킬로미터, 최대 폭 200킬로미터, 깊이 7킬로미터인 매리너 계곡에 비하면 지구의 그랜드 캐니언은 아기나 다름없다. 10분의 1 정도 크기밖에 안 되니까. 매리너 계곡의 고해상도 이미지는 아직 없기 때문에 지금은 상상할 수밖에 없다. 계곡 서쪽 끝에 캠프를 친다면 약 1,000킬로미터 서쪽에 있는 타르시스 화산군을 볼 수 있을 것이다. 비슷한 간격을 두고 자리 잡은 이 세 개의 거대 화산들은 용암으로 만들어졌다. 그중 가장 높은 것은 아스크라에우스산으로 정상 높이가 18킬로미터를 넘는다. 지구에서 가장 높은 에베레스트산의 높이가 약 9킬로미터다.

타르시스 화산군을 지나 1,000킬로미터를 더 가면 올림푸스산이 나온다. 매리너 계곡에서도 보일 이 산은 높이가 25킬로미터로, 태양계 행성의 산 중에서 가장 높다. 매리너 계곡의 서쪽 끝에서 몇 백 킬로미터 떨어진 녹티스 라비린투스(밤의 미로)도 볼 만할 것이다. 이 지형들은 모두 적도 근처에 있다. 날씨가 가장 따뜻한 곳이다. 따라서 이 모든 이유로 나는 매리너 계곡을 추천한다. 돌아오는 길에서는 환상적인 화성의 극관(행성의 극을 둘러싼 얼음이나 기타 동결된 물질의 층)도 볼 수 있다.

임시 노동자들이 관광업을 부업으로 삼을 수도 있다. 앞에서 나는 달이나 지구 근처 소행성에서 채굴을 하는 것에 비해 화성에서의 채굴은 별 의미가 없다고 말했다. 지구(시장)에서 먼 데다 무거운 물자를 화성 중력으로부터 탈출시켜야 하기 때문에 화성 채굴에 투자하는 것은 별로 매력이 없다는 이야기였다. 결국 다 투자의 문제다. 수익을 보장해야 투자자를 얻을 수 있는데 쉬운 일은 아닐 것이다. 그리고 화성 채굴에는 환경 문제도 수반될 가능성이 있다. 황량한 돌덩어리에 가까운 달이나 소행성을 채굴하는 것과는 확실히 다른 문제다.

하지만 초기부터 사업 기회가 있을 수도 있다. 현재 남극에서 일어나고 있는 일을 보면 그렇다. 남극에 기지를 운영하는 것은 각국 정부다. 하지만 일의 대부분은 레이시온 폴라 서비스, 가나 아유 서비스, GHC, PAE를 비롯한 수십 개 업체가 정부와 계약을 맺고 진행 중이다. 이 업체들은 현장에 지내면서 일하는 사람들을 수백 명 고용하고 있다. 다국적 과학 기지가 화성에 세워진다면 지원 인력이 필요할 것이다. 완전히 추측이지만, 노동자들은 10년 기한으로 계약을 할 것이다. 남극에서는 1~2년 계약을 한다. 이 같은 계약 기간의 주된 원인은 여행 비용이다. 화성은 쉽게 오갈 수 있는 곳이 아니기 때문이다.

남극은 그 어떤 나라에게도 수익을 안겨주지 않는다. 무형의 지식과 투자로 장기적인 수익을 얻을 수 있을지 모른다는 기대만 존재하는 곳이다. 남극에 가장 많은 인원을 둔 나라는 미국이다. 미국은 국립과학재단 극지계획연구소를 통해 과학기지를 건설하고 보수하는 데 해마다 약 5억 달러를 쓴다. 국립과학재단 전체 예산 75억 달러의 약 7퍼센트에 이르는 액수다. 과학은 언젠가 기술 진보에 활용되면 실질적인 이익을 줄 수 있다. 하지만 미국과 39개 나라가 남극에 기지를 유지하는 진짜 이유는 좀 더 현실적이다. 남극에서 철수하면 만약의 경우 남극에서 자원이 나왔을 때 소외될 수 있기 때문이다. 화성이라고 이런 상황이 되지 말라는 법이 없다. 게임에 참여하거나 관중이 되거나 둘 중 하나다. 문제는 어느 정도까지 정부가 투자를 감내할 수 있는가다. 미국은 국제우주정거장 건설에만 1,000억 달러를 썼고 정비를 위해 해마다 40억 달러를 쓰고 있다. 제3장에서 말했듯이 정말 쓸데없는 낭비다. 하지만 이는 미국이 그 정도의 비용을 화성에 투자할 수도 있다는 뜻이다. 중국이 화성에 기지 한두 개를 세운다면 투자 확률은 더 높아질 것이다.

과학 기지가 있으면 과학자도 있어야 한다. 이들은 처음에는 과학자 겸 우주인이겠지만 여행 비용과 위험 수준이 떨어지면 이 사람들은 소규모 정규 인력의 지원을 받는 과학자로 변모할 것이다. 달에서도 그렇겠지만 화성의 정규 인력은 더 오래 머물 것이다. 보수를 많이 줄 필요도 없다. 처음 화성에 오는 인력은 모험을 찾아서 온 사람들일 테니까. 남극이 그렇듯이 돈 쓸 일이 별로 없기 때문에 급여의 거의 전부를 은행에 맡길 이 임시 노동자들은 매일매일 기지를 유지하고 기반 시설을 확충하는 등의 힘든 일을 맡을 것이다.

인간이 화성에서 처음 일을 하게 되는 시점과 화성에서 아이들을 키우겠다는 확고한 의지를 가진 이주민들이 화성으로 들어오는 시점 사이에는 몇 십 년이라는 시간이 있어야 한다. 안전 점검부터 해보자. 인간이 화성에서 살고, 자라고, 번식할 수 있을까? 비용 문제도 있다. 가족당 이주 비용을 메이플라워호 수준으로 낮출 수 있을까? 이 두 문제가 모두 해결되지 않으면 정착은 불가능하다(화성이 아이들이 없는 일종의 은퇴 공동체 용도로 사용되지 않는 한 그럴 것이다. 이 경우에 거주자들은 장기적인 방사선 노출에 대한 걱정 따윈 접어둔 채 약한 중력을 즐기며 살 것이다). 최초의 영구 정착민은 대부분 땅을 일구는 일을 할 것이다. 이들의 꿈은 자급자족하면서 아름다운 동시에 생산성 높은 땅을 만들 기회를 얻는 것이다. 화성의 정착민들은 다른 정착민들과 마찬가지로 건물을 짓고 정비를 하면서 시간을 보낼 것이다. 물론 농사도 지을 것이다. 이들에게는 물, 식량, 피난처, 에너지뿐만 아니라 산소와 기압도 필요하다. 지구의 농장주들은 당연하게 여기는 것들이다. 자원이 귀하기 때문에 모든 일은 최대의 효율로 진행돼야 한다. 시간이 지나면 물, 산소, 질소와 농장 일에 필요한 식량, 옷, 세제, 도구 등은 화성의 무역 경제에서 기초를 이룰 것이다.

화성에서 본 지구. 하늘에 보이는 점 안에 인류의 모든 것, 우리의 추억, 과거와 현재의 우리의 모든 꿈이 들어 있다. 화성 정착민들은 상당 수준의 고립감을 견뎌야 할 것이다. 큐리오시티 화성 탐사선이 촬영한 사진이다.

✷　화성에서는 연애 운을 조심하세요

　　화성에서 할 수 있는 신기한 경험 중 하나는 두 개의 위성을 올려다 보는 것이다. 포보스와 데이모스다. 더 크고 가까이 있는 포보스는 일곱 시간 39분마다 화성을 한 바퀴 돈다. 따라서 지구에서 보는 달의 약 3분의 1 크기로 보이는 포보스는 하루에 세 번 매우 빠르게 하늘을 지나간다. 데이모스는 폭이 13킬로미터밖에 안 되며 66시간 주기로 나타났다 사라진다. 지구에서 보는 금성보다 약간 더 크게 보일 것이다. 공기 중의 먼지 베일을 통과해 산란된 햇빛은 화성의 낮 하늘을 핑크빛이나 붉은빛, 혹은 이따금 연갈색으로 물들인다. 해돋이와 해넘이 때는 시원한 파란색 태양이 보일 것이다. 태양은 지구에서 보던 것보다 0.7배 작게 보일 것이고 밝기도 40퍼센트 정도일 것이다.

점성학에 조예가 있어 화성 정도는 대수롭잖게 여기는 사람도 명심해야 할 것이 있다. 성좌에 약간의 변화가 생긴다는 사실이다. 태양은 물고기자리 중간쯤에 있는 고래자리 성단에서 6일을 머문다. 연애가 복잡해진다는 그 자리 맞다. 동지는 해가 처녀자리에 머물 때 일어난다. 아울러 화성에서 가장 밝은 행성은 목성일 것이다. 금성도 보이기는 하지만 희미할 것이다. 지구는 지구에서 보는 금성만큼은 아니겠지만 밝은 별로 보일 것이다. 소형 망원경만 있으면 지구의 달도 볼 수 있다. 북극성의 자리는 폴라리스가 아닌 백조자리 감마와 백조자리 알파가 차지할 것이다. 밤하늘은 계절에 따라 조금씩 다르겠지만 우리가 지구에서 보는 밤하늘과 아주 비슷할 것이다. 성단에 다른 이름을 붙이고 싶다는 생각이 들게 될지도 모른다. 빛 공해가 없고 대기가 엷어 화성에서는 별들이 아주 선명하게 보여야 할 테지만, 사실 대기 중 먼지 때문에 별들의 겉보기 등급은 떨어질 것이다.

화성의 지형은 다양하다. 광활한 모래언덕, 협곡, 건조한 강바닥, 휴화산, 산, 계곡, 고원이 펼쳐져 있다. 하이킹을 한다면 무게가 지구의 반도 안 되기 때문에 한 걸음만 디뎌도 지구에서의 두 걸음만큼 갈 수 있을 것이다. 효율적으로 움직이는 법을 익힌다면 걸음걸이도 달라질 테지만 처음에는 천장에 머리를 꽤 자주 들이받아야 할 것이다. 지구를 모르는 화성 2세대들이 이런 색다른 삶의 경험에 공감할 수 있을까? 그럴지도 모른다. 하지만 우리와는 다른 방식일 것이다. 화성에는 고유의 아름다움이 있다. 그래도 우리를 속이지는 말자. 화성이 우리를 끄는 가장 큰 매력은 새로움이다. 어떤 사람에게는 후회를 선사하겠지만 미래의 세대에게는 당연하게 여겨질 그 매력 말이다.

＊ 화성에서 인간은 어떻게 진화할까

화성 생활이 우리 몸에 어떤 영향을 미칠지는 아무도 모른다. 하지만 아주 많은 변화가 있을 거라고는 확신할 수 있다. 다른 환경에서 자란 일란성 쌍둥이는 성장할수록 외양이 점점 달라진다. 화성에서 사는 사람들도 시간이 지나면 지구인과 모습이 달라질 것이다. 그것도 아무 많이. 방사선, 온도, 빛에 노출되는 정도를 비롯해 여러 가지 요인들이 일부 유전자는 발현되도록 하고 일부 유전자는 억제할 것이다. 이런 변화는 화성에서 자란 아이들을 통해 가장 극적으로 나타나겠지만 성인들도 바뀔 것이다.

제일 먼저 나타나는 가시적인 변화는 눈과 두개골이다. 지구보다 햇빛이 적고 인공조명이 많은 환경에서 인간의 눈은 달라진 감각 입력(sensory input)으로 인해 더 커질 것이다. 어린 나이에 희미한 빛에 노출되면 눈은 더 많은 빛을 흡수하기 위해 커질 수 있다. 두개골 역시 더 커진 눈구멍을 수용하기 위해 전체적으로 변화할 것이다. 눈이 완전히 발달한 상태에서 화성에 온 성인들도 동공이 커질 수 있다. 인간의 얼굴은 우리에게 가장 익숙한 부분이기 때문에 우리는 얼굴에서 가장 쉽게 변화를 알아차릴 수 있다. 예를 들어 최근에 이민을 온 사람들과 그 자녀를 비교하면 얼굴에 미세하게 차이가 있다는 걸 알 수 있다. 아시아인과 아시아계 미국인 간의 얼굴 차이가 그러한 예다. 다른 언어를 말하고 다른 음식을 먹으면 얼굴 모양이 바뀔 수밖에 없다. 아시아계 미국인이 아시아로 돌아가 아이를 낳으면 그 아이는 아시아 언어를 말하고 아시아 음식을 먹으면서 아시아인의 얼굴을 가지게 될 것이다.

화성에서는 피부 톤도 달라질 것이다. 하지만 과학자들은 어떻게 달라질지는 확신하지 못하고 있다. 어두운 쪽일 수도 있고 밝은 쪽일 수도 있다. 방사선 노출량이 늘어남에 따라 유멜라닌 생성이 촉진돼 피부가 검어질 수 있다. 하지만 햇빛이 많은 호주로 이주한 유럽 백인에게는 이런 현상이 나타나지 않았다. 피부암에 걸리는 경우는 많았지만 말이다. 오히려 집에만 있어서 자연광을 받지 못한 사람들처럼 피부가 창백해질 가능성이 더 높아 보인다. 화성 거주자들은 당근이나 고구마 같은 카로티노이드가 든 음식을 먹고 싶어 할 수도 있다. 이 색소는 혈관과 피부에 축적돼 자외선으로 인한 손상을 어느 정도 막아주기 때문이다. 이 경우 화성 거주자들의 피부는 오렌지색을 띠게 될 것이다. 또 하나 큰 의문이 있다. 미생물총(피부, 장 그리고 몸의 다른 부분에서 우리와 같이 사는 미생물들)은 우리가 아직 잘 모르는 방식으로 소화, 영양분 흡수, 면역 체계를 제어한다. 화성에는 미생물이 없기 때문에 인간의 몸은 미생물에 거의 노출되지 않을 것이다. 그렇게 되면 인체에 있던 미생물총은 예측할 수 없는 방식으로 변화를 맞을 것이다. 인간의 몸은 감염에 더 취약해질 뿐 아니라 외모도 극적으로 변해 더 마르거나 뚱뚱해질 수도 있다. 솔직히 인간이 화성에서 번성하지 못할 거라고 믿는 데는 그럴 만한 이유가 있다. 인간과 인간을 둘러싼 박테리아들 사이의, 엄청나게 중요하지만 알 수 없는 상호작용을 생각하면 그런 생각이 들 수밖에 없다.

몇 세대가 지나면 진화 및 종의 분화도 시작될 것이다. 창시자 효과(한 개체군에서 낮은 빈도의 대립인자를 가진 몇몇 개체들이 새로운 곳으로 이주했을 때, 그 대립인자가 폭발적으로 늘어나는 효과)가 가장 큰 원동력일 것이다. 화성은 첫 번째 이주민 집단의 유전자가 대부분 지배하게 될 것이다. 첫 번째 집단의 뒤를 이어서 다른 이민자 집단이 계속 유입되지 않는 한 그럴 것이다. 그렇게 되면 높은 사망률(꽤 가능성이 크다) 속에서 화성에 더 잘 적응된 유전자를 가진 사람들의 '적자생존'이 두드러지게 될 것이다. 어떤 사람들일지는 모르지만 그들은 어른이 될 때까지 살아남아서 번식하고, 자신의 유전자를 자식들에게 물려줄 것이다. 예를 들어 화성 이주민들은 낮은 중력 환경에서 뼈의 질량이 줄어들 수 있다. 그렇게 되면 골절 가능성이 높아진다. 그런 식으로 몇 세대가 지나면 두꺼운 뼈를 가진 사람이 생존할 확률이 높아질 것이다. 그들은 뼈가 얇은 사람들 중에서 뼈가 가장 두꺼운 사람일 것이다. 또한 시간이 지나면 예측을 뒤엎고 지구인보다도 뼈가 두꺼운 화성 거주자들이 생길지 모른다. 더 튼튼한 뼈를 갖는 방향으로 자연선택이 일어날 수 있기 때문이다. 더 많은 시간이 흐르면 눈이 커지는 것과 같은, 환경에 의해 유도된 변화가 유전체에 편입될 수도 있다. 눈이 가장 큰 사람이 가장 매력적으로 보여 번식에 가장 적합하다고 생각되면 그럴 수 있다.

이상적으로 생각하면 화성에는 최소 수천 명의 사람이 사는 것이 가장 좋다. 다양한 능력을 확보한다는 이유도 있지만 유전자풀이 다양해야 한다는 이유에서도 그렇다. 미국 펜실베이니아의 종교 공동체 구성원인 아미시파 사람들 대부분은 최초로 이주한 100여 가구의 후손이다. 유전적 다양성이 낮고 집단 안에서만 결혼하려는 성향이 합쳐진 결과, 아미시파 공동체는 유전자 농도가 높아져 왜소증 및 이름을 알 수 없는 수많은 대사 질환과 신경 질환에 시달리고 있다. 이와는 반대로 대다수의 초기 정착민들은 곧 다른 이민자들과 계속해서 섞였고, 노예 혹은 기간 계약 노예 등도 강제로 여기에 섞이면서 유전자풀이 다양화돼 유전 질환이 한 집단에 집중되는 현상이 거의 발생하지 않았다.

★ <u>과학자들은 화성을 지구처럼 만들 방법을 이미 알고 있다</u>

결국 화성은 어떻게 될까? 어떤 사람들은 화성을 지구처럼 작고 푸른 구슬로 테라포밍하게 될 거라고 말한다. 1990년대 킴 스탠리 로빈슨은 《붉은 화성》, 《녹색 화성》, 《푸른 화성》이라는 화성 3부작을 통해 화성을 테라포밍했을 때의 결과를 자세하게 탐구했다. 생물학적, 공학적, 철학적 측면을 다룬 이 3부작에는 화성을 그대로 유지해야 한다고 주장하는 사람, 반대로 화성을 테라포밍하는 것이 생명을 퍼뜨리는 길이며 화성은 인간이 다른 세계에 줄 수 있는 선물이라고 주장하는 사람 등 다양한 인물이 등장한다. 그러는 와중에 지구를 떠나고 싶어 하는 사람들에게 미국 독립 전쟁을 연상케 하는, 예상치 못한 사건들이 일어난다.

나도 테라포밍을 선호한다. 테라포밍에 윤리적인 문제가 있다고는 생각하지 않는다. 소행성은 언제든지 행성들을 날려버릴 수 있고, 무엇보다 미생물이 올라탄 소행성은 지구에(또는 화성에) 생명체를 실어왔을지도 모른다. 여기에 윤리가 개입할 여지는 없다. 즉, 인간만 생명체를 파괴하거나 퍼뜨리는 능력이 있는 게 아니라는 말이다. 나는 화성에 생명체가 있다면 최선을 다해 보호해야 한다고 생각한다. 하지만 화성 표면의 바로 밑에서 살게 될 인간과 화성의 토착 생명체가 상호작용을 하지는 않을 거라고 본다. 10억 년 전의 화성은 지구보다 생명체 거주에 더 적합한 곳이었다. 그렇다면 화성을 다시 그 상태로 돌리는 것이 잘못된 일일까? 지구에서는 죽은 땅을 같은 방식으로 살리고 있지 않은가? 게다가 나는, 인류

◆◆◆◆◆◆

화성 테라포밍의 네 단계 과정을 보여주는 사진. 미래에 인류가 우주로 진출해 지구에서
완전히 벗어나기 위해서는 행성의 대기, 온도, 생태계를 지구와 유사하게 만들어서 인간의 거주와
생활을 가능하게 해야 한다. 현재까지 발견된 천체 중 테라포밍이 가장 수월할 곳으로는 단연 화성이
꼽힌다. 화성 테라포밍은 1단계는 대기 조성, 2단계는 물 생성, 3단계는 기온 상승, 4단계는
생태계 조성으로 진행되며 1~3단계는 시차를 두되 동시에 진행할 수 있다.

◆ ◆ ◆ ◆ ◆ ◆

에게는 가능하다면 우주에 생명을 퍼뜨릴 도덕적 책임이 있다고 느낀다. 우주를 이해하거나 인식할 생명체가 우주에 없다면 우주가 놀라울 게 뭐가 있겠는가?

철학 문제는 제쳐두자. 화성을 테라포밍할 수 있는 과학에 대해서만 이야기하도록 하자. 테라포밍은 짧아도 수백 년이 걸리는 과정이다. (어쨌든 인간을 위해) 화성을 더 거주할 만한 상태로 만드는 과정에는 대기압, 산소, 열, 중력을 추가하는 작업이 포함된다. 이 중 하나만 추가할 수도 있고 여러 요소를 한번에 추가할 수도 있다. 불행히도 약한 중력은 어찌할 방법이 없다. 이 요소들 중에서 가장 필요한 것은 압력이다. 추위는 감당할 수 있고, 산소통을 가지고 걸어 다니는 것도 별로 끔찍한 일은 아니다. 정말 끔찍한 것은 가압 처리된 우주복을 입고 다니면서 우주복이나 거주구에서 압력이 빠지면 그 즉시 사망할지도 모른다고 두려움에 떠는 일이다. 대기압은 본질적으로 무게다. 제곱센티미터당 질량으로 측정되기 때문이다. 따라서 화성에서 대기압을 증가시키려면 공기에 질량을 더 투입해야 한다.

이것을 실현하는 방법 중 하나는 양쪽 극지방에 얼어 있는, 그리고 화성의 토양에 갇혀 있는 이산화탄소를 유리시키는 것이다. 이렇게 하면 우리 밑에 고체 형태로 있는 이산화탄소를 대기 중의 기체 형태로 만들 수 있다. 질량은 같고 위치만 달라지는 것이다. 이산화탄소를 기화하는 방법으로 제안된 것 중 하나는 핵폭탄으로 양쪽 극지방을 폭파하는 것이다. 말도 안 되는 소리다. 화성 식민지화 옹호자인 일론 머스크가 이 이야기를 했다. 머스크는 물리학자가 아니다. 이 방법을 사용하면 대기압을 높인다는 주목적은 달성하겠지만 화성은 폐허가 될 것이고 극관도 파괴될 것이며 만의 하나 화성에 존재할 수도 있는 생명체들을 죽음으로 몰아넣을 것이다. 또 다른 방법은 수백 제곱킬로미터 규모의 거대한 거울을 화성 주위에 설치한 뒤 태양열을 화성에 집중시키는 것이다. 이렇게 하면 드라이아이스와 얼음, 물을 서서히 증발시킬 수 있다. 좋은 방법이다. 하지만 그렇게 거대한 거울은 현재 기술로는 만들 수 없다.

어느 쪽 방법이든 해결해야 할 문제가 있다. 첫째, 필요한 압력을 만들어낼 만큼 이산화탄소가 충분히 있는가? 2018년 《네이처 천문학》에 실린 논문에 따르면 그렇지 않다. 한 연구 결과에 따르면, 화성에 있는 이산화탄소를 포함한 모든 물질을 총동원하면 10배 정도 기압을 높일 수 있다. 하지만 그래도 지구 해면 기압과 비교하면 90퍼센트 부족하고 높은 산꼭대기의 기압과 비교해도 50퍼센트 부족하다. 하지만 이는 단 한 번의 분석에 불과하다. 아직 결론이 확실히 난 것은 아니다. 레골리스 깊은 곳에는 탐지되지 않은 드라이아이스가 있을 수도 있기 때문이다. 두 번째 문제는 이산화탄소로 기압을 올리면 인간이 들이켤 경우 치명적일 수 있는 이산화탄소가 공기 중에 두터운 층을 형성할 거라는 점이다. 이 이산화탄소층이 수증기와 만나면 산성비가 내리게 된다. 또한 대기 중의 이산화탄소는 미생물과 식물이 수천 년에 걸쳐 산소로 바꾸지 않는 한 결코 제거되지 않는다.

두꺼운 이산화탄소층이 열을 잡아두는 데 유용한 것은 사실이다. 하지만 이산화탄소는 결국 온실가스다. 이산화탄소 농도가 조금만 올라가도 기후가 바뀐다. 따라서 이산화탄소는 기압 문제와 온도 문제를 해결할 수 있지만 산소 문제는 해결할 수 없다. 대기의 농도를 높이는 가장 바람직한 방법은 산소를 이용하거나 질소, 헬륨, 아르곤, 네온 같은 비활성 기체를 이용하는 것이다. 하지만 여기부터는 SF 소설의 영역이다. 우주선 수만 대를 동원해 질소와 다른 기체를 천왕성에서 퍼다 날라야 할 수도 있다.

아주 천천히, 그리고 꾸준하게 하는 방법도 있다. 우리는 행성의 온도를 올리는 방법을 알고 있고 지금 지구를 그렇게 만들고 있다. 온실가스를 만든다는 목적만으로 화성에 공장을 세우면 서서히 그러나 극적으로 온도를 올릴 수 있다. 가장 강력한 온실가스 중 하나는 테트라플루오르메탄(CF_4), 헥사플루오르에탄(C_2F_6) 같은 플루오르화탄소다. 이런 온실가스는 한 번 배출되면 몇 만 년 동안 대기에 남는다. 악명 높은 염화플루오린화탄소(CFC_S)를 쓰는 방법도 있다. 하지만 이런 온실가스들은 자외선을 차단해주는 오존층을 파괴한다. 플루오린과 탄소 모두 화성에 존재하니 공장을 세워 플루오르화탄소를 대기 중에 100만 분의 한 자리 수준으로 추가하면 10년에 2도씩 온도를 올릴 수 있다. 20년이 지나면 4도가 올라갈 것이고 그렇게 되면 온실효과가 걷잡을 수 없을 정도로 강력해져 양쪽 극지방의 드라이아이스 속 이산화탄소가 배출되기 시작한다. 그렇게 100년이 지나면 극지방에 얼어 있던 이산화탄소가 모두 공기 중으로 올라갈 것이다. 크리스토퍼 맥케이와 그의 동료들은 실험 결과에 기초해 태양 방사선의 중복 주파수 대역들을 가장 효율적이고 장기적으로 가둘 수 있는 온실가스 조합이 CF_4, C_2F_6, C_3F_8(옥타플루오르프로판), SF_6(육플루오린화황)이라는 값을 도출했다.

✶ 죽을 것 같은 저기압 해결하기

얼었던 이산화탄소가 녹을 때마다 기압은 올라간다. 언덕 위에서 큰 돌을 아래로 굴릴 때처럼 이 과정은 일단 시작하면 멈출 수 없다. 하지만 최근 연구 결과에 따르면 화성의 이산화탄소로는 기껏해야 350밀리바의 기압밖에 못 만드는 것 같다. 지구 기압의 약 3분의 1이다. 따라서 금성에서처럼 이산화탄소가 너무 많아져 기압이 엄청나게 올라갈 일은 없을 것이다. 게다가 두꺼운 가압 보호복만 입으면 150밀리바에서도 살 수는 있다. 실온에서 몸 안의 혈액이 '끓기' 시작하는 압력인 암스트롱 한계치는 약 63밀리바다. 63밀리바 밑으로 떨어지면 가압 보호복을 입어야 살 수 있다. 63밀리바는 지구 해수면에서 18킬로미터 상공의 기압이다. 물론 그것보다 약간 기압이 높아진들 보호복 없이 버티는 것은 지혜로운 일이 아니다. 가령 64밀리바에서 그런 짓을 한다고 가정해보자. 눈물이나 몸의 습기 같은 표면 유체들이 증발할 것이고, 몸은 산소를 폐에서 혈관으로 보내지 못하며, 헤모글로빈을 포화시키지도 못하게 된다. 몸이 정상적으로 작동하려면 100퍼센트 산소를 마시는 상태에서 약 150밀리바의 기압은 있어야 한다.

기압과 산소가 해결된 상태에서 화성을 따뜻하게 만드는 것이 목적이라면 에베레스트산을 참고하자. 8,850미터 높이의 에베레스트산 정상에서의 기압은 약 340밀리바다. 이 정도 기압은 화성에서 만들 수 있을 것 같다. 그리고 340밀리바에서는 체액에도 이상이 없을 것이다. 다만, 이 정도 기압에서 혈액 속 산소가 헤모글로빈을 제대로 포화시킬 수 있을지는 의문이다. 포화도가 90퍼센트 아래로 떨어지면 세포가 산소를 공급받지 못해 저산소증이 나타나고 조직이 손상된다. 에베레스트산에서의 주요 사망 원인이 이것이다. 등산가들에게 보조 산소가 필요한 이유는 공기가 엷어서이기도 하지만, 폐에 산소를 밀어 넣어 체내의 이산화탄소와 산소를 교체할 수 있을 만큼 기압이 충분하지 않기 때문이기도 하다. 에베레스트산의 산소 농도는 해면 산소 농도와 거의 비슷하다. 약 20퍼센트다. 하지만 등산가들은 산소통에 들어 있는 100퍼센트의 산소를 들이마신다. 기압이 이 정도로 낮은 환경에서는 이산화탄소와 산소 간의 교체가 잘 일어나지 않기 때문이다.

지구에서도 높은 고도에 사는 사람들을 연구하면 방사선 노출이 많고 기압이 낮은 화성에서의 생명체 생존에 대해 이해하는 데 도움이 될 것이다. 고도 4,700미터 이상, 기압 약 550밀리바에서 사는 사람이 수만 명은 된다. 이들은 방사선 유도 질환에 특별히 더 많이 걸리지는 않는 것으로 보인다. 게다가 이들은 엷은 공기에 적응이 돼 있어 특별한 장치 없이도 숨을 잘 쉴 수 있다. 이러한 현실적 경험을 토대로 볼 때, 화성의 기압을 에베레스트산 수준인 최소 350밀리바로만 올려도 가압 보호복 없이 순수한 산소를 마시면서 살 수 있을 것이라는 추측이 가능하다. 기압을 550밀리바로 올리고 산소가 20퍼센트 포함된 '정상' 공기를 마실 수 있다면 인간이 사는 데는 지장이 없을 것이다. 또한 대기가 두터워지면 방사선으로부터 더 잘 보호를 받을 수 있다.

여기까지는 인간을 위한 것이다. 박테리아, 균류, 이끼, 조류, 식물은 가장 단순한 유기체의 암스트롱 한계치에 가까운 낮은 압력을 견딜 수 있다. 기압이 몇 백 밀리바 수준이고 기온이 영상이라면, 언젠가는 알프스 산맥의 생물군계 정도는 기대할 수 있을 것이다. 온도와는 상관없이, 공기의 95퍼센트가 이산화탄소인 환경에서 제대로 살아남을 수 있는 식물은 거의 없다. 화성이 바로 이 조건이다. 화성에 유기체를 집어넣으려면 지구에서 생명체가 어떻게 시작됐는지 알아야 한다. 수십억 년 전 지구 대기는 대부분 질소, 이산화탄소 그리고 물이었다. 산소는 없었다. 지배적인 이론은 액체 상태 물과 햇빛이 있는 상태에서 남세균(시아노박테리아)이 이산화탄소를 산소로 전환해 이산화탄소 대부분이 대기에서 사라졌으며, 그 결과 지금과 같은 이산화탄소 0.5퍼센트, 산소 20퍼센트 정도의 준평형 상태에 이르렀다는 것이다. 이 과정은 온도와 압력이 약간 더 높아진 화성에서도 일어날 가능성이 있다.

인간을 위해 산소 수준을 20퍼센트까지 올리는 데는 적어도 10만 년이 걸리겠지만, 따뜻해진 화성에 남세균만 심어놔도 이끼나 원시 식물 같은 더 고등한 유기체가 100년 안에 나타나기에 충분한 산소를 공급할 수 있을 것이다. 거주가 가능하다고 해서 완전하다는 뜻은 아니라는 사실을 기억하자. 이것을 요리라고 생각하자. 간신히 먹을 수 있는 음식이 있는가 하면 맛까지 좋은 음식도 있다. 화성은 언젠가 맛도 좋아질 것이다. 하지만 요리하는 데 시간이 걸린다. 그 사이 온기, 기압, 산소가 조금씩 늘면서 화성은 점점 더 소화하기 쉬운 음식이 될 것이다.

킴 스탠리 로빈슨이 화성 3부작에서 제시한 흥미로운 아이디어가 있다. 모호로비치치 불연속면이라는 용어에서 따온 '모홀(mohole)'을 만들자는 주장이다. 모호로비치치 불연속면은 지구 또는 행성의 지각과 맨틀 사이의 경계면을 말한다. 간단히 말하면, 원통형의 자동화 굴착기기로 수십 킬로미터를 파고 들어가 모호로비치치 불연속면에 닿게 하는 것이다. 화성에서는 이렇게 판 구멍으로 열을 뽑아내 행성 전체의 온도를 올리는 데 사용할 수 있다. 이렇게 판 모홀은 충분히 깊기 때문에 인간은 이 모홀 바닥에서 지구 수준의 대기를 느끼며 살 수 있을 것이다. 모홀은 지구에서도 시도가 있었지만 성공하지는 못했다.

실현 가능성의 측면에서 나는 화성에 모홀을 파는 것이 플루오르화탄소를 연소시키는 것과 천왕성에서 가스를 가져오는 것 사이 어딘가에 위치한 해결법이라고 생각한다. 또 다른 아이디어는 화성의 대기 상층부를 혜성이나 소행성이 스쳐가도록 조작해 물, 암모니아, 산소 같은 휘발성 물질을 적절하게 연소시킴으로써 이 쓸 만한 기체들을 화성에 첨가하는 방법이다. 이 아이디어는 필요한 기체를 우주선에 싣고 화성까지 가는 것보다 기술적인 난이도가 낮다. 목성에서 수천 번을 왔다 갔다 하며 기체를 운송하느니 큼지막한 바윗덩어리 몇 개를 쓰는 게 낫지 않은가. 다만 계산이 완벽해야 할 것이다. 자칫 혜성이나 소행성 같은 거대한 물체가 화성 표면에 충돌해버리면 정착민들이 몰살당할 테니까. 화성 표면을 의도적으로 폭파해도 대기에 기체를 공급할 수는 있다. 하지만 이 방법은 너무 조악하고 위험해 과학 연구와 정착지 건설 측면에서 생각하면 실현 가능성이 떨어진다.

화성은 중력이 약하고 자기권이 없기 때문에 원래 가지고 있던 대기를 잃었다. 태양 방사선이 대기를 우주로 날려버린 것이다. 하지만 그 과정은 수천만 년이 걸렸다. 그렇다면 우리에게는 화성이 다시 거주 불가능한 곳이 되기까지 화성 생활을 즐길 시간이 충분한 셈이다.

◆◆◆◆◆◆

화성 테라포밍 하기

테라포밍을 비단 새로운 화성을 만드는 과정이라고 단정
지을 순 없다. 과거의 화성으로 다시 돌려놓는 과정이라고
보는 사람도 있으니까. 물이 흐르던 그 옛적의 화성으로
말이다. 화성 옹호자들의 의견이 엇갈리는 지점이 여기다.
화성에 생명체가 있다면 반드시 면밀하게 살펴봐야 한다.
화성 생명체가 RNA와 DNA를 기반으로 하는 지구 생명체와
비슷하다면, 오래전에 화성이 지구에 생명의 씨앗을 뿌린
것이거나 그 반대일 가능성이 매우 높다. 화성 생명체와 지구
생명체가 동일한 생명의 나무에 속해 있다면, 지구 생명체를
화성에 배양하지 말아야 할 윤리적인 이유는 없을 것이다.
하지만 화성 생명체가 완전히 다른 생명체이고, 그것이 두
번째 또는 독립적인 생명의 발생을 할 조짐이 있다면 어떻게
할까? 크리스토퍼 맥케이 같은 화성 옹호자들은 그 경우 화성
생명체를 원격으로 배양하면서 화성을 아예 건드리지 않는
것이 우리의 의무라고 주장한다. 맥케이와 주브린의 의견이
여기서 엇갈린다.

2030년대까지 중국과 미국의 우주 경쟁이 본격화될
것이다. 2040년대까지 중국 또는 미국이 주도하는 최초의
화성 미션이 이뤄질 것이다. 2050년대까지 관광 용도가
포함된 다국적 영구 기지가 세워질 것이다. 2080년대까지
비정부 단체에 의한 최초의 정착이 이뤄질 것이다.
2150년까지 남세균, 이끼, 균류 그리고 간단한 식물이 자연
환경에서 자라게 될 것이다. 23세기까지 아이슬란드 수준의
온도와 살 만한 대기압이 구현될 것이다.

CHAPTER 7.

태양계 너머 무한한 공간으로
진격하라

★ 무한한 공간, 저 너머로

폭이 수십억 광년에 이르고, 1,000억 개의 은하가 있으며, 그 은하들 대부분이 수십억 개의 항성을 가진 '관측 가능한 우주'보다 더 멋진 건 하나밖에 없다. 폭이 십여 센티미터밖에 안 되는 축축하고 끈끈한, 이제 막 저 우주를 이해하기 시작한 인간의 뇌다.

지구, 화성, 목성 같은 행성의 크기는 우리은하와 비교해봤을 때 점 하나에 불과하지만 지구에서 다른 행성들까지의 거리가 어느 정도인지 알아보기 위해 어쨌든 우리 뇌를 한 번 써보자. 태양계의 규모를 종이 한 장에 제대로 표현하는 것은 불가능하다. 일단 태양만으로도 종이는 꽉 찰 테고 지구 따위를 그려 넣을 공간이 남지 않는다. 지구를 100만 개쯤 그려야 얼추 태양 크기가 될 것이다. 지구를 점으로 표현한다 해도 그 점은 종이 끝에 찍어야 할 것이니 명왕성은 고사하고 화성이나 목성도 그리기가 힘들다.

미국 워싱턴 DC의 내셔널 몰에는 10억분의 1로 축소된 우주 모델이 있다. '여행'이라고 불리는 이 모델은 축구장 여섯 개를 합친 것과 비슷한 길이다. 태양은 커다란 오렌지 정도의 크기고 태양과 가장 가까운 수성은 6미터가량 떨어져 있다. 금성은 거기서 여덟 걸음 더 가면 된다. 지구는 다시 거기서 여섯 걸음 정도 더 가면 볼 수 있다. 지구의 크기는 못대가리 정도다. 달은 지구 바로 옆에 작은 점처럼 붙어 있다. 인간이 직접 경험한 건 이 정도가 전부다. 태양으로부터 15미터 거리 안에 있는 점과 못대가리가 전부인 것이다. 화성은 좀 멀리 있다. 열두 걸음 가야 한다. 화성 모형은 달 모형에 비해 세 배나 큰데도 태양 모형과 비교하면 너무 작아 잘 보이지도 않는다.

화성 다음부터는 거리가 늘기 시작한다. 목성은 화성에서 50미터 떨어져 있다. 지구에서 태양까지의 거리의 다섯 배다. 목성 모형이 900개 정도 있으면 태양 모형과 비슷해질 것이다. 목성 모형은 작은 총알만 하다. 토성 모형은 목성에서 약 65미터 떨어져 있다. 목성 모형보다 약간 작다. 천왕성은 140미터를 더 가야 하고, 해왕성은 거기서 다시 160미터를 더 가야 한다. 135미터 더 가면 나오는 명왕성은 태양에 비해 너무 작아서 잘 보

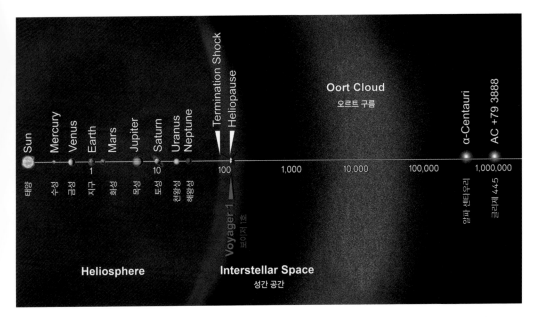

태양계 천체들의 상대적인 거리를 나타낸 표. 축척 막대는 로그 스케일이며 단위는 천문단위(AU)다.
자릿수에 0이 하나 붙을 때마다 거리는 열 배가 된다. 1AU는 지구와 태양 사이의 거리로
1억5,000만 킬로미터다. 태양에서 가장 먼 행성인 해왕성은 약 30AU 떨어져 있다. 인류가 만든
물체 중 가장 멀리 간 것은 보이저 1호로, 1977년 발사돼 2019년에 지구로부터
145AU 이상 멀어진 상태다.

이지도 않는다. 명왕성이 2억5,000만 개 있어야 태양 크기가 된다. 여행
모델은 여기서 끝나지만 이것이 태양계의 끝은 아니다. 거기서 다시 150
미터를 더 간다면 카이퍼 벨트가 있을 것이다. 다시 750미터를 더 가면 있
는 것이 성간 공간의 자리다. 이제 끝났다. 태양계에서 가장 가까운 항성
인 센타우루스자리 프록시마는 캘리포니아쯤 가야 있을 것이고 크기도
체리 정도일 것이다. 이제 화성에는 몇 개월이면 갈 수 있는데도 목성으로
갈 때는 왜 5년이나 걸리는지 이해했을 것이다. 현재 가장 빠른 우주선인
나사의 뉴호라이즌스도 명왕성까지 가는 데 거의 10년이 걸렸다.

화성과 소행성 벨트 너머의 세계에 식민지를 세울 가능성을 이야기
할 때는 이런 규모에 대해 잘 생각해야 한다. 인간은 이번 세기 안에 목성
과 토성의 위성들까지 갈 수 있을지 모른다. 하지만 태양계 바깥에 과학
기지나 정착지를 건설하기까지는 훨씬 더 많은 시간이 필요할 것이다. 미

◆◆◆◆◆◆◆

선 개발은 시간이 걸리고 인간을 보내기 전에 우선 정찰도 해야 한다. 달 착륙 성공 전까지 소련과 미국 두 나라는 모두 합쳐 71번의 미션을 시도했다. 목성과 그 너머로는 그렇게 많은 우주선을 보내기 힘들다. 개발 시간과 비행시간이 길기 때문이다.

뉴호라이즌스 미션은 1992년에 구상되기 시작됐다. 2001년에 채택됐다가 2002년에 취소됐으며, 2003년에 다시 채택됐다. 발사는 2006년에 이뤄졌다. 처음 조립부터 미션 완수까지는 최소 14년이 걸렸다. 태양계 밖으로의 미션은 아무리 빨라도 10년은 걸린다. 개발에 5년, 비행에 5년이다. 2019년 6월 나사는 드래곤플라이라는 회전로터 방식의 착륙선을 토성의 위성 타이탄에 보내겠다는 계획을 발표했다. 2026년 발사해 2034년에 타이탄에 도착시킨다는 계획이다. 행성에 인간을 보내려면 그 전에 로봇을 몇 차례 보내야 한다. 이러한 시간 제약과 더불어 기지를 달, 화성, 소행성 중 어디에 먼저 세울지 등의 우선순위를 정해야 하는 어려움 때문에 깊은 우주에 식민지를 만드는 일정이 계속 늦어지고 있다.

화성의 경우를 생각해보자. 합리적인 계획은 물자를 먼저 보낸 다음 일이 잘 진행되는지 확인한 후 인간을 보내는 것이다. 하지만 목성의 위성으로 정찰 우주선이나 물자를 보내는 데만 5년이 걸린다. 이어서 모든 일이 계획대로 진행됐는지 확인한 다음에나 인간을 보낼 수 있기 때문에 유인 미션은 불가피하게 '지연'될 수밖에 없다. 태양 쪽에 있는 비교적 가까운 행성들로 간다고 해도 이 행성들은 거대한 태양이 옆에 있어 궤도 조정이 어렵다는 난제를 던져준다.

이 장에서는 극단적인 환경에서의 생활에 대해 다룰 것이다. 먼저 금성과 수성, 그다음에는 목성과 그 너머로 갈 것이다. 매력적인 착륙 지점을 발견할 수도 있지만, 이렇게 극도로 뜨겁거나 차가운 지역에 안전한 항구를 구축하려면 다른 천체에 있을 때 긴요했던 기술이 똑같이 요구된다. 인간의 경험을 훨씬 뛰어넘는 온도를 견딜 수 있는 튼튼한 거주구다.

★ 지옥 같은 행성에 구름 도시를 건설하는 방법
금성은 태양계에서 지구 밖 식민지를 세우기에 최고이자 최악의 장소다. 지구의 자매 행성이라고 불리는 금성은 크기와 질량이 지구와 거의 같고 중력도 0.9G다. 이 정도 중력이면 인간이 정상적으로 성장하고 발달하기에 충분하다고 할 수 있다. 엄청난 장점이다. 하지만 금성에는 단점이 하나 있다. 우리도 익히 아는 그 단점이다. 금성은 평균 표면 온도가 465도나 되는, 태양계에서 가장 뜨거운 행성이다. 수성보다 더 뜨겁다. 이 정도면 납도 녹일 수 있다. 이론적으로는 녹는점이 더 높은 강철, 철, 니켈 등으로 구조물을 만들 수 있다. 하지만 지구의 93배에 달하는 엄청난 기압은 여전히 문제가 될 것이다.

러시아가 금성에 보낸 최초의 탐사선 두 대는 표면에 닿기도 전에 깡통처럼 찌그러져 부서졌다. 그 다음에 보낸 탐사선 베네라 7호와 베네라 8호는 표면에 착륙해 한 시간 동안 데이터를 전송한 후 역시 기압에 굴복했다.

금성은 단순히 태양과 가깝기 때문에 뜨거운 것이 아니다. 이산화탄소로 구성된 두꺼운 대기 역시 한몫하고 있다. 수십억 년 전, 금성은 아마 지구와 좀 더 닮아 있었을 것이다. 넘실거리는 액체 바다를 비롯해 생명체 진화에 적합한 조건을 갖추고 있었을지 모른다. 그러다 어떤 사건이 발생했다. 그 사건의 정체는 행성 과학자들도 정확히 알지 못하지만, 아마 거대한 소행성 충돌이나 그와 비슷한 사고였을 것이다. 사건의 결과 금성 표면 위, 또는 표면 밑의 물과 이산화탄소가 유리됐고, 그로 인해 엄청난 온실효과가 발생했다. 태양으로부터 온 열이 대기권에 갇혀 표면을 점점 더 뜨겁게 하면서, 결국 표면 위아래에 있던 이산화탄소가 모두 대기 중으로 올라가게 된 것이다. 물도 가열돼 증기가 된 다음 산소와 수소로 분리돼 영원히 사라졌다.

금성 표면은 탐사 가치는 있을지 몰라도 살 만한 곳은 아니다. 우선, 소리와 이미지가 왜곡된다. 이렇게 압력이 높은 곳에서는 흐릿한 빛이 굴절되고 15킬로미터 두께의 구름층 때문에 하늘도 보이지 않는다. 흥미로운 점은 그 구름 안에서 생명체가 살 수 있을지도 모른다는 사실이다. 공상처럼 들리겠지만 완전히 실현 가능한 일이다. 금성의 대기는 실제로 그 위에 앉을 수 있을 정도로 두껍기 때문이다. 산소와 질소는 이산화탄소보

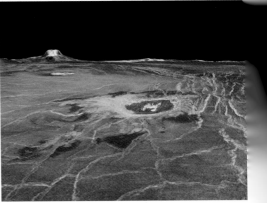

첫 번째 사진은 마젤란 우주 탐사선이 금성 표면을 촬영한 사진을 기반으로 재구성한 사진이다. 첫 번째 사진에서 밝은 원은 불의 고리라고 불린다. 두 번째 사진은 불의 고리 중 하나를 확대한 것이다. 중앙에 둥그렇게 보이는 것은 산이며 크기는 500킬로미터에 달한다. 금성에서는 화산 활동이 유지되고 있는 것으로 추측된다. 세 번째 사진은 소련의 베네라 13호가 촬영한 금성 표면 사진이다. 이산화탄소의 두터운 대기 때문에 태양빛이 산란되어 주변이 누렇게 보인다. 산성비는 대기에서 모두 증발해 단 한 방울도 땅에 떨어지지 않는다. 생명체에게는 그야말로 지옥 같은 환경이다.

다 가볍기 때문에 금성 표면 위 약 50킬로미터 높이에 산소와 질소를 채운 거대한 풍선을 띄우면 그 안에서 살 수 있다. 이 고도에서는 온도도 50도 정도로 감당할 만하고 기압도 15psi로 지구 해면 기압과 비슷하다(고도 50킬로미터가 경계선이다. 약간만 더 높아도 온도가 확 떨어지고 압력이 급강하한다). 또한, 태양 방사선과 우주 방사선으로부터 우리를 보호해줄 충분한 대기도 있다. 금성은 가깝기도 해서 석 달 정도면 도착할 수 있다. 화성으로 갈 때보다 절반의 시간밖에 안 든다.

금성 대기권의 중층부에서는 최고 시속 340킬로미터의 강한 바람이 분다. 위협적이기는 하지만 풍선의 안정성을 고려하면 감당할 수 있을 것이다. 이 정도 풍속이면 지구 시간 기준으로 4일 정도면 금성을 한 바퀴 돌 수 있다. 금성은 낮과 밤의 주기도 특이하다. 금성은 자전 속도가 매우 느려 금성의 태양일(태양이 자오선을 통과한 뒤 다시 그 자오선을 통과할 때까지 걸리는 시간_역주)은 116.75 지구 일에 해당한다. 따라서 금성 표면에서 올려다본 하늘에서는 태양이 같은 위치로 돌아오는 데 거의 4개월이 걸린다. 하지만 풍선 도시는 아래에 있는 표면보다 더 빠르게 움직일 것이기 때문에 48시간 정도 햇빛을 받다가 다시 48시간 정도 어두워지는 경험을 하게 될 것이다. 에너지를 사용한다면 풍선을 계속해서 해가 드는 위치로 고정시킬 수도 있을 것이다. 또 다른 장점은 산소 탱크만 있다면 풍선 도시 밖으로 나와 노출된 플랫폼을 거닐 수 있다는 점이다. 압력과 온도도 괜찮을 것이다. 용기만 있다면 행글라이더를 탈 수도 있다. 너무 아래로 내려가지만 말자.

이 경우 문제는 황산 구름일 것이다. 황산 구름은 풍선 도시를 부식시켜 아래쪽 불바다로 떨어뜨릴 수 있다. 그 때문에 황산을 밀어낼 수 있는 폴리테트라플루오로에틸렌 같은 특수한 물질을 이용해야 한다. 도시 크기의 풍선과 보호복을 전부 이 물질로 코팅하려면 양이 아주 많아야 할 것이다. 물도 가져가야 한다. 불가능한 일은 아니다.

큰 문제는 하나밖에 없다. 필요성의 문제다. 구름 도시 형태로 금성을 식민지화하는 것은 기술적으로 실현 가능하며, 미래학자 중 일부는 이 방법을 지지하고 있다. 하지만 실용성이 떨어진다. 아래쪽에는 볼 만한 것이 없고 위쪽에는 별들만 희미하게 떠 있는 풍선 도시에 수백만 명이 살게 만들 수 있을까? 지구와 달 사이 궤도에 있는 도시라면 우주를 감상할 기회라도 가질 수 있다. 인공중력, 압력, 온도도 적당하게 갖춰진 지구 근처 궤도 도시에서 더 좋은 풍경을 보면서 살 수 있는데 왜 금성의 풍선 도시에 가겠는가? 또한, 금성의 경제는 무엇으로 유지할 것인가? 아직 확실한 것은 아무것도 없다. 따라서 정부나 민간 기업의 투자, 혹은 기지나 식민지의 건설은 앞에서 언급한 달, 화성, 소행성 그리고 궤도 도시에서 먼저 이뤄지게 될 것이다.

금성 위의 풍선 도시 상상도. 금성의 날씨는 구름 속에서는 그렇게 혹독하지 않다. 산소와 질소를 채운 풍선 도시는 금성의 두터운 이산화탄소 대기 위에 떠 있을 수 있다. 온도, 압력, 중력 수준도 지구와 비슷할 것이다. 나사는 '고고도 금성 운영 콘셉트(HAVOC)' 프로젝트를 고려하고 있다.

금성을 테라포밍하는 것은 기술적으로 진보한 먼 미래의 문명이 생각할 수 있는 가능성이다. 장점 중 하나는 달이나 화성과 달리 그때도 금성에는 아무도 살지 않을 것이기 때문에 금성을(말 그대로) 완전히 파괴한 다음 살 수 있는 곳으로 만들 수 있다는 점이다. 이 아이디어는 여기서 자세하게 다루기에는 아직 너무 앞선 것이긴 하다. 테라포밍의 핵심만 말하자면 얼음 위성으로 금성을 폭격해 엄청난 양의 수소를 공급하고, 수소가 이산화탄소와 반응하게 하여 흑연과 물이 생성되도록 만드는 것이다. 이렇게 하면 물이 금성 하늘에서 쏟아져 대기압을 약 45psi까지 낮출 수 있다. 이와 비슷하지만 더 과격한 아이디어도 있다. 마그네슘과 칼슘으로 금성을 폭격해 산화물을 만드는 것이다. 그 산화물은 하늘에서 쏟아져 탄소와 결합된다. 1961년 전후로 칼 세이건이 좀 더 점잖은 방법을 제시한 적

◆◆◆◆◆◆◆

이 있다. 금성 대기에 박테리아를 투입해 이산화탄소를 먹어버리게 하는 방법이다. 하지만 당시는 금성의 이산화탄소가 얼마나 많은지 아직 모를 때였고 세이건도 1980년대 들어 자신의 아이디어가 현실성이 없을 것이라고 인정했다.

★ 수성의 레일 도시

달궈진 해변 모래 위에 섰을 때 발바닥이 뜨거워 계속 걸음을 옮긴 경험이 있을 것이다. 수성이 딱 그 상황이다. 움직이지 않으면 녹아버릴 것이다. 수성에서는 절대 가만히 있으면 안 된다.

수성은 거의 금성만큼 뜨겁다. 수성의 경우 밤이 되면 기온이 영하 170도까지 떨어진다. 따라서 수성의 평균 온도는 금성보다 훨씬 낮다. 그 이유는 달과 마찬가지로 열을 잡아두고 순환시킬 대기가 없기 때문이다. 수성에도 영원히 해가 들지 않는 크레이터들이 있다. 태양계에서 가장 추운 지역 중 하나다. 실제로 수성은 크레이터가 여기저기 있는 달과 크기와 지형 면에서 매우 비슷하다. 달에서 제일 견디기 쉬운 시간은 며칠 동안 계속되는 새벽과 해질녘이라고 앞서 말한 바 있다. 미칠 듯이 추운 시간과 미칠 듯이 더운 시간의 중간 지점이기 때문이다. 이와 비슷한 상황이 수성에서도 일어난다. 수성은 자전 속도가 매우 느리다. 수성의 하루는 지구의 175일에 해당한다. 실제로 수성의 태양일은 태양년보다 더 길다. 수성의 태양년은 지구의 88일이다. 그 결과, 해넘이가 거의 영구적으로 계속되는 현상이 발생한다. 명암 경계선이 시속 약 3.5킬로미터의 속도로 움직이기 때문이다. 지구에서 명암 경계선은 시속 1,600킬로미터 속도로 움직인다. 따라서 해넘이가 계속되는 것을 보려면 제트기를 타야 한다(영국 가수 로이 하퍼는 비행기를 타고 이 경험을 한 뒤 〈12시간 동안의 해넘이〉라는 아름다운 노래로 만든 바 있다). 수성에서는 수성 둘레를 따라 천천히 움직이는 기차를 타면 적당한 온도에서 계속 해넘이를 볼 수 있다.

레일 위에서 쉬지 않고 서쪽으로 달리는 거주구 안에 있으면 계속 해가 비치는 곳에 머물 수 있을 것이다(하지만 멈추면 토스트가 되거나 얼음이 된다). 이론적으로는, 달과 마찬가지로 압력과 산소 공급만 적절

수성은 암석형 행성이라기보다 금속형 행성이라고 부르는 게 맞을지 모른다. 첫 번째 사진은 나사의 MESSENGER(MErcury Surface Space ENvironment GEochemistry and Ranging)가 2015년부터 수집한 수성 표면의 형태와 고저차를 색으로 재현한 것이다. 무척 울퉁불퉁하고 지형의 높낮이가 크게 차이가 나는 것을 확인할 수 있다. 두 번째와 세 번째 사진은 ESA와 JAXA가 공동으로 수성 탐사 임무를 추진하면서 2018년 10월 20일에 쏘아올린 베피콜롬보라는 위성의 사진이다. 베피콜롬보는 2025년 12월 5일에 수성에 도착해 2028년 5월까지 탐사 임무를 수행할 예정이며 수성의 지표면 전체 지도와 정확한 재질을 분석해 지구로 전송할 것이다.

하다면 탐사자들은 이들 지역에서 산책을 할 수도 있다. 또는 지하에서 사는 것도 가능하다. 물이 있을 가능성이 있는 그늘진 크레이터 근처 지하에서 산다면 새벽이나 황혼녘에 밖으로 나와 탐사를 할 수도 있을 것이다. 그것도 아니라면 뜨거운 해변에서처럼 거대한 파라솔을 설치해 그 아래서 살 수도 있다. 수성살이의 매력 중 하나는 잠시 동안이긴 하지만 해가 반대로 움직이는 것을 볼 수 있다는 점이다. 물론 착시 현상이긴 하다. 수성이나 태양이 실제로 반대 방향으로 움직이지는 않기 때문이다. 하지만 수성은 공전 속도가 자전 속도보다 훨씬 빠른 탓에 수성 방문자는 일정 시간 동안 태양이 거꾸로 움직여 떠올랐던 지점으로 돌아간 다음 다시 떠오르는 광경을 볼 수 있을 것이다. '이중 해돋이'라고나 할까.

일반적으로 수성은 지구, 금성, 화성과 함께 암석형 행성이라 불린다. 하지만 수성은 금속형 행성이라고 부르는 게 더 정확하다. 70퍼센트가 금속(대부분 철과 니켈)이고 30퍼센트가 규산염이기 때문이다. 실제로 수성은 금속으로 빽빽하게 차 있어, 달보다 약간 큼에도 불구하고 중력이 화성과 같은 0.38G에 이른다. 이런 수성의 중력이 살기에는 적당할 수 있다. 하지만 지하나 천천히 달리는 기차 안에서 살면서 탐사도 제대로 못하고 풍경도 제대로 즐기지 못할 거라는 점은 감수해야 한다. 그런 면에서 보면 화성에서 사는 것이 더 쉽고 덜 위험할지 모르겠다. 물론 수성에는 태양 방사선을 막아줄 자기권이 조금이나마 있기는 하다. 하지만 그 정도로는 어림도 없다. 수성에는 대규모 공업 시설도 돌릴 수 있는 무한한 태양에너지가 있으며 채굴도 노려봄직 하다. 하지만 채굴은 소행성 쪽이 더 쉬울 것이고 시장 역시 소행성 쪽이 훨씬 가깝다. 또한 수성은 착륙하거나 빠져나오기가 매우 어렵다. 수성은 매우 빠르게 움직이기 때문에 델타 v를 정확하게 맞추려면 연료도 충분해야 할 뿐더러 우주선의 조작도 엄청나게 정교해야 한다. 조금만 빗나가도 태양으로 떨어져 버릴 것이다.

수성을 테라포밍하는 것도 불가능해 보인다. 대기가 아예 없기 때문이다. 휘발성 물질도 모두 태양계 다른 곳에서 가져와야 한다. 또한, 행성 전체를 열로부터 차폐시키지 않는 한 태양풍에 의해 보호 장치들이 모조리 파괴될 것이다. 핵융합 폭발을 일으켜 수성을 통째로 태양에서 먼 곳으로 옮기는 방법도 생각할 수는 있다. 하지만 수성의 금속이나 땅이 정말 절실하게 필요하지 않는 한 그렇게까지 할 필요는 없지 않을까.

☆ 목성과 토성의 위성에서 살기

목성이나 토성이 멀기는 하지만, 이런 거대 가스 행성으로 인간을 보낼 기술만 있으면 탐사할 것은 많다. 이 행성들은 지표가 없기 때문에 행성 또는 그 근방에서 거주할 수 있는 가능성이 거의 없다. 하지만 이 행성들의 위성에는 안전하게 착륙할 수 있을지 모른다. 물론 우리의 달보다 중력이 강한 위성이 하나도 없긴 하지만 말이다.

목성의 위성은 최소 75개다. 이 위성 중 인간의 입장에서 가장 거주 가능성이 높은 곳은 칼리스토다. 두꺼운 얼음층 밑에 액체 상태의 바다 (와 그 안에서 헤엄치는 외계 생명체)가 있을지 모를 유로파도 가볼 만한 곳이다. 이와 비슷하게 토성도 최소 62개의 위성을 가지고 있다. 그중 타이탄은 적절한 압력을 제공하는 동시에 방사선을 막을 수 있는 대기를 가지고 있다. 물이 아닌 메탄과 에탄으로 구성된 것이긴 하지만 강, 호수, 구름, 비도 존재한다. 이 정도 조건이면 인간의 거주 가능성은 매우 높다. 위성 엔셀라두스에는 이따금 공기 중으로 수증기 기둥을 배출하는 액체 상태의 바다가 얼음 밑에 존재한다. 역시 외계 생명체의 존재 가능성이 있는 곳이다.

이런 극한 환경에서 사는 것은 어디든 다 비슷하다. 춥고, 어둡고, 멀다. 목성이나 토성 근처에서 살든 명왕성에서 살든 힘든 건 매한가지일 것이다. 5년에 걸쳐 목성까지 여행하려면 크고 편안하고 보호 기능이 뛰어난 우주선이 태양계 어디나 갈 수 있을 정도로 기술 수준이 확보되어야 한다. 안전이 보장된다면 가장 중요한 것은 시간, 즉 탐사자나 이주자가 이렇게 먼 곳까지 여행하는 데 드는 시간이다. 화성 기지를 구축한다면 바로 그 뒤에 가게 될 가능성이 가장 높은 목성부터 시작해보자.

✱ 목성과 갈릴레이 위성들

목성은 태양계 내의 모든 행성과 위성을 다 합친 것보다 두 배 이상 큰 행성이다. 태양처럼 목성도 거대한 수소 덩어리다. 하지만 목성은 수소 핵융합에 필요한 온도와 압력을 생성해낼 정도의 질량을 가지고 있지 않다. 핵융합을 일으키려면 지금보다 최소 75배는 더 큰 질량을 가지고 있어야 한다. 따라서 목성을 실패한 항성이라고 부르는 데는 다소 무리가 있다. 목성은 실패한 것이 아니다. 태양계에서 태양을 제외한 모든 질량을 흡수한다 해도 항성 근처에도 못 갈 테니까. 그러니 차라리 목성을 강력하고 독특한 행성이라고 부르는 편이 맞을 것이다.

목성의 위성이 아닌 목성 자체를 식민지화한다는 생각은 과학소설

✦✦✦✦✦✦✦

의 영역에 속한다. 지표가 없기 때문이다. 또한 대기의 75퍼센트가 수소, 24퍼센트가 헬륨으로 구성돼 있다. 이 두 원소는 가장 가벼운 원소이기 때문에 대기 위에 떠 있는 것이 불가능하다. 이런 대기에서는 헬륨 풍선도 밑으로 가라앉아 버린다. 생명체 입장에선 더 안 좋은 뉴스가 있다. 목성의 거대한 자기장은 태양에서 온 입자들을 그물처럼 잡아들여 에너지 수준을 훨씬 높인 다음, 이 치명적인 방사선을 위성으로 뿌려댄다. 물론 매력적인 부분도 있긴 하다. 목성의 핵은 금속 수소일 가능성이 높고 행성 위로는 다이아몬드가 비처럼 뿌려지고 있을지도 모른다. 그 다이아몬드 맞다. 하지만 이런 현상을 직접 관찰하기 위해 목성까지 갈 방법도 없고, 목성에서 살아야 할 이유도 없다. 물론 미래학자들은 별개다. 저들은 인간이 목성 궤도상의 오비탈 링에 거주하면서 핵융합의 연료로 쓰일 수소를 목성에서 채굴하는 환상적인 일을 수백 년 안에 해낼 것이라 믿고 있다.

목성의 위성들 가운데 특히 지대한 관심을 받는 것이 안쪽에 있는 네 개의 거대 위성인 이오, 유로파, 가니메데, 칼리스토다. 이 위성들은 갈릴레이 위성이라고도 불린다. 1610년 갈릴레오가 발견했기 때문이다. 행성을 도는 천체 중에서 가장 먼저 발견된 것들이기도 하다. 간단한 망원경으로도 이 위성들을 볼 수 있다. 목성과 가장 가까운 위성은 이오로 지구의 달보다 약간 질량이 크다. 이오에는 400개가 넘는 활화산이 있다. 태양계 내 행성과 위성 중에서 가장 지질학적으로 활발한 천체다. 이오의 내부가 이렇게 끓고 있는 것은 거대한 목성이 너무 가까이에 있어 중력에 의한 조석 가열이 일어나기 때문으로 보인다. 이오에 착륙할 수는 있다. 하지만 이산화황으로 구성된 얇은 대기와 0에 가까운 대기압 때문에 계속 머물기는 쉽지 않을 것이다. 또한 이오에는 하루에만 3,600렘의 방사선이 쏟아진다. 인간이 즉사할 수 있는 양이다. 지질학자와 화산학자한테는 미안하지만 이오는 로봇을 보낼 곳이지 사람을 보낼 곳이 아니다.

유로파를 살펴보자. 유로파는 지구의 달보다 약간 가볍다. 이 위성은 수 킬로미터 두께의 얼음 밑에 액체 상태의 대양이 있는 것으로 유명하다. 유로파에 머물 수 있을까? 머물 수는 있겠지만 아주 잠깐밖에 안 될 것이다. 방사선이 하루에 540렘씩 쏟아지기 때문이다. 흥미로운 사실은, 지구의 약 10억분의 1 정도밖에 안 되지만 유로파에 산소 대기가 있다는 점이다. 그 정도도 괜찮다. 대부분의 활동은 얼음 밑에서 이뤄질 테니까. 얼음낚시용 오두막처럼 생긴 과학 기지를 세울 수 있을지도 모르겠다. 과학 기지는 위성 적도에 쏟아지는 강력한 방사선과 영하 160도에 이르는 온도로부터 우리를 보호해줄 수 있어야 한다. 태양으로부터의 거리를 생각하면 이 정도만 해도 놀라울 정도로 따뜻하다고 할 수 있다(목성의 조석 효과로 발생하는 열 때문이다). 이 과학 기지에서 얼음을 뚫고 대양까지 내려갈 수 있을 것이다. 추측이지만, 이때쯤이면 얼음 밑 대양에 생명체가 있는지 여부를 로봇을 보내 탐사할 수 있을 것이다. 즉, 인간은 외계 생명체가 이미 발견됐거나 발견될 가능성이 매우 농후해진 다음에야 갈 수 있다.

가장 큰 장애물은 화강암처럼 단단한 얼음을 뚫는 것이다. 얼마나 두꺼운지는 정확하게 모르지만 10~100킬로미터 정도일 것으로 추측된다. 비교하자면, 남극의 보스토크 호수는 약 3킬로미터 두께의 얼음에 덮여 있다. 이 위성의 얼음을 뚫으려면 원자력이 있어야 할 것이다. 그렇게 얼음을 뚫은 뒤에는 대양 안으로 잠수함을 집어넣을 수도 있다. 대양에는 지구의 물보다 2~3배 정도 많은 물이 있을 것으로 추정된다. 유로파는 물이 존재할 가능성뿐 아니라 열수 분출 활동 가능성도 있어 생명체가 존재할 가능성이 높은 곳이다. 열수 분출 활동은 지구의 해저 화산 활동과 비슷한데, 목성의 조석력에 의해 일어난다는 점만 다르다. 태양광이 아니라 열수 분출 활동에 의해 지구에 생명체가 생기게 된 것이라면 유로파에도 생명체가 존재할 가능성이 있다. 핵심적인 의문은 생명체가 애초에 유로파에서 기원했는지, 생명체 발생이 지구의 조수 웅덩이처럼 햇볕이 내리쬐는 축축한 동시에 건조한 조건을 필요로 했는지에 관한 것이다. 얼음이 방사선을 막아주고 생명체에 필요한 기압을 제공하는 것만은 확실하다.

유로파는 썩 괜찮아 보인다. 하지만 위험 요소들을 고려하면, 얼음 밑 현장에서 사람이 잠수함을 조종하는 것이 표면이나 칼리스토 위성 같은 비교적 안전한 조건에서 원격으로 잠수함을 조정하는 것보다 더 나을 것이라는 생각은 들지 않는다. 화성에서는 직접 접촉이 더 낫다. 하지만 유로파에서는 로봇만으로 탐사하는 것이 훨씬 더 나을 수 있다. 또한, 유로파에 정착지나 식민지를 세우는 것이 무슨 이익이 있는지 나로서는 알 수 없다. 유로파에 사람이 가게 되면 아마 관광객들을 얼음 밑으로 데려가 외계 생명체를 보여주는 관광 사업을 할 것이다. 하지만 그러려면 여러

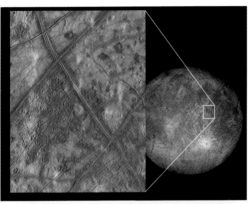

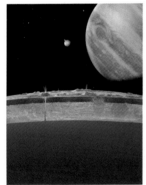

유로파는 태양계 천체 중 가장 매끄럽고 붉은 줄무늬가 인상적인 천체다. 사실 저 줄무늬는 수 킬로미터의 협곡이며 두꺼운 얼음층 아래에는 깊이가 100킬로미터가 넘는 바다가 존재하는 것으로 보인다. 얼음으로 덮인 표면의 온도는 섭씨 영하 148도이며 거대한 목성의 조석력 때문에 얼음이 갈라져서 물이 노출되었다가 다시 얼어붙는다고 한다. 2016년 9월에 나사는 유로파 내부의 물이 빙하를 뚫고 200킬로미터 상공까지 치솟는 것을 관측했다고 한다. 유로파 내부의 바다에는 생명체가 존재할 가능성이 있으며 물줄기가 지속적으로 표면으로 분출되는 지역은 훗날 탐사선을 보내 샘플을 채취하기 좋은 곳으로 여겨지고 있다. 한편 나사는 얼음층을 뚫고 무인 잠수정을 유로파의 바다로 집어넣어 생명체를 찾는 계획도 세우고 있다.

◆◆◆◆◆◆◆

가지 전제가 충족되어야 한다. 예를 들어, 생명체가 발견된 상태여야 하고, 그 생명체가 우리 눈에 근사하게 보여야 하며, 얼음 밑 대양에 안전하게 접근할 수 있어야 하고, 인간과 외계 생명체의 접촉이 합법적이어야 한다. 그런데 환경 위험 요소는 차치하고라도, 표면 중력이 0.13G인 상태에서 인간이 장기적으로 머물기는 힘들 것으로 보인다.

　　다음은 가니메데다. 목성의 가장 큰 위성으로 지구의 달보다도 크지만 밀도는 더 낮다. 따라서 표면 중력은 0.15G밖에 안 된다. 이 위성도 상황은 거의 같다. 엄청나게 춥고, 공기가 거의 없고, 목성에서 뿜어대는 방사선의 양이 하루 8렘에 이른다(화성은 1년에 8렘이다). 유로파만큼 확실하지는 않지만 가니메데에도 얼음 상태의 물 아래에 액체 상태의 대양이 있는 것으로 보인다. 가니메데에서도 얼음 채굴 가능성이 있다. 미래 세대가 얼마나 목이 마를지, 또 그 갈증이 소행성으로 어느 정도 해결될지에 따라 결정될 것이다. 이 위성도 위험 요소가 많고 다른 곳에 더 좋은 대안이 있다는 점을 고려하면 정착을 할 이유가 없을 것 같다.

　　그러면 이제 칼리스토가 남는다. 목성의 위성 중 두 번째로 큰 위성이다. 인간의 거주 가능성 측면에서 볼 때, 다른 대형 목성 위성들과 구분되는 칼리스토만의 장점은 방사선 수준이 상대적으로 낮다는 것이다. 하루에 0.01렘으로, 지구에서 우리가 노출되는 양의 10배이긴 하지만 화성에서 노출되는 양보다는 훨씬 적다. 다른 위성들처럼 춥고 공기와 적당한 중력이 없긴 하지만, 그중 그나마 칼리스토가 제일 낫다. 칼리스토에 기지를 세우면 다른 대형 위성으로 하루 정도면 갈 수 있다. 위성들의 상대적인 궤도상 위치와 통신위성의 수에 따라 달라지겠지만 칼리스토에서는 다른 위성과의 통신도 거의 즉각적일 것이다. 또한 칼리스토는 중력이 약하고 레골리스도 자갈과 비슷해 발굴 작업이 어렵지 않을 것이다. 가니메데나 유로파처럼 칼리스토에도 얼어붙은 물이 있고 그 밑에는 액체 상태의 물이 있을지 모른다. 이 물은 마시거나, 농사짓거나, 숨 쉬거나 연소시키는 데 쓸 수 있다. 지구의 달이나 목성의 다른 위성들처럼 칼리스토도 목성과 조석 고정이 돼 있어 목성에서는 한 면만 보인다. 칼리스토의 정착지 후보가 그 면이다. 칼리스토에서 보면 목성은 지구에서 보는 보름달의

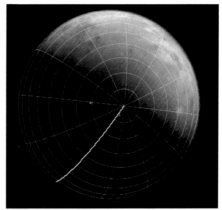

가니메데(첫 번째 사진)는 수성보다 지름이 크고 태양계의 모든 위성 가운데 유일하게 자기장을
가지고 있는 것으로 알려져 있다. 사진의 오른쪽 윗부분이 무척 어두운데 이 부분이 실은
태양계에서 발견된 가장 큰 충돌 분화구일 가능성이 제기되었다. 충돌 분화구의 진실 여부는
2022년에 발사될 예정인 목성 얼음형 위성 탐사선(Jupiter Icy Moons Explorer, JUICE)이
확인할 예정이다. 두 번째 사진에서 굵은 선이 경도 0이다. 세 번째 사진 속의 칼리스토는 목성의 가장
큰 네 개의 위성 중 제일 마지막에 형성되었으며 가장 바깥쪽 공전 궤도를 돈다. 위성 형성 과정이
앞선 세 개의 위성과 다소 달랐을 것이고 그 때문에 공전 궤도가 상이하며 결과적으로 목성의 방사선을
비교적 덜 받기 때문에 인간의 거주지로 그나마 적합해 보인다.

다섯 배 크기로 보인다. 대단한 광경일 것이다. 칼리스토는 낮과 밤의 주
기가 17일로 달의 28일 주기보다 짧다.

　궤도를 도는 우주 허브가 갈릴레이 위성들을 탐사할 수 없을 때, 비
교적 안전하게 현지 캠프를 세워 그 탐사를 이어서 할 수 있는 곳이 바로

◆◆◆◆◆◆◆ 　　331

칼리스토다. 2003년 나사는 2040년대까지 칼리스토 착륙을 목표로 한 인간 외행성 탐사(Human Outer Planet Exploration, HOPE) 미션이라는 유인 목성 여행 구상을 발표했다. 희망을 가져보자. 운이 좋다면 그때쯤 화성에 당도하게 될 것이다. 그런데도 이 미션은 목성형 행성들의 영역에서 인간이 생존할 만한 곳으로 칼리스토를 강조하고 있다.

목성 근처에서 인간이 영구 정착하는 것에 대해 나오는 말들을 들어보면, 대개 영토 확보 우선주의와 관련된 것이다. 화가들은 달 표면 기지와 똑 닮은 그림들을 그려대곤 한다. 하지만 왜 이런 위성들에서 살아야 할까? 그 먼 칼리스토까지 갈 필요가 있을까? 표면이 고체인 것이 그렇게 큰 이득일까? 이런 위성에서 장기적으로 거주하려면 지하에서 지내거나 해당 위성의 영향을 받지 않도록 해주는 밀폐 구조에서 지내야 할 것이다. 멋진 풍경을 즐기면서 목성과 그 위성들을 연구하고 싶다거나 상업 활동을 하고 싶어서 목성 근처에 살고 싶은 미래 세대가 있다면 마음을 바꾸는 게 좋을 것이다. 인간이 만든 궤도 도시나 인공중력을 갖춘 거대한 우주 허브에서 얻는 것이 훨씬 많을 것이기 때문이다. 어딘가를 방문할 때 우리가 가장 고려할 것은 결국 접근성이다. 0.15G가 인간의 건강에 좋다 하더라도 22세기의 인간은 인공중력이 주는 안락함에서 살려고 할 것이다.

✱ 토성과 타이탄

둥근 고리로 유명한 토성은 질량이 목성의 거의 3분의 1에 달한다. 또한 목성처럼 대부분 수소와 헬륨으로 이뤄져 있다. 토성은 수십 개의 위성을 가지고 있으며 그중 대부분에는 이름이 없다. 또한 고리에도 수백 개의 소위성(moonlet, 작은 위성)이 몇 십 미터 간격으로 분포해 있다.

토성의 위성들 대부분은 매력적인 특성을 지니고 있다. 예를 들어 자그마한 테티스는 거의 대부분이 얼음인데, 지름 1,000킬로미터의 완벽한 공 모양을 하고 있다. 가장 작은 천체인 미마스는 자가 중력이 작용한 결과 거의 완벽한 구 형태를 이루게 됐다. 그 지름은 약 400킬로미터로, 거대한 크레이터가 있어 영화 〈스타워즈〉에 나오는 죽음의 별과 비슷하게

◆◆◆◆◆◆◆

생겼다. 이아페투스는 적도 부근이 이상할 정도로 솟아 있어 어떻게 보면 호두와도 비슷하다. 지름 약 1,500킬로미터인 레아는 규산염과 얼음이 섞인 덩어리처럼 생겼다.

하지만 이 무대의 주인공은 역시 엔셀라두스와 타이탄이다. 엔셀라두스는 지름이 500킬로미터밖에 안 돼 베스타 소행성보다도 작다. 대기가 없으며 표면 중력은 0.011G다. 이 책에서 언급된 천체 중에서 미마스를 제외하면 가장 중력이 약하다. 엔셀라두스가 우리의 관심을 끄는 이유는 생명체 존재 가능성 때문이다. 이 위성에는 남극 지역으로 주기적으로 수증기 기둥을 분출하는 표면 밑 대양이 있다. 실제로, 토성의 고리 일부가 바로 이 수증기로 이뤄져 있다. 나사의 카시니 우주선 관측 결과를 통해 우리는 이 분출물에 생명체 존재의 간접적인 징후가 포함돼 있다는 것을 알고 있다. 분출물에는 소금, 이산화규소를 비롯해 메탄과 포름알데하이드, 수소 기체 같은 수많은 유기 분자들이 포함돼 있다. 이것들 중에서 특히 중요한 것이 수소 기체인데, 열수 분출구의 존재를 알려주기 때문이다. 열수 분출구가 있다는 것은 생명체의 먹이가 있다는 뜻이다. 엔셀라두스에 관심이 집중되는 것은 생명체 발견 가능성이 이렇게 높기 때문이며, 엔셀라두스의 수증기 기둥에서 샘플을 채취해 지구로 가져오는 미션이 현재 설계되고 있다.

엔셀라두스에서 사는 것은 유로파에서 사는 것과 다를 게 없다. 앞에서 언급한 얼음낚시 오두막을 기억해보자. 중력이 약하긴 하지만 방사선은 덜하다. 하지만 역시 춥고 어둡고 공기가 없다. 어떻게 보면 타이탄이 살기에는 더 재미있는 곳이다. 타이탄은 토성의 위성 중 가장 크며, 태양계 내 위성 중에서는 가니메데 다음으로 크다. 가니메데처럼 행성인 수성보다도 큰 타이탄은 대기의 밀도가 높은 유일한 위성이기도 하다. 실제로 지구 대기보다 밀도가 1.4배 높다. 게다가 지구를 제외하면 타이탄은 강, 호수, 구름에서 내리는 비의 형태로 표면 액체가 흐르는 태양계 내 유일한 천체다. 이 액체의 정체는 온도 영하 180도의 메탄과 에탄이다.

타이탄은 방사선과 압력 문제를 대기가 해결해주기 때문에 화성을 제치고 태양계에서 제2의 지구가 될 가능성이 크다고 말하는 사람도 있

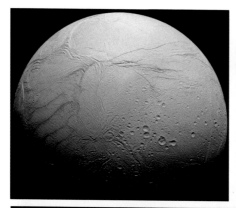
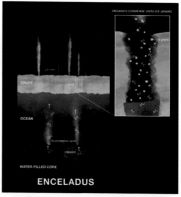
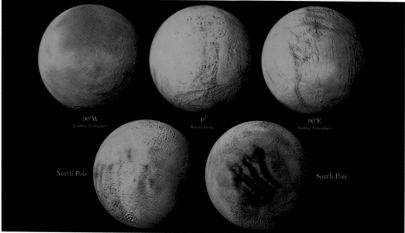

토성의 위성 엔셀라두스는 '젊은 얼음'을 생산하는 것으로 알려져 있다. 엔셀라두스의 내부에서는 얼음이 녹은 후 다시 얼어붙는 과정이 반복되고 있다. 사진에서 붉은 부분은 남극이며 북극에서 일부 얼음이 새로 생성되고 있는 것을 확인할 수 있다. 위성 내부가 주기적으로 따뜻해진다는 의미이기 때문에 생명체가 존재할 가능성이 있다.

다. 하지만 그건 말도 안 되는 생각이다. 타이탄에 갈 수는 있다. 하지만 그건 화성에 먼저 가고 난 이후의 이야기다. 게다가 우리가 타이탄에서 살 수 있는 가능성은 매우 낮다.

첫 번째 장애물은 거리다. 타이탄은 지구에서 약 14억 킬로미터 떨어져 있다. 화성보다 약 24배 멀다. 유럽우주국의 하위헌스 탐사선이 타이탄까지 가는 데 6년이나 걸렸다. 멋지게 성공한 미션이었다(하위헌스는 타이탄에 하강하기 전까지 나사의 카시니 탐사선에 실려 비행했다). 유럽우주국은 2005년 타이탄 표면에 탐사선을 착륙시켰다. 역사상 가장 먼 곳에 착륙한 기록을 세운 것이다. 탐사선이 우아하게 착륙하는 장면은 탄성을 자아내게 했다. 구름 밑 타이탄 표면이 파노라마처럼 펼쳐졌다. 우리가 처음 보는 광경이었다. 탐사선은 90분 동안 데이터를 수집했다. 80분간의 통신 지연이 있었지만(전파의 속도는 빛의 속도와 같다. 타이탄이 얼마나 먼지 알려주는 간접적인 증거다) 유럽우주국은 타이탄에 우주선을 착륙시킬 수 있다는 것을 보여줬다. 하지만 인간을 안전하고 건강하게 타이탄에 보내려면 여전히 큰 우주선이 필요하다. 두 번째 장애물은 0.14G라는 약한 중력이다. 지구의 달보다도 약하고 화성의 반도 안 된다. 다시 말하지만, 미래의 정착민들은 두 가지 중 하나를 어쩔 수 없이 선택해야 한다. 화성의 방사선과 압력 문제를 해결하든지, 타이탄의 중력 문제를 해결하든지. 화성의 문제는 해결할 수 있지만 타이탄의 문제는 절대 해결할 수 없다.

중력 문제는 잠시 접어두자. 타이탄의 장점은 가압 보호복을 입지 않고도 마음대로 걸어 다닐 수 있다는 것이다. 비, 강, 구름이 있는 주변 풍경도 어느 정도 낯익게 보일 것이다. 보트를 탈 수도 있고, 대기가 짙기 때문에 쉽게 행글라이더를 탈 수도 있다. 대기의 95퍼센트 이상이 질소다. 실제로, 날아다니는 것이 걷는 것보다 쉬울 것이고 사람들도 그쪽을 더 선호할 것이다. 중력이 약하고 압력이 높아 물속에서 걷는 것처럼 걸음걸이가 좀 어색할 테니까. 팔에 간단한 날개를 달면 날 수도 있다. 자전거 대신 '플라이시클(flycycle)'을 타고 날아다니는 건 어떨까(우리가 타이탄에 가기 전에 '플라이시클'이란 말을 상표 등록해야겠다). 타이탄 표면에서는 그냥 서 있기도 힘들 것이다. 신체의 열 때문에 표면이 녹았다 바로 얼어붙어 발이 진흙에 빠진 것 같은 느낌이 들 것이기 때문이다. 날다가 잠깐 발을 디디고 다시 나는 방법이 가장 좋을 것이다. 하지만 아직 추위 문제가 해결이 안 됐다. 타이탄의 기온은 지구에서는 상상도 못할 영하 180도까지 떨어질 것이다. 지구에서 기록된 가장 낮은 자연 온도는 남극의 89.2도였다. 추위로부터 몸을 보호하려면 가압 처리 우주복을 입어야 한다. 새로운 '우주 시대'의 옷감이 거추장스러운 우주복에서 우리를 해방시켜 줄 때까지는 말이다. 몸의 모든 부분이 다 보호되어야 하며 조금이라도 몸이 노출된다면 그 자리에서 얼어버릴 것이다.

토성의 위성 타이탄. 두 번째 사진은 액화 메탄의 바다에 비친 태양빛이다. 탐사선 카시니가 구름으로 덮여 있는 타이탄 표면을 여러 적외선 파장대를 촬영해 합성한 것이다.

산소도 필요하겠지만 구하기가 힘들지는 않을 것이다. 대기에는 산소가 없지만 타이탄에는 돌처럼 단단하기는 해도 얼음이 충분히 있을 것으로 보이기 때문이다. 타이탄 표면의 돌처럼 보이는 것들이 고체 얼음일 수도 있다. 이 얼음은 녹여서 마시거나 작물을 키우는 데 사용할 수 있으며, 전기분해해 산소를 얻을 수도 있다. 타이탄에는 질소가 많기 때문에 지구와 비슷하게 질소 80퍼센트, 산소 20퍼센트의 비율로 만들어 호흡할 수도 있을 것이다. 연료 또한 거의 무한하다고 할 수 있다. 하늘에서 비로 떨어질 것이니 말이다. 타이탄 호수의 메탄과 에탄이 상승해 엄청난 화재를 일으킬지 모른다는 걱정이 들지도 모르겠다. 하지만 탄화수소는 산소가 없으면 불이 붙지 않으며, 산소는 충분히 통제가 가능할 것이다.

하지만 먼저 해결해야 할 딜레마가 있다. 열이 없으면 물을 녹여 산소를 얻을 수가 없고 산소가 없으면 탄화수소를 태울 수 없다는 사실이다. 태양열로는 물에서 산소를 분리해낼 수 없다. 타이탄에서는 지구의 약 1퍼센트밖에 태양열을 받지 못한다. 게다가 그 태양열의 대부분이 대기에 흡수된다. 따라서 메탄과 에탄을 태울 산소를 만들려면 소형 원자로가 있어야 한다. 앞에서 '거의' 무한하다고 말한 것은 이런 이유 때문이다. 에너지 사이클을 영구히 유지시키려면 핵, 즉 방사능, 핵분열, 핵융합이 필요하다. 타이탄 옹호자들은 대부분 이 점을 놓치고 있다. 그럼에도 불구하고 타이탄은 메탄 로켓 연료의 공급원이 될 수 있다. 이 위성은 우리가 핵융합을 실현시키지 못할 경우 태양계 전체는 아니더라도 외태양계에서는 산유국 같은 역할을 하게 될 것이다. 진공 장비 같은 간단한 기계로도 탄화수소 채굴을 할 수 있으니 인간의 정착을 지원할 만큼 수익을 내는 것도 가능하다.

타이탄에서의 삶은 신날 것이다. 확실하다. 액체 메탄-에탄 혼합물이 물보다 밀도가 낮기는 하지만 그 위에서 보트를 타고 즐길 수도 있을 것이다. 물론 보트가 뜨려면 선체가 더 깊고 그 안에 빈 공간도 더 많아야 할 테지만. 게다가 액체 탄화수소는 물보다 점성이 떨어지기 때문에 보트는 적은 힘으로도 바다나 호수에서 쉽게 움직일 것이다. 바람은 순하지만 공기가 두꺼워 돛이 더 많은 힘을 받을 테니 보트는 미끄러지듯 잘 나갈 것이다. 중력과 점성이 약해 노를 젓기는 좀 힘들겠지만. 메탄-에탄 호수에서 화학 추진 엔진을 쓰는 건 좀 위험할지도 모르겠다. 수영도 재밌을 것이다. 끈적끈적한 수프 같은 호수나 바다 속으로 잠수하는 것만 견딜 수 있다면 말이다. 메탄-에탄 혼합물의 밀도가 물보다 낮은 데다 중력까지 약해 따로 연습을 안 해도 돌고래처럼 바다에서 솟구칠 수 있을지 모른다.

호수와 바다는 타이탄 전체에 걸쳐 두루 존재하며 그 대부분에 이름이 있다. 가장 큰 바다는 크라켄 바다로 넓이가 약 40만 제곱킬로미터다. 북아메리카 오대호 넓이의 두 배가 넘는다. 리지아 바다와 풍가 바다는 과학 연구와 요트 타기에 좋은 호수다. 타이탄 바다 탐사선(Titan Mare Explorer, TiME)은 나사와 유럽우주국이 제안한 리지아 바다 착륙 미션

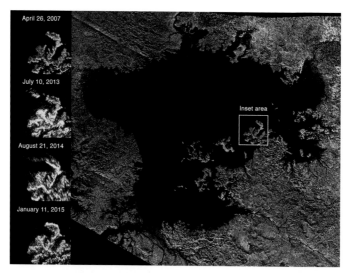

리지아 바다는 토성의 위성 타이탄에서 두 번째로 큰 액체 덩어리다. 이 액체의 정체는 영하 179도로
흐르는 메탄과 에탄이다. 타이탄은 호수, 강, 구름, 비로 구성된 액체 순환 구조를 갖고 있어서
우주생물학자들은 이 같은 환경에서 생명체가 진화하는 것도 이론적으로 가능하다고 본다.

의 일환으로 원자력 엔진을 장착할 예정이다. 타이탄 바다 탐사선은 예산
승인이 2012년까지 여러 차례 거절됐다. 하지만 미션 자체는 하위헌스 미
션처럼 완전히 실현 가능하다. 또 중력이 약하고 대기가 두꺼운 환경은 화
성이나 지구보다 착륙하기가 쉽다. 문제는 다른 행성이나 위성으로 가는
미션과 우선순위 경쟁을 해야 한다는 것뿐이다. 타이탄 바다 탐사선 뒤에
예정된 미션은 타이탄에 잠수함을 보내는 것이다. 훨씬 더 복잡한 미션이

다. 최근 나사는 드래곤플라이라는 미션을 승인했다. 앞에서 언급했듯이 드론처럼 생긴 탐사선을 보내 타이탄 내 수십 개에 달하는 장소에서 공기와 레골리스 샘플을 채취하는 것이 목적이다.

타이탄 표면에 거주구를 설치하는 것도 가능할지 모른다. 열을 보존하는 동시에 동식물을 위한 공기가 있는 거주구다. 가능할지 모른다고 말한 이유는 아직 확실하지 않기 때문이다. 거주구가 타이탄 표면을 녹여서 가라앉거나 떠다니게 될 수도 있다. 열이 확산되기 때문이다. 타이탄은 너무 온도가 낮아 거주구에서 열이 발생하면 그 밑의 지표는 마치 뜨거운 풍선처럼 위로 솟으며 거주구까지 들어 올릴 수 있다. 타이탄 표면의 밀도에 대해 제대로 이해하지 못하면 거주구를 고정시킬 수 없을 것이다. 안정화 기술만 확보된다면 떠다니는 거주구에서 사는 것도 가능하다.

하지만 인간이 타이탄에 거주하는 데 가장 큰 장애 요인은 따로 있다. 태양광의 부족이다. 우선 태양의 밝기가 지구의 1퍼센트밖에 안 되는 데다 그나마도 절반을 구름이 차단한다. 매일이 흐린 날이고, 밝기도 지구의 해질녘 정도밖에 안 된다. 가장 실망스러운 것은 아름다운 토성을 거의 볼 수 없다는 사실이다. 타이탄에서는 보름달의 열 배 이상의 크기로 토성이 보일 텐데(최소 하늘의 반은 차지할 것이다) 말이다. 토성을 보려면 적외선 안경을 착용하거나 성층권까지 올라가야 할 것이다. 식량도 인공조명을 이용해 재배해야 한다.

타이탄에 외계 생명체가 있을까? 타이탄에는 우리가 보지 못했던 형태의 생명체가 있을 수 있다. 생명체에게 반드시 태양광과 물이 필요한 것은 아니다. 에너지와 액체 매질만 있다면 생명체는 얼마든지 발생할 수 있다. 타이탄에는 이 두 가지가 다 있다. 따라서 그 정도 추위에서도 액체 환경이라면 생명체가 산소 없이 생존할 가능성이 있다. 생물학자들은 그 가능성에 대해 연구해 이론을 내놓기도 했다. 극저온에서 신축성을 지닌 세포막이 있을 수 있다는 이론이다. 우리가 알고 있는 (탄소, 수소, 산소, 인으로 구성된) 인지질 세포막이 아닌 탄소, 수소, 질소로 만들어진 세포막이다. 이 가상의 세포막은 아조토좀(azotozome)이라고 불린다. 질소를 뜻하는 프랑스어 '아조트'와 리포솜을 합친 말이다. 하지만 아조토좀은

◆◆◆◆◆◆◆

세포 껍데기에 불과하다. 아조토좀 기반의 생명체가 먹고 번식할 수 있는 지는 아직 불명이다. 아이작 아시모프는 이를 두고 '우리가 모르는' 생명체라고 말하기도 했다.

재미있는 아이디어 하나를 소개하고자 한다. 물리학자이자 유튜버인 아이작 아서가 자신이 운영하는 채널에서 제시한 이론으로, 타이탄을 거대한 열 싱크로 활용해 산업 활동과 컴퓨터 활동의 효율을 한층 끌어올린다는 내용이다.

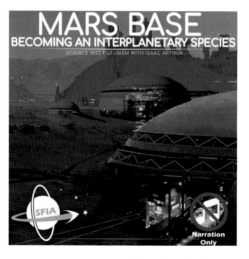

물리학자이자 유튜버로 활동하고 있는 아이작 아서는 먼 미래에 인류가 전뇌화하여 종으로서의 수명을 연장할 수 있다고 주장한다. 사진은 그가 출간한 SF소설 《화성기지》.

아이작 아서가 제시하는 엔진은 저수지 두 곳 사이의 에너지 전이를 이용해 가동된다. 저수지 한 곳은 뜨겁게, 다른 한 곳은 차갑게 만든 상태에서 말이다. 효율은 $E = 1-T_C/T_H$로 나타낼 수 있고, 여기서 온도(T)는 절대 온도다. 지구에서 방이나 공장 바닥의 온도는 약 300K다. 차가운 저수지의 온도(T_C)가 이 정도 된다. 엔진은 400K 온도(T_H)의 열 저수지로 가동할 수 있을 것이다. 이 엔진의 효율은 1-300K/400K, 즉 0.25다. 타이탄에서는 이 효율 방정식이 1-100K/400K, 즉 0.75가 된다. 이 원리는 슈퍼컴퓨터에도 적용할 수 있다. 슈퍼컴퓨터는 엄청난 열을 발생시키고, 그

◆ ◆ ◆ ◆ ◆ ◆ ◆

열을 식히려면 또 엄청난 양의 에너지가 필요하다. 지구에서는 25퍼센트의 효율을 지녔던 슈퍼컴퓨터가 타이탄에서는 75퍼센트의 효율을 가지게 되는 것이다. 따라서 타이탄은 인류의 제조업 수요를 만족시킬 수 있는 기지로 기능할 수 있다.

놀라운 이야기가 남아 있다. 아이작 아서는 아주 먼 미래에, 즉 인간의 뇌가 거대한 컴퓨터에 업로드돼 우리가 가상 실체가 되는 시대에는 컴퓨터를 둘 장소가 필요할 것이라고 예측한다. 지구로는 모자랄 것이다. 컴퓨터들이 점점 더 많은 열을 발생시켜 지구가 뜨거워지고 효율이 떨어지는 날이 온다는 것이다. 아서는 이 컴퓨터들을 둘 만한 장소가 타이탄이라고 생각한다. 아서는 타이탄이 인간의 뇌 수조 개가 업로드된 컴퓨터들을 수용할 만큼 크고 온도가 낮다고 계산했다. 따라서 인류 전체는 언젠가 타이탄으로 옮겨가게 될 것이며, 수십억 년 후 태양이 팽창해 수성, 금성, 지구, 화성, 목성을 전부 삼키더라도 살아남을 수 있다는 것이 아서의 주장이다(참고로 뇌를 업로드하는 것은 복사–붙이기지 자르기–붙이기가 아니다. 따라서 같은 사람 두 명이 있게 되는 셈이다. 한 명은 타이탄에서 살고 다른 한 명은 외태양계를 탐사하면 되겠군).

✱ 천왕성, 해왕성, 명왕성과 그 너머의 달콤한 고독

타이탄의 슈퍼컴퓨터에 뇌를 업로드하기 싫다면 조금 더 바깥쪽으로 가면 된다. 바로 옆 천왕성에도 알려진 것만 27개의 위성이 있고, 천왕성 채굴이 가능해지면 그중 두 개인 티타니아와 오베론이 지상 기지로 사용될 가능성이 있다. 해왕성은 알려진 위성이 14개다. 그중 가장 큰 것은 트리톤으로 생명체 거주 가능성이 있는 액체 상태의 대양이 얼음 밑에 존재할지도 모른다. 명왕성과 해왕성 인근의 천체들, 카이퍼 벨트, 오르트 구름 안의 천체들도 물만 있다면 생명체 거주 가능성이 있다.

먼저 그 바깥에는 적절한 중력을 제공하는 고체 형태 천체가 없다는 것을 말하고 시작하자. 가장 큰 것은 트리톤으로 중력은 0.08G다. 명왕성의 중력은 0.06G밖에 안 된다. 이런 천체들에 정착하거나 오비탈 링으로 이들을 연결시킨다는 등의 발상은 행성 중심적인 생각이다. 더 좋은 식민지화 방법은 인공중력을 갖춘 궤도 도시를 건설하는 것이다. 또한 소행성 벨트 및 목성과 토성의 위성들이 가진 무궁무진한 자원을 생각하면 태양계 가장 바깥쪽에서 살아야 할 필요는 없어 보인다. 태양도 너무 멀리 있어 에너지원으로 쓰기 힘들기 때문에 에너지는 전적으로 핵융합에 의존해야 할 것이다. SF 소설에서도 태양에서 이 정도나 떨어져 사는 사람들은 보통 고독을 추구하는 사람들로 묘사된다. 전쟁이 난무하는 디스토피아적인 미래가 그려지는 SF 소설에서는 외태양계를 장악한 사람이 내태양계도 장악하는 것으로 묘사된다. 이들을 현재 우주군 창설을 염원하는 나라들의 확장판으로 생각할 수도 있을 것이다. 그렇다면 진짜 그것이 가능한지 자세히 살펴보자.

✳ 천왕성과 셰익스피어는 무슨 관계일까

천왕성은 거대 가스 행성이라기보단 거대 얼음 행성에 가까우며 목성이나 토성보다 훨씬 작다. 책에서는 실제보다 크게 그려지는 경우가 많다. 천왕성의 표면적은 지구 표면적의 16배밖에 안 되며 적도 기준 반지름도 2만5,559킬로미터로 지구의 6,371킬로미터에 비해 그리 크지 않다. 하지만 천왕성의 적도를 관찰하는 것은 쉬운 일이 아니다. 천왕성의 자전축은 97도나 기울어져 있어 양극이 태양을 마주보는 모습을 하고 있기 때문이다. 천왕성은 84년에 걸쳐 태양 주위를 돌기 때문에 양쪽 극지방은 42년 동안 낮이 이어지다 다시 42년 동안은 밤이 된다. 또한 천왕성에는 토성과 같은 고리가 있다. 천왕성의 대기는 대부분 수소와 헬륨으로 구성돼 있지만 다량의 메탄과 얼음 형태의 암모니아, 물도 섞여 있다.

오래전에 어떤 사람이 천왕성에 속한 위성들의 이름을 모조리 윌리엄 셰익스피어와 알렉산더 포프의 희곡과 시에 나오는 인물들에서 따오기로 했다. 그러니 위성들의 이름이 이렇게 된 것은 모두 그 사람 때문이다. 천왕성의 위성들은 매우 작다. 따라서 그 위성들에 정착하겠다는 생각은 안 하는 것이 좋다. 티타니아와 오베론이 그나마 제일 큰 위성인데, 각각 지름이 1,500킬로미터 정도고 중력은 0.04G다. 두 위성 모두 물을 구할 목적으로 과학 기지나 채굴 기지를 세울 수는 있겠지만 그 용도 외에는

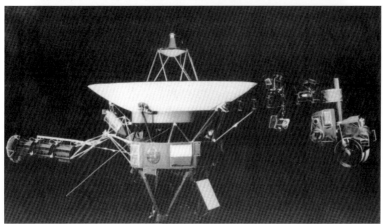

첫 번째 사진은 천왕성. 두 번째 사진은 1985년 11월에 천왕성을 탐사했던 보이저 2호이다.
보이저 2호는 1977년에 제작되었는데 영화 〈스타워즈〉의 첫 번째 작품 에피소드 IV '새로운 희망'이
개봉된 해였다. 이토록 오래 전에 만들어진 인공위성이 인류가 만들어낸 것들 중 두 번째로 지구로부터
먼 곳에서 여전히 여행을 계속하고 있다. 보이저 2호가 지구의 전파를 받으려면 무려 17시간이 걸린다.
보이저 1호와 2호는 2018년을 기점으로 태양권을 벗어나 성간공간에 진입한 상태다.

◆ ◆ ◆ ◆ ◆ ◆ ◆

별로 특별한 것이 없어 보인다. 천왕성의 권역에서 가장 흥미로운 천체는 천왕성 자신이다. 천왕성은 비교적 질량이 작기 때문에 대기권 상층부에서의 탈출속도가 지구 탈출속도와 거의 같으며, 목성 탈출속도의 3분의 1밖에 안 된다. 대기는 놀라울 정도로 조용하고 풍속이 느려 많은 에너지를 사용하지 않고도 내태양계로 보낼 가스를 퍼오기가 쉬울 것이다. 주요 자원은 헬륨-3과 질소다. 우리가 핵융합 기술만 완성한다면 이 헬륨-3을 이용할 수 있을 것이고, 질소로 화성과 궤도 도시의 비활성 기체 수요를 충족시킬 수 있을 것이다. 따라서 가정이지만 천왕성 경제를 활성화시켜야 할 필요가 생긴다면 티타니아와 오베론 기지가 견인차 역할을 할 것이다. 티타니아와 오베론에는 생명체를 품은 액체 상태의 물이 표면 밑에 있을 가능성도 있다. 아직도 이곳은 우리가 모르는 것이 너무나 많은 세계다.

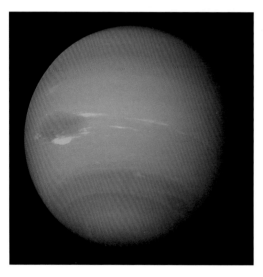 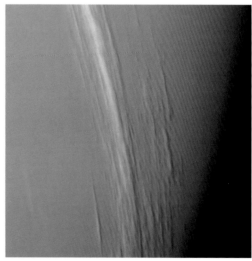

해왕성은 태양계에서 매우 흉악한 날씨로 악명 높다. 목성에서 북아메리카 크기로 떨어지는 거대 번개나 금성의 작열하는 대지와 견줄 만한 것이 바로 해왕성의 '다크 스팟'이다. 이 다크스팟은 거대 폭풍으로서 지름이 무려 7,400킬로미터에 달하고 북반구에서 적도로 이동했다가 다시 고위도로 이동한다. 한마디로 초거대 폭풍이 북반구를 휩쓸고 있다는 뜻이다.

◆ ◆ ◆ ◆ ◆ ◆ ◆

★ <u>해왕성과 트리톤</u>

해왕성은 크기, 질량, 고리, 구성 면에서 천왕성과 매우 닮아 있다. 천왕성보다 약간 작지만 밀도는 더 높다. 거대한 얼음 행성인 해왕성은 거의 천왕성만큼 수소, 헬륨, 메탄, 얼음 형태의 암모니아와 물을 가지고 있다. 하지만 대기 중 바람의 속도는 놀라울 정도다. 태양계에서 가장 빠르다. 해왕성의 풍속은 시속 2,100킬로미터까지 올라갈 수 있기 때문에 가스나 암모니아를 채굴하는 것은 너무 위험하다. 해왕성도 위성이 14개 있는데 그중 관심을 끄는 것은 트리톤이다.

트리톤은 태양계 위성 중에서 일곱 번째로 큰 위성이다. 유로파나 지구의 달보다 약간 작다. 표면 중력은 0.08G밖에 안 되며 대기도 미미한 수준에 불과하다. 트리톤이 흥미를 끄는 이유는, 슬슬 짐작이 가겠지만, 생명체가 살고 있을지 모를 표면 밑 대양의 존재 가능성 때문이다. 트리톤 표면에서는 질소가 간헐천처럼 뿜어져 나오는데, 이는 생명체에 먹이와 에너지원을 제공할 수 있는 얼음 화산과 방사능 방열이 존재할 가능성을 암시한다. 어쩌면 트리톤은 목성이나 토성의 위성들만큼 생명체가 존재할 가능성이 높은 곳일 수 있다. 트리톤도 갈 수는 있을 것이다. 과학 기지도 세울 수 있을 것이다. 하지만 식민지는 별로 실현성이 없어 보인다.

주목해야 할 점 중 하나는 트리톤이 모행성의 자전 방향과 반대로 도는 태양계 유일의 위성이라는 사실이다. 이는 트리톤이 해왕성과 같이 탄생하지 않았기 때문이다. 트리톤은 본래 카이퍼 벨트에 있다가 해왕성의 중력에 붙들렸을 가능성이 크다. 트리톤은 왜행성이라 해도 좋을 정도의 크기를 지녔다. 명왕성보다 크고 무겁기 때문이다. 이것은 대수롭잖게 넘길 만한 사실이 아니다. 명왕성이 속한 카이퍼 벨트에는 트리톤 크기의 천체들이 얼마든지 더 있을 수 있기 때문이다. 이 정도 천체면 표면 밑에 대양이 존재할 가능성이 있다. 만약 그렇다면 생명체의 씨앗이 한 행성에서 다른 행성으로 옮겨갔다는 범종설(외계생명체유입설)에 힘이 실릴 수도 있다. 지구나 다른 행성, 혹은 위성의 생명체는 카이퍼 벨트에 있던 천체가 아주 오래전에 표면에 충돌하면서 발생했을지도 모른다.

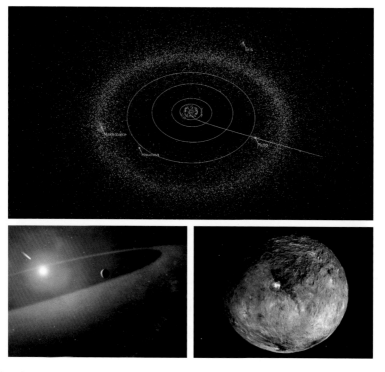

첫 번째 사진에 태양계 행성들의 공전 궤도와 해왕성 너머에 존재하는 카이퍼 벨트가 표시되어 있다.
해왕성 궤도를 넘어가면 왜행성 명왕성과 하우메아, 마케마케, 에리스 등이 있다.
한편 왜행성은 해왕성 궤도 바깥에만 있는 게 아니다. 왜행성 세레스는 화성과 목성 궤도 사이에서
발견되었다. 티티우스─보데 법칙에 따르면 본래 화성과 목성 사이에 행성이 존재해야 하지만
실제로는 소행성대와 왜행성만이 발견되었다.

✳ 카이퍼 벨트의 천체들

사람들은 약자를 사랑한다. 명왕성이 여전히 사랑 받는 태양계 천체로서 정착지 후보로까지 거론되는 이유다. 논란의 여지는 있겠지만 나는 명왕성이 하나도 특별할 게 없다고 생각한다. 옛적에는 '정규' 행성이던 명왕성은 현재 왜행성으로 강등된 상태다. 그 이유 중 하나는 카이퍼 벨트에 명왕성 같은 천체가 수백 개도 넘게 있을 수 있다는 사실이다. 카이퍼 벨트는 해왕성 궤도(30AU)에서 약 50AU 거리까지 흩어져 있는 물질들로 구성된 별주위원반(circumstellar disc)을 말한다(AU는 천문단위로서 지구와 태양의 평균 거리이다. 1AU는 149,597,870km이다). 심지어 명왕

성은 우리가 아는 카이퍼 벨트 구성 천체 중에서 가장 큰 천체도 아니다. 가장 큰 천체는 에리스다. 그밖에 명왕성보다 큰 위성이 일곱 개나 있다.

이론적인 이야기를 좀 해보자. 국제천문연맹(IAU)에서 제시한 정의에 따르면, 행성은 '자신의 궤도 주변의 다른 천체를 일소'한 상태여야 한다(공전 궤도 주변에서 지배적인 중력을 행사해야 한다는 뜻이다_역주). 명왕성의 궤도는 해왕성에 의해 강한 영향을 받는다. 또한 명왕성은 해왕성 바깥의 천체 여럿과 태양 공전 궤도를 공유한다.

명왕성이 지금도 우리 마음속에 남아 있는 이유는 오랫동안 태양계에서 가장 마지막이자 가장 작은 행성으로서의 위치를 유지해왔기 때문이다. 또한, 나사의 뉴호라이즌스 미션은 명왕성 근처까지 가서 환상적인 사진을 보내오기도 했다. 따라서 현재 우리는 외태양계의 행성과 위성 중에서 명왕성에 대해 가장 많은 것을 안다고 할 수 있다. 하지만 명왕성은 공기가 거의 없고 표면 중력도 0.06G에 불과하다. 달의 3분의 1 수준이다. 명왕성에 영구 정착하는 것은 비현실적으로 보인다. 그나마 이 왜행성에 장점이 있다면 수소, 산소, 질소 같은 휘발성 물질이 많다는 것이다. 모두 생명을 유지시키는 데 적합한 물질이다. 문제는 철이나 규소 같은 무거운 물질이 거의 없기 때문에, 구조물 건설과 산업 유지에 필요한 재료도 거의 만들 수 없다는 점이다.

명왕성은 그 크기에 어울리지 않게 위성이 다섯 개나 된다. 카론, 스틱스, 닉스, 케르베로스, 히드라다. 여기서부터 이야기가 재밌어진다. 이 위성 중에 가장 큰 것은 카론이다. 지름이 명왕성 지름의 반을 넘기 때문에 일부 천문학자들은 명왕성과 카론이 과거에 서로 충돌했고, 그 결과 불규칙하게 생긴 위성들을 거느리게 된 이중 왜행성이 됐다고 추론하기도 한다. 명왕성-카론의 신기한 점은 톨린이라는 유기 분자가 존재한다는 사실이다. 이 두 천체가 부분적으로 불그스름한 갈색을 띠는 것도 이 톨린 때문이다. 일부 과학자들은 톨린이 생명체의 전구체라고 추측하기도 한다. 물과 다른 조건들이 자연적으로 갖춰진 초기 지구에서 톨린이 아미노산 같은 더 복잡한 분자로 변했다는 것이다. 다른 많은 위성에도 톨린이 존재할 가능성이 있다. 특히 타이탄과 트리톤이 그렇다. 나사의 뉴호라이즌스가 보내온 데이터에 따르면 명왕성의 엷은 대기에 있는 탄화수소가 우주 방사선과 태양 자외선의 폭격을 받아 톨린을 만들어냈고, 이 톨린 중 일부가 카론의 북극 지역으로 날아가 붉은 빛을 내는 것으로 보인다. 뉴호라이즌스는 명왕성계를 한 번쯤 방문할 만한 가치가 있는 곳으로 바꿔놓았다. 하지만 생명체가 발견되지 않는 한 여기에 장기적으로 머물 인간은 없을 것이다.

하지만 명왕성과 관련해 멋진 아이디어가 하나 있다. 명왕성과 카론을 연결해 행성 간 고속도로를 만든다는 생각이다. 이 두 천체 사이의 거리는 1만9,000킬로미터밖에 안 된다. 지구와 달 사이가 40만 킬로미터라는 것을 생각하면 비교적 가까운 거리다. 이론적으로 이 아이디어가 가능한 이유는 명왕성과 카론이 조석 고정이 돼 있어 두 천체가 늘 서로의 같은 면만을 바라보기 때문이다. 지구에서는 달이 하늘에서 움직이는 것을 볼 수 있지만 명왕성에서는 카론이 움직이는 것을 볼 수 없다. 카론에서 볼 때도 명왕성은 움직이지 않는다. 물론 연결 시스템은 약간의 신축성이 있어야 할 것이다. 조석 고정이 완벽하지 않고 궤도들도 조금씩 이동하기 때문이다. 하지만 그 정도는 현재의 소재로도 감당할 수 있다. (인공중력으로 건강을 유지할 수 있다면) 사람들은 연결 시스템에 부착된, 궤도를 함께 도는 캡슐에 거주할 수도 있을 것이다. 이들은 레일을 타고 명왕성이나 카론으로 가서 먼 우주 식민지로 보낼 물, 톨린, 질소, 암모니아 등을 채굴할 수 있을지 모른다. 사람을 그 먼 곳까지 보내는 게 께름칙하다면 로봇을 대신 보낼 수도 있다. 실현 가능성은 낮더라도 생각해봄직한 아이디어다(퓨처리즘의 아이러니가 바로 이거다. 우주에서 사람들이 가장 원시적인 직업인 농부와 광부 일을 하는 모습을 상상하는 것).

카이퍼 벨트의 대형 천체들은 과학적으로 탐구해볼 가치가 있을 것이다. 하지만 안타깝게도 이 천체들 대부분은 너무 멀리 있고, 탐사선 한 대로 조사하기엔 너무 흩어져 있다. 카이퍼 벨트에 있는 이 '해왕성 바깥 천체들(Trans-Neptune Object, TNO)'에는 에리스, 하우메아, 2007 OR10, 마케마케, 50000 Quaoar, 90377 세드나, 2002 MS4, 90482 오르쿠스, Orcus, 120347 살라시아 등의 이름이 붙어 있다. 2019년 1월 뉴호라이즌스는 울티마 툴레라는 별칭으로 알려진 S2014 MU69 옆을 스쳐갔다. 이 천체에 뭔가 특별한 것이 있어서는 아니다. 단지 그때 명왕성을 벗어나는 궤도에 있던 뉴호라이즌스가 연료를 거의 쓰지 않고도 가까이에 있던 이 천체로 접근할 수 있었기 때문이다(울티마 툴레는 길이가 30킬로미터밖에 안 되는 길고 작은 천체다. 폭이 2,000킬로미터에 이르는 에리스와 비교된다). 우리는 이 천체들에 대해 아는 것이 거의 없다. 따라서 언제 어떻게 이 천체들에 정착할 수 있을지를 생각해봐야 아무 소용이 없다.

✳ <u>혜성에 올라타면 은하횡단 급행열차일까</u>

혜성은 카이퍼 벨트나 오르트구름에서 생성된, 얼음에 싸인 천체를 말한다. 혜성은 타원형 이심 궤도를 긴 시간 동안 도는데, 태양에 가까워질 때 그 특징적인 꼬리, 즉 코마가 나타난다. 꼬리는 얼음과 기타 휘발성 물질들이 태양열에 타면서 나타나는 현상으로, 혜성이 외태양계로 다시 돌아가면 사라진다. 유명한 혜성으로는 74~79년 주기로 지구에 근접하는 헬리 혜성이 있다. 지난 1995년에 발견된 밝은 혜성인 헤일봅은 2,300년 후에나 모습을 보일 것으로 예상된다(우리가 몸소 그 혜성까지 가지 않는다면 말이다). 물리학자 프리먼 다이슨은 혜성이 태양계에서 가장 거주 가능성이 높은 천체라고 보고 있다. 하나는 확실하다. 일단 혜성에 착륙한다면, 신나는 우주여행이 시작될 것이다.

인간은 혜성도 소행성처럼 이용할 수 있을 것이다. 핵심은 혜성에 착륙한 다음 그 속을 비우고 회전 거주구를 삽입해 인공중력을 만들어내는 데 있다. 혜성은 얼음으로 된 공이라기보다는 얼어붙은 진흙 공에 가깝다. 혜성의 바깥 껍질은 방사선 차폐막 역할을 할 수 있을 테고 금속, 광물, 암석으로 이뤄진 혜성의 핵은 건설 자재로 사용할 수 있을 것이다. 대부분의 혜성은 생명유지에 필요한 거의 모든 요소를 갖추고 있다. 혜성을 선택할 때는 수백만 명이 살기에 충분한 공간과 안정성을 제공할 수 있는 것으로 골라야 한다. 그러려면 혜성의 폭이 몇 십 킬로미터 정도는 돼야 한다.

혜성에서 살려면 핵융합이 필요할 것이다. 혜성은 대부분의 시간을

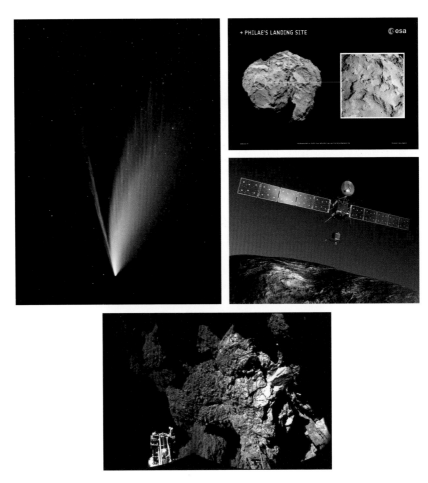

혜성 니오와이즈. 핵의 지름은 5킬로미터 내외다. 두 개의 꼬리가 보이는데, 첫 번째 꼬리는 가스와 이온으로 되어 있으며 두 번째 꼬리는 혜성의 먼지로 이루어져 있다. 두 번째 사진과 세 번째 사진은 각각 혜성 67P/추류 모프–게라 시멘코와 이 혜성을 탐사한 ESA의 로제타 탐사선이다. 네 번째 사진은 로제타에서 분리된 혜성 착륙선 필레가 보내온 혜성 표면 사진이다.

태양에서 멀리 떨어져 있는 상태로 보내기 때문에 태양에너지를 이용하기가 힘들고, 얼음에서 수소 연료를 추출해 산소와 연소시키는 방법도 도시 전체에 전원을 공급하기에는 역부족이다. 하지만 진흙 범벅인 얼음에서 추출한 수소나 중수소를 핵융합의 연료로 쓴다면 이야기가 달라진다. 그 경우 몇 킬로그램이면 인공조명으로 실내를 밝히는 데 크게 도움이 될 것이다. 흥미로운 것은 핵융합 연료를 이용해 혜성을 성간 우주선으로 활용할 수 있다는 점이다. 실제로 비용 대비 효과를 생각하면, 몇 킬로미터 두께의 얼음으로 덮여 있고 내부 공간이 넓은 혜성은 광속의 10퍼센트가 넘는 속도로 은하를 가로지를 때 방사선과 우주 파편으로부터 거의 완벽한 보호를 제공해줄 것이다. 태양 주위를 돌며 태양 중력의 도움을 받는 한편으로 엔진을 가동시키면 40년 안에 가장 가까운 항성에 도착할 정도로 엄청난 속도를 낼 수 있을 것이다.

물론 이 아이디어는 먼 미래에나 실현 가능하겠지만, 실용성 면에서 볼 때 수십만 명이 한꺼번에 항성으로 이동할 수 있는 가장 효율적인 방법은 혜성 기반의 세대 우주선(항성계 간의 이동을 목적으로 승무원의 세대 교체를 전제해 설계 및 운영되는 우주선)인 건 확실하다. 혜성에 올라타는 것은 명왕성 같은 곳에 대규모로 거주하는 것보다 더 가능성이 높을 것이다. 명왕성에 거주하는 것이 훨씬 쉬울 수는 있지만 얻을 수 있는 게 거의 없기 때문이다.

✳ 오르트구름과 그 너머의 세계

카이퍼 벨트의 모호한 경계와 우리 태양계의 가장자리를 넘어서면 신비에 싸인 오르트구름이 있다. 오르트구름은 태양에서 0.8광년(1만 AU) 떨어진 지점부터 3광년(5만 AU) 거리까지 펼쳐진 성간 공간이다. 가장 가까운 항성까지의 여로에서 중간쯤에 위치한다고 보면 된다. 이 지역은 이론상의 공간이다. 직접 관찰된 적이 없기 때문이다. 천문학자들은 이 지역에 태양계와 느슨하게 결합돼 있거나 최소한 다른 항성보다 우리 태양의 중력을 더 많이 받는 수많은 얼음 미행성이 존재한다고 추측한다. 장주기 혜성과 궤도가 거의 포물선인 혜성 중 일부는 이 오르트구름에서 생성된 것으로 보인다.

미지의 물체를 측정하는 방법인 모델링을 사용할 경우, 오르트구름에는 지구의 100배 이상 또는 소행성 벨트의 10만 배 이상의 자원이 있을 것으로 추산된다. 하지만 각각의 천체는 지구와 명왕성을 이은 축을 기준으로 볼 때 다른 천체와 엄청나게 떨어져 있어 거의 고립 상태에 있는 걸로 보인다. 오르트구름에는 떠돌이 행성들도 존재할 것으로 추정된다. 원래 속했던 태양계로부터 어떤 방식으로든 떨어져 나온 행성들을 말한다. 이런 행성은 유랑(nomad) 행성 또는 스테픈울프(Steppenwolf) 행성이라 불리기도 하며, 다양한 크기를 지니고 있다. 지구 정도의 중력을 가진 행성이 오르크 구름에서 우리를 기다리고 있을지도 모른다.

근시일 내에 오르트구름에 가지는 못할 것 같다. 역사상 가장 멀리까지 간 탐사선인 나사의 보이저 1호는 시속 6만 킬로미터의 속도로 비행하고 있는데, 이제 막 태양계를 벗어나는 중이다. 이 탐사선은 약 300년 후 오르트구름의 안쪽 가장자리에 도착할 예정이며 오르트구름을 통과하려면 3만 년은 지나야 할 것이다. 그렇다면 어떻게 우리가 그곳에 정착할 수 있을까? 왜 그래야 할까?

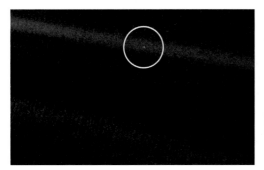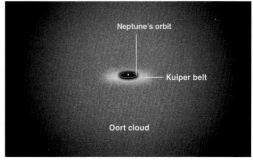

첫 번째 사진은 보이저 1호가 약 61억 킬로미터 거리에서 찍은 지구이며 창백한 푸른 점(Pale Blue Dot)이라는 이름으로 유명하다. 두 번째 사진은 태양계 외곽을 마치 껍질처럼 둘러싸고 있는 것으로 추정되는 오르트구름인데, 태양계를 둘러싸고 있는 광대한 얼음 저수지라고 할 수 있다. 성간공간에 진입한 보이저 2호가 오르트구름 안쪽 경계에 도달하기까지는 앞으로 300년, 바깥쪽 경계를 지나기까지는 3만 년이 걸릴 것으로 추측된다. 사실 오르트구름은 그 실체가 관측된 적이 없는 가상의 천체 구조물이다. 하지만 우리 하늘을 우아하게 가로지르는 장주기 혜성의 발생을 설명하는 '가장 깔끔한 이론'인 것만은 분명하다.

이 질문에서 '어떻게' 부분은 우리가 혜성이나 소행성에 핵융합을 이용하는(태양에너지나 다른 에너지를 사용할 수 없기 때문이다) 거주구를 설치할 수 있는지 여부에 좌우된다. 가장 큰 장애물은 통신이다. 거리가 너무 멀어 오르트구름 내의 한 공동체에서 다른 공동체로 메시지를 보내는 데 며칠에서 몇 달은 걸릴 것이다. 위성 통신에 지연이 발생한다는 뜻이다. 현재로서 '왜' 부분은 완전히 SF 소설의 영역에 속한다. 자신이 속한 세계에 실망한다면 악의 세력이 수성에서 명왕성을 지나 카이퍼 벨트에 이르기까지 모든 태양계를 지배하는 먼 미래의 디스토피아를 상상할 수 있다. 악당들이 인류를 노예로 만들고 혜성을 조종해 지구를 폭격하는 그런 미래 말이다. 이럴 때 오르트구름은 피난처가 될 수 있을 것이다. 오르트구름 속 수십억, 수조 개의 얼음 천체 사이에 몸을 숨기기는 쉬울 테니까. 어딘가에 신호를 보내다 들키지만 않는다면, 고등 문명에 의해 발견될 확률은 거의 없을 것이다. 천체의 숫자와 거리 모두가 유리하게 작용한다.

오르트구름은 앞으로 몇 천 년이 지나면 은하 간 고속도로를 유지하는 데 도움이 될 수도 있을 것이다. 지구상의 수송 도로나 고속도로와는 달리, 은하 간 고속도로는 중간에 휴게소나 주유소가 있을 필요가 없다. 우주에서 멈추려면 연료가 소비되고, 광속의 10퍼센트가 넘는 속도로 몇 년 동안 이어질 항성 간 여행을 하기 위해 그동안 힘겹게 증가시켰던 속도도 무너지게 된다. 또한 오르트구름 속 천체들은(대부분의 항성계는 천체들로 이뤄진 비슷한 구름을 가지고 있다) 우주의 등대 역할을 할 수도 있다. 이 천체들은 우주 비행에서 길잡이 역할을 할지 모르고, 우주선은 천체에서 나오는 빛을 이용해 추진할 수도 있을 것이다. 이 장의 뒷부분에서 태양광 돛에 대해 다룰 텐데, 간단히 말하면 태양에서 나오는 광자가 대형 우주선의 돛을 밀게 해 우주선을 광속에 가깝게 추진시키는 장치다. 물론 태양에서 멀어질수록 태양광이 흩어져 돛을 미는 힘이 약해진다. 이때 오르트구름 안의 등대들은 강력하고 집중적인 레이저를 쏴서 우주선을 움직이는 '바람'을 일으킬 수 있다. 물론 이 레이저는 다른 태양계 또는 우리 태양계의 안쪽 행성들을 향해서도 쏠 수 있다. 은하 간 무역의 규모에 따라 달라지겠지만, 오르트구름 거주자들은 이런 '무역풍'을 통제하면서 꽤 수입을 챙길 수 있을지도 모른다.

그렇다면 무역은 누구와 해야 할까? 아마 우리끼리 하게 될 것이다.

◆◆◆◆◆◆◆◆

우리 은하에는 전파 신호를 보내거나 전자기파를 조작하는 인간 같은 지적 생명체가 없는 것 같기 때문이다. 또한 다른 생명체가 존재한다고 해도, 이 생명체들이 자본주의자일 가능성은 매우 낮다.

또 무역망을 구축하는 것보다 수백 년 앞서서, 우리는 거의 빛의 속도로 운행하는 세대 우주선이나 성간 방주를 타고 새로운 천체를 찾아 여행을 떠날 수도 있다. 아주 이해하기 쉬운 아이디어다. 세대 우주선이나 성간 방주는 수백 년에서 수천 년의 시간 동안 다른 항성으로 가는 거대한 자급자족형 우주선을 말한다. 따라서 이 우주선에 탄 사람들은 우주선에서 살다 우주선에서 죽게 될 것이다. 불사를 가능케 하는 방법을 찾아내지 않는 한 그럴 것이다.

이런 우주선들은 꽤 커야 할 것이다. 현재 지구에서 운행되고 있는 대형 유람선은 크기가 축구장 세 개를 붙여놓은 것보다 크지만 승객은 5,000~6,000명밖에 태우지 않는다. 지구에서는 이 정도 인원이 한 배에 타는 것도 끔찍하게 느껴질 수 있지만 우주에서는 이야기가 다르다. 새로운 우주 식민지를 개척하려면 적어도 이 정도 인원은 한 우주선에 탈 수 있어야 한다. 성간 방주는 우주에서 만들어야 할 것이다. 이런 우주선을 만들게 된다면, 1세대 우주 방주는 달이나 소행성에서 채굴한 원자재를 이용해 만들어질 것이다. 혜성이나 소행성의 내부를 비워 세대 우주선으로 사용할 수 있다는 점도 기억하자. 이렇게 되면 재미있는 상황이 벌어질 수 있다. 2200년에 센타우루스자리 알파로 출발한 '원시적인' 방주가 2250년에 출발한 훨씬 빠른 신형 방주에 따라잡힐 수도 있으니까. 최초의 방주에 탄 개척자들은 목적지에 도착했을 때 이미 100년 전에 도착해 살고 있는 사람들을 보며 엄청나게 놀랄 것이다. 하지만 우주는 넓다. 두 방주의 사람들이 같은 항성계를 두고 싸움을 벌이는 일은 없길 바란다.

당신이 바쁘지만 않다면 바다에서 유람선을 타고 돌아다니는 것도 괜찮은 일이다. 하지만 굳이 시간을 들여 우주를 돌아다니는 것에는 아무 이득이 없다. 볼만한 경치도 없고 치명적인 방사선 폭풍도 뚫고 가야 한다. 목적지에 빨리 도착할수록 좋다. 실제로 상대적인 속도 부족은 먼 우주를 탐사할 때 제약 요소가 된다. 현재 기준으로 지구에서 명왕성까지 가는 데 10년이 걸린다면, 무중력, 방사선, 우주 파편 등으로부터 우리를 보호해줄 수 있는 우주선을 만든다 해도 다른 항성은 고사하고 언제 태양계를 가로지를 수 있겠는가? 게다가, 간다고 해도 편도 여행이다. 바다에서 몇 년을 지내는 선원들이 있긴 하지만 몇 십 년을 지내지는 않는다.

제3장에서 다뤘듯이, 로켓 발사를 위해서는 화학연료나 핵연료를 이용해 순수한 추력만으로 지구의 중력 우물에서 벗어나야 한다. 다음 세기에 인간이 깊은 우주를 탐사할 준비를 마치면 로켓은 쓸모없어질 수도 있다. 우주로 인간을 들어 올리는 데는 스카이후크나 오비탈 링이 훨씬 효과적이기 때문이다. 스카이후크나 오비탈 링에서 기다리는 우주선에 탑승하면 된다. 일단 우주에 진입하면 더 다양한 연료를 선택할 수 있다. 이런 연료 중 일부는 광속에 상당히 근접하는 속도를 낼 수 있을 것이다.

✱ 이온 플라즈마 추진

원자 수준의 움직임을 통해 우주선을 추진하는 방식인 이온 추진은 토끼와 거북이의 결합이라고 할 수 있다. 나사와 일본 우주항공연구개발기구는 이미 이온 추진을 이용해 소행성 미션에 성공한 바 있다. 이 기술의 핵심에는 작용–반작용 원리가 있다. 양전하를 띠도록 기체를 이온화한 다음, 후방에서 방출해 그 반작용으로 우주선을 추진시키는 방식이다. 우주에는 공기저항이 없기 때문에 우주선은 움직일 때마다 점점 더 빨라진다.

화학연료는 노즐에서 초속 약 5킬로미터의 속도로 뜨거운 기체를 방출한다. 로켓을 들어 올릴 수 있는 추력을 확보하려면 많은 화학연료를 사용해야 한다. 화학연료가 모두 소모되는 순간 발사체는 최종속도에 이르게 된다. 이온 추진 엔진은 제논 가스를 사용한다. 이 제논 가스에 전자를 폭격하면 제논 원자는 전자를 잃고 양전하를 띤 이온이 된다. 이 이온들은 다시 전기장에서 가속돼 초속 40킬로미터의 속도로 배출된다. 추력은 약 0.5뉴턴으로, 종이 한 장을 들어 올릴 정도의 힘밖에 안 된다. 하지만 우주에서는 이 추력이 늘어난다. 세레스와 베스타에 도착했던 나사의 돈 우주선이 4일 동안 시속 0킬로미터에서 100킬로미터까지 가속하기 위

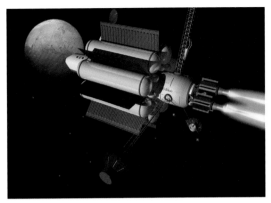

첫 번째 그림은 이온 엔진의 상상도이다. 현재 우주선 발사체로 쓰이는 로켓 엔진은 고압가스를 분사해 추진력을 얻는데 폭발적인 가속력이 장점이지만 효율이 매우 낮고 가동 시간이 짧다. 지구 중력권 탈출 용도로는 적합하지만 문자 그대로 천문학적 거리를 이동해야 하는 우주에서는 단점이 너무 많다. 고압가스 로켓을 대체할 엔진이 바로 이온 엔진이다. 두 번째 사진은 나사가 제트 추진 연구소에서 실험하던 딥스페이스1 이온 엔진이다. 파란빛은 엔진에서 방출되는 하전입자이다. 이 이온 엔진은 처음에는 종이 한 장조차 못 드는 추력이었지만 딥스페이스1의 임무가 끝날 무렵에는 무려 시속 13,700킬로미터까지 가속할 수 있었다.

해 이 이온 추진 방식을 이용했다(우주로 올라갈 땐 기존 로켓 추진 방식을 사용했다). 딱히 고속이라고 할 수는 없지만 미세한 조종을 해야 하는 이 미션에서는 이상적인 속도였다. 이온 추진 우주선은 몇 주 정도면 시속 32만 킬로미터의 속도를 낼 수 있다. 화성까지 가는 데 몇 달이면 충분한 속도다. 뉴호라이즌스가 거의 10년 걸려 도착한 명왕성도 5년 정도면 갈 수 있다.

현재 가동 가능한 이온 추진 장치는 가벼운 우주선에는 좋지만 무거운 짐을 실은 우주선에는 적합하지 않다. 이 방식으로 추진하기에는 질량이 너무 크기 때문이다. 최근 나사는 더 효율적인 이온 추진 장치를 개발하는 데 성공했다. X3 또는 홀 추진체라고 명명된 이 장치는 5뉴턴의 추력을 낼 수 있다. 돈 탐사선에서 사용한 제논 추진체가 내는 추력의 열 배다. 이는 X3 추진 엔진이 과학 기지나 정착지를 세울 수 있을 만큼 많은 양의 화물을 화성까지 가져갈 수 있다는 뜻이다.

초기 실험 단계이긴 하지만 전 나사 우주 비행사 프랭클린 챙 디아

스가 이끄는 애드 아스트라라는 로켓 기업은 차세대 이온 엔진을 개발하고 있다. 가변 비추력 자기 플라스마 로켓(Variable Specific Impulse Magnetoplasma Rocket)이라는 이름으로, 줄여서 바시미르(VASIMR)라고 불린다. 현재의 이온 추진 시스템이 태양 전지판을 이용해 전자가 제논 가스를 폭격하도록 하는 방식을 쓰는 반면, 바시미르는 전파를 이용해 전자를 '끓여서' 아르곤 가스에서 추출한 다음 이온 플라스마를 만드는 방식을 채택하고 있다. 애드 아스트라의 엔지니어들은 우주선에 소형 원자로를 장착해 에너지원으로 이용하면 화학연료로는 200일 정도 걸리는 화성까지 39일 만에 갈 수 있는 이온 플라스마 추진체를 만들 수 있다고 추산한다.

공상과학의 영역에 있는 것으로 보이기는 하지만 엠드라이브(Em-Drive)라는 것도 있다. 추진체가 없는 엔진으로 물리 법칙을 무시하는 가상의 엔진이다. 그럼에도 불구하고 10년이 넘도록 실험이 진행됐다. 이 아이디어는 원뿔처럼 생긴 장치에 마이크로파를 모아 그 안에서 마이크로파들이 움직이게 해 미세한 추력을 얻는다는 발상에 기반을 두고 있다. 실험을 진행한 사람들은 실제로 작동되는 것을 확인했다고 말했고 나사의 일부 사람들도 같은 말을 했다. 만약 이 엔진이 작동된다면 우주로 갔을 때 주변에 있는 마이크로파 우주 방사선으로 우주선에 동력을 공급할 수 있을 것이다. 그렇게만 되면 분명 이 엔진은 항성 간 여행에 이상적인 엔진이 될 수 있다. 연료 없이 광대한 우주를 여행할 수 있기 때문이다. 하지만 독일 엔지니어들은 지상 실험실에서 관찰된 추력이 엔진의 전원 케이블이 지구 자기장과 상호작용해 발생한 것이라는 사실을 밝혀냈다.

✱   햇빛으로 항해하기, 태양광 돛

태양광 돛은 태양풍, 더 정확히는 태양광에서 나오는 광자의 압력을 잡아내는 장치다. 2010년 일본 우주항공연구개발기구는 태양광 돛을 이용한 이카로스(IKAROS) 우주선을 금성에 보냄으로써 행성 간 공간에서 최초로 이 기술을 입증했다. 이 태양광 돛은 길이와 폭이 각각 14미터, 두께가 몇 마이크론이었으며 315킬로그램의 우주선을 시속 1,440킬로미터까지 가속시켰다. 이온 추진체가 낼 수 있는 속도에 비해서는 훨씬 느리지만 앞으로의 가능성은 상당히 크다. 중요한 건 이카로스가 '바람'을 타고 날아갔다는 사실이다. 2019년에는 크라우드 펀딩을 통해 자금을 마련한 플래니터리 소사이어티가 태양광 돛을 발사해 배치하는 데 성공함으로써, 연료 없이 태양계에서 움직일 수 있는 능력을 입증해 보였다.

 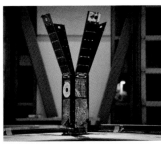 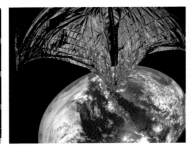

첫 번째 사진은 태양광 돛의 기술실증기 이카로스이고 두 번째 사진은 라이트세일 2호이며 세 번째 사진은 라이트세일 2호의 듀얼 185호 카메라가 펼쳐진 태양광 돛을 촬영한 것이다. 칼 세이건은 태양광 돛을 이용한 우주 탐사의 가능성에 주목해 '플래니터리 소사이어티'를 창설했다. 실제로 라이트세일 2호는 플래니터리 소사이어티에서 개발되었으며 '돛'을 이용해 궤도를 변경하는 데 성공해 2019년 7월을 기해 임무 성공이 선언되었다. 태양광 돛은 이론적으로 광속의 25% 수준까지 속도를 낼 수 있을 것으로 기대되지만 충분한 추진력을 얻기 위해서는 '돛'도 그만큼 거대해야 하며 우주 비행 도중 돛이 찢어지지 않아야 한다. 그럼에도 태양광 돛은 이온 엔진, 태양풍을 이용한 일렉트릭 세일과 함께 미래에 인류를 심우주로 인도할 차세대 엔진으로 기대받고 있다.

이론상으로 보면, 태양광 돛은 태양 가까이에 있는 수성 궤도 안에서 돌 경우 그곳의 바람을 받아 초속 400킬로미터, 즉 광속의 1,000분의 1의 속도까지 낼 수 있다. 이 정도면 약 2년 내외로 명왕성에 도착할 수 있다. 태양광 돛을 단 우주선을 레이저 빔으로 밀어주면 훨씬 더 빨리 갈 수도 있다. 브레이크스루 스타샷 계획은 4광년 떨어진 센타우루스자리 알파 항성계에 초소형우주탐사선 1,000대를 보낸다는 계획이다. 지구에서 강력한 레이저를 쏘면 폭 몇 센티미터밖에 안 되는 이 초소형 우주선들을 광속의 15~20퍼센트까지 가속시킬 수 있을 것이다. 이 계획은 다 좋은데 문제가 하나 있다. 켄타우루스자리 알파에 도착한 뒤 감속이 힘들다는 것이다. 우주에서는 낙하산도 쓸 수 없다.

◆◆◆◆◆◆◆

✳ 가능한 프로젝트, 불가능한 프로젝트

인간은 꿈을 꿀 수 있다. 나사의 브레이크스루 추진 물리학(Break-through Propulsion Physics, BPP) 프로젝트 팀은 1996년부터 프로젝트가 취소된 2002년까지 그 꿈을 이루고자 노력했다. 수학과 물리학이 동원된 프로젝트였지만 대부분은 꿈이었다. 이들이 연구했던 아이디어 중 하나가 워프 드라이브다. 〈스타트렉〉에 나오는 그 워프 드라이브 맞다. 사람들의 생각과 달리, 광속보다 빠르게 이동할 수 있게 해주는 장치는 아니지만 말이다. 워프 드라이브는 공간을 왜곡시켜 먼 거리를 단숨에 뛰어넘게 해주는 장치다. 파장을 따라 위아래로 움직이는 것이 아니라 파장의 꼭대기들을 딛고 뛰어가는 방식이다.

언론 보도를 통해서 알겠지만, 워프 드라이브는 실패했다. 사람들은 워프 드라이브와 그 형제격인 웜홀이 실현 가능하다고 생각했다. 물리학법칙을 거스르지 않기 때문이다. 하지만 공간을 왜곡시키는 데는 엄청난 에너지가 필요하다. 아마 우리가 블랙홀을 이용할 수 있을 때까지는 그렇게 많은 에너지를 동원하기 어려울 것이다.

반물질은 가능한 영역에 있다. 현재의 우리도 입자 가속기로 반물질을 만들 수 있다. 하지만 장시간 저장이 힘들다. 게다가 우리가 만들 수 있는 반물질은 10억 분의 1그램도 안 되는 약간의 반양성자가 전부다. 반물질은 모든 면에서 같지만 전하만 반대인 물질을 말한다. 양전자라고도 불리는 반전자는 전자와는 반대로 양의 전하를 가지고 있다. 반양성자는 음의 전하를 띠고 있다. 이런 반물질은 매우 불안정하며, 반물질이 일반 물질을 만나면 두 물질 모두 소멸된다. 소멸된다고 해서 재가 남는 것은 아니다. 이 물질들은 $E = mc^2$ 방정식에서 보듯이 전부 에너지로 변환된다. 버려지는 게 많은 화학 에너지는 효율이 대략 1퍼센트고, 원자력 에너지의 효율은 10퍼센트 정도다. 그에 반해 물질-반물질 소멸은 효율이 100퍼센트다. 이는 우리가 반물질의 힘을 이용하게 된다면(완전히 불가능한 일은 아니다) 광속의 최대 40퍼센트 속도를 내는 연료를 가질 수 있다는 뜻이다. 그 경우 걱정해야 할 것은 빠른 속도일 것이다. 그 정도 속도로 우주 파편들 사이를 지나가다 보면 우주선 선체가 훼손될 것이기 때문이다. 차를 몰고 갈 때 앞 유리에 부딪히는 벌레들을 생각해보자. 끔찍하다.

현실과 더 가까운 것은 핵분열, 핵융합 엔진이다. 핵연료는 현재도 우주 공간에서 사용되고 있다. 나사는 보이저 1호와 2호에 방사성동위원소 열전기 발전기(Radioisotope Thermoelectric Generator, RTG)를 장착했으며, 탐사선들은 현재 태양계 밖으로 나가고 있는 중이다. 방사성동위원소 열전기 발전기는 플루토늄이 붕괴하면서 발생하는 열로 전기를 만드는 장치다. 이것은 큐리오시티 화성 탐사차를 비롯해 몇몇 탐사선에서도 사용되고 있다. 하지만 우주에서 핵분열을 일으키는 것은 쉬운 일이 아니다. 나사는 1950년대부터 1960년대까지 20년 동안 로켓 차량용 핵 엔진(Nuclear Engine for Rocket Vehicle Application, NERVA)이 탑재된 로켓을 운영했다. 이 핵분열 추진 로켓은 1980년대까지 인간을 화성에 데려가는 것이 목표였지만 계속 진행하기에는 비용이 너무 많이 들어 취소됐다. 이 프로그램은 1980년대 후반 미국의 전략방위구상('스타워즈')의 일환으로서 '팀버윈드 프로젝트'라는 이름으로 재탄생했다. 그때나 지금이나 문제는 핵연료의 안전성이었다. 특히 우주선이 지구에서 발사될 때가 문제다. 로켓이 폭발하면 주변의 광범위한 지역에 유독한 핵연료가 떨어진다. 로켓이 다른 나라 상공에서 폭발해 떨어지기라도 하면 악몽을 넘어서 정치적인 문제가 발생할 수도 있다. 하지만 현재 원자력 엔진 기술은 고도로 발달해 있다. 따라서 생명체가 살지 않는 달 같은 곳에서, 현지에서 만든 핵연료를 이용해 발사시킨다면 안전성 문제를 간단히 넘길 수 있을 테니 핵분열 로켓도 상당한 현실성을 갖게 된다.

우리가 핵융합을 자유자재로 할 수 있게 된다면 달의 헬륨-3을 연료로 삼아 거대한 우주선을 발사시킬 수도 있을 것이다. 핵연료는 더 많은 동력을 제공하는 것은 물론, 연소 효율도 화학연료보다 높다. 이는 핵연료를 사용하면 더 빠르게, 더 오래 갈 수 있다는 뜻이다. 화물 대비 연료의 비율이 훨씬 낮아지는 것이다. 한 번에 아주 적은 양의 핵융합 연료를 사용해 연속적인 추진을 일으킬 수 있는 펄스 핵융합은 우주선을 광속의 10퍼센트 속도까지 추진시킬 수 있을 것이다.

태양계 너머 또 하나의 지구를 향한 여정

달과 화성에 과학 기지가 구축된 후 인간은 21세기 말까지 태양광 돛과 이온 엔진을 이용해 금성의 하늘과 목성의 위성들을 방문하게 될 것이다. 21세기 말까지 외태양계 위성 중 적어도 하나에서 로봇 미션을 이용한 생명체 발견이 이뤄질 것이다. 22세기 초, 인간은 엄청나게 빠른 핵 추진 우주선을 타고 타이탄으로 가게 될 것이다. 22세기 말까지 인류의 과학기술은 태양계 전체를 탐사할 수 있을 만큼 발달하겠지만, 천왕성을 넘어서 상업 활동을 하거나 거주를 할 필요성은 여전히 없을 것이다. 거대한 얼음 가스 행성인 천왕성만으로도 내태양계에 필요한 모든 자원을 공급할 수 있을 것이기 때문이다. 23세기 말까지 인간은 가장 가까운 거주 가능 행성을 찾아 최초로 여행을 떠날 것이다. 천체들이 연결되고 항성 간 여행과 교역이 일상이 되려면 수천 년이 지나야 할 것이다.

◆◆◆◆◆◆◆

에필로그
지구에 돌아오신 것을 환영합니다

우리는 앞으로도 몇 천 년 동안 지구에서 살게 될 것이다. 이 책 어디에서도 인류가 곧 지구를 떠나게 될 거라는 이야기는 하지 않았다. 지구에 문제가 있는 건 사실이다. 하지만 문제로부터 탈출하기 위해서 또는 곧 위험이 닥칠 거라는 생각에서 지구를 떠나는 것은 비현실적이고 어리석은 일이다. 화성에서 사는 것이 지구에서 사는 것보다 나을 거라는 생각도 전혀 현실적이지 않다. 달 만한 천체가 지구에 충돌하거나 «은하수를 여행하는 히치하이커를 위한 안내서»에 등장하는 외계인 함대가 은하 간 고속도로를 깔기 위해 거치적거리는 지구를 완전히 박살내지 않는 한, 지구가 화성보다 더 살기 안 좋은 곳이 되지는 않을 것이다. 핵전쟁이나 소행성 충돌로 지구가 파괴된다고 가정해보자. 그래도 살아남은 극소수의 사람들은 춥고, 황폐하고, 공기가 거의 없는 화성으로 가 새로 시작하기보다 슈퍼마켓에서 굴러 나온 통조림을 먹으며 몇 년을 더 버티는 편이 낫다고 생각할 것이다. 또한, 이 거대한 태양계의 다른 행성이나 위성에서 사는 것은 화성에서 사는 것보다 더 어렵다는 것을 알아야 한다.

인간의 우주탐사는 지구의 대안을 마련하기 위한 것이 아니다. 우리의 우주 활동은 지구에서의 삶을 더 좋게 만들기 위한 것이다. 기상위성은 폭풍의 방향과 규모를 며칠 전에 미리 알려주고, 통신위성은 세계 경제를 견인하며, 관측위성들은 대기오염과 온실가스 배출 추세를 관찰하고, 허블 우주망원경이나 윌킨슨 마이크로파 비등방성 탐색기 같은 위성 기반 우주망원경은 우주의 나이와 구성 등에 대한 근본적인 의문에 답을 주는 동시에 우리에게 경이감을 안겨준다. 이렇듯 우주 기술과 우주탐사는 미래파의 도피주의와는 거리가 멀다. 지금, 그리고 여기의 문제인 것이다.

나는 우리가 달, 화성 그리고 그 너머로 가는 것이 프랭클린 D. 루스벨트 대통령이 말한 "결핍으로부터의 자유"와 적정 수준의 생활을 누릴 권리를 확보해 지구에서의 건강한 삶을 보장하는 데 도움을 주는 수단이라고 본다. 여기에는 깨끗한 물과 식량에 대한 접근 권리, 토지 황폐화의 원인이 되는 불평등, 허리 부상, 손 부상, 폐 손상, 심리적인 소모의 제거 등이 포함된다. 우주로 진출해 세계 경제를 다양화함으로써 우리는 새로운 에너지와 자원을 추출할 가능성을 높일 수 있다. 그와 동시에 젊은 세대가 밖으로 눈을 돌리게 해 거의 전 세계에 영향을 미치고 있는 편협한 부족주의에 그들이 빠지지 않도록 할 수도 있다.

태양계 탐사는 우리가 예상할 수 없는 방식으로 지구를 바꿔놓을 것이다. 하지만 지금부터 50년, 100년 또는 200년 후에 그때까지의 우주 진출이 지구를 더 나쁘게 변화시켰다는 사실이 밝혀진다면, 우주탐사는 인류 역사를 전례 없이 퇴보시킨 셈이 된다. 기술적인 발전에 두려움을 갖는 사람들도 있다. 그럴 수 있다. 하지만 기술은 깨끗한 원시 상태를 보호할 수도 있다. 이를테면 우주 자원은 석탄, 석유, 목재, 희귀한 광물에 대한 지구의 의존도를 낮출 수 있다. 그렇게 되면 아마존과 동남아시아의 수렵채집 부족들은 상업적 이익을 노리는 무자비한 기업들의 침해를 받지 않고 살 수 있다. 기술은 우리가 전력망에 의존하지 않고도 살 수 있게 해줄지 모른다. 태양 전지판, 물 정화 기술, 무선 통신, 인터넷 기반 학습은 모두 우주 시대의 산물이기 때문이다. 기술은 테러 행위도 줄일 수 있다. 다양한 자원 추출이 가능해짐에 따라 땅과 물을 둘러싼 영토권 분쟁이 최소화될 것이기 때문이다.

나는 미래의 우주탐사에서 패자가 없기를 바란다. 원주민들이 정복자에 의해 쫓겨나고 사람들이 노동력을 착취당하지 않기를 바란다. 유럽의 부, 미국의 부의 상당 부분은 이런 악명 높은 착취에 기초를 두고 있다. 사람들을 새로운 땅으로 이주시켜 그곳에서 부를 유지하도록 만든 아시아 국가들과는 대조적으로, 유럽과 아메리카의 식민지는 원주민들을 희생시키면서 부(광물, 목재 등)를 모국으로 가져갔다. 이런 노동자 착취 이야기에 정치적인 의도는 없다. 실제로 이 책에서 다룬 내용들은 공산주의가 아니라 자본주의와 연관된 것들이다. 핵심은 소행성, 달, 화성처럼 생명체가 없는 천체에서는 자원을 추출해도 피해를 받을 외계인이 없다는 사실이다. 이런 자원들을 지구로 가져오면 사람들은 결핍의 공포가 없어지는 탈희소성 사회로 진입할 수도 있다.

우주의 무한한 자연자원을 이용할 수 있다면 인류 인구가 더 늘어나도 괜찮을 것이다. 수십억, 심지어 수조의 사람들이 존엄한 삶을 누리게 만드는 것은 훌륭한 목표다. 그리고 솔직히 나는 자원이 줄어들기 때문에 인구를 줄여야 한다는 주장에 동의하기 힘들다. 기나긴 태양계 여행을 마치고 23세기쯤 지구로 귀환했을 때, 화성을 비롯한 다른 행성과 궤도 도시에 정착지가 세워지고 소행성 벨트와 그 너머에서 로봇들이 작업을 수행하고 있기를 바란다. 지구에서는 수백억 명의 인구가 우주 자원을 바탕으로 한 에너지와 물자를 누리면서 효율적으로 살고 있기를 기대한다.

인간이 굳이 우주로 진출해야 할 필요는 없다. 또한 우리가 앞으로 몇 십 년 안에 달로 돌아가고, 화성으로 진출해야만 한다 해도, 그곳에서 계속 머물지 못할 가능성이 매우 높다. 적어도 이번 세기에서는 그렇다. 물리적인 장애

물이 너무 많고 경제적인 보상은 너무 적기 때문이다. 하지만 2030년대나 22세기쯤 되는 특정 시점에서는 우주에 있는 것이 합리적인 선택이 될 것이다. 인류는 물에 다리를 놓고 하늘에 길을 냈듯이 자연스럽게 우주로 진출해나갈 것이다. 그리고 그런 시대가 오면 온 인류가 번영할 수 있을 것이다. 그리고 호모 사피엔스는 호모 퓨처리스로의 진화를 향한 대담한 첫 걸음을 내딛을 것이다.

주석

1. ——— 15p.
달에 군사기지를 세워도 지구 기반 전쟁에서 전략적인 이익을 얻을 나라는 없을 것이다. 달은 너무 멀고, 높아도 너무 높은 곳에 있기에.

2. ——— 22p.
뉴스페이스(NewSpace)의 영문 표기에서 가운데 S자를 대문자로 쓴 이유는 정부 및 정부 주계약자가 주도하는 올드스페이스(Old Space)와 민간 주도의 우주 비행 산업을 구별하기 위해서다. 오늘날 상황이 얼마나 많이 달라졌는지 보여주는 예다.

3. ——— 36p.
'핵겨울'이라는 용어를 만든 브라이언 툰은 약 7억5,000만 명이 원시적인 농업 수단을 이용해 생계를 유지할 수 있는 사람의 수라고 추정한다.

4. ——— 36p.
현재 전 세계에 비축된 핵 탄두는 1만 개 정도다. 1970년대에 약 7만 개였던 걸 생각하면 상당히 줄어든 숫자로, 이 정도면 확실히 긍정적인 추세라고 볼 수 있다.

5. ——— 64p.
하와이 우주탐사 아날로그·시뮬레이션 VI를 마지막으로 '유인' 하와이 우주탐사 아날로그·시뮬레이션 프로젝트는 끝났다. 2018년 12월 나사는 하와이 우주탐사 아날로그·시뮬레이션에 100만 달러 규모의 프로젝트 연장 계획을 승인했지만 프로젝트 범위는 처음 다섯 번의 미션에서 나온 데이터 분석에 국한시켰다.

6. ——— 87p.
인공중력을 테스트하지 않은 다른 이유로는 비용을 꼽을 수 있다. 어지러울 정도로 회전을 시키지 않고 0.5G를 구현하려면 회전하는 바퀴의 지름이 200미터는 넘는 상태에서 1분당 1회전(1rpm)을 해야 한다. 평생 거주 목적이 아닌 테스트 목적으로 회전속도를 4rpm에 맞춘다면 바퀴가 더 작아도 되고 따라서 비용도 더 적게 들 것이다.

7. ——— 110p.
'로켓 방정식의 독재'라는 용어를 처음 쓴 사람은 나사 우주 비행사이자 비행 엔지니어인 돈 페팃 같다. 하지만 그는 이 용어보다는 미세 중력하에서 우아하게 물이나 음료수 등의 액체를 마실 수 있는 컵을 발명한 사람으로 기억될 것으로 보인다.

8. ——— 121p.
제2차 세계대전 이후 폰 브라운과 그가 이끄는 팀 대부분은 페이퍼클립 작전의 일부로 비밀리에 미국으로 호송돼 준중거리 탄도유도탄 계획에 투입됐다. 나사는 폰 브라운을 당시 새로 만든 앨라배마주 헌츠빌의 마셜 우주 비행센터 소장으로 임명했고, 그곳에서 폰 브라운은 아폴로 우주선을 달까지 데려다준 새턴 5호 로켓의 책임 개발자로 일했다.

9. ——— 121p.
우주왕복선의 가운데에 있는 적갈색 주 연료 탱크는 궤도 바로 밑에서 버려진다. 그 이상 올라가면 재진입할 때 다 타버릴 것이기 때문이다. 이 탱크 하나만 해도 국제우주정거장 전체보다 부피가 컸다. 당시 나사가 이런 탱크를 100개 이상 궤도에 뒀다가 나중에 모아 붙였다면 오늘날 우리는 지구 저궤도를 도는 링 모양의 시설을 가지고 있었을 것이다. 비용도 적게 들면서 인공중력을 생성해 1,000명 이상을 수용할 수 있는 시설을 말이다. 과학자이자 작가인 데이비드 브린은 <탱크 팜 다이내모>라는 단편에서 이 아이디어를 다뤘다.

10. ——— 127p.
마이크로 위성, 나노 위성, 피코 위성, 펨토 위성 등 여러 가지 위성이 있다. 하지만 이런 이름들은 실제 미터법에 따라 붙여진 것은 아니다. 큐브샛은 10 × 10 × 10 cm 크기의 피코 위성이다.

11. ——— 156p.
우주에 있는 태양 전지판은 태양에 더 가깝기 때문에 지구에 있는 태양전지판보다 효율이 일곱 배 정도 높다. 하지만 태양에너지를 밑으로 쏘는 것은 사람과 야생동물의 안전을 위협할 것이다.

12. ——— 165p.
"베르너 폰 브라운은 말한다. '일단 로켓이 올라가면 어디로 떨어지든 내 알 바 아니다.'" 풍자 작가 톰 레러의 노래 <베르너 폰 브라운>(1965년)의 가사다. 미국이 폰 브라운을 영입한 것에 대한 불편한 심리가 녹아 있다. 가사의 일부는 다음과 같다. "어떤 사람들은 이 유명한 사람에게 심한 말을 하지/ 하지만 우리가 고마워해야 한다고 말하는 사람들도 있어/ 베르너 폰 브라운 덕분에 연금을 타게 된/ 런던 시내의 과부들과 장애인들처럼"

13. ——— 168p.
여성도 우주 비행 훈련을 받았다. 2018년 다큐멘터리

⟨머큐리 13⟩은 자신들이 우주인이 될 능력이 있음을 증명한 열세 명의 여성들의 이야기를 감동적으로 그리고 있다. 하지만 나사는 그 어떤 공식 훈련 프로그램에도 이들을 포함시키지 않았다.

14. ———————————— 184p.
그 다음 장벽은 수집 장치로 에너지 빔을 쏘는 것의 안정성 문제다. 지구로 에너지를 쏘는 것은 그럴듯하기는 하지만 아직 상업 목적으로 테스트되지는 않은 기술이다.

15. ———————————— 191p.
유럽우주국의 '문 빌리지' 개념은 달에 마을을 세운다는 뜻으로 잘못 해석되는 경우가 많다. 하지만 유럽우주국이 생각하는 '빌리지'는 과학자들과 공학자들이 한데 모여 달 정착을 현실화하기 위해 아이디어를 공유하는 지구상의 공동체다.

16. ———————————— 217p.
소행성은 궤도 유형에 따라 아모르군(지구 궤도에 닿지 못함), 아폴로군(지구 궤도를 통과하며 그 주기가 1년 이상), 아텐스군(지구 궤도를 통과하며 그 주기가 1년 미만)으로 나뉘기도 한다.

17. ———————————— 244p.
기체를 저장하는 것은 좀 더 복잡한 문제다. 무거운 탱크가 필요하기 때문이다. 화성의 현지 자원을 이용해 화성에서 만들지 않는 한, 우주선에 더 많은 질량을 실어야 한다는 뜻이다.

18. ———————————— 247p.
주브린은 최근 화성에 물이 풍부하다는 발견이 이어지자 수소를 화성에 보내지 않는 쪽으로 이 계획을 수정했다. 수소는 발밑에 있을 물에서 추출할 수 있기 때문이다.

19. ———————————— 249p.
우주 공간에서 6개월을 보낸 우주인을 달에 착륙시켜 0.16G 환경에서 어떤지를 관찰하는 것도 건강을 검증하는 방법이 될 수 있다. 하지만 이런 가능성에 대해 논의가 됐다는 이야기는 아직 한 번도 들어보지 못했다.

20. ———————————— 266p.
공기의 15~20퍼센트만 산소일 경우, 350밀리바의 기압에서는 숨만 겨우 쉴 수 있다. 하지만 100퍼센트가 산소라면 편안히 호흡할 수 있다.

21. ———————————— 272p.
1981년 크리스토퍼 맥케이는 '화성 정착론'이라는 이름의 학술대회를 공동 개최했다. 이 학회로 인해 1984년 같은 이름의 학술 논문들이 출판됐으며, 12년 뒤에는 로버트 주브린이 같은 제목의 책을 출간했다.

22. ———————————— 296p.
2017년 '일주기 생체리듬을 통제하는 분자 메커니즘의 발견'으로 노벨 생리의학상을 공동 수상한 마이클 영은 하루 주기가 41분만 달라져도 극복하기 어려울 것이라고 말했다. 매주 약 다섯 시간씩 지구와 주기가 어긋나기 때문이다. 믿기 힘든 이야기지만 어쩌겠나. 노벨상 수상자의 말인데.

23. ———————————— 297p.
이와 비슷하게, 화성에서 미터법이 가미된 12진법을 사용할 수도 있다. 가장 기본적인 분수들(½, ⅓, ⅔, ¼, ¾)만 있으면 12진법 전환이 가능하다. 각각 0.6, 0.4, 0.8, 0.3, 0.9다. 12진법을 쓰면 ⅓을 나타내기 위해 0.333333⋯ 같이 써야 할 필요가 없어진다.

참고문헌

프롤로그 ───────────

- Thomas Heppenheimer, *The Space Shuttle Decision: NASA's Search for a Reusable Space Vehicle* (Washington, DC: NASA History Office SP-4221, 1999), 146, https://ntrs.nasa.gov/archive/nasa/casi.ntrs.nasa.gov/19990056590.pdf.

- John M. Logsdon, "Ten Presidents and NASA," 50th Magazine—*50 Years of Exploration and Discovery*, NASA(2008), https://www.nasa.gov/50th/50th_magazine/10presidents.html; FY 2018 Budget Request, NASA, https://www.nasa.gov/content/fy-2018-budget-request.

- John M. Logsdon, *After Apollo?: Richard Nixon and the American Space Program*(London: Palgrave Macmillan, 2015).

- Zuoyue Wang, *In Sputnik's Shadow: The President's Science Advisory Committee and Cold War America(*New Brunswick, NJ: Rutgers University Press, 2009), 222.

- Roald Z. Sagdeev, *The Making of a Soviet Scientist: My Adventures in Nuclear Fusion and Space from Stalin to Star Wars*(Hoboken, NJ: Wiley, 1994).

- William Sims Bainbridge, "The Impact 0of Space Exploration on Public Opinions, Attitudes, and Beliefs," *in Historical Studies in the Societal Impact of Spaceflight*, ed. Steven J. Dick(NASA, 2015).

- Richard Nixon, "Statement about the Future of the United States Space Program," March 7, 1970; online by Gerhard Peters and John T. Woolley, American Presidency Project, http://www.presidency.ucsb.edu/ws/?pid=2903.

- "Space Station: Staff Paper Prepared for the President's Commission to Study Capital Budgeting," Clinton White House archives, June 19, 1998, https://clintonwhitehouse5.archives.gov/pcscb/rmo_nasa.html.

- Neil deGrasse Tyson, "Paths to Discovery," in *The Columbia History of the Twentieth Century*, ed. Richard W. Bulliet(New York: Columbia University Press, 1998), 461–482.

- Neta C. Crawford, "US Budgetary Costs of Wars through 2016: $4.79 Trillion and Counting," White Paper(Providence, RI: Brown University, 2016).

Chapter 1. ───────────

- Claude Lafleur, "Costs of US Piloted Programs," *Space Review*, March 8, 2010, http://www.thespacereview.com/article/1579/1.

- United Nations Department of Economic and Social Affairs, Population Division, "World Population Prospects: The 2017 Revision, Key Findings and Advance Tables," 2017, https://esa.un.org/unpd/wpp/Publications/Files/WPP2017_KeyFindings.pdf.

- Patrick Gerland et al., "World Population Stabilization Unlikely This Century," *Science*, 346(2014): 234–237, doi:10.1126/science.1257469.

- Dana Gunders, "Wasted: How America Is Losing Up to 40 Percent of Its Food from Farm to Fork to Landfill," NRDC issue Paper, August 2012, https://www.nrdc.org/sites/default/files/wasted-food-IP.pdf; Lawrence Livermore National Laboratory, "Americans Continue to Use More Renewable Energy Sources," press release, July 18, 2013, https://www.llnl.gov/news/americans-continue-use-more-renewable-energy-sources.

- Peter A. Curreri and Michael K. Detweiler, "A Contemporary Analysis of the O'Neill-Glaser Model for Space-Based Solar Power and Habitat Construction," NASA Technical Reports Server, 2011, doi:10.1061/41096(366)117.

- Barbara Tuchman, *A Distant Mirror*: The Calamitous 14th Century(New York: Alfred A. Knopf, 1978).

- Karen Meech et al., "A Brief Visit from a Red and Extremely Elongated Interstellar Asteroid," *Nature* 552(2017): 378–381, doi:10.1038/nature25020.

- Philip Plait, private communication, April 8, 2018.

- Food and Agriculture Organization of the United Nations, "The State of Food Security and Nutrition in the World" (FAO, 2017), http://www.fao.org/3/a-I7695e.pdf.

- Patrick T. Brown and Ken Caldeira, "Greater Future Global Warming Inferred from Earth's Recent Energy Budget," *Nature* 552(2017): 45–50, doi:10.1038/nature24672.

- World Bank Group, "Turn Down the Heat: Confronting the New Climate Normal" (World Bank, 2014), http://documents.worldbank.org/curated/en/317301468242098870/Main-report.

- Brian Thomas et al., "Gamma-Ray Bursts and the Earth: Exploration of Atmospheric, Biological, Climatic and Biogeochemical Effects," *Astrophysical Journal* 634(2005): 509–533, doi:10.1086/496914.

- Adrian L. Melott and Brian C. Thomas, "Late Ordovician Geographic Patterns of Extinction Compared with Simulations of Astrophysical Ionizing Radiation Damage," *Paleobiology* 35(2009): 311–320, arXiv:0809.0899.

- Julia Zorthian, "Stephen Hawking Says Humans Have 100 Years to Move to Another Planet," *Time*, May 4, 2017, http://time.com/4767595/enums; Justin Worland, "Stephen Hawking Gives Humans a Deadline for Finding a New Planet," *Time*, November 17, 2016, http://time.com/4575054/stephen-hawking-humans-new-planet.

- Peter Gillman and Leni Gillman, *The Wildest Dream: The Biography of George Mallory* (Seattle: Mountaineers Books, 2001), 222.

- Colin Summerhayes and Peter Beeching, "Hitler's Antarctic Base: The Myth and the Reality," *Polar Record* 43(2007): 1–21, doi:10.1017/S003224740600578X.

- United States Department of State, "The Antarctic Treaty," https://www.state.gov/documents/organization/81421.pdf.

- United Nations Office for Outer Space Affairs, "Treaty on Principles Governing the Activities of States in the Exploration and Use of Outer Space, including the Moon and Other Celestial Bodies," http://www.unoosa.org/pdf/gares/ARES_21_2222E.pdf.

- Mahlon C. Kennicutt et al., "Polar Research: Six Priorities for Antarctic Science," *Nature* 512(2014): 23–25, doi:10.1038/512023a.

- Christopher Wanjek, "Food at Work: Workplace Solutions for Malnutrition, Obesity and Chronic Diseases" (Geneva: ILO, 2005), 138–142.

- German Aerospace Center(DLR), "Rich Harvest in the Antarctic EDEN ISS Greenhouse—Tomatoes and Cucumbers in the Polar Night," June 25, 2018, https://www.dlr.de/dlr/en/desktopdefault.aspx/tabid-10081/151_read-28538/.

- Martin Gorst(Director), *Big, Bigger, Biggest: Submarine*, Documentary, Windfall Films(National Geographic International, 2009).

- Thomas Limero et al., "Preparation of the NASA Air Quality Monitor for a U.S. Navy Submarine Sea Trial," Conference Paper, Submarine Air Monitoring and Air Purification Symposium, Uncasville, Connecticut, November 13–16, 2017.

- Zoltan Barany, *Democratic Breakdown and the Decline of the Russian Military* (Princeton, NJ: Princeton University Press, 2007), 33–34.

- Ned Quinn, "NASA and U.S. Submarine Force: Benchmarking Safety," *Undersea Warfare: The Official Magazine of the U.S. Submarine Force* 7(fall 2005).

- Katie Shobe et al., "Psychological, Physiological, and Medical Impact of the Submarine Environment on Submariners with Application to Virginia Class Submarines," Naval Submarine Medical

Research Laboratory Technical Report #TR-1229(2003), https://www.researchgate.net/publication/256687350.

- "How to Survive the Long Trip to Mars? Ask a Submariner," Associated Press via *Washington Post*, October 5, 2015, https://www.washingtonpost.com/lifestyle/kidspost/how-to-survive-the-long-trip-to-mars-ask-a-submariner/2015/10/05/9d05bf82-6b82-11e5-9bfe-e59f5e244f92_story.html.

- Peter Rejcek, "Passing of a Legend: Death of Capt. Pieter J. Lenie at Age 91 Marks the End of an Era in Antarctica," *Antarctic Sun*, April 20, 2015, https://antarcticsun.usap.gov/features/contenthandler.cfm?id=4150.

- Vadim Gushin et al., "Content Analysis of the Crew Communication with External Communicants under Prolonged Isolation," *Aviation, Space, and Environmental Medicine* 12(1997): 1093–1098.

- Robin Marantz Henig, "Cabin Fever in Space," *Washington Post*, August 4, 1987.

- Ian Mundell, "Stop the Rocket, I Want to Get Off," *New Scientist*, April 17, 1993, pp. 34–36, https://www.newscientist.com/article/mg13818693-700.

- "HI-SEAS Hawaii Space Exploration Analog and Simulation," University of Hawaiʻi at Manoa media kit, September 2017.

- Leslie Mullen, "A Taste of Mars: Hi-Seas Mission Now in Its Final Days," *Astrobiology Magazine*, August 8, 2013, https://www.astrobio.net/moon-to-mars/a-taste-of-mars-hi-seas-mission-now-in-its-final-days.

- "Second HI-SEAS Mars Space Analog Study Begins," University of Hawaiʻi at Manoa press release, March 28, 2014, https://manoa.hawaii.edu/news/article.php?aId=6399.

- Julielynn Y. Wong and Andreas C. Pfahnl, "3D Printed Surgical Instruments Evaluated by a Simulated Crew of a Mars Mission," *Aerospace Medicine and Human Performance* 87(2016):

806–810, doi:10.3357/AMHP.4281.2016.

- Allison Anderson et al., "Autonomous, Computer-Based Behavioral Health Countermeasure Evaluation at HI-SEAS Mars Analog," *Aerospace Medicine and Human Performance* 87(2016): 912–920, doi:http://10.3357/AMHP.4676.2016.

- Michael Tabb, "This Team Is Simulating a Mission to Mars to Understand the High Emotional Cost of Living There," *Quartz*, March 10, 2016, https://qz.com/635323/this-team-is-faking-a-mission-to-mars-to-understand-the-high-emotional-cost-of-living-there.

- Ilya Arkhipov, "Russia Picks Space-Pod Team for 520-Day Moscow 'Voyage' to Mars," *Bloomberg Businessweek*, May 18, 2010, https://www.bloomberg.com/news/articles/2010-05-18/russia-picks-moscow-space-pod-team-for-520-day-simulated-voyage-to-mars.

- Yue Wang et al., "During the Long Way to Mars: Effects of 520 Days of Confinement(Mars500) on the Assessment of Affective Stimuli and Stage Alteration in Mood and Plasma Hormone Levels," *PLoS ONE* 9(2014), doi:10.1371/journal.pone.0087087.

- Mathias Basner et al., "Psychological and Behavioral Changes during Confinement in a 520-Day Simulated Interplanetary Mission to Mars," *PLoS ONE* 9(2014), doi:10.1371/journal.pone.0093298.

- Peter Suedfeld, "Historical Space Psychology: Early Terrestrial Explorations as Mars Analogues," *Planetary and Space Science* 58(2010): 639–645.

- Jack W. Stuster, "Bold Endeavors: Behavioral Lessons from Polar and Space Exploration," 4 13(2000): 49–57.

- Jane Poynter, *The Human Experiment: Two Years and Twenty Minutes Inside Biosphere* 2(New York: Basic Books, 2006).

- Rebecca Reider, *Dreaming the Biosphere: The Theater of All Possibilities*(Albuquerque: University of New Mexico Press, 2009).

Chapter 2.

- Agence France Presse, "Astronaut Vision May Be Impaired by Spinal Fluid Changes," November 28, 2016, https://www.yahoo.com/news/astronaut-vision-may-impaired-spinal-fluid-changes-study-191419024.html.

- Donna R. Roberts et al., "Effects of Spaceflight on Astronaut Brain Structure as Indicated on MRI," *New England Journal of Medicine* 377(2017): 1746–1753, doi:10.1056/NEJMoa1705129.

- Gil Knier, "Home Sweet Home," NASA MSFC, May 25, 2001, https://web.archive.org/web/20060929044226/http://liftoff.msfc.nasa.gov/news/2001/news-homehome.asp.

- Dai Shiba et al., "Development of New Experimental Platform 'MARS'—Multiple Artificial-gravity Research System—to Elucidate the Impacts of Micro / Partial Gravity on Mice," *Scientific Reports* 7(2017), doi:10.1038/s41598-017-10998-4.

- Michael J. Carlowicz and Ramon E. Lopez, *Storms from the Sun*(Washington, DC: Joseph Henry Press, 2002), 144.

- Tony Phillips, "Sickening Solar Flares," NASA, November 8, 2005, https://www.nasa.gov/mission_pages/stereo/news/stereo_astronauts.html.

- Lawrence Townsend et al., "Extreme Solar Event of AD775: Potential Radiation Exposure to Crews in Deep Space," *Acta Astronautica* 123(2016): 116–120, doi:10.1016/j.actaastro.2016.03.002.

- Christer Fuglesang et al., "Phosphenes in Low Earth Orbit: Survey Responses from 59 Astronauts," *Aviation, Space, and Environmental Medicine* 77(2016): 449–452.

- Eugene N. Parker, "Shielding Space Travelers," *Scientific American* 294(2006): 40–47, doi:10.1038/scientificamerican0306-40.

- Vipan K. Parihar et al., "Cosmic Radiation Exposure and Persistent Cognitive Dysfunction," *Scientific Reports* 6(2016), doi:10.1038/srep34774.

- Christopher Wanjek, "On a Long Trip to Mars, Cosmic Radiation May Damage Astronauts' Brains," *Live Science*, October 11, 2016, https://www.livescience.com/56449-cosmic-radiation-may-damage-brains.html.

- Catherine M. Davis et al., "Individual Differences in Attentional Deficits and Dopaminergic Protein Levels Following Exposure to Proton Radiation," *Radiation Research* 181(2014): 258–271, doi:10.1667/RR13359.1; Melissa M. Hadley et al., "Exposure to Mission-Relevant Doses of 1 GeV / n⁴⁸Ti Particles Impairs Attentional Set-Shifting Performance in Retired Breeder Rats," *Radiation Research* 185(2016): 13–19, doi:10.1667/RR14086.1.

- Jonathan D. Cherry et al., "Galactic Cosmic Radiation Leads to Cognitive Impairment and Increased Ab Plaque Accumulation in a Mouse Model of Alzheimer's Disease," *PLoS ONE* 7(2012): e53275, doi:10.1371/journal.pone.0053275.

- Christina A. Meyers and Paul D. Brown, "Role and Relevance of Neurocognitive Assessment in Clinical Trials of Patients with CNS Tumors," *Journal of Clinical Oncology* 24(2006): 1305–1309, doi:10.1200/JCO.2005.04.6086.

- Francis A. Cucinotta and Eliedonna Cacao, "Non-Targeted Effects Models Predict Significantly Higher Mars Mission Cancer Risk than Targeted Effects Models," *Scientific Reports* 7(2017), doi:10.1038/s41598-017-02087-3.

- IOM(Institute of Medicine), *Health Standards for Long Duration and Exploration Spaceflight: Ethics Principles, Responsibilities, and Decision Framework*(Washington, DC: National Academies Press, 2014), 1–4.

- Amanda L. Tiano et al., "Boron Nitride Nanotube: Synthesis and Applications," Proceedings, SPIE, vol. 9060, Nanosensors, Biosensors, and Info-Tech Sensors and Systems, April 16, 2014, doi:10.1117/12.2045396.

- Theo Vos et al., "Global, Regional, and National Incidence, Prevalence, and Years Lived with Disability for 310 Diseases and Injuries, 1990–2015: A Systematic Analysis for the Global Burden of Disease Study 2015," *Lancet* 388(2016): 1545–1602, doi:10.1016/S0140-6736(16)31678-6.

- Chad G. Ball et al., "Prophylactic Surgery Prior to Extended-Duration Space Flight: Is the Benefit Worth the Risk?" *Canadian Journal of Surgery* 55(2012): 125–131, doi:10.1503/cjs.024610.

- Francine E. Garrett-Bakelman et al., "The NASA Twins Study: A Multidimensional Analysis of a Year-Long Human Spaceflight," *Science* 364(6436): eaau8650, doi:10.1126/science.aau8650.

- Scott Kelly, *Endurance: A Year in Space, A Lifetime of Discovery*(New York: Knopf, 2017).

- NASA-NIH, "Memorandum of Understanding between the National Institutes of Health and the National Aeronautics and Space Administration for Cooperation in Space-Related Health Research," September 12, 2007, https://www.niams.nih.gov/about/partnerships/nih-nasa/mou.

- Wendy Fitzgerald et al., "Immune Suppression of Human Lymphoid Tissues and Cells in Rotating Suspension Culture and Onboard the International Space Station," *In Vitro Cellular & Developmental Biology—Animal* 45(2009): 622–632, doi:10.1007/s11626-009-9225-2.

- Sara R. Zwart et al., "Vitamin K Status in Spaceflight and Ground-Based Models of Spaceflight," *Journal of Bone and Mineral Research* 26(2011): 948–954, doi:10.1002/jbmr.289.

- Sarah L. Castro-Wallace et al., "Nanopore DNA Sequencing and Genome Assembly on the International Space Station," *Scientific Report*s 7(2017), doi:10.1038/s41598-017-18364-0.

- Kate Rubins, "An Afternoon with NASA Astronaut Kate Rubins," live event at National Institutes of Health, Bethesda, Maryland, April 25, 2017.

Chapter 3.

- Roald Z. Sagdeev, *The Making of a Soviet Scientist: My Adventures in Nuclear Fusion and Space from Stalin to Star Wars*(Hoboken, NJ: John Wiley & Sons, 1994), 5.

- Phillip F. Schewe, *Maverick Genius: The Pioneering Odyssey of Freeman Dyson*(New York: St. Martin's Griffin, 2014).

- Ranga P. Dias and Isaac F. Silvera, "Observation of the Wigner-Huntington Transition to Metallic Hydrogen," *Science* 355(2017): 715–718, doi:10.1126/science.aal1579.

- Isaac Silvera, private communication, March 20, 2018.

- Roger A. Pielke Jr., "The Rise and Fall of the Space Shuttle," *American Scientist* 96(2008): 432–433.

- Traci Watson, "NASA Administrator Says Space Shuttle Was a Mistake," *USA TODAY*, September 27, 2005, https://usatoday30.usatoday.com/tech/science/space/2005-09-27-nasa-griffin-interview_x.htm.

- Michael Griffin, *Leadership in Space: Selected Speeches of NASA Administrator Michael Griffin, May 2005–October 2008*(Washington, DC: NASA, 2008), 328.

- Andrew Chaikin, "Is SpaceX Changing the Rocket Equation?" *Air & Space Magazine*, January 2012, https://www.airspacemag.com/space/is-spacex-changing-the-rocket-equation-132285884/.

- Christian Davenport, *The Space Barons: Elon Musk, Jeff Bezos, and the Quest to Colonize the Cosmos*(New York: PublicAffairs, 2018)

- Cristina T. Chaplain, "The Air Force's Evolved Expendable Launch Vehicle Competitive Procurement," letter to US Congress, GAO-14-377R Space Launch Competition, March 4, 2014, https://www.gao.gov/assets/670/661330.pdf.

- Loren Grush, "Elon Musk's Tesla Overshot Mars' Orbit, But It Won't Reach the Asteroid Belt as Claimed," *The Verge*, February 8, 2018, https://www.theverge.com/2018/2/6/16983744/spacex-tesla-falcon-heavy-roadster-orbit-asteroid-belt-elon-musk-mars.

- Hamza Shaban, "Elon Musk Says He Will Probably Move to Mars," *Washington Post*, November 26, 2018, https://www.washingtonpost.com/technology/2018/11/26/elon-musk-says-he-will-probably-move-mars.

- Kenneth Chang, "Space Launch Firms Start Small Today to Go Big Tomorrow," *New York Times*, November 12, 2018, B2.

- Gary Martin, "NewSpace: The 'Emerging' Commercial Space Industry," undated NASA presentation, circa 2014, https://ntrs.nasa.gov/archive/nasa/casi.ntrs.nasa.gov/20140011156.pdf.

- NASA Fact Sheet, "Advanced Space Transportation Program: Paving the Highway to Space," 2008, https://www.nasa.gov/centers/marshall/news/background/facts/astp.html (retrieved March 21, 2018).

- W. David Compton and Charles D. Benson, *Living and Working in Space: A History of Skylab* (Washington, DC: NASA 1983), 271.

- Compton and Benson, *Living and Working in Space*, 324.

- Paul Martin, "Extending the Operational Life of the International Space Station Until 2024," NASA Office of Inspector General, Audit Report, IG-14-031, September 18, 2014.

- Jeff Foust, "NASA Sees Strong International Interest in Lunar Exploration Plans," *Space News*, March 6, 2018, http://spacenews.com/nasa-sees-strong-international-interest-in-lunar-exploration-plans.

- Robert M. Lightfoot Jr., "Return to the Moon: A Partnership of Government, Academia, and Industry," symposium, Washington, DC, March 28, 2018.

- Eric Berger, "Former NASA Administrator Says Lunar Gateway Is 'a Stupid Architecture,'" *Ars Technica*, November 15, 2018, https://arstechnica.com/science/2018/11/former-nasa-administrator-says-lunar-gateway-is-a-stupid-architecture.

- Mike Eckel, "First Female Space Tourist Blasts Off," Associated Press, September 18, 2006, http://news.yahoo.com/s/ap/20060918/ap_on_sc/russia_space.

- Jeff Foust, "NASA Tries to Commercialize the ISS, Again," *Space Review*, June 10, 2019, http://www.thespacereview.com/article/3731/1.

- Eric Niiler, "Who's Going to Buy the International Space Station?" *Wired*, February 12, 2018, https://www.wired.com/story/whos-going-to-buy-the-international-space-station.

- Erin Mahoney, ed., "First Year of BEAM Demo Offers Valuable Data on Expandable Habitats," NASA, May 26, 2017, https://www.nasa.gov/feature/first-year-of-beam-demo-offers-valuable-data-on-expandable-habitats.

- Dan Schrimpsher, "Interview: TransHab Developer William Schneider," *Space Review*, August 21, 2006, http://www.thespacereview.com/article/686/1.

- Lara Logan (correspondent), interview with Robert Bigelow. *60 Minutes*, May 28, 2017, https://www.cbsnews.com/news/bigelow-aerospace-founder-says-commercial-world-will-lead-in-space/.

- Robert Bigelow, "Public-Private Partnerships in Lunar Enterprises—No Time To Lose," presentation at the 2017 ISS R&D Conference, July 21, 2017, https://youtu.be/5403y2izgOo.

- Paul Brians, "The Day They Tested the Rec Room,"

참고문헌

CoEvolution Quarterly(Summer 1981), 116–124.

- "Reaction Engines Secures Funding to Enable Development of SABRE Demonstrator Engine," Reaction Engines Limited press release, July 12, 2016, https://www.reactionengines.co.uk/news/reaction-engines-secures-funding-to-enable-development-of-sabre-demonstrator-engine; "Reaction Engines Awarded DARPA Contract to Perform High-Temperature Testing of the SABRE Precooler," Reaction Engines Limited press release, September 25, 2017, https://www.reactionengines.co.uk/news/reaction-engines-awarded-darpa-contract-to-perform-high-temperature-testing-of-the-sabre-precooler.

- Mike Wall, "Ticket Price for Private Spaceflights on Virgin Galactic's SpaceShipTwo Going Up," *Space*, April 30, 2013, https://www.space.com/20886-virgin-galactic-spaceshiptwo-ticket-prices.html.

- Jeff Foust, "Still Waiting on Space Tourism after All These Years," *Space Review*, June 18, 2018, http://www.thespacereview.com/article/3516/1.

- Federal Register, vol. 71, no. 241, December 15, 2006, p. 75616.

- William M. Leary, "Robert Fulton's Skyhook and Operation Coldfeet," Center for the Study of Intelligence, Central Intelligence Agency, June 27, 2008, https://www.cia.gov/library/center-for-the-study-of-intelligence/csi-publications/csi-studies/studies/95unclass/Leary.html.

- Thomas Bogar et al., "Hypersonic Airplane Space Tether Orbital Launch System," NASA Institute for Advanced Concepts Research, Grant No. 07600-018, Phase I Final Report, http://images.spaceref.com/docs/spaceelevator/355Bogar.pdf.

- John E. Grant, "Hypersonic Airplane Space Tether Orbital Launch—HASTOL," NASA Institute for Advanced Concepts 3rd Annual Meeting, NASA Ames Research Center, San Jose, California, June 6, 2001, http://www.niac.usra.edu/files/library/meetings/annual/jun01/391Grant.pdf.

- Chia-Chi Chang et al., "A New Lower Limit for the Ultimate Breaking Strain of Carbon Nanotubes," *ACS Nano* 4(2010): 5095–5100, doi:10.1021/nn100946q.

- Paul Birch, "Orbital Ring Systems and Jacob's Ladders—II," *Journal of the British Interplanetary Society* 36(1983): 231–238.

- Doris Elin Salazar, "This Giant, Ultrathin NASA Balloon Just Broke an Altitude Record," *Space*, September 12, 2018, https://www.space.com/41791-giant-nasa-balloon-big-60-breaks-record.html.

Chapter 4.

- Roger D. Launius, "Sputnik and the Origins of the Space Age," NASA https://history.nasa.gov/sputnik/sputorig.html(retrieved May 26, 2018).

- Bob Allen, ed., "NASA Langley Research Center's Contributions to the Apollo Program," NASA Langley Research Center Fact Sheet, https://www.nasa.gov/centers/langley/news/factsheets/Apollo.html(retrieved November 11, 2018).

- Zheng Wang, "National Humiliation, History Education, and the Politics of Historical Memory: Patriotic Education Campaign in China," *International Studies Quarterly* 52(2008): 783–806.

- Kevin Pollpeter et al., "China Dream, Space Dream: China's Progress in Space Technologies and Implications for the United States," report prepared for the U.S.-China Economic and Security Review ComMission, 2015, https://www.uscc.gov/Research/china-dream-space-dream-chinas-progress-space-technologies-and-implications-united-states.

- GBTimes, "Lunar Palace-1: A Look Inside China's Self-Contained Moon Training Habitat," May 16, 2018, https://gbtimes.com/lunar-palace-1-a-look-inside-chinas-self-contained-moon-training-habitat.

- Harrison Schmitt, "Return to the Moon: A Partnership of Government, Academia, and

Industry," symposium, Washington, DC, March 28, 2018.

- Christian Davenport, "Government Watchdog Says Cost of NASA Rocket Continues to Rise, a Threat to Trump's Moon Mission," *Washington Post*, June 18, 2019, https://www.washingtonpost.com/technology/2019/06/18/government-watchdog-says-cost-nasa-rocket-continues-rise-threat-trumps-moon-Mission.

- Leonard David, "China's Anti-Satellite Test: Worrisome Debris Cloud Circles Earth," *Space*, February 2, 2007, https://www.space.com/3415-china-anti-satellite-test-worrisome-debris-cloud-circles-earth.html.

- Anne-Marie Brady, "China's Expanding Antarctic Interests: Implications for Australia," Australian Strategic Policy Institute, August 2017, https://www.aspi.org.au/report/chinas-expanding-interests-antarctica.

- George F. Sowers, testimony, US House of Representatives Subcommittee on Space, Committee on Science, Space and Technology, September 7, 2017, https://www.hq.nasa.gov/legislative/hearings/9-7-17%20SOWERS.pdf.

- Anthony Colaprete et al., "Detection of Water in the LCROSS Ejecta Plume," *Science* 330(2010): 463–468, doi:10.1126/science.1186986; Shuai Li et al., "Direct Evidence of Surface Exposed Water Ice in the Lunar Polar Regions," *PNAS* 115(2018), doi:10.1073/pnas.1802345115.

- Mike Wall, "Mining the Moon's Water: Q&A with Shackleton Energy's Bill Stone," *Space*, January 13, 2011, https://www.space.com/10619-mining-moon-water-bill-stone-110114.html.

- Harrison Schmitt, *Return to the Moon: Exploration, Enterprise, and Energy in the Human Settlement of Space* (Göttingen, Germany: Copernicus, 2006).

- Ian A. Crawford, "Lunar Resources: A Review," *Progress in Physical Geography: Earth and Environment* 39(2015): 137–167,

doi:10.1177/0309133314567585.

- Amanda Kay, "Rare Earths Production: 8 Top Countries," *Investing News*, April 3, 2018, https://investingnews.com/daily/resource-investing/critical-metals-investing/rare-earth-investing/rare-earth-producing-countries.

- Angel Abbud-Madrid, private communication, Return to the Moon symposium, March 28, 2018.

- Alex Freundlich et al., "Manufacture of Solar Cells on the Moon," Conference Record of the Thirty-First IEEE Photovoltaic Specialists Conference, 2005, doi:10.1109/PVSC.2005.1488252.

- David Biello, "Where Did the Carter White House's Solar Panels Go?" *Scientific American*, August 6, 2010, https://www.scientificamerican.com/article/carter-white-house-solar-panel-array.

- Haym Benaroya et al., "Engineering, Design and Construction of Lunar Bases," *Journal of Aerospace Engineering* 15(2002): 33–45.

- Kenneth Chang, "NASA Reports a Moon Oasis, Just a Little Bit Wetter Than the Sahara" *New York Times*, October 22, 2010, A20.

- Li et al., "Direct Evidence."

- Cheryl Lynn York et al., "Lunar Lava Tube Sensing," Lunar and Planetary Institute, Joint Workshop on New Technologies for Lunar Resource Assessment, 1992, https://www.lpi.usra.edu/lpi/contribution_docs/TR/TR_9206.pdf.

- Tetsuya Kaku et al., "Detection of Intact Lava Tubes at Marius Hills on the Moon by SELENE(Kaguya) Lunar Radar Sounder," *Geophysical Research Letters* 44(2017): 10,155–10,161, doi:10.1002/2017GL074998.

- Werner Grandl, "Human Life in the Solar System," *REACH* 5(2017): 9–21, doi:10.1016/j.reach.2017.03.001.

- Junichi Haruyama et al., "Lunar Holes and Lava Tubes as Resources for Lunar Science and

Exploration," in *Moon—Prospective Energy and Material Resources*, ed. Viorel Badescu(Springer, 2012), 139–163.

- Gerald B. Sanders and William E. Larson, "Progress Made in Lunar In Situ Resource Utilization under NASA's Exploration Technology and Development Program," *Journal of Aerospace Engineering* 26(2013), doi:10.1061/(ASCE)AS.1943-5525.0000208.

- "NASA's Analog Missions: Paving the Way for Space Exploration," NASA fact sheet, NP-2011-06-395-LaRC, 2011, https://www.lpi.usra.edu/lunar/strategies/NASA-Analog-Missions-NP-2011-06-395.pdf.

- Kenneth Chang, "Meet SpaceX's First Moon Voyage Customer, Yusaku Maezawa," *New York Times*, September 12, 2018, B4.

- Rachel Caston et al., "Assessing Toxicity and Nuclear and Mitochondrial DNA Damage Caused by Exposure of Mammalian Cells to Lunar Regolith Simulants," *GeoHealth* 2(2018): 139–148, doi:10.1002/2017GH000125.

- "Apollo 17 Technical Crew Debriefing," NASA, January 4, 1973, http://www.ccas.us/CCAS_NASA_PressKits/Apollo_Missions/Apollo17_TechnicalCrewDebriefing.pdf.

- John T. James and Noreen Kahn-Mayberry, "Risk of Adverse Health Effects from Lunar Dust Exposure," in *Human Health and Performance Risks of Space Exploration Missions*, ed. Jancy C. McPhee and John B. Charles(Washington, DC: NASA, 2009), 317–330.

- G. W. Wieger Wamelink et al., "Can Plants Grow on Mars and the Moon: A Growth Experiment on Mars and Moon Soil Simulants," *PLoS ONE* 9(2014), doi:10.1371/journal.pone.0103138.

- Matt Williams, "How Do We Terraform The Moon?" *Universe Today*, March 31, 2016, https://www.universetoday.com/121140/could-we-terraform-the-moon.

- Tariq Malik, "The Moon Will Get Its Own Mobile Phone Network in 2019," *Space*, February 28, 2018 https://www.space.com/39835-moon-mobile-phone-network-ptscientists-2019.html.

- Astronomer-author Phil Plait provides this logic and other elements of debunking in his 2002 book *Bad Astronomy*(New York: John Wiley).

Chapter 5. ———————————————

- Stephen P. Maran, *Astronomy for Dummies*, 4th ed.(Hoboken, NJ: John Wiley & Sons, 2017).

- Brid-Aine Parnell, "NASA Will Reach Unique Metal Asteroid Worth $10,000 Quadrillion Four Years Early," *Forbes*, May 26, 2017, https://www.forbes.com/sites/bridaineparnell/2017/05/26/nasa-psyche-Mission-fast-tracked.

- Giovanni Bignami and Andrea Sommariva, *The Future of Human Space Exploration*(London: Palgrave Macmillan, 2016).

- Kenneth Chang, "The Osiris-Rex Spacecraft Begins Chasing an Asteroid," *New York Times*, September 9, 2016, A12.

- "NASA's OSIRIS-REx Asteroid Sample Return Mission," NASAfacts, FS-206-4-411-GSFC, NASA, May 2016, https://www.nasa.gov/sites/default/files/atoms/files/osiris_rex_factsheet5-25.pdf.

- Detlef Koschny, ESA, private communication, June 30, 2018.

- Axel Hagermann, Hayabusa2 team member, private communication, June 29, 2018.

- Jeff Foust, "Asteroid Mining Company Planetary Resources Acquired by Blockchain Firm," *SpaceNews*, October 31, 2018, https://spacenews.com/asteroid-mining-company-planetary-resources-acquired-by-blockchain-firm.

- Martin Elvis, "How Many Ore-Bearing Asteroids?" *Planetary and Space Science* 91(2014): 20–26, doi:10.1016/j.pss.2013.11.008.

- Martin Elvis, private communication, June 28, 2018.

- Kenneth Chang, "If No One Owns the Moon, Can Anyone MakeMoney Up There?" *New York Times*, November 18, 2017, D1.

- Jeff Foust, "Luxembourg Adopts Space Resources Law," *Space News*, July 17, 2017, http://spacenews.com/luxembourg-adopts-space-resources-law.

- Andrew Zaleski, "Luxembourg Leads the Trillion-Dollar Race to Become the Silicon Valley of Asteroid Mining," CNBC, April 16, 2018, https://www.cnbc.com/2018/04/16/luxembourg-vies-to-become-the-silicon-valley-of-asteroid-mining.html.

- Thomas Prettyman et al., "Extensive Water Ice within Ceres' Aqueously Altered Regolith: Evidence from Nuclear Spectroscopy," *Science* 355(2017): 55–59, doi:10.1126/science.aah6765; Maria Cristina De Sanctis et al., "Localized Aliphatic Organic Material on the Surface of Ceres," *Science* 355(2017): 719–722, doi:10.1126/science.aaj2305.

- Werner Grandl, "Human Life in the Solar System," *REACH—Reviews in Human Space Exploration* 5(2017): 9–21, doi:10.1016/j.reach.2017.03.001.

- Werner Grandl, private communication, July 4, 2018.

- Peter A. Curreri and Michael K. Detweiler, "A Contemporary Analysis of the O'Neill—Glaser Model for Space-based Solar Power and Habitat Construction," *NSS Space Settlement Journal*, December 2011.

Chapter 6.

- "NASA's Journey to Mars: Pioneering Next Steps in Space Exploration," NASA NP-2015-08-2018-HQ, October 2015, https://www.nasa.gov/sites/default/files/atoms/files/journey-to-mars-next-steps-20151008_508.pdf.

- George W. Bush, "A Renewed Spirit of Discovery: The President's Vision for U.S. Space Exploration," White House fact sheet, January 2004, https://permanent.access.gpo.gov/lps72574/renewed_spirit.pdf.

- John M. Logsdon, "Ten Presidents and NASA," in *50th Magazine—50 Years of Exploration and Discovery*, NASA(2008), https://www.nasa.gov/50th/50th_magazine/10presidents.html.

- Kenneth Chang, "NASA Budgets for a Trip to the Moon, but Not While Trump Is President," *New York Times*, February 12, 2018, A13; Donald Trump, "Presidential Memorandum on Reinvigorating America's Human Space Exploration Program," US Presidential Memorandum, December 11, 2017, https://www.whitehouse.gov/presidential-actions/presidential-memorandum-reinvigorating-americas-human-space-exploration-program; Jeff Foust, "Space Force? Create a 'Space Guard' Instead, Some Argue," *Space News*, May 31, 2018, http://spacenews.com/space-force-create-a-space-guard-instead-some-argue.

- Associated Press, "Moon Landing a Big Waste, Says Barry," *Tuscaloosa News*, September 21, 1963, 8.

- Charles D. Hunt and Michel O. Vanpelt, "Comparing NASA and ESA Cost Estimating Methods for Human Missions to Mars," 26th International Society of Parametric Analysts Conference, Frascati, Italy, May 10–12, 2004, https://ntrs.nasa.gov/archive/nasa/casi.ntrs.nasa.gov/20040075697.pdf.

- Irene Klotz, "NASA Looking to Mine Water on the Moon and Mars," *Space News*, January 28, 2014, https://spacenews.com/39307nasa-planning-for-Mission-to-mine-water-on-the-moon.

- Gerald B. Sanders and William E. Larson, "Progress Made in Lunar In Situ Resource Utilization under NASA's Exploration Technology and Development Program," *Journal of Aerospace Engineering* 26(2013), doi:10.1061/(ASCE)AS.1943-5525.0000208.

- Laurie Chen, "China's Mars Base Plan Revealed ⋯ and Covering 95,000 sq km, There's Certainly Plenty of Space," *South China Morning Post*,

참고문헌

September 7, 2017, https://www.scmp.com/news/china/society/article/2110051/there-price-mars-chinas-red-planet-simulator-set-cost-us61.

- Thor Hogan, "Lessons Learned from the Space Exploration Initiative," NASA History Division, *News & Notes* 24, no. 4(November 2007).

- Thor Hogan, *Mars Wars: The Rise and Fall of the Space Exploration Initiative*(Washington, DC: NASA History Series SP-2007-4410, 2007), 2.

- Robert Zubrin, email correspondence, August 20, 2018.

- Dai Shiba et al., "Development of New Experimental Platform 'MARS'—Multiple Artificial-Gravity Research System—To Elucidate the Impacts of Micro / Partial Gravity on Mice," *Scientific Reports* 7(2017), doi:10.1038/s41598-017-10998-4.

- Michael J. Carlowicz and Ramon E. Lopez, *Storms from the Sun*(Washington, DC: Joseph Henry Press, 2002), 144.

- T. Troy McConaghy et al., "Analysis of a Class of Earth-Mars Cycler Trajectories," *Journal of Spacecraft and Rockets* 41(2004): 622–628, doi:10.2514/1.11939.

- George Schmidt et al., "Nuclear Pulse Propulsion: Orion and Beyond," 36th AIAA / ASME / SAE / ASEE Joint Propulsion Conference & Exhibit, July 16–19, 2000, Huntsville, Alabama, https://ntrs.nasa.gov/search.jsp?R=20000096503.

- Jeff Foust, "Review: Mars One: Humanity's Next Great Adventure," *Space Review*, March 14, 2016, http://www.thespacereview.com/article/2940/1.

- Bret G. Drake and Kevin D. Watts, eds., "Human Exploration of Mars Design Reference Architecture 5.0, Addendum #2," NASA / SP-2009-566-ADD2, NASA Headquarters, March 2014, https://www.nasa.gov/sites/default/files/files/NASA-SP-2009-566-ADD2.pdf.

- Donald M. Hassler et al., "Mars' Surface Radiation Environment Measured with the Mars Science Laboratory's Curiosity Rover," *Science* 343(2014), doi:10.1126/science.1244797.

- Robert W. Moses and Dennis M. Bushnell, "Frontier In-Situ Resource Utilization for Enabling Sustained Human Presence on Mars," NASA / TM–2016-219182, April 2016, https://ntrs.nasa.gov/search.jsp?R=20160005963.

- Tobias Owen et al., "The Composition of the Atmosphere at the Surface of Mars," *Journal of Geophysical Research* 82(1977): 4635–4639, doi:10.1029/JS082i028p04635.

- Christopher McKay, private communication, July 22–23, 2018.

- Christopher McKay et al., "Utilizing Martian Resources for Life Support," in *Resources of Near-Earth Space*, ed. John S. Lewis, Mildred Shapley Matthews, and Mary L. Guerrieri(Tucson: University of Arizona Press, 1993), 819–843.

- Alfonso F. Davila at al., "Perchlorate on Mars: A Chemical Hazard and a Resource for Humans," *International Journal of Astrobiology* 12(2013): 321–325.

- Edward Guinan, private communication, 231st Meeting of the American Astronomical Society, Washington, DC, January 8, 2018.

- Christopher Wanjek, "Ground Control to 'The Martian': Good Luck with Them Potatoes," *Live Science*, October 9, 2015, https://www.livescience.com/52438-the-martian-potatoes-health-effects.html.

- Alexandra Witze, "There's Water on Mars! Signs of Buried Lake Tantalize Scientists," *Nature* 560(2018): 13–14, doi:10.1038/d41586-018-05795-6.

- Robert Zubrin, *The Case for Mars: The Plan to Settle the Red Planet and Why We Must*(New York: Free Press, 2011), 187–232.

- Adam E. Jakus et al., "Robust and Elastic Lunar and

Martian Structures from 3D-Printed Regolith Inks," *Scientific Reports* 7(2017), doi:10.1038/srep44931.

- William Harwood, "Curiosity Relies on Untried 'Sky Crane' for Descent to Mars," *CBS News*, July 30, 2012, http://www.cbsnews.com/network/news/space/home/spacenews/files/msl_preview_landing.html.

- Kasandra Brabaw, "MIT Team Wins Mars City Design Contest for 'Redwood Forest' Idea," *Space*, November 25, 2017, https://www.space.com/38881-mit-team-wins-mars-city-design-competition.html.

- William J. Rowe, "The Case for an All-Female Crew to Mars," *Journal of Men's Health & Gender* 1(2004): 341–344, doi:10.1016/j.jmhg.2004.09.006.

- Lauren Blackwell Landon at al., "Selecting Astronauts for Long-Duration Exploration Missions: A Retrospective Review and Considerations for Team Performance and Functioning," NASA TM-2016-219283, December 1, 2016.

- Freeman Dyson, *Disturbing the Universe*(New York: Harper & Row, 1979), 118–126.

- NSF OPP Budget Request to Congress FY2019, https://www.nsf.gov/about/budget/fy2019/pdf/30_fy2019.pdf.

- Scott Solomon, "The Martians Are Coming—and They're Human" *Nautilus*, October 27, 2016, http://nautil.us/issue/41/selection/the-martians-are-comingand-theyre-human.

- Bruce M. Jakosky and Christopher S. Edwards, "Inventory of CO2 Available for Terraforming Mars," *Nature Astronomy* 2(2018):634–639, doi:10.1038/s41550-018-0529-6.

- Partha P. Bera et al., "Design Strategies to Minimize the Radiative Efficiency of Global Warming Molecules," *PNAS* 107(2010): 9049–9054, doi:10.1073/pnas.0913590107.

- Margarita M. Marinova et al., "Radiative-Convective Model of Warming Mars with Artificial Greenhouse Gases," *Journal of Geophysical Research* 110(2005), doi:10.1029/2004JE002306.

Chapter 7.

- Stephen Maran, *Astronomy for Dummie*s, 4th ed.,(Hoboken, NJ: John Wiley & Sons, 2017), 121–122.

- Geoffrey A. Landis et al., "Atmospheric Flight on Venus," 40th Aerospace Sciences Meeting and Exhibit, American Institute of Aeronautics and Astronautics, Reno, Nevada, January 14–17, 2002, NASA / TM—2002-211467, https://www.researchgate.net/publication/24286050_Atmospheric_Flight_on_Venus.

- Paul Birch, "Terraforming Venus Quickly," *Journal of the British Interplanetary Society* 44(1991): 157–167.

- Mark Bullock and David H. Grinspoon, "The Stability of Climate on Venus," *Journal of Geophysical Research* 101(1996): 7521–7529, doi:10.1029/95JE03862.

- Robert Zubrin, *The Case for Space: How the Revolution in Spaceflight Opens Up a Future of Limitless Possibility*(New York: Prometheus Books, 2019), 166.

- John M. Wahr et al., "Tides on Europa, and the Thickness of Europa's Icy Shell," *Journal of Geophysical Research* 111(2006): 12005–12014, doi:10.1029/2006JE002729.

- Christopher McKay et al., "The Possible Origin and Persistence of Life on Enceladus and Detection of Biomarkers in the Plume," *Astrobiology* 8(2008): 909–919, doi:10.1089/ast.2008.0265.

- J. Hunter Waite et al., "Cassini Finds Molecular Hydrogen in the Enceladus Plume: Evidence for Hydrothermal Processes," *Science* 356(2017): 155–159, doi:10.1126/science.aai8703.

- Charles Wohlforth and Amanda R. Hendrix, *Beyond Earth: Our Path to a New Home in the Planets* (New York: Pantheon, 2016).

- James Stevenson et al., "Membrane Alternatives in Worlds without Oxygen: Creation of an Azotosome," *Science Advances* 1 (2015), 1:e1400067, doi:10.1126/sciadv.1400067.

- Isaac Arthur, "Outward Bound: Colonizing Titan," *Science & Futurism with Isaac Arthur*, October 12, 2017, https://www.youtube.com/watch?v=HdpRxGjtCo0&vl=en.

- Terry A. Hurford et al., "Triton's Fractures as Evidence for a Subsurface Ocean," 48th Lunar and Planetary Science Conference, March 20–24, 2017, The Woodlands, Texas, https://www.hou.usra.edu/meetings/lpsc2017/pdf/2376.pdf.

- S. Alan Stern, "The Pluto System: Initial Results from Its Exploration by New Horizons," *Science* 350 (2015): 292, doi:10.1126/science.aad1815.

- Leonid Marochnik et al., "Estimates of Mass and Angular Momentum in the Oort Cloud," *Science* 242 (1988): 547–550, doi:10.1126/science.242.4878.547.

- "How Do We Know When Voyager Reaches Interstellar Space?" NASA fact sheet 2013-278, September 12, 2013, https://www.nasa.gov/Mission_pages/voyager/voyager20130912f.html.

- Isaac Arthur, "Outward Bound: Colonizing the Oort Cloud," *Science and Futurism with Isaac Arthur*, December 14, 2017, https://www.youtube.com/watch?v=H8Bx7y0syxc.

- Andrew V. Ilin et al., "VASIMR® Human Mission to Mars," Space, Propulsion & Energy Sciences International Forum, March 15–17, 2011, University of Maryland, College Park, MD, http://www.adastrarocket.com/Andrew-SPESIF-2011.pdf.

- Martin Tajmar et al., "The SpaceDrive Project—First Results on EMDrive and Mach-Effect Thrusters," presented at the Space Propulsion Conference in Seville, Spain, May 14–18, 2018, https://www.researchgate.net/publication/325177082_The_SpaceDrive_Project_-_First_Results_on_EMDrive_and_Mach-Effect_Thrusters.

- Gregory L. Matloff et al., "The Beryllium Hollow-Body Solar Sail: Exploration of the Sun's Gravitational Focus and the Inner Oort Cloud," Cornell University Physics, September 20, 2008, arXiv:0809.3535.

찾아보기

찾아보기

SPACE RUSH

스페이스 러시

우주 여행이 자살 여행이 되지 않기 위한 안내서

크리스토퍼 완제크 지음

고현석 옮김

초판 1쇄 2021년 2월 15일 발행

ISBN 979-11-5706-223-2 (03440)

만든사람들

기획편집   한진우

편집도움   박준규

디자인   이준한

마케팅   김성현 최재희 김규리

인쇄   한영문화사

퍼낸이   김현종

퍼낸곳   (주)메디치미디어

경영지원   전선정 김유라

등록일   2008년 8월 20일 제300-2008-76호

주소   서울시 종로구 사직로 9길 22 2층

전화   02-735-3308

팩스   02-735-3309

이메일   medici@medicimedia.co.kr

페이스북   facebook.com/medicimedia

인스타그램   @medicimedia

홈페이지   www.medicimedia.co.kr